Gesellschaft für Fertigungstechnik in Stuttgart in Verbindung
mit der VDI-Gesellschaft Produktionstechnik (ADB) und
den Fertigungstechnischen Instituten der Universität Stuttgart

FTK'88
Fertigungstechnisches Kolloquium

Schriftliche Fassung der Vorträge
zum Fertigungstechnischen Kolloquium
am 5./6. Oktober 1988 in Stuttgart

Springer-Verlag
Berlin Heidelberg New York
London Paris Tokyo 1988

Institut für Industrielle Fertigung und Fabrikbetrieb, Holzgartenstraße 17, 7000 Stuttgart 1
o. Prof. Dr.-Ing. H.-J. Warnecke

Institut für Steuerungstechnik der Werkzeugmaschinen und Fertigungseinrichtungen, Seidenstraße 36, 7000 Stuttgart 1
o. Prof. Dr.-Ing. G. Pritschow

ISBN-13: 978-3-540-50238-8   e-ISBN-13: 978-3-642-48058-4
DOI: 10.1007/978-3-642-48058-4

CIP-Kurztitelaufnahme der Deutschen Bibliothek
FTK (07, 1988, Stuttgart): FTK '88 [achtundachtzig], Fertigungstechnisches Kolloquium: schriftl. Fassung d. Vorträge zum Fertigungstechn. Kolloquium am 5./6. Oktober 1988 in Stuttgart / Hrsg. Ges. für Fertigungstechnik, Stuttgart in Verbindung mit d. VDI-Ges. Produktionstechnik (ABD) u. d. Fertigungstechn. Inst. d. Univ. Stuttgart. – Berlin; Heidelberg; New York; Tokyo: Springer, 1988.
NE: Gesellschaft für Fertigungstechnik; HST

Dieses Werk ist urheberrechtlich geschützt. Die dadurch begründeten Rechte, insbesondere die der Übersetzung, des Nachdrucks, des Vortrags, der Entnahme von Abbildungen und Tabellen, der Funksendung, der Mikroverfilmung oder der Vervielfältigung auf anderen Wegen und der Speicherung in Datenverarbeitungsanlagen, bleiben, auch bei nur auszugsweiser Verwertung, vorbehalten. Eine Vervielfältigung dieses Werkes oder von Teilen dieses Werkes ist auch im Einzelfall nur in den Grenzen der gesetzlichen Bestimmungen des Urheberrechtsgesetzes der Bundesrepublik Deutschland vom 9. September 1965 in der Fassung vom 24. Juni 1985 zulässig. Sie ist grundsätzlich vergütungspflichtig. Zuwiderhandlungen unterliegen den Strafbestimmungen des Urheberrechtsgesetzes.

© Springer-Verlag Berlin, Heidelberg 1988

Die Wiedergabe von Gebrauchsnamen, Handelsnamen, Warenbezeichnungen usw. in diesem Werk berechtigt auch ohne besondere Kennzeichnung nicht zu der Annahme, daß solche Namen im Sinne der Warenzeichen- und Markenschutz-Gesetzgebung als frei zu betrachten wären und daher von jedermann benutzt werden dürften.

Sollte in diesem Werk direkt oder indirekt auf Gesetze, Vorschriften oder Richtlinien (z. B. DIN, VDI, VDE) Bezug genommen oder aus ihnen zitiert worden sein, so kann der Verlag keine Gewähr für Richtigkeit, Vollständigkeit oder Aktualität übernehmen. Es empfiehlt sich, gegebenenfalls für die eigenen Arbeiten die vollständigen Vorschriften oder Richtlinien in der jeweils gültigen Fassung hinzuzuziehen.
Gesamtherstellung: Universitätsdruckerei H. Stürtz AG, Würzburg

Veranstalter

Gesellschaft für Fertigungstechnik in Stuttgart in Verbindung mit den Fertigungstechnischen Instituten der Universität Stuttgart, der Wissenschaftlichen Gesellschaft für Produktionstechnik (Hochschulgruppe Fertigungstechnik, HGF) und der VDI-Gesellschaft Produktionstechnik (ADB). Das Fertigungstechnische Kolloquium gliedert sich ein in die Reihe der Kolloquien, die von Mitgliedern der Wissenschaftlichen Gesellschaft für Produktionstechnik (WGP) veranstaltet werden.
In dieser Gesellschaft sind 20 Institutsleiter und Professoren für Werkzeugmaschinen und Fertigungstechnik der deutschen Universitäten und Technischen Hochschulen zusammengefaßt. Viele von ihnen tragen zu dieser Veranstaltung bei.

Institut für Industrielle Fertigung und Fabrikbetrieb (IFF)

o. Prof. Dr.-Ing. *H.-J. Warnecke*
o. Prof. Dr.-Ing. habil. *H.-J. Bullinger*

Fraunhofer-Institut für Produktionstechnik und Automatisierung (IPA)

Fraunhofer-Institut für Arbeitswirtschaft und Organisation (IAO)

- Betriebsorganisation: Ablauforganisation, Projektplanung, Arbeitsplanerstellung, Fertigungssteuerung, Instandhaltungsorganisation
- Arbeitswirtschaft: Arbeitsstrukturen, Arbeitspädagogik, Ergonomie, Arbeitsmittelgestaltung, Arbeitsplatzgestaltung
- Neue Technologien im Büro: Sprachverarbeitung, direkte grafische Manipulation, Expertensysteme, Büroautomatisierung CAD, CAP, CAM
- Fabrikplanung: Rechnerunterstützte Layoutplanung, Lager- und Förderwesen, Standortplanung
- Produktionssysteme: Planung und Simulation von flexiblen Fertigungssystemen, Montagetechnik, Handhabungstechnik, Industrierobotereinsatz, Bewertung von Produktionssystemen, Halbleiterfertigungsgeräte, Reinraumfertigung
- Qualitätssicherung und Meßtechnik: Prüfplanung und Prüforganisation, Rechnerunterstützte Qualitätssicherung, Meßautomaten und Sensoren, Mustererkennung und Bildverarbeitung
- Galvanotechnik: Metallisches Beschichten, Galvanoformung, Elektrotechnisches Polieren, Korrosionsschutzmaßnahmen
- Lackiertechnik: Vorbehandlung, Organisches Beschichten, Trocknen, Entsorgen
- Entgrattechnik: Gratentstehung, Maschinelle Entgratverfahren

Institut für Steuerungstechnik der Werkzeugmaschinen und Fertigungseinrichtungen (ISW)

o. Prof. Dr.-Ing. *G. Pritschow*

- Numerische Steuerungstechnik: Modulares Steuerungssystem auf der Basis von Funktionsbausteinen für numerisch gesteuerte Werkzeugmaschinen (Hardware und Software), graphische dynamische Simulation des Bearbeitungsvorgangs an der Maschine, graphisch orientierte Bedienoberfläche
- NC-Programmiersysteme. NC-Programmiersystem für die Bearbeitungsaufgaben Drehen, 5achsiges Fräsen, Schleifen. Programmiersysteme für roboterbestückte Fertigungs- und Montagezellen. CAD/NC-Programmiersystem-Kopplung
- Kommunikationstechnik: Vernetzungs- und Kommunikationstechnik mit unterschiedlichen LAN's
- Flexible Fertigungstechnik: Adaptierbare Leitsysteme für Fertigungs- und Montagesysteme. Rechnerunterstütztes Werkzeugwesen. Simulation zur Planung von Fertigungssystemen. Prozeßüberwachung
- Diagnosetechnik: SPS-Programmierung mit integrierter Diagnose und überwachungsgerechten Signalgebern. Expertensystemgestützte Diagnose für Fertigungseinrichtungen
- Qualitätssicherung: Integrierte Qualitätssicherung in Fertigungs- und Montagezellen
- Robotertechnik: Modularer Roboterbaukasten mit konfigurierbarer Kinematik für Bearbeitungs- und Montageaufgaben, sensorgeführte Roboter für Bearbeitungsaufgaben (Schleifen, Entgraten, Laserschneiden). Sensorsysteme für Industrieroboter. Statische und dynamische Simulation
- Transportfahrzeuge: Neuartige flächenbewegliche Fahrzeuge ohne Spurbindung, Leittechnik mit drahtloser Kommunikation
- Regelungs- und Antriebstechnik: Elektrische und hydraulische, lagegeregelte Antriebe. Direktantriebskonzepte für rotatorische und lineare Bewegungen. Regelungskonzepte für Bewegungsachsen auf der Basis von Zustandsreglern mit integrierter Diagnose und automatischer Inbetriebnahme.

Institut für Umformtechnik (IfU)

o. Prof. Dr.-Ing. *K. Siegert*

- Plastizitätstheoretische und werkstofftechnische Grundlagen der Umformtechnik, Prozeßsimulation
- Tribologie in der Umformtechnik
- Technologie der Massivumformung, der Blechumformung und des Schneidens
- Berechnungsverfahren für Werkzeuge
- Rechnerunterstützte Konstruktion von Werkzeugen für die Kaltmassivumformung und Blechbearbeitung

- Verschleiß und Bruchverhalten von Werkzeugen der Massivumformung
- Korrosives Verhalten, Ermüdungsverhalten umformend hergestellter Bauteile
- Numerisch gesteuertes Radialumformen

Institut für Werkzeugmaschinen

o. Prof. Dr.-Ing. *U. Heisel*

- Konstruktion und Optimierung von Werkzeugmaschinen und -systemen für die Metall- und Holzbearbeitung
- Entwicklung und Untersuchung von Komponenten für die flexible Fertigungsautomatisierung
- Konstruktion und Entwicklung handgeführter Bearbeitungsgeräte für die spanende Bearbeitung
- Fertigungsgerechtes und produktbezogenes Konstruieren von Werkzeugmaschinen und -systemen
- Entwicklung und Konstruktion von Montageanlagen und -werkzeugen
- Lärmarm Konstruieren und Lärmminderung
- Konstruktion und Arbeitsplanung am Bildschirm (CAD/CAM)
- Werkzeugentwicklung und -optimierung
- Dynamische Untersuchungen an Werkzeugmaschinen mittels Schwingungs-, Modal- und Geräuschanalyse
- Betriebsverhalten von Spindel-Lager-Systemen und Hydraulikkomponenten
- Entwicklung und Optimierung spanender und abtragender Fertigungsverfahren einschließlich Hochgeschwindigkeits-Hochleistungsdrehen
- Präzisions- und Tiefbohren
- Fräsbohren und Auskammern

Vorwort

Das *Fertigungstechnische Kolloquium* in Stuttgart findet in dreijährigem Turnus und in diesem Jahr zum 7. Male statt. Es führt die Tradition des von Prof. Dolezalek 1959 ins Leben gerufenen Automatisierungs-Kolloquiums fort. Die Fertigungstechnischen Institute der Universität Stuttgart befassen sich mit allen Fragen der Produktionstechnik wie der Technologie spanender und umformender Verfahren, mit der Planung und Organisation von Fertigungsanlagen, mit der Konstruktion und Steuerung von Werkzeugmaschinen und Fertigungseinrichtungen.

In diesen Instituten, zu denen noch die Fraunhofer-Institute für Produktionstechnik und Automatisierung (IPA) sowie für Arbeitswirtschaft und Organisation (IAO) gehören, sind derzeit mehr als 300 wissenschaftliche Mitarbeiter im Bereich der Forschung tätig.

Das *Fertigungstechnische Kolloquium FTK '88* steht unter dem Motto „Die Fertigungstechnik bestimmt den wirtschaftlichen Erfolg. Mit richtigen Weichenstellungen sichern wir den Industriestandort Deutschland".

Berater-Kreis

E. Alschweig, Friedrichshafen; G. Armbruster, Heidenheim; H. Braitinger, Göppingen; M. Bretz, München; H. Diess, Dornach; H. Eitel, Heidelberg; P. Fischer, Aalen; E. Götz, Frankfurt; R. Hank, Ditzingen; A. Herrscher, Esslingen; K. Herzog, Oberkochen; I. Ioannidis, Stuttgart; R. Klenk, Nürtingen; H. Klingel, Ditzingen; J. Korner, Frankfurt; J. Schmidt, Stuttgart; H. Schuler, Göppingen; H. Seitz, Ludwigsburg; S. Waller, Nürnberg; G. Werntze, Pfronten-Steinach; H. Weule, Karlsruhe; W. v. Zeppelin, Reichenbach.

Besichtigungen

Um dem Besucher Einblicke in die aktuelle Forschungstätigkeit zu geben, können die Fertigungstechnischen Institute während und im Anschluß an die Vorträge des Kolloquiums besichtigt werden. Hierbei besteht die Möglichkeit, an Vorführungen zu verschiedenen Forschungsprojekten teilzunehmen. Zur Information der Besucher stehen Mitarbeiter der einzelnen Institute zur Verfügung. Entsprechende Besichtigungspläne sind in den Tagungsunterlagen enthalten.

Vortragsthemen

Fertigungstechnik – Eine weltweite Herausforderung: Fertigung im Weltverbund aus der Sicht des Serienherstellers und des Zulieferers – Vergleich der Unternehmensstrukturen in der Werkzeugmaschinenindustrie aus nationaler Sicht.

Informationsmanagement – Wunsch und Realität: Offene Rechnerarchitekturen, Stand der Normung, Probleme der Praxis – Stand der Softwaretechnik in den Bereichen Auftragsabwicklung/Logistik und CAD/CAM-Kopplung – Fortschritte in der Büroautomatisierung.

Neue Fertigungskonzepte – Produktivität oder Flexibilität: Praxiserfahrung in der Fertigungsflexibilisierung – Expertensysteme in der Produktionstechnik – Automatisierte Blechbearbeitung und Einsatz der Hochleistungslasertechnik.

Robotertechnik – Aufbruch zu neuen Anwendungen: Fortschritte in der Programmiertechnik – Bearbeitungszellen auf Roboterbasis – Einsatzfelder und Grenzen für Meßroboter – Modulare Systeme in der Handhabungstechnik.

Inhalt

Fertigungstechnik – Eine weltweite Herausforderung

W. Niefer	Fertigung im Weltverbund aus der Sicht eines Automobilherstellers	1–6
F. Scholl	Fertigung im Weltverbund aus der Sicht eines Zulieferers	7–10
B. Leibinger	Unternehmensstruktur der Werkzeugmaschinenindustrie im internationalen Vergleich	11–15
R. Franz	Schlüsselindustrie der Zukunft: Stand der internationalen Halbleiterindustrie	16–22
H.-J. Warnecke	Grundlegende Gesetzmäßigkeiten in der Produktion	23–31

Informationsmanagement – Wunsch und Realität

S. Waller	Zukünftige Rechnerarchitekturen und Kommunikation in der Produktionsautomatisierung	32–36
W. Dangelmaier	Auftragssteuerung in einem CIM-Konzept	37–44
A. Storr	Stand der Technik im Bereich CAD/CAM-Kopplung	45–52
E. Götz	Der Mensch im Mittelpunkt – Benutzeroberflächen von Produktionseinrichtungen	53–63
H.-J. Bullinger	CIB: Verbindung von CIM und Büroautomatisierung	64–69
H. Stübig	Erfahrung auf dem Weg zu CIM	70–76

Neue Fertigungskonzepte – Produktivität oder Flexibilität

R. Hundseder	Planung und Inbetriebnahme einer hochautomatisierten Fabrik am Beispiel einer Getriebefertigung	77–85
U. Heisel	Marktakzeptanz bei der Fertigungsflexibilisierung	86–94
H. Weule	Expertensysteme in der Produktionstechnik	95–103
K. Lange	Systemverknüpfung von Technologie und Werkstoffentwicklung am Beispiel der Blechumformung	104–114
K. Siegert	Materialtransport, Mechanisierung und Automatisierung im Karosseriepreßwerk	115–120
H. Hügel	Hochleistungslaser in der Fertigungstechnik	121–133
H. Klingel	Flexibel automatisierte Produktion von Blechteilen	134–142

Robotertechnik – Aufbruch zu neuen Anwendungen

G. Spur	Stand der Programmiertechnik für Industrieroboter	143–151
G. Pritschow	Bearbeitung mit Robotersystemen – Wege zu neuen Anwendungen	152–162
K. Herzog	Meßroboter – Einsatzfelder und Grenzen	163–168
P. Drexel	Modulare Systeme zur Handhabungstechnik	169–174

Autoren

Prof. Dr. E.h. Dr. h.c. Werner Niefer
Stellvertretender Vorstandsvorsitzender, Daimler-Benz AG, Stuttgart

Dr. rer. nat. Friedrich Scholl
Stellvertretender Geschäftsführer, Robert Bosch GmbH, Stuttgart

Senator E.h. Dipl-Ing. B. Leibinger
Geschäftsführender Gesellschafter, Trumpf GmbH+Co., Ditzingen

Dr. rer. nat. Hermann R. Franz
Vorstandsmitglied der Siemens AG München, Leiter des Unternehmensbereiches Bauelemente

o. Prof. Dr.-Ing. Hans-Jürgen Warnecke
Direktor des Fraunhofer-Instituts für Produktionstechnik und Automatisierung, Stuttgart, und Direktor des Instituts für Industrielle Fertigung und Fabrikbetrieb der Universität Stuttgart

Dr. E.h. Dipl.-Ing. Siegfried Waller
Generalbevollmächtigter Direktor der Siemens AG, Leiter des Geschäftsbereichs Produktionsautomatisierung und Automatisierungssysteme der Siemens AG, Nürnberg

Dr.-Ing. habil. Wilhelm Dangelmaier
Direktor am Fraunhofer-Institut für Produktionstechnik, Stuttgart

Prof. Dr.-Ing. Alfred Storr
am Institut für Steuerungstechnik der Werkzeugmaschinen und Fertigungseinrichtungen der Universität Stuttgart

Dipl.-Ing. Wolfgang Hofmeister
am Institut für Steuerungstechnik der Werkzeugmaschinen und Fertigungseinrichtungen der Universität Stuttgart

Dip.-Ing. Joachim Zirbs
am Institut für Steuerungstechnik der Werkzeugmaschinen und Fertigungseinrichtungen der Universität Stuttgart

Dipl.-Ing. Elmar Götz
Abteilungsdirektor Systemtechnologie, AEG, Frankfurt

o. Prof. Dr.-Ing. habil. Hans-Jörg Bullinger
Direktor des Fraunhofer-Instituts für Arbeitswirtschaft und Organisation, Stuttgart

Dr. rer. pol. Joachim Niemeier
Abteilungsleiter am Fraunhofer-Institut für Arbeitswirtschaft und Organisation, Stuttgart

Dipl.-Ing. Hermann Stübig
Vorstandsmitglied Produktion AUDI-Ingolstadt

Roland Hundseder
Direktor und Sprecher der Geschäftsleitung Zahnradfabrik Friedrichshafen, Friedrichshafen

o. Prof. Dr.-Ing. Uwe Heisel
Direktor des Instituts für Werkzeugmaschinen der Universität Stuttgart

o. Prof. Dr.-Ing. Hartmut Weule
Direktor des Instituts für Werkzeugmaschinen und Betriebstechnik der Universität (TH) Karlsruhe

o. Prof. em. Dr.-Ing. Dr. h.c. Kurt Lange
Institut für Umformtechnik der Universität Stuttgart

Dipl.-Ing. Lothar Brückner
am Institut für Umformtechnik der Universität Stuttgart

o. Prof. Dr.-Ing. Klaus Siegert
Direktor des Instituts für Umformtechnik der Universität Stuttgart

o. Prof. Dr.-Ing. habil. Helmut Hügel
Direktor des Instituts für Strahlwerkzeuge der Universität Stuttgart

Dipl.-Ing. (F.H.) Hans Klingel
Stellvertretender Vorsitzender der Geschäftsleitung, Geschäftsführer Entwicklung, Trumpf GmbH+Co., Ditzingen

o. Prof. Dr.-Ing. Drs. h.c. Günter Spur
Direktor des Fraunhofer-Instituts für Produktionsanlagen und Konstruktionstechnik, Berlin, und Direktor des Instituts für Werkzeugmaschinen und Fertigungstechnik der Technischen Universität Berlin

o. Prof. Dr.-Ing. Günter Pritschow
Direktor des Instituts für Steuerungstechnik der Werkzeugmaschinen und Fertigungseinrichtungen der Universität Stuttgart

Ing. Klaus Herzog
Leiter des Geschäftsbereichs Industrielle Meßtechnik, Carl Zeiss, Oberkochen

Dipl.-Ing. (F.H.) Peter Drexel
Produktbereichsleiter Baueinheiten für Montagetechnik, Robert Bosch GmbH, Waiblingen

Fertigung im Weltverbund aus der Sicht eines Automobilherstellers

W. Niefer, Stuttgart

Inhalt. Die Globalisierung des Wettbewerbs wird am Beispiel der Automobilindustrie – und hier insbesondere der Nutzfahrzeuge – deutlich gemacht. Der Autor nennt die Gründe für eine Fertigung bzw. Montage im Ausland und weist auf die sich verändernden Rahmenbedingungen hin. Neben wirtschaftlichen und politischen Gründen, die bei Daimler-Benz zu einer langfristigen Produktionsordnung im Weltverbund führen, werden auch die Voraussetzungen beschrieben, aus denen sich die Aufgaben für die Produktionsvorbereitung, Produktionssteuerung, Konstruktion, Logistik und Qualitätssicherung ergeben. Anhand zweier Beispiele aus Indonesien und den USA wird die erfolgreiche Umsetzung der strategischen Überlegungen sichtbar gemacht.

1 Der Automobilmarkt als Beispiel für die zunehmende Bedeutung der Globalisierung des Wettbewerbs

Wie weit die Globalisierung der Weltautomobilindustrie bereits heute fortgeschritten ist, zeigt der Umstand, daß selbst die noch am Anfang ihrer Entwicklung stehende koreanische Automobilindustrie bereits über Produktionsstätten im Ausland verfügt. In den Vereinigten Staaten spricht man nicht mehr von der US-Automobilindustrie als Gesamtheit, sondern man unterscheidet zwischen den traditionellen US-Herstellern (GM, Ford, Chrysler) und den „transplants" japanischer Automobilkonzerne, die einen wachsenden Anteil der US-Produktion auf sich vereinen.

Im Rahmen des zunehmenden Auslandsengagements der Automobilhersteller sind auch die nationalen Zulieferindustrien gefordert, die Vorteile der internationalen Arbeitsteilung wahrzunehmen und damit ihre Marktposition im Ausland auszubauen.

Um auf den Märkten der Welt mit Produkten bestehen zu können, ist es notwendig, Strategien zu entwickeln, diese Produkte zu konkurrenzfähigen Preisen marktgerecht und kundennah anzubieten. Eine der Strategien ist die Produktion von Fahrzeugen im Zielland. Die dort errichteten Produktions- oder Montagewerke müssen in einen Verbund mit dem Mutterwerk einbezogen werden.

2 Gründe für die Fertigung bzw. Montage im Ausland – sich verändernde Rahmenbedingungen in der Weltautomobilindustrie

2.1 Wirtschaftliche Gründe

2.1.1 Wahrnehmung von Kostenvorteilen in Billiglohnländern

Der wachsende Wettbewerbsdruck aufgrund der bereits heute bestehenden Überkapazitäten – man schätzt Größenordnungen von rund 3 Mio. Fahrzeugen allein für 1987 – zwingt die Automobilhersteller in den Hochlohnländern Westeuropas, in Japan und in den Vereinigten Staaten, die Kostenvorteile der internationalen Arbeitsteilung wahrzunehmen.

2.1.2 Risikostreuung in bezug auf Wechselkursschwankungen

Mit dem Aufbau eines internationalen Produktionsverbundes kann der Einfluß von Wechselkursschwankungen auf die preisliche Wettbewerbsfähigkeit des einzelnen Herstellers deutlich verringert werden.

Beispielsweise ist es zur Zeit sehr viel günstiger für die japanischen Automobilhersteller, Europa mit in den USA produzierten Fahrzeugen zu beliefern, da zusätzliche Wechselkursgewinne bei schwachem Dollar zu erzielen sind.

2.1.3 Betonung der Marktnähe

Die Präsenz einer Produktion „vor Ort" ermöglicht es, besser auf spezielle Markterfordernisse einzugehen und damit letztendlich bessere Verkaufsergebnisse zu erzielen. Einige japanische Automobilproduzenten gehen sogar so weit, Design- und Entwicklungszentren außerhalb des Stammlandes zu errichten, um die kundenspezifischen Wünsche in den Zielmärkten schon bei der Entwicklung der Fahrzeuge optimal berücksichtigen zu können.

2.2 Politische Gründe

2.2.1 Umgehung bzw. Abwehr protektionistischer Maßnahmen

Bestehende oder drohende Handelsbeschränkungen können durch den Aufbau von Produktionsstätten in den Zielländern umgangen werden, wie das Beispiel der japanischen „transplants" in den USA zeigt. Auch im Hinblick auf den europäischen Binnenmarkt sind verstärkte Tendenzen in dieser Hinsicht zu beobachten. So sind Honda (Kooperation mit Austin-Rover) und Nissan (Produktion in Großbritannien; Mehrheitsbeteiligung an Motor Iberica S.A. in Spanien) bereits in größerem Umfang bei der Pkw-Montage aktiv, während sich die anderen japanischen Hersteller vorerst abwartend verhalten.

Im Bereich der leichten Nutzfahrzeuge kooperieren verschiedene japanische mit europäischen Herstellern. 1989 soll zum Beispiel die Gemeinschaftsproduktion eines Fahrzeugs der Ein-Tonnen-Klasse in der Bundesrepublik Deutschland aufgenommen werden.

2.2.2 Erfüllung von „Local-content"-Forderungen

Local-content-Forderungen sind immer mit dem Schutzgedanken für die einheimische Industrie verbunden. Einige Schwellen- und Entwicklungsländer sind im Begriff, eine eigene Kfz-Industrie aufzubauen, die sie zumindest in der Anfangsphase durch Zölle und Einfuhrkontingente vor der übermächtigen ausländischen Konkurrenz zu schützen versuchen. Zudem sind zahlreiche devisenschwache Entwicklungsländer darauf angewiesen, daß zumindest ein Teil der Wertschöpfung eines vom Ausland bezogenen Kraftfahrzeugs im Inland erbracht wird. Die Erschließung dieser Märkte, die zum Teil ein beachtliches Wachstumspotential bieten, ist deshalb in der Regel nur über die Kooperation mit heimischen Herstellern bzw. über die Produktion dort möglich.

Local-content-Forderungen bestehen aber auch in hochindustrialisierten Ländern wie denen der EG. Zum Beispiel gewährt Großbritannien Herstellern von Fahrzeugen mit einem Local-content-Anteil von 60%, der vom Bruttoproduktionswert abhängt, gewisse Vorteile. Bei Erfüllung des vorgegebenen Wertes wird ein solches Fahrzeug als „britisch" angesehen. Auf diese Weise wird beispielsweise die bestehende Restriktion für japanische Fahrzeuge auf 11% Marktanteil am britischen Automobilmarkt umgangen. Außerdem können solche „britischen" Fahrzeuge dann normalerweise ohne weitere Beschränkungen in andere Länder der EG exportiert werden.

Diese international gültigen Motive für eine Auslandsfertigung sind im Zusammenhang folgender Sonderbedingungen der heimischen Automobilhersteller zu sehen: Der Produktionsstandort Bundesrepublik Deutschland weist einige strukturelle Nachteile auf wie
- höchste Lohnkosten,
- mangelnde Flexibilität der Arbeitszeiten und damit einhergehende mangelhafte Auslastung der Sachkapitalinvestitionen sowie
- eine extreme Unternehmensbesteuerung.

Diese Nachteile verteuern die Produktion zusätzlich im Vergleich zur internationalen Konkurrenz.

Die Bundesrepublik Deutschland bietet selbstverständlich auch Standortvorteile wie das hohe Qualifikationsniveau der Arbeitnehmer, die gute Infrastruktur und den sozialen Frieden. Die Auseinandersetzung am Markt mit der Konkurrenz aus den Ländern mit extremen Produktionskostenvorteilen kann deshalb nicht über den Preis, sondern muß über das Produkt und seine Eigenschaften geführt werden.

Das bedeutet, daß die deutsche Automobilindustrie auch künftig die technologische Führerschaft im Automobilbau behalten muß. Technologisch hochwertige deutsche Fahrzeuge müssen jedoch vom Kunden gewollt und vor allem auch bezahlbar bleiben. Das bedingt neben einer konsequenten strategischen und innovativen Marktorientierung vor allem eine Politik der Kostenreduzierung. Hierzu ist die Verlagerung eines Teiles der Produktion ins Ausland ein wesentlicher Punkt. Sinnvollerweise werden diese Auslandswerke in einen Produktionsverbund mit der Muttergesellschaft eingebunden, und zwar aus ökonomischen Gründen und auch, um die Merkmale des im Ausland gefertigten „deutschen" Automobils zu garantieren.

Ziel dabei ist es, einerseits über große Stückzahlen die Stückkostendegression (Economy of Scales) zu nutzen und so die Produktionskosten zu senken und andererseits die Stärken des einen Produktionsstandorts mit den Stärken des anderen zu verbinden, um schlagkräftig international präsent und erfolgreich zu sein.

Daß die Strategie der weltweiten Produktion erfolgreich genutzt wird, zeigen folgende Zahlen: Im vergangenen Jahr sind 1530000 Kraftfahrzeuge (1300000 Pkw und 230000 Nfz) von deutschen Herstellern im Ausland produziert worden. Das waren immerhin 22,9% der gesamten Pkw- und etwa 47% der gesamten Nutzfahrzeugproduktion deutscher Hersteller. Noch vor zehn Jahren fertigte die deutsche Automobilindustrie lediglich 590000 Pkw bzw. 133000 Nfz im Ausland. Gemessen an der Gesamtproduktion entsprach dies einem Anteil von 13,5% bei den Pkw bzw. 29,3% bei den Nutzfahrzeugen. Bevorzugte Produktionsstandorte deutscher Hersteller im Ausland sind Spanien und Südamerika.

3 Langfristige Produktionsordnung im Weltverbund bei Daimler-Benz

Für Daimler-Benz unterliegt der Spielraum für eine konsequente Nutzung der internationalen Arbeitsteilung auf dem Pkw-Sektor gewissen Grenzen. Zum einen läßt die Exklusivität und damit mengenmäßige Beschränkung der Fahrzeuge eine rentable Auslandsproduktion in großen Stückzahlen und mit hohem lokalen Wertschöpfungsanteil nicht zu. Zum anderen – und das ist wohl das wichtigste Argument – wird die Qualität gerade der Pkw zu einem nicht unerheblichen Anteil durch die Qualität und das Qualitätsbewußtsein der Mitarbeiter sowie das in über 100 Jahren gesammelte Produktions- und Fertigungs-Know-how bestimmt.

Im durch einen extremen Wettbewerb – wegen noch größeren Überkapazitäten als bei Pkw – gekennzeichneten Nutzfahrzeugsektor kommt es hingegen darauf an, den internationalen Produktionsverbund und die internationale Kooperation weiter auszubauen. Hier wurden die Weichen für die Zukunft gestellt: Die Daimler-Benz-Nutzfahrzeug-Palette bietet für jeden Einsatzzweck die richtige Transportlösung, von 1 t Nutzlast bis über 50 t Nutzlast. Maßgeschneiderte Lösungen gibt es in über 50000 Sonderausführungen.

Im Jahr 1987 produzierte der Daimler-Benz-Konzern von insgesamt 234000 Einheiten über 89000 Nfz im Ausland. Die 18 Produktions- und 25 Montagewerke sind über den ganzen Erdball verteilt. In der Nutzfahrzeugproduktion ist es schwierig, von einem einzigen Standort aus die gesamte Welt zu beliefern. Die Gründe für diese Globalisierung sind zu Beginn geschildert worden.

Einige Beispiele hierzu: Mit der Freightliner Corp. verfügt Daimler-Benz über ein leistungsfähiges Standbein in den USA für schwere Lastkraftwagen (Produktion 1987: 23000 Fahrzeuge, Veränderung 87/86: +32%). Mittelschwere Nutzfahrzeuge werden in den USA von Mercedes-Benz-Truck Co. in Hampton, Va. geliefert. In Südamerika – Argentinien, Brasilien und Mittelamerika – sind im vergangenen Jahr nahezu 50000 Nutzfahrzeuge hergestellt worden.

Es ist geplant, in der Mongolei ein Montagewerk für schwere Lkw zu errichten. Bis zu 6000 Fahrzeuge pro Jahr – insgesamt 13 verschiedene Nfz-Typen, von 16 bis 36 t Gewicht – sollen dort montiert werden. In der Endausbaustufe werden dort 95% der Teile lokal gefertigt.

In Indien ist Daimler-Benz an den beiden größten Nutzfahrzeugherstellern des Landes beteiligt und arbeitet mit diesen in technologischer Hinsicht zusammen. In verschiedenen Ländern Afrikas werden Daimler-Benz-Lkw produziert und montiert.

Wie diese kurze Aufzählung zeigt, ist Daimler-Benz nicht nur in den traditionellen Absatzmärkten Westeuropas,

Lateinamerikas und Nordamerikas mit Produktionswerken präsent, sondern auch dabei, die Wachstumsmärkte Südostasiens, Indien und China für das Unternehmen zu erschließen und damit in den direkten Wettbewerb mit den japanischen Konkurrenten zu treten. Selbst auf dem japanischen Nfz-Markt werden erste Gehversuche unternommen.

Um im internationalen Wettbewerb konkurrenzfähig mithalten zu können, nutzt Daimler-Benz besonders die große Flexibilität seiner weltweiten Produktionsstandorte. Dabei gilt es, einige Besonderheiten bei der Realisierung eines weltweiten Produktionsverbundes zu beachten: Heute ist eine internationale Produktionsordnung meist in Form des *Multisourcing*, d.h. des Bezugs aus verschiedenen Quellen, realisiert. Weltweit werden Nutzfahrzeuge unterschiedlichen Entwicklungsstandes in verschiedenen Ländern mit Teilelieferungen aus anderen Regionen der Erde produziert.

Wünschenswerte Voraussetzungen für einen erfolgreichen Teilebezug – wie sie leider nur schwer realisierbar sind – wären unter anderem:
- identische Produkte,
- identischer Produktionsstand (Fertigungsmittel),
- identischer Konstruktionsstand.

In der Praxis stellen sich dann oft verschiedene Hindernisse ein:

Identische Produkte

Ein Basisfahrzeug, welches im Baukastensystem alle Anforderungen der verschiedenen Märkte erfüllen möchte, stößt weltweit auf Schwierigkeiten. Europäische Märkte verlangen ein schnelles Fahrzeug in Leichtbauweise; Überseemärkte bevorzugen ein robustes Auto, welches extrem überladen werden kann.

Fahrzeuge, die in Südamerika ihren Dienst verrichten, sind insgesamt anders ausgelegt als ihre deutschen Pendants, die auf schnellen Autobahnen mithalten müssen. Zum Beispiel müssen wegen der dünnen Andenluft der Motor und als Folge auch Bremsen und Rahmen anders dimensioniert werden.

Identischer Produktionsstand

Ebenso, wie die Verkehrsinfrastruktur der Märkte – und so die Auslegung der Fahrzeuge – unterschiedlich ist, bietet sich einem Unternehmen auch eine vom europäischen Maßstab unterschiedliche Produktionsinfrastruktur dar: Die Fertigungstechnologie (z.B. Schweißen) muß mit dem vorgefundenen Ausbildungsstand der Mitarbeiter beherrschbar sein. Die Produktionsmittel müssen von Fachleuten auf Daimler-Benz-Standard gebracht werden, um den strengen Qualitätsanforderungen zu genügen.

Fertigungstechnologien sind auch von den geplanten Produktionszahlen abhängig. In der Oberflächentechnik beispielsweise rechnet sich eine Kathodentauchlackierungsanlage erst ab einer größeren Stückzahl. Für die Produktion einer kleinen Landesgesellschaft gilt es also, ein anderes Lackierkonzept zu finden.

Identischer Konstruktionsstand

Selbst bei ehemals identischen Konstruktionen kann sich über Jahre hinweg eine Mutation der Konstruktion durch die sich im Verlauf der Serie ändernden Anforderungen der verschiedenen Märkte ergeben. Eine Änderung der Achsenübersetzung für schnelle Autobahnfahrt in Deutschland müßte – um die Konstruktion identisch zu belassen – zum Beispiel auch in Argentinien übernommen werden. Ein weiteres Beispiel sind die länderspezifischen Forderungen bezüglich Emissions- und Imissionsschutz.

Das Ziel eines weltweiten Produktionsverbundes ist es, ein auf dem entsprechenden Markt konkurrenzfähiges Fahrzeug zu bauen, welches im Wettbewerb zu Einfachst-Lkw steht und gleichzeitig dem hohen Qualitätsstandard von Daimler-Benz genügt.

Dazu müssen entsprechend der Präambel – nämlich daß das Produkt, sein Fertigungs- und Konstruktionsstand in allen beteiligten Werken im In- und Ausland identisch sein sollten –
- Produktionsvorbereitung,
- Produktionssteuerung,
- Materialfluß/Logistik,
- Konstruktion und
- Qualitätssicherung

auf das engste zusammenwirken.

3.1 Aufgaben der Produktionsvorbereitung

Für eine Auslandsfertigung spielt die Produktionsvorbereitung eine wichtige Rolle. In diesem Bereich wird die Ausstattung der Montagewerke mit den notwendigen Lagertechnik-, Förder- und Produktionsanlagen und den zu verwendenden Fertigungstechnologien geplant.

Ziel der Planung ist, die investitionsintensiven flexiblen und automatisierten Fertigungsanlagen durch lohnintensive Produktionsanlagen einfacher Technologien zu ersetzen. Für die Großserienproduktion geeignete Fertigungsverfahren werden durch einfachere Technologien ersetzt, die sich auch bei kleinsten Serien unter ungünstigen infrastrukturellen Bedingungen anwenden lassen.

Ein Beispiel aus der Praxis ist die Substitution des Tiefziehens durch einfaches Abkanten in der Fahrerhausfertigung. In Wörth, einer der modernsten Nutzfahrzeugfabriken der Welt, werden die Blechteile des Fahrerhausunterbaus in großer Stückzahl mit Tiefziehwerkzeugen hergestellt. Die Produktionsvorbereitung entschied sich nun für die Fertigung von nicht sichtbaren Teilen desselben Fahrerhausunterbaus, bei weit geringeren Stückzahlen, für den Einsatz einer einfachsten – überall verfügbaren – Abkantmaschine. In der Funktion des Fahrerhauses zeigt sich bei beiden Versionen kein Unterschied, doch ist die Auslandsvariante mit weniger Aufwand realisierbar. Hier wird deutlich, wie hohe Investitionskosten durch relativ billige Arbeitskraft substituiert werden.

Bei dem folgenden Beispiel wird das Zusammenspiel zwischen Produktionsvorbereitung und Konstruktion deutlich. Ist für eine Großserienproduktion automatisches Punktschweißen vorgesehen, kann für den gleichen Fahrerhausrohbau in Kleinstserienproduktion ein anderes Schweißverfahren sinnvoll sein.

Ein wichtiges Instrumentarium der Produktionsvorbereitung ist die Versuchswerkstatt und der Musterbau. Hier werden in handgefertigten Prototypen die ersten Probleme sichtbar. Zusammen mit der Konstruktion lassen sie sich noch im Anfangsstadium einer Auslandsmontage ausbügeln.

3.2 Aufgaben der Produktionssteuerung

Die Produktionssteuerung muß die Anlieferung der Bauteile in der richtigen Stückzahl am richtigen Ort zum benötigten Termin sicherstellen. In den Produktionswerken müssen die Vorlaufzeiten für die einzelnen Bauteile bis zur Entnahme aus dem Materialfluß festgelegt werden. Je mehr Werke an diesem Produktionsverbund beteiligt sind, desto komplexer wird die Teilesteuerung.

Bei einem realisierten Multisourcing-Bezug muß eine genaue Dokumentation die beteiligten Schnittstellen zusammenbringen, um exakte Paßmaße der Bauteile zu gewährleisten. Eine nicht dokumentierte Änderung eines Bauteils kann in einem anderen Land zu Montageproblemen führen. Hier ist genaueste Feinabstimmung zwischen den beteiligten Werken notwendig.

Auch hier wird wieder deutlich: Die Information wird zum entscheidenden Produktionsfaktor. Eine Grundlage für die rechnergestützte Fabrik und für moderne Logistikkonzepte ist die weltweit einheitliche Stücklistenverwaltung sowie einheitliche Numerierungssysteme für die Multisourcing-Lieferteile. Daimler-Benz muß also die internationalen Fertigungsaktivitäten global steuern. Die insgesamt 41 Produktions- und Montagegesellschaften müssen „vernetzt" werden.

3.3 Materialfluß und Logistik

Im ersten Schritt müssen der Materialfluß-, aber auch der Fabrik- und Einrichtungsplaner die ckd-Teile in den heimischen Produktionswerken aus dem Fertigungsfluß ausschleusen. Dabei dürfen hochautomatisierte Anlagen, wie sie zum Beispiel in Wörth stehen, nicht aus dem Takt gebracht werden. Der Transportweg zwischen den Quellen (Deutschland, ausländische Produktionswerke) und den Senken (ausländische Montagewerke) ist als verlängertes Fließband anzusehen.

In den meisten Fällen handelt es sich um kostengünstigen Seetransport in Containern. Gerade in streikgefährdeten Ländern hat sich die Teilebevorratung in Containern, die noch im Hafengebiet stehen, als Materialpuffer für sinnvoll erwiesen.

Im Montagewerk müssen dann die zugelieferten deutschen, drittpartnergelieferten und lokalen Bauteile durch entsprechende Materialflußplanung an den richtigen Montagestationen eintreffen.

3.4 Aufgaben der Konstruktion

Die Konstruktionsabteilung stellt sicher, daß alle bei dem Multisourcing-Bezug beteiligten Teile demselben Konstruktionsstand entsprechen. Alle Bauteile, besonders die von lokalen Zulieferern bezogenen, müssen beim Zusammenbau auch zusammenpassen. Nach technologischen Änderungen durch die Produktionsvorbereitung müssen die Maße der Bauteile noch mit den geforderten Maßen der Konstruktion übereinstimmen.

Eine Vorstellung dafür mag das Fahrerhaus der „Neuen Generation 80" geben. Diese für den europäischen Markt in Wörth produzierte Nutzfahrzeugkabine wurde unter anderem für die türkischen und indonesischen Produktionswerke konstruktiv verändert, um den entsprechenden Marktanforderungen gerecht zu werden. Trotzdem stimmen die Maße für Kabine und Wörther Chassis überein, und beide lassen sich problemlos montieren.

3.5 Qualitätssicherung

Es existiert ein Grundsatz, der in jedem Fall eingehalten werden muß und auch wird: Jedes Fahrzeug, das den „Stern" trägt, ist ein Fahrzeug der Spitzenklasse, das höchsten machbaren Qualitätsansprüchen genügt. Dies gilt für in Deutschland gefertigte Automobile, aber ebenso für Fahrzeuge „Made by Mercedes-Benz", die im Ausland gefertigt und montiert werden. Aus diesem Grund fällt der Qualitätssicherung eine entscheidende Rolle zu.

Jede ausländische Produktionsstätte wird mit Anlagen ausgerüstet, die den bekannten deutschen qualitativ gleichwertig sind. Das bedeutet letztlich, daß deutsche Maschinen und Anlagen weltweit in den Werken eingesetzt werden.

Aufgrund von gesetzlichen Importrestriktionen des jeweiligen Landes ist es nicht immer möglich, die entsprechenden Anlagen aus Deutschland zu importieren, gleichzeitig sind oft auch keine vergleichbaren Anlagen im Gastland zu beschaffen. Dieser Umstand muß bei der Planung des Montagewerkes berücksichtigt werden.

Deshalb beschäftigt sich ein ganzer Bereich mit gezielter länderspezifischer Produktionsplanung und der Verbesserung der vorgegebenen Anlagen, auf denen später produziert wird, um die geplante Qualität des Endprodukts auch mit diesen Maschinen zu garantieren. Dieser Know-how-Transfer kommt auch den Maschinenbauern des Gastlandes zugute.

Eine ständige Betreuung der Produktions- und Montagewerke durch das Mutterwerk ist selbstverständlich, was zum Beispiel regelmäßige Auditkontrollen vor Ort durch Montageinspektoren einschließt. Beim Auftreten von Produktionsschwierigkeiten, die mit den gegebenen Mitteln bzw. Mitarbeitern nicht zu lösen sind, kommen Spezialisten aus Deutschland, um die Probleme zu bewältigen.

Lokal bezogene Teile werden erst nach Prüfung durch das Mutterwerk freigegeben. Komplett im Ausland entwickelte Nutzfahrzeuge müssen das ausgeklügelte und strenge Testprogramm des Untertürkheimer Nfz-Versuchs bestehen.

Alle diese Maßnahmen sind gemäß der Qualitätsphilosophie notwendig. Sie helfen, länderspezifische Gegebenheiten zu berücksichtigen und gleichzeitig aber alles, was unter „Made by Daimler-Benz" verstanden wird, zu sichern.

4 Beispiele für die Fertigung im Weltverbund

Beispiel 1: Indonesien

Das Montagewerk der P.T. German Motor Manufacturing in Verbindung mit der Vertriebsgesellschaft P.T. Star Motors Indonesia in Jakarta soll als Beispiel eines Engagements in einem wenig industrialisierten Land stehen. Dabei werden auch die Schwierigkeiten eines weltweiten Produktionsverbundes dargestellt.

Indonesien ist ein bevölkerungsreiches, sogenanntes Billiglohnland, mit strengen Regierungsauflagen. Es gilt beispielsweise ein generelles Importverbot für „completely-built-up (=cbu)-Fahrzeuge, d.h. fertige Pkw, und ein Montageverbot für nichtlizenzierte Fahrzeuge und Komponenten. Das heißt, für die Erlaubnis zur Montage von Kraftfahrzeugen muß im Vorfeld eine Lizenz erworben werden, die von der Regierung erteilt wird.

Completely-knocked-down (=ckd)-Pkw sind mit 130% des Rechnungswertes mit Abgaben belegt. ckd-Fahrzeuge stellen Bausätze dar, die im Inland produziert und im Ausland nur noch zum fertigen Fahrzeug zusammengebaut werden müssen. Auf ckd-Geländewagen werden Abgaben in Höhe von 20% bis 30% erhoben, wohingegen ckd-Lkw zollfrei einführbar sind.

Der Stundenlohn beträgt in Indonesien lediglich DM 2,—, bei einer 40-h-Arbeitswoche. Obwohl es augenscheinliche Lohnkostenvorteile gibt, können dort Produkte mit hoher Technologie wie Automobilaggregate nicht produziert werden, da es an entsprechender Ausbildung der Mitarbeiter und den notwendigen Infrastrukturen fehlt. Außerdem werden die gesamten Produktionskosten von weiteren Faktoren wie Produktionstechnologie, Produktivität und sonstigen – meist bürokratischen – Hemmnissen negativ beeinflußt.

Beispielsweise existiert ein Abkommen zwischen den ASEAN-Staaten, daß von dort bezogene Teile als inländisch angesehen werden und damit zollfrei einführbar nach Indonesien sein sollen. Nichtsdestotrotz wird in der Realität aber eine Importabgabe von 100% für alle Kfz-Teile erhoben.

Dem indonesischen Engagement kommt trotz der erschwerten Bedingungen eine besondere Bedeutung zu, da die konkurrierenden Automobilfabriken aus Japan dieses Land als ureigene Domäne zu betrachten pflegen. Die Entscheidung für den Standort in diesem Raum basiert auf langfristigen strategischen Überlegungen. Mit diesem Montagewerk hat Daimler-Benz einen Fuß in der Tür zu dem wachstumsträchtigen fernöstlichen Markt. Außerdem erlaubt es die größere Marktnähe, schneller auf Marktveränderungen zu reagieren.

In Indonesien werden in diesem Jahr rund 1500 Pkw der mittleren Mercedes-Baureihe aus ckd-Umfängen montiert. Der Local-content-Anteil beträgt zwischen 5% und 8% des Lieferwertes. Zusätzlich werden ckd-Sätze für Geländewagen und Lkw sowie für Omnibus-Chassis geliefert. Der Local-content bei Lkw beträgt 40% und umfaßt neben Kleinteilen den Rahmen und das Fahrerhaus. Beim Busfahrgestell beträgt dieser Anteil zwischen 30% und 40%.

Wie überall in der dritten Welt werden Chassis an einheimische Unternehmen geliefert, die den Aufbau aus teilweise exotischen Materialien wie Holz herstellen. Außerdem werden bei der PTGMM komplette Busse montiert, wobei der Aufbau zu 100% mit lokal bezogenen Teilen vorgenommen wird.

Den Bussen kommt schon wegen ihrer Stückzahl eine besondere Bedeutung für die P.T. German Motor Manufacturing zu, aber auch für die indonesische Verkehrspolitik, da der Bus das flexibelste und auch preisgünstigste Massentransportmittel ist.

Die grundsätzliche Konstruktionsstruktur für den Aufbau des Omnibusses 0306 unterscheidet sich von der deutschen durch die Spantenbauweise. Dies ist eine notwendige Anpassung an die vorhandenen Betriebsmittel, das Know-how und die dortigen Markt- bzw. Straßenverhältnisse.

Das Verkehrsnetz besteht dort zu großen Teilen nicht aus geteerten Straßen, sondern eher aus Buschpisten. Filigrane, auf höchsten Komfort optimierte Leichtbaukonstruktionen verbieten sich aus diesem Grund von vornherein. Außerdem sind die dafür notwendigen Ausgangsmaterialien und Halbzeuge (z.B. beim Busaufbau in Deutschland gebräuchliche Hutprofile) in Indonesien nicht erhältlich. Das dazu notwendige Fertigungs-Know-how ist bei den einheimischen Zulieferern nicht gegeben.

Die Längs- und Querträger des verwendeten Leiterrahmens werden bei einem inländischen Stahlproduzenten aus 8 mm Stahl gepreßt und bei PTGMM zusammengenietet. Dieser robuste Rahmen ist selbst härtesten Bedingungen auf schlechten Pisten gewachsen, wie die Fahrzeuge in Asien, Südamerika und Afrika beweisen.

Die gesamte Antriebseinheit einschließlich der Achsen und der Motoren kommt in ckd-Version von Mercedes-Benz do Brasil. Gerade eine der modernsten Busfabriken der Welt, das brasilianische Daimler-Benz-Werk in Sao Bernardo, hat große Erfahrungen in dieser „mittleren" Bustechnologie gesammelt und kann deshalb diese Teile kostengünstig in Länder der Dritten Welt wie Malaysia, Thailand oder Nigeria liefern.

Aus den Werken der Bundesrepublik Deutschland stammen die „High-Tech"-Fahrzeugteile, die nur mit dem hiesigen Know-how in der geforderten Qualität produziert werden können. Primär sind dies die Lenkung und die Gelenkwellen. Außerdem werden sicherheitsrelevante Bauteile vor dem Einbau erst hier auf ihre Qualität und Standfestigkeit getestet und überprüft.

In Indonesien erfolgt die Montage aller angelieferten Aggregate, ebenso der lohn- und arbeitsintensive Busaufbau, der speziell auf die Bedürfnisse der dortigen Kunden abgestimmt ist. Die „Low-Tech" des Aufbaus ist auch mit den dortigen relativ bescheidenen Mitteln zufriedenstellend und kostengünstig produzierbar.

Im Zuge der fortschreitenden Industrialisierung werden immer mehr, auch höherwertige Teile von indonesischen Zulieferfirmen hergestellt und in die Fahrzeuge gebaut. Auf diese Weise leistet Daimler-Benz auch einen Beitrag zur Weiterentwicklung dieses Landes, was als gesellschaftspolitische Pflicht angesehen wird.

Beispiel 2: Mercedes-Benz-Truck Co., Hampton, Va. (USA)

Aus wirtschaftlichen Gründen hat man sich für einen weltweiten Produktionsverbund entschlossen, um mit den Vorteilen von in Billiglohnländern gefertigten Bauteilen auf dem größten Binnenmarkt der Erde, den USA, bestehen zu können. Als Beispiel eines erfolgreichen Produktionsverbundes zwischen verschieden stark industrialisierten Ländern – USA, Deutschland und Brasilien – gilt die Montage der MB L 1319 und LP 1419.

Im Jahre 1980 wurde mit der Montage in Hampton begonnen, damals mit fast 98%-Lieferanteil der Mercedes-Benz do Brasil; insgesamt wurden bisher bald 30000 Einheiten montiert. Zur Zeit werden jährlich über 4000 Einheiten dieser – in den USA zu den Klassen 6 und 7 gehörenden – Lkw montiert.

Heute werden die Fahrzeuge in einem einzigartigen Multisourcing-Liefersystem montiert. Aus den USA kommen etwa 20% Lieferanteil. Die Local-content-Teile sind unter anderem Reifen, Felgen, Tanks, Batterien, Kühler, Auspuffsystem, automatisches Getriebe, Air condition und viele Kleinteile. Aus Brasilien kommen heute unter 50% der Teile. Das sind insbesondere der Rahmen, der Motor, das Getriebe und die Kurzhaubenfahrerhäuser – Fahrerhäuser, wie sie übrigens auch in Indonesien verwendet werden. Aus Wörth kommen die Frontlenker-Fahrerhäuser für den Typ LP 1419 und die Sitze, die Lenkungsteile stammen aus Düsseldorf.

Hier kann man wirklich von Multisourcing sprechen. Das Werk Hampton bedient sich dazu einer ausgeklügelten, softwareunterstützten Materialwirtschaft. Die aus verschiedenen Kontinenten stammenden Bauteile werden automatisch im Lager zusammengestellt, wenn ein entsprechendes Chassis aufgelegt wird.

In Zukunft wird ein gemeinsames Team von Fachleuten aus Deutschland, den USA und Brasilien ein globales Multisourcing-Materialwirtschaftssystem schaffen und einführen. Der Fertigungsablauf stellt sich folgendermaßen dar: Im Gegensatz zu der anderen Daimler-Benz-Nutzfahrzeug-Gesellschaft in den USA, Freightliner, existiert bei Mercedes-Benz-Truck Co. kein Fahrerhaus-Rohbau. Die Fahrerhäuser kommen in Gebinden aus Brasilien oder aus Deutschland in Containern. Aus Brasilien kommen die Kurzhauben-Fahrerhäuser mit den wichtigsten Komponenten des Antriebsstranges wie Achsen und Getriebe zusammen auf eine Palette gepackt.

Die brasilianischen Rahmenteile werden zu kompletten Rahmen vernietet. Auf einem ergonomischen Schwenkrahmen — auf dem der Lkw-Rahmen umgedreht liegt — werden die Achsen montiert. Nach der Rahmenlackierung werden Steuerleitungen, Kabelsätze und Pneumatikschläuche zugefügt. Auf die Montage des ebenfalls aus Brasilien stammenden Motors folgend, findet die „Hochzeit" zwischen Chassis und Führerhaus statt. Jedes Fahrzeug wird in einem Leistungsprüfstand und in der Endkontrolle geprüft.

Eine besondere Spezialität der Mercedes-Benz-Truck Co. ist ein Getränkeverteilfahrzeug. Mit einem Sonderniedrigrahmen und einem Automatikgetriebe ist dieses Fahrzeug erfolgreicher als andere Fahrzeuge des Wettbewerbs. Dieses Fahrzeug hat nicht nur Eltern in drei Kontinenten, auch repräsentiert es mit dem bewährten Kurzhauben-Führerhaus und dem automatischen Getriebe plus neuartigem Aufbau verschiedene Generationen der Nutzfahrzeugkonstruktion in einem Fahrzeug.

5 Ausblick

Besonders der Nutzfahrzeugmarkt hat inzwischen globale Dimensionen angenommen. Deshalb müssen auch Strategien und Marktmöglichkeiten global, d.h. weltweit, ausgerichtet werden. Auf diese Situation ist Daimler-Benz mit seinen Produktionsstätten in zahlreichen Ländern der Welt eingestellt. Der einzelne Hersteller muß in allen Teilen der Welt die Marktgeschehnisse rechtzeitig erkennen, alle logistischen Voraussetzungen erfüllen und für alle Märkte ein wirklich marktfähiges Erzeugnis bereitstellen.

Sicherlich wird auch die künftige Entwicklung der Automobilindustrie maßgeblich durch die Tendenz zur Globalisierung bestimmt werden. Folgende Punkte sind in diesem Zusammenhang hervorzuheben:

- Der sich verschärfende Wettbewerb auf den Volumenmärkten wird in Verbindung mit protektionistischen Tendenzen sowohl die weltweite Kooperation zwischen den Automobilkonzernen als auch die Konzentration auf dem Weltmarkt forcieren. Die Zusammenarbeit in Forschung und Entwicklung sowie die gemeinschaftliche Fertigung von Fahrzeugaggregaten ermöglichen über hohe Stückzahlen die Produktion mit vergleichsweise niedrigen Stückkosten und damit eine Verbesserung der Wettbewerbsfähigkeit. Kooperation bei gleichzeitiger Konkurrenz wird kein absoluter Widerspruch sein.
- Die Schwellenländer Südostasiens und Lateinamerikas werden ihren Anteil an der Weltproduktion auf Kosten der traditionellen Produktionsregionen erhöhen. Insbesondere in den unteren Marktsegmenten werden die Schwellenländer Marktanteile hinzugewinnen.
- Neben der Forschungs- und Entwicklungsarbeit wird der Export von Teilen und Teilesätzen sowie die Vergabe von Lizenzen und der Verkauf von Patenten in den traditionellen Herstellerländern an Bedeutung gewinnen, während man Produktion und Montage zunehmend in kostengünstigere Auslandsstandorte verlagern muß.
- Innerhalb Westeuropas wird die für das Jahr 1992 geplante Schaffung eines einheitlichen europäischen Binnenmarktes die Möglichkeiten zur internationalen Arbeitsteilung verbessern. Dies wird auf lange Sicht zu einer Stärkung der peripheren Standorte (Spanien, Portugal, Griechenland, Großbritannien) auf Kosten der zentralen Standorte führen.
- Die Stärkung der internationalen Wettbewerbsfähigkeit durch Nutzung von Kostenvorteilen, die sich durch die weltweite Arbeitsteilung ergeben, sichert letztendlich die heimischen Arbeitsplätze.

Fertigung im Weltverbund aus der Sicht eines Zulieferers

F. Scholl, Stuttgart

Inhalt. Deutsche Zulieferer von Baugruppen und Systemen, hauptsächlich für den Fahrzeug- und Maschinenbau, haben seit den 50er Jahren Auslandsfertigungen aufgebaut. Sie folgten ihren Abnehmern und trugen zur Forderung nach „local content" bei. Ausländische Fertigungswerke werden immer wichtiger, um neue Märkte zu erschließen. Wettbewerbsfähigkeit bei Herstellkosten, Qualität und Liefersicherheit unter handelspolitischen Zwängen erfordern Fertigung im Weltverbund. Das wird an Beispielen dargestellt.

1 Einleitung

Die weltweite Fertigung ist für einen Zulieferer Teil der Aufgabe, bestehende Kundenbeziehungen und Märkte zu erhalten und neue aufzubauen, um damit den Unternehmenserfolg zu sichern.

Am Beispiel der Kraftfahrzeughersteller und ihrer Zulieferer im allgemeinen und von Bosch als Zulieferer im besonderen werden Formen der weltweiten Geschäftstätigkeit und Fertigung dargestellt.

2 Historische Entwicklung

Robert Bosch gründete 1886 in Stuttgart eine „Werkstätte für Feinmechanik und Elektrotechnik", in der er auch Magnetzünder für ortsfeste Motoren herstellte. Ein 1897 entwickelter Magnetzünder für mobile Anwendung fand großes Interesse bei den Automobilherstellern im In- und Ausland. Ab 1898 wurden selbständige Unternehmen im Rahmen von Vertretungsverträgen in England, Nordamerika und einigen europäischen Ländern tätig, 1899 wurden die ersten eigenen Vertriebsgesellschaften im Ausland gegründet, teilweise zusammen mit Partnern.

Das starke Wachstum des nordamerikanischen Marktes führte 1906 zur Gründung der eigenen Vertriebsgesellschaft und 1910 zum Aufbau einer Fertigung in den USA. 1909 war schon in Frankreich mit der Fertigung von Zündapparaten begonnen worden. Damit konnten lange Transportzeiten, die hohen Transportkosten und die Zölle für Lieferungen aus Deutschland vermieden werden, aber auch die Verbindung von Zulieferer und Abnehmer wurde enger. In Rußland, China, Japan, Chile und anderen Ländern entstanden in den Folgejahren Vertretungen.

Der erste Weltkrieg beendete diese Entwicklung. Die Produktionsstätten in Frankreich und den USA wurden ebenso wie die meisten Vertriebsgesellschaften in aller Welt enteignet und an private Gesellschaften verkauft.

Ab 1919 begann Bosch wieder mit dem Aufbau von Vertretungsfirmen und Vertriebs-Tochtergesellschaften im Ausland. Es dauerte aber bis Ende der 20er Jahre, ehe die Fertigung in England, Frankreich und den USA, zum Teil in Form von Joint Ventures, wieder aufgenommen wurde. Die politische Entwicklung der 30er Jahre und der zweite Weltkrieg führten erneut zu einem Verlust des Auslandsgeschäfts.

Der Aufbau von Auslandsfertigungen in den 50er Jahren wurde durch die Erfolge der deutschen Automobilhersteller angestoßen. Für die mit Bosch-Erzeugnissen ausgerüsteten exportierten Kraftfahrzeuge entstand ein Ersatzteilbedarf. Zusammen mit der Errichtung von Fabriken im Ausland veranlaßten die deutschen Fahrzeughersteller ihre Zulieferer, ihnen ins Ausland zu folgen. Dabei war einerseits der Wunsch nach enger Zusammenarbeit vor Ort, andererseits aber auch die Forderung vieler Länder nach möglichst hohem „local content", also hohem einheimischen Fertigungsanteil, bestimmend. Hinzu kam der Bedarf der weltweit wachsenden internationalen Automobilindustrie, der zu einem erheblichen Teil nur über die Fertigung im Ausland zugänglich war. Dies führte dazu, daß Bosch heute außerhalb der Bundesrepublik Deutschland in 16 Ländern 50 eigene Fertigungsstätten hat. Seit den 70er Jahren sind der Ausbau und die Programme vom Ziel bestimmt, einen effizienteren Produktionsverbund zu schaffen. Dieser ist immer stärker geprägt durch den internationalen Wettbewerb, in dem Preis, Qualität, Liefersicherheit, Flexibilität und Innovationskraft einige der maßgebenden Faktoren sind.

3 Kriterien für die Auslandsfertigung

Die historische Entwicklung der Auslandsfertigung von Bosch zeigt die wichtigsten Kriterien, die auch für andere Zulieferer gelten, nämlich

- Markt- und Kundennähe, Erfüllung von Kundenforderungen. Diesen Weg gingen deutsche Zulieferer in den letzten 20 Jahren in den USA, Brasilien, Mexiko und anderen Ländern. Der Aufbau von Auslandsfertigungen durch japanische Automobilhersteller und ihre Zulieferer, besonders in den USA, ist ein weiteres, sehr bedeutsames Beispiel dafür.
- Eintritt in teilweise oder ganz geschlossene Märkte, die nur durch lokale Fertigung, in manchen Ländern nur in Form von Joint Ventures mit einheimischen Partnern, zugänglich sind.
- Erhaltung der internationalen Wettbewerbsfähigkeit bei Herstellkosten, Qualität, Lieferzuverlässigkeit und der Erfüllung weiterer Anforderungen. Dabei sind Art und Menge der Produktion, die Arbeitskosten, Begünstigungen und Belastungen gesetzlicher und tariflicher Art,

Währungsrelationen und andere kostenbestimmende Faktoren von großem Einfluß; einige davon unterliegen in der Regel zeitlichen Schwankungen.

Diese Hauptkriterien sind oft untereinander verknüpft, doch gibt es auch Beispiele, bei denen nur eines der Kriterien maßgebend war. So zum Beispiel, wenn in einem Land ohne eigene Abnehmerindustrie aus Kostengründen eine Fertigung ausschließlich für den Export aufgebaut wurde, um die anders nicht überwindbaren Kostennachteile im internationalen Wettbewerb auszugleichen. Die dabei wirksamen Einflüsse, die bei jeder Auslandsfertigung gründlich, vollständig und auch hinsichtlich künftiger Veränderungen betrachtet werden müssen, werden im folgenden näher behandelt.

4 Kostensituation bei der Fertigung im Ausland

Aufgabe jedes Fertigungswerkes ist es, die Herstellung von Teilen und Erzeugnissen in einer bestimmten Menge und Qualität unter Nutzung lokaler Kostenvorteile so wirtschaftlich wie möglich durchzuführen. Um zu entscheiden, an welchem Standort dies am besten möglich ist, sind zahlreiche kostenwirksame Faktoren zu berücksichtigen. Neben den Arbeitskosten, also den Lohn- bzw. Personalkosten, sind dies die Kapitalkosten, Steuern und Abschreibungen, die Kosten für Maschinen und Einrichtungen, für Rohstoffe und Teile, für die Koordination und den Vertrieb.

Diese Kosten sind durch einige der vorher erwähnten Kriterien wie Währungsrelationen, Zölle und andere gesetzliche Regelungen sowie die am Standort verfügbare Infrastruktur beeinflußt.

Im Vordergrund der Diskussion über ausländische Fertigungsstandorte stehen — in den letzten Jahren zunehmend immer stärker — die Arbeitskosten. Nach einem Kostenvergleich des Instituts der deutschen Wirtschaft haben besonders die Wechselkursbewegungen, aber auch die sehr unterschiedliche Höhe des Direktentgelts und der Personalzusatzkosten in letzter Zeit weltweit zu noch größeren Abständen bei den Arbeitskosten in den verschiedenen Ländern geführt.

Die folgenden Zahlen (s. Tabelle 1) stammen aus einem vom Institut der deutschen Wirtschaft (IW) durchgeführten Vergleich der Arbeitskosten in der verarbeitenden Industrie im Jahr 1987 [1]. Die Kosten je Arbeitsstunde setzen sich aus dem Direktentgelt und den Personalzusatzkosten zusammen. Letztere sind in der Bundesrepublik Deutschland infolge hoher Aufwendungen für arbeitsfreie Zeiten (Urlaub, Feiertage, Krankheitstage) am höchsten.

Die Arbeitskosten liegen in der Schweiz und in der Bundesrepublik Deutschland sehr deutlich an der Spitze. Beim Direktentgelt befindet sich die Bundesrepublik Deutschland mit 17,70 DM etwa auf gleicher Höhe wie die USA; die Schweiz und Dänemark nehmen mit 21 bis 22 DM/h die Spitzenstellung ein.

Die Bandbreite der Arbeitskosten umfaßt innerhalb der westlichen Industrieländer den Bereich von 2:1, in Europa von 6:1, bei Einbeziehung fernöstlicher Industrieländer wie Korea und Taiwan etwa 10:1 und schließlich auf China bezogen etwa 20:1.

Die Dauer der Arbeitszeit findet zwar in den Arbeitskosten einen Niederschlag, sie ist jedoch außerdem in Verbindung mit der Arbeitszeitflexibilität für die Anlagennutzung und damit für die Anlagen-Betriebskosten von Bedeutung. Nach einer BDA-Studie [2] ist die tarifliche Arbeitszeit in der Bundesrepublik Deutschland mit 1716 Stunden pro Jahr weltweit am kürzesten. In der Schweiz (1913 Stunden)

Tabelle 1. Struktur der Arbeitskosten

	Arbeitskosten in DM/h	davon	
		Direktentgelt	Personalzusatzkosten
Schweiz	33,03	22,09	10,94
BR Deutschland	32,67	17,70	14,97
Norwegen	29,61	19,87	9,74
Schweden	27,61	15,87	11,74
Niederlande	27,56	15,44	12,12
Dänemark	27,20	21,67	5,53
Belgien	26,26	14,63	11,63
Japan	25,12	19,47	5,65
USA	24,57	17,87	6,70
Österreich	24,49	12,56	11,93
Italien	24,27	12,26	12,01
Frankreich	22,41	12,08	10,33
Kanada	22,37	16,57	5,80
Australien	18,91	13,13	5,78
Irland	17,70	12,50	5,20
Großbritannien	17,68	12,41	5,27
Spanien	16,66	10,68	5,98
Griechenland	8,17	5,06	3,11
Portugal	5,32	3,11	2,21

und in den USA (1912 Stunden) arbeitet ein Industriearbeiter umgerechnet 5, in Japan sogar bis zu 11 Wochen länger.

Da in fast allen anderen Ländern die Flexibilisierungsmöglichkeiten für die Arbeitszeit weit größer sind — Ausgleichszeiträume liegen oft bei mehreren Monaten bis zu einem Jahr — und die Arbeitsmöglichkeiten an Wochenenden weniger eingeschränkt sind als in der Bundesrepublik Deutschland, ergeben sich dort erweiterte Möglichkeiten zur verbesserten zeitlichen Nutzung von Maschinen und Einrichtungen. Auch dann, wenn bei kürzerer Arbeitszeitdauer durch entsprechende Schichtpläne mit einer größeren Zahl von Mitarbeitern gleiche Anlagennutzung erreicht wird, stellt der bei kürzerer Arbeitszeit erforderliche häufigere Wechsel der Mitarbeiter in der Regel noch einen Nachteil dar.

Die Kosten der Rohstoffe und Teile für die Fertigung zeigen weltweit ein sehr unterschiedliches Bild. Während die international gehandelten, börsennotierten Metalle geringe Preisunterschiede aufweisen, sind Spezialwerkstoffe und Halbzeug, zu denen zum Beispiel hochlegierte Stähle gehören, in manchen Ländern nur durch teure Importe zugänglich. In Niedriglohnländern gefertigte Vorprodukte — hierzu können neben mechanischen Bauteilen auch elektronische Bauelemente gehören — haben in der Regel deutliche Kostenvorteile im jeweiligen Land; dies gilt bei Bezug der gleichen Bauteile durch ausländische Abnehmer oft nicht im gleichen Maß. Die niedrigen Kosten von Geräten der Unterhaltungselektronik in Fernost sind nicht zuletzt auch auf die günstigen Bezugspreise für elektronische Bauelemente zurückzuführen.

Moderne Fertigungs- und Prüfeinrichtungen, die in den großen westlichen Industrieländern und Japan hergestellt werden, sind bis zur Inbetriebnahme in vielen Ländern wesentlich teurer als in der Bundesrepublik Deutschland. Zölle, Transportkosten, Versicherungen und Inbetriebnahmekosten tragen dazu bei, daß der 1,5- bis 2fache Betrag anfallen kann.

Auch die Kapitalkosten für die in Gebäuden und Anlagen, in Vorräten und im Umlauf sowie in Forderungen gebundenen Mittel sind in fast allen Ländern seit Jahren höher als in der Schweiz und der Bundesrepublik Deutschland mit ihrer sehr niedrigen Inflationsrate. Der Absolutbetrag der Mittelbindung und der Kapitalkosten kann jedoch bei Niedriglohnländern infolge einfacherer Gebäude und Einrichtungen geringer als im Inland sein.

Die optimale Nutzung lokaler Kostenvorteile wird dann erreicht, wenn bei der Konstruktion und Herstellung eines Produkts die am jeweiligen Standort günstig beziehbaren Stoffe und Teile berücksichtigt werden und die Fertigungsverfahren hinsichtlich der Anlage-, Betriebs- und Arbeitskosten angepaßt und optimiert werden, wobei die Funktions- und Qualitätsanforderungen für das Produkt gewährleistet bleiben. Der letztgenannte Punkt muß dabei sehr kritisch betrachtet werden.

Für einen weltweit tätigen Zulieferer muß es weltweit gültige Grundsätze der Qualitätspolitik geben; sie müssen mit denen der jeweiligen Abnehmer verträglich sein. Häufig ist in den Liefervereinbarungen festgelegt, daß Veränderungen bei Werkstoffen, Teilen und Fertigungsverfahren der Freigabe durch den Abnehmer unterliegen. Dies schränkt die Möglichkeiten des Zulieferers ein.

Die hohen Qualitätsziele — „zero defects" oder Null-Fehler-Forderungen — sind ohne Einsatz objektiver, personenunabhängiger Produktions- und Prüfverfahren bei manchen Arbeitsgängen kaum oder nicht erreichbar. Hier zeigen sich Grenzen, bei denen moderne, kapitalintensive Technik nicht in gleichwertiger Form durch lohnintensive, einfachere Verfahren substituiert werden kann.

Der Aufbau und der Betrieb von Fertigungsstätten im Ausland basiert in hohem Maß auf den Erfahrungen und Kenntnissen des Stammhauses. Sie werden transferiert durch laufenden Informationsaustausch, durch Betreuung und Schulung, durch Bereitstellung von technischen Unterlagen und Hardware, durch die Prüfung, Freigabe und Markteinführung der Produkte, vor allem aber auch durch die Entsendung von Mitarbeitern. Die dabei entstehenden „Koordinationskosten" sind beträchtlich; sie liegen in der Regel wesentlich über denen inländischer Werke. Koordinationskosten sind stark abhängig von der Breite des Fertigungsprogramms, dem technischen Schwierigkeitsgrad und der Komplexität der Erzeugnisse, dem angewendeten Fertigungsverfahren sowie von der Infrastruktur und der Entfernung des Standorts. Sie sind nicht proportional zu der Produktionsmenge der Fertigung und wirken sich dadurch sehr unterschiedlich auf die Gesamtkosten des jeweiligen Standorts aus.

Von allen kostenwirksamen Faktoren haben die Arbeitskosten das größte Gewicht. Wenn innerhalb der europäischen Länder Arbeitskostenunterschiede von mehr als 10% bestehen, sind deren Auswirkungen bei vergleichbaren Produktionsmengen am Standort mit höheren Arbeitskosten kaum mehr durch technische Maßnahmen auszugleichen. Während vor einigen Jahren die Vorteile der Großserienfertigung an deutschen Standorten kostenmäßig auch in Ländern mit wesentlich geringeren Arbeitskosten kaum erreichbar waren, hat sich dieses Bild seit Mitte der 80er Jahre durch Währungsveränderungen — der Kurs des US-Dollars lag im Durchschnitt des Jahres 1985 um 64% über seinem Durchschnittswert von 1987 —, den Kostenanstieg in der Bundesrepublik Deutschland und auch durch technische Veränderungen in den Produkten wesentlich verschoben.

Im Frühjahr 1988 durchgeführte Kostenanalysen mehrerer vergleichbarer Erzeugnisse aus der Dieseleinspritztechnik, bei Autoradios der unteren und mittleren Leistungsgruppe und bei Gaswärmegeräten, die Bosch alle weltweit an mehreren Standorten fertigt, zeigen Unterschiede in den Herstellkosten innerhalb Europas von bis zu 20%, bei Einbeziehung nah- und fernöstlicher Produktionsstätten von bis zu 40%. Ähnliches gilt auch für eine beträchtliche Zahl von Teilen und Baugruppen. Zusätzliche Transportkosten und Zölle, die zwischen 5% und 15% der Herstellkosten liegen können, vermindern zwar die Gesamtkostendifferenz, verändern aber die Situation nicht grundsätzlich.

Es ist anzunehmen, daß derartige Kostenunterschiede längerfristig weiterbestehen oder sich sogar noch verstärken werden, weil in einigen Ländern der künftige Produktivitätsfortschritt größer sein wird als in der Bundesrepublik Deutschland. Einerseits nimmt der Leistungsgrad der Mitarbeiter zu und andererseits werden die technischen Einrichtungen verbessert und durch Eigenbau oder lokale Hersteller kostengünstiger zugänglich.

Bei vielen Erzeugnissen ist eine enge Verbindung von Entwicklung und Fertigung erforderlich. Die Fertigungserfahrung muß frühzeitig in die Erzeugnisentwicklung einfließen, um die Qualitäts- und Kostenziele eines neuen Produkts zu erreichen. Neuartige Erzeugnisse werden ihren Lebenszyklus in der Regel in Werken mit großer Fertigungserfahrung und mit Unterstützung der Entwicklung beginnen. Dies findet bisher weitgehend in der Bundesrepublik Deutschland statt. Die Forderung nach Kundennähe, dem „Dabeisein" als Gesprächspartner mit lokaler Applikationskapazität und mit Zugang zu den Ressourcen der Muttergesellschaft, hat aber in den letzten Jahren in Ländern mit einer eigenen Abnehmerindustrie zum Aufbau von Entwicklungskapazität geführt. Die Leistungsfähigkeit einiger ausländischer Fertigungsgesellschaften wuchs beträchtlich.

5 Zusammenfassung

Für die Bosch-Gruppe ist der weltweite Fertigungsverbund aus politischen und wirtschaftlichen Gründen unabdingbar. Mittelpunkt dieses Verbunds und wichtigster Fertigungsstandort wird die Bundesrepublik Deutschland bleiben, wo sich die Forschung, die Entwicklung neuer Produkte und Systeme sowie die Fertigung komplizierter Baugruppen, Geräte und Systeme konzentriert. Allerdings wird die Fertigungstiefe insgesamt abnehmen. Bewährte und reife Produkte müssen auch im Ausland in Marktnähe hergestellt werden. Dort ist den großen Kunden Anpassungsentwicklung und Applikationsunterstützung anzubieten.

Bei der Herstellung einfacher Teile, Baugruppen und Erzeugnisse sind zur Erhaltung der Wettbewerbsfähigkeit und eines großen Teils der Arbeitsplätze in der Bundesrepublik Deutschland die Kostenvorteile ausländischer Fertigungswerke zu nutzen. Die Auswahl des jeweiligen Produktprogramms und der zum Einsatz kommenden Fertigungsverfahren richtet sich dabei nach den Gegebenheiten und künftigen Entwicklungsmöglichkeiten dieser Standorte. Zu dem Ausbau bestehender und dem Aufbau neuer Fertigungsstätten, wie Bosch dies in Brasilien, Indien, Mexiko, Malaysia, den USA und in anderen Ländern durchführt, kommen auch neue, gemeinsam mit industriellen Partnern in Joint Ventures betriebene Unternehmen, zum Beispiel in Japan, Südkorea, Portugal und den USA.

Wenn man zunehmend im Verbund von Inland und Ausland fertigt, verlagert man dabei einen Teil der bisherigen Exporte auf eine Fertigung in Auslandsmärkten. Das ist nicht nur betriebswirtschaftlich zwingend notwendig, sondern auch wirtschaftlich geboten und entspricht dem, was die Handelspartner von den Überschußländern erwarten, fordern oder sogar erzwingen.

Bosch strebt ein ausgewogenes Verhältnis von In- und Auslandsfertigung an, muß dazu aber auch in der Bundesrepublik Deutschland ein entsprechendes Umfeld haben. Hier wird eine zunehmende Gefährdung sichtbar. Dr. M. Bierich, der Vorsitzende der Bosch-Geschäftsführung, hat auf der Bosch-Bilanzpressekonferenz am 6.7.1988 dazu erklärt: „Es ist eine ökonomische Erfahrung, daß die Produktion dorthin wandert, wo sie am billigsten ist. Dies bedeutet, daß nicht nur Unternehmen, sondern auch Volkswirtschaften international konkurrenzfähig sein müssen. Wenn wir heute eine öffentliche Diskussion um den Standort Bundesrepublik haben, dann deshalb, weil versäumt wurde, die internen Wachstumskräfte ausreichend zu fördern und Wachstumshemmnisse zu beseitigen. Für die Konkurrenzfähigkeit unserer Unternehmen wollen wir selbst sorgen, aber für die Konkurrenzfähigkeit unserer Volkswirtschaft ist die Politik gefordert."

Literatur

1. Handelsblatt v. 19.4.1988
2. Handelsblatt v. 3.5.1988

Unternehmensstruktur der Werkzeugmaschinenindustrie im internationalen Vergleich

B. Leibinger, Ditzingen

Inhalt. Die Werkzeugmaschinenindustrie der Bundesrepublik Deutschland ist eine primär mittelständisch geprägte Industrie. Die durchschnittliche Mitarbeiterzahl liegt bei 250; nur zwölf Betriebe beschäftigten mehr als 1000 Mitarbeiter. Trotzdem ist die Bundesrepublik größter Werkzeugmaschinen-Exporteur mit einem Anteil von 23% am Weltexport.

Diese starke internationale Stellung muß von den deutschen Unternehmen immer wieder neu verteidigt werden. Am Beispiel der Firma Trumpf GmbH + Co. wird gezeigt, wie sich die Erfolgsfaktoren der deutschen Werkzeugmaschinenbauer aus der spezifischen Unternehmensstruktur erklären lassen.

1 Die Werkzeugmaschinenindustrie in der Bundesrepublik Deutschland, in den USA und in Japan

Der deutsche Maschinenbau erzielte im Jahr 1987 einen Gesamtumsatz von 168 Mrd. DM (Bild 1). Er beschäftigte fast 1,1 Mio. Menschen. Er ist damit nach der Beschäftigtenzahl die größte Industriebranche der Bundesrepublik Deutschland. Im Umsatz steht er nach der Kraftfahrzeugindustrie an zweiter Stelle.

In der Statistik der Teilbereiche, die dem allgemeinen Maschinenbau zugerechnet werden, nahm die Werkzeugmaschinenindustrie 1987 mit einem Produktionsvolumen von fast 13 Mrd. DM — das entspricht 8,5% des Gesamtumsatzes — und ca. 95000 Beschäftigten den zweiten Platz ein. Nur die Büro- und Informationstechnik ist in Umsatz und Beschäftigtenzahl größer.

Der Werkzeugmaschinenbau in der Bundesrepublik Deutschland ist eine primär mittelständisch geprägte Industrie. Sie umfaßt ca. 400 Betriebe — dividiert man die Anzahl der Beschäftigten durch diese Zahl, so ergibt sich eine durchschnittliche Betriebsgröße von 250 Mitarbeitern (Bild 2). Dies ist nicht nur ein statistischer Durchschnittswert — in der Tat ist das Schwergewicht dieser Industrie bei Betrieben kleiner und mittlerer Größe zu finden. Lediglich zwölf Betriebe beschäftigen mehr als 1000 Mitarbeiter.

Der mittelständische Charakter zeigt sich aber auch bei den Umsatzdimensionen, die bei maximal 500 Mio. DM liegen.

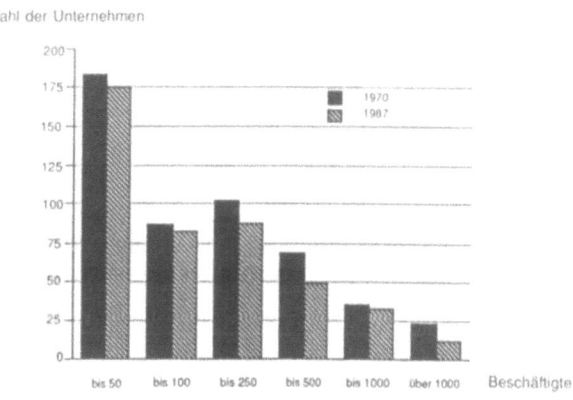

Bild 2. Unternehmensgrößen im Werkzeugmaschinenbau der Bundesrepublik Deutschland (Stand Januar 1988; Quelle: VDMA)

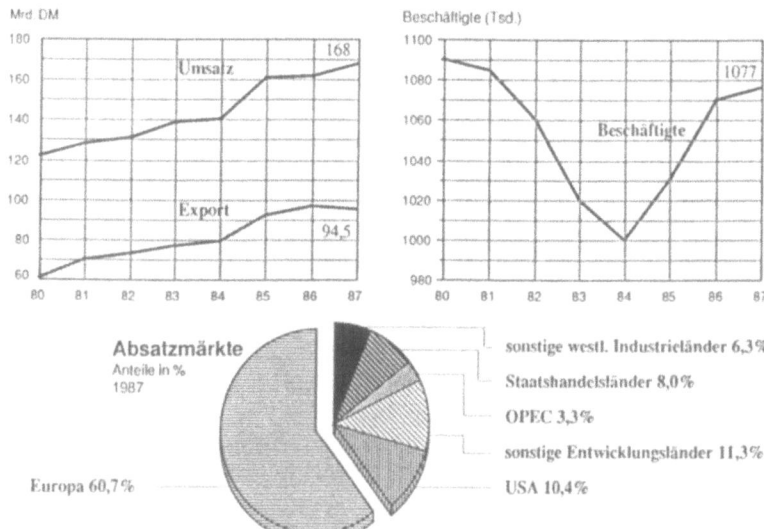

Bild 1. Kenndaten des Maschinenbaus der Bundesrepublik Deutschland (Quelle: VDMA)

Nur 8% der deutschen Werkzeugmaschinenhersteller sind Aktiengesellschaften, knapp 10% sind reine Personengesellschaften. 82% haben die Rechtsform einer GmbH, einer GmbH + Co. oder einer Kommanditgesellschaft. Die Eigentumsverhältnisse lassen sich nur schwer in klare statistische Angaben fassen. Es kann jedoch gesagt werden, daß ein sehr hoher Prozentsatz der deutschen Werkzeugmaschinenfabriken von Familien beeinflußt werden, die in den Firmen ganz oder überwiegend die Geschicke bestimmen.

Ein anderes Bild bietet die amerikanische Werkzeugmaschinenindustrie. Sie hat ihren mittelständischen Charakter fast völlig verloren. Heute wird dieser Industriezweig, der in den letzten zehn Jahren erhebliche Rückschläge hinnehmen mußte, der Zahl nach von sehr vielen, sehr kleinen Firmen – 80% der amerikanischen Werkzeugmaschinenunternehmen haben weniger als 50 Beschäftigte – beherrscht, die als reine Spezialisten oft den Charakter eines Zulieferanten für ein großes Werk haben. Daneben gibt es eine Reihe von Großfirmen, die in Umsatz und Beschäftigtenzahl über den vergleichbaren deutschen Firmen liegen, die aber vielfach in Mischkonzernen aufgegangen sind. Zum Umsatz der Maschinenbaubranche trugen die Werkzeugmaschinenhersteller 1987 mit 2,3 Mrd. US $ nur ca. 4% bei.

Die gesamte amerikanische Werkzeugmaschinenindustrie wäre, wenn man sie als *ein* Unternehmen betrachtet, nur auf dem 151. Rang der 500 größten Industrieunternehmen des Landes.

Die amerikanische Werkzeugmaschinenindustrie kann den Bedarf an Werkzeugmaschinen im Binnenmarkt nicht decken; etwa 40% des amerikanischen Werkzeugmaschinenbedarfs wird importiert.

Auch die japanische Werkzeugmaschinenindustrie besteht überwiegend aus mittelgroßen Firmen. Bei den elf größten japanischen Werkzeugmaschinenherstellern werden zwischen 500 und 4500 Personen beschäftigt. Der Umsatz liegt zwischen 90 Mio. DM und 550 Mio. DM. Die japanischen Werkzeugmaschinenfirmen werden vielfach noch von den Gründerfamilien geführt. Diese sind jedoch häufig nur noch minderheitsbeteiligt in ihren Firmen, wobei die Kapitalmehrheit häufig in den Händen von Banken oder Bankenkonsortien liegt.

Die japanische Werkzeugmaschinenindustrie ist in den letzten 15 Jahren stark gewachsen. Heute verfügt Japan neben der Bundesrepublik Deutschland über die größte Werkzeugmaschinenindustrie der westlichen Welt. Ihr Anteil an der Produktion des Maschinenbaus betrug in Japan 1987 fast 15%.

Die Werkzeugmaschinenindustrien der drei genannten Länder haben sich in den letzten Jahren unterschiedlich entwickelt. In der ersten Hälfte der 80er Jahre ist der Anteil der deutschen und der amerikanischen Werkzeugmaschinenbauer an der Weltproduktion zurückgegangen, während Japan eine Steigerung verzeichnen konnte (Bild 3). Seit 1985 steigen die Werte für Deutschland wieder an. 1987 erreichten sie – auf US-$-Basis gerechnet – wieder den Betrag der japanischen Werkzeugmaschinenindustrie, die seit 1986 eine rückläufige Entwicklung aufweist. Die amerikanischen Hersteller dagegen haben sich von ihrer Krise nicht mehr erholt.

Auch im Export- und Importverhalten des Werkzeugmaschinenbaus unterscheiden sich die drei Länder erheblich:
– Die amerikanischen Hersteller sehen sich einem sehr großen Binnenmarkt gegenüber, auf den sie sich konzentrieren, den sie aber nicht selbst versorgen können. Dagegen exportieren sie nur 15% ihrer Produkte.
– Im Gegensatz dazu operieren die deutschen Hersteller

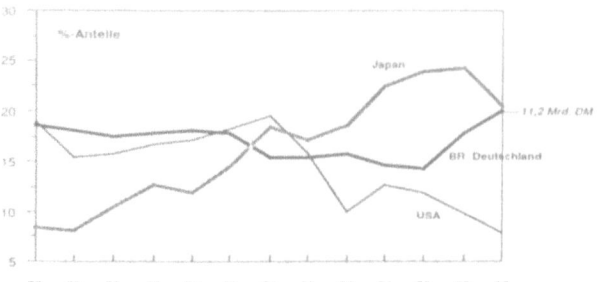

Bild 3. Anteile wichtiger Länder an der Welt-Werkzeugmaschinenproduktion (Umrechnung zu US-$-Jahresmittelkursen; Quelle: American Machinist, Auswertung VDW)

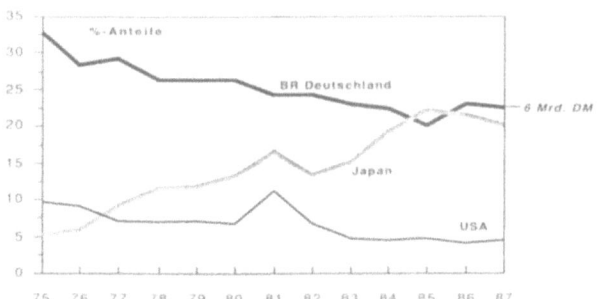

Bild 4. Anteile wichtiger Länder am Welt-Werkzeugmaschinenexport (Umrechnung, Quelle und Auswertung wie Bild 3)

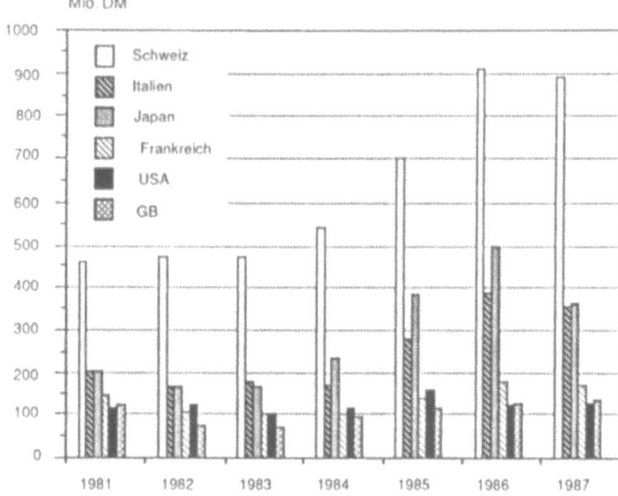

Bild 5. Werkzeugmaschinenimporte in die Bundesrepublik Deutschland (Stand Januar 1988; Quelle: VDW)

von Werkzeugmaschinen primär auf dem Weltmarkt. Ihre Exportquote beträgt rund 60%.
– Dazwischen liegt Japan. Einerseits zeichnet sich die japanische Werkzeugmaschinenindustrie durch ihren hohen Exportanteil aus. 1985 war Japan sogar der größte Weltexporteur, fiel inzwischen allerdings wieder hinter die Bundesrepublik Deutschland zurück (Bild 4). Dieser hohe Exportanteil darf jedoch nicht darüber hinwegtäuschen, daß die Japaner auch einen großen Binnenmarkt weitgehend allein bedienen – die Importquote beträgt lediglich 7%.

Auch für die deutschen Werkzeugmaschinenbauer ist der Binnenmarkt wichtig. Allerdings wird er in sehr viel größerem Umfang vom Ausland bedient. Die Importquote lag 1987 bei 34%. Eine Analyse der Werkzeugmaschinenimporte in die Bundesrepublik Deutschland zeigt, daß die

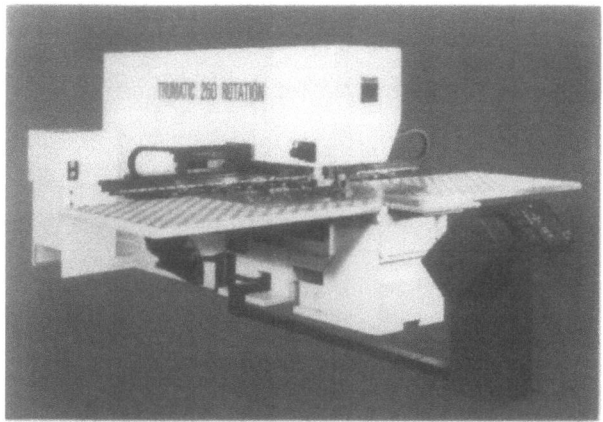

Bild 6. Blechbearbeitungsmaschine

Schweiz ca. 30% unserer Binneneinfuhren bestreitet. Sie steht damit in der Importstatistik an erster Stelle (Bild 5). Die Japaner belegen mit großem Abstand zur Schweiz den zweiten Platz, dicht gefolgt von den Italienern, deren Industrie in den vergangenen Jahren einen deutlichen Aufschwung erlebt hat.

Daraus könnte man schließen, die deutsche Werkzeugmaschinenindustrie sei nicht so konkurrenzfähig, wie im allgemeinen angenommen wird. Dabei ist aber anzumerken, daß die Spezialisierung hier außerordentlich weit geht und daß z.B. von der Schweiz Maschinen angeboten werden, die die deutsche Werkzeugmaschinenindustrie traditionell nicht herstellt.

Die Spezialisierung auf bestimmte Maschinen (Bild 6) bzw. Anlagen bedeutet jedoch für ein Unternehmen, daß es innerhalb eines abgegrenzten Marktsegments operiert. Das Marktpotential des eigenen Landes ist meist zu begrenzt, um nennenswerte Wachstumsraten zu erzielen.

2 Bedeutung der weltweiten Arbeitsteilung für ein mittelständisches Unternehmen

Wachstumsmöglichkeiten bestehen heute für ein Werkzeugmaschinenunternehmen nur dann, wenn es − neben dem heimischen Markt − auch andere, internationale Märkte bedient. Diese Internationalisierung eröffnet erhebliche Wachstumschancen, erfordert andererseits aus folgenden Gründen die unmittelbare Präsenz im ausländischen Markt:
- Werkzeugmaschinen sind äußerst komplexe Produkte, die sich nur durch intensive Beratung und engen Kontakt zum Kunden verkaufen lassen (Bild 7). Die Maschinen entstehen im Dialog zwischen dem Hersteller und dem Anwender, so daß es vielfach unerläßlich ist, Kundenwünsche direkt in das Produkt einfließen zu lassen.
- Daneben gewinnt vor allem bei flexiblen Fertigungssystemen der Service am Ort an Bedeutung, denn nur so können die störungsbedingten Stillstandszeiten der Maschinen minimiert werden. Ähnlich verläuft die Entwicklung bei der Kundenschulung.

Darüber hinaus spricht für die unmittelbare Präsenz am Ort, daß damit neue technische Entwicklungen auf wichtigen Auslandsmärkten zu einem frühen Zeitpunkt erkannt werden können. Dadurch ergibt sich die Möglichkeit des Technologietransfers. Neuerungen können ins eigene Produktkonzept umgesetzt werden. Für ein Unternehmen der Werkzeugmaschinenindustrie ist es daher notwendig, in Europa, USA und Japan vertreten zu sein.

Bild 7. Flexible Laserzelle

Da der rasche technologische Wandel die ökonomische Lebensdauer der Produkte begrenzt und zudem dazu führt, daß die Konkurrenz den bei einem Produkt erzielten technologischen Vorsprung sehr schnell wieder aufholt, ist es ratsam, darauf zu achten, daß die Einführung einer Neuentwicklung nicht nur im Inland, sondern auch auf dem Weltmarkt so schnell wie möglich erfolgt.

Aber nicht nur auf technologische Neuentwicklungen, sondern auch auf veränderte Marktanforderungen und auf spezielle Kundenwünsche sollte möglichst schnell und flexibel reagiert werden. Gerade hier liegen die wesentlichen Vorteile der kleinen und mittleren Unternehmen mit ihren kurzen Entscheidungswegen, während die relativ starren und „bürokratisierten" Strukturen in Großunternehmen deren Anpassungsfähigkeit einschränken.

3 Flexible Fertigungsverfahren in mittelständischen Unternehmen

Die möglichst schnelle Anpassung an veränderte Anforderungen bedingt auch eine weitgehend flexible Produktion, wie sie idealerweise die rechnergesteuerte Fertigung (CIM) bietet. Denn nur sie ermöglicht eine effiziente Teilefertigung in kleinen Losgrößen (Bild 8).

Die kurzen Arbeitszeiten in der Bundesrepublik Deutschland (Bild 9) sowie die hohen Arbeitskosten (Bild 10) verstärken den Zwang zur Investition in flexible, aber auch kapitalintensive Produktionsverfahren.

Für Investitionen in die flexible Fertigung sind jedoch erhebliche Kapitalressourcen notwendig, die das Finanzierungsvermögen eines mittelständischen Unternehmens übersteigen können. Hierzu gehört vor allem der vorübergehend hohe Kapitaleinsatz für die Entwicklung neuer Produkte oder Fertigungsverfahren. Die hohe Unternehmensbesteuerung (Bild 11) erschwert in der Bundesrepublik Deutschland noch zusätzlich die notwendige Kapitalbildung.

4 Aufgaben für den deutschen Werkzeugmaschinenbau

Ein Abbau dieser hohen Belastungen − sei es durch eine vernünftige Lohn- und Arbeitszeitpolitik der Gewerkschaf-

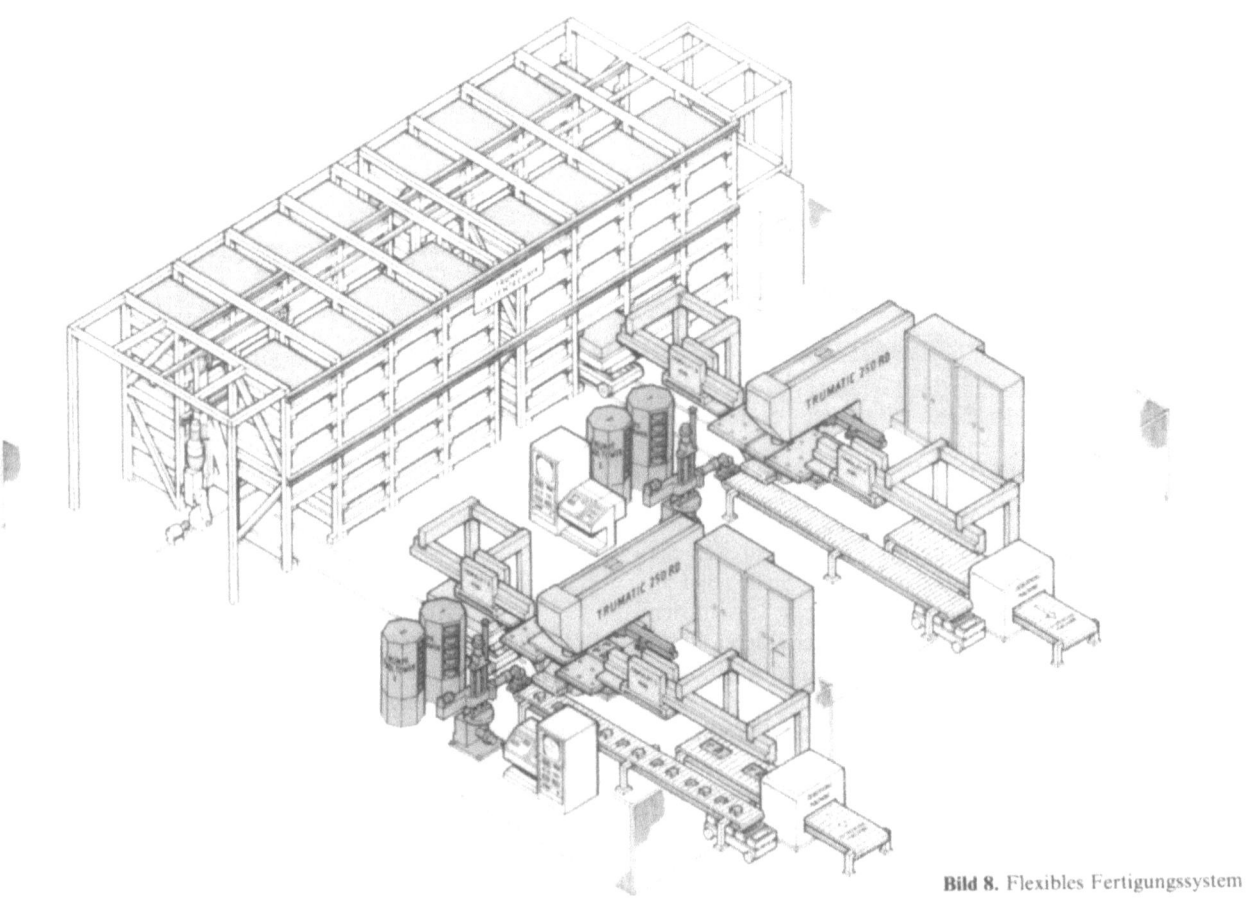

Bild 8. Flexibles Fertigungssystem

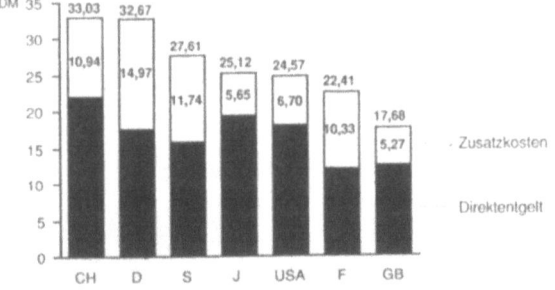

Bild 9. Jahresarbeitszeit 1987. Tarifliche Soll-Arbeitszeit für Industriearbeiter in Stunden (Urlaub und gesetzliche Feiertage abgezogen; Stand Mai 1988; Quelle: IWD)

Bild 10. Arbeitskosten international. Arbeitskosten pro Stunde 1987 in der verarbeitenden Industrie (Quelle: IWD)

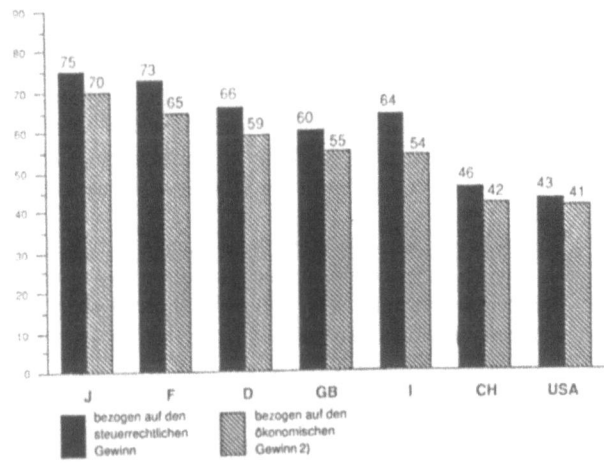

Bild 11. Belastung des Gewinns der Werkzeugmaschinenindustrie mit Unternehmenssteuern. Modellunternehmen als Einzelunternehmer (verheiratet, ohne Kinder); effektive Belastung, d.h. mit Berücksichtigung steuerlicher Abschreibungserleichterungen (Quelle: IFO-Institut)

ten, sei es durch die längst überfällig gewordene Senkung der Unternehmensbesteuerung — würde gerade dem mittelständisch strukturierten Werkzeugmaschinenbau im Kampf um Weltmarktanteile helfen.

Aber nicht nur die Politik, auch die Werkzeugmaschinenindustrie selbst sollte beherzt ihre Aufgaben angehen. Die wichtigsten dieser Aufgaben sind:
- Die unmittelbare Präsenz in den wichtigsten Märkten, insbesondere USA und Japan, muß ausgebaut werden. Falls dies nicht durch eine direkte Vertretung oder eine Tochtergesellschaft realisierbar ist, sollten Kooperatio-

nen bzw. Joint Ventures mit in diesen Märkten beheimateten Firmen in Erwägung gezogen werden.

Daneben dürfen aber auch Schwellenmärkte nicht vernachlässigt werden, da hier noch Wachstum zu erwarten ist. Es sollte deshalb ein schneller Einstieg gefunden werden — mit billigen und einfachen Maschinen — um im Markt Fuß zu fassen und sich einen Namen zu machen.

- In noch stärkerem Maße als bisher wird es erforderlich sein, Investitionen in Forschung und Entwicklung zu tätigen, um den technologischen Vorsprung der deutschen Maschinenbauindustrie, die auf den Weltmärkten bisher eine führende Rolle gespielt hat, auch weiterhin zu verteidigen bzw. auszubauen. In der Folge ist eine rasche Umsetzung der Forschungsergebnisse auch auf den ausländischen Märkten notwendig, bevor die Wettbewerber diese mit Konkurrenzprodukten besetzen.
- Eine weitere Chance für die mittelständische Industrie liegt in der Verlagerung einfacher Produktionsbereiche an kostengünstige Standorte. Dies kann — unter Berücksichtigung der Transportkosten — eine Senkung der gesamten Produktionskosten ermöglichen.
- Die schon traditionelle Fähigkeit zur Erzeugung stabiler, hochgenauer Produkte steht in einem engen Zusammenhang mit dem hohen Qualifikationsniveau des deutschen Facharbeiters. Die bedarfsgerechte Ausbildung und eine am technischen Fortschritt orientierte Weiterbildung der Mitarbeiter bilden die Voraussetzung dafür, daß der deutsche Werkzeugmaschinenbau auch in Zukunft sein hohes Qualitätsniveau halten kann.
- Um die Wettbewerbsfähigkeit eines Unternehmens erhalten zu können, müssen aber auch Marktstrategien hinsichtlich einzelner Maschinen sowie flexibler Systeme entwickelt werden. In erster Linie müssen bestehende Wachstumsmärkte stärker bearbeitet werden. Die Entwicklung und der Einsatz neuer Technologien wie Laserschneiden und -schweißen (Bild 12) und Wasserstrahlschneiden müssen vorangetrieben und schnell im Markt umgesetzt werden.
- Darüber hinaus müssen die Entwicklungsarbeiten im Hinblick auf eine Systemintegration der einzelnen Maschinenkonzepte verstärkt werden — einerseits durch das Angebot leistungsfähiger Handlingsysteme und integrierte Software für flexible Fertigungssysteme (Bild 13),

Bild 12. Laser-Resonator

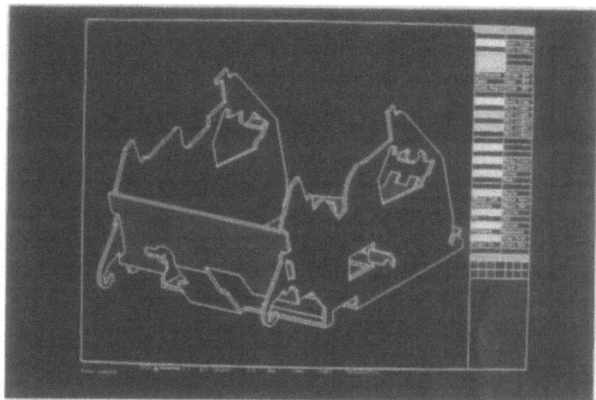

Bild 13. CAD/CAM-System

andererseits durch die Bereitstellung von Argumentationshilfen für Investoren bei der Wirtschaftlichkeitsberechnung von Fertigungssystemen.

Werden diese Punkte berücksichtigt, ist um die Konkurrenzfähigkeit der deutschen Werkzeugmaschinenindustrie nicht zu fürchten — insbesondere dann nicht, wenn die Wirtschaftspolitik mehr als bisher einen das Wachstum fördernden Rahmen schafft.

Schlüsselindustrie der Zukunft: Stand der internationalen Halbleiterindustrie

H.R. Franz, München

Inhalt. Einleitend wird der Entwicklungstrend der Halbleitertechnik geschildert, beginnend mit der Entdeckung des Transistors über höchstintegrierte Schaltungen bis hin zu Entwicklungen in den nächsten Jahren und mit einem Ausblick auf langfristige Möglichkeiten.

Die wirtschaftlichen Aspekte der Mikroelektronik als Basisinnovation und Technologiemotor für die gegenwärtig fünf wichtigsten Industriegruppen Maschinenbau, Straßenfahrzeugbau, Elektrotechnik, Feinmechanik und Optik sowie Büro- und Datentechnik werden aufgezeigt.

Abschließend wird die Ausstrahlung der Mikroelektronik auf den Anwender sowie auf den Umweltschutz und der gesellschaftliche Strukturwandel erörtert.

1 Einleitung

Die Erfindung des Transistors und die Entwicklung der Mikroelektronik haben seit dem Jahr 1948 eine Dynamik entwickelt, die sich die Erfinder Bardeen, Brattain und Shockley wohl nicht im Traum vorstellen konnten. Die Integration von heute bereits mehreren Millionen Transistoren auf einem Chip bietet die Möglichkeit, elektronische Großsysteme auf einem fingernagelgroßen Siliziumplättchen von weniger als 1 cm² Größe unterzubringen.

Hier liegt nicht nur eine atemberaubende, technische Evolution vor, sie beginnt unser Umfeld in einem Ausmaß zu verändern, wie es seinerzeit bei der Erfindung und Verbreitung des Buchdrucks geschah. Die Mikroelektronik wird damit zu Recht unter die großen Schlüsseltechnologien eingeordnet. Dem wollen wir im folgenden nachgehen.
- In einem ersten Abschnitt werde ich kurz die *Entwicklung der Mikroelektronik* und ihren derzeitigen Stand darstellen,
- im zweiten Abschnitt wird die *Bedeutung der Mikroelektronik als Basis-Innovation*, insbesondere ihre Bedeutung für die Teilmärkte behandelt,
- im dritten Abschnitt spreche ich abschließend über die *Ausstrahlung der Mikroelektronik als Antrieb* der gesamten technischen Entwicklung.

2 Mikroelektronik – Technische und wirtschaftliche Entwicklung

Wie Ihnen allen bekannt und in vielen Vorträgen und Veröffentlichungen bereits dargestellt ist, wird die Entwicklung der Halbleitertechnik zu immer höheren Integrationsdichten in den vergangenen 30 Jahren durch die Weiterentwicklung der Schaltungstechnik, Strukturverkleinerung, Komplexität der Schichtfolgen und die Vergrößerung der Chipfläche charakterisiert. Bild 1 zeigt, wie die fortschreitende Komplexität der Speicher- und Mikroprozessorstrukturen mit der Strukturverkleinerung einherging. Zudem wuchsen die Durchmesser der Siliziumscheiben von 20 über 100 mm auf nunmehr 150 bis 200 mm, so daß immer mehr Schaltkreise in einem Arbeitsprozeß gleichzeitig hergestellt werden konnten. Die einzelnen Prozeßschritte, von denen in einer modernen Fertigungstechnik etwa 400 zu durchlaufen sind, wurden in einem beispiellosen globalen Wettkampf der Herstellerfirmen bis an die Grenzen des heute technisch Möglichen verfeinert. Hierzu war in allen beteiligten Ländern weltweit eine enge Kooperation zwischen Universitäten, Industrielaboratorien, Forschungsinstituten der Halbleiterindustrie und der Fertigungsgeräteindustrie notwendig. Beispielsweise hat noch vor fünf Jahren niemand damit gerechnet, daß die Grenze der optischen Lithographie bis zur Wellenlänge des Lichtes vorangetrieben werden könnte. Machen wir uns klar, daß bei der Produktion eines derartigen Halbleiterbausteins mit etwa einer Million Teilstrukturen in bis zu 14 verschiedenen Ebenen kein nennenswerter Fehler von auch nur 0,25 µm Größe auftreten darf, da sonst der Schaltkreis nicht funktionsgerecht arbeitet. Jeder Teilprozeß kann solche Fehler verursachen. Störeffekte verursachen bereits Staubkörner der Größe 0,3 µm, von denen in jedem Kubikmeter Normalluft etwa 10 Millionen enthalten sind. Hieraus ergibt sich sofort die besondere Bedeutung der gesamten Reinraumtechnik für die Technologie Integrierter Schaltungen.

Einen Eindruck von den Dimensionen und der Komplexität moderner Mikrostrukturen, wie sie beim 4-Mbit-Speicher realisiert wurden, gibt Ihnen Bild 2. Die digitale Information wird durch Ladung bzw. Nichtladung eines aus Platzgründen tief in das Siliziumsubstrat geätzten Kondensators verwirklicht, wobei ein Transistor den Weg der Elektronen zum Kondensator steuert. Bei der Strukturierung

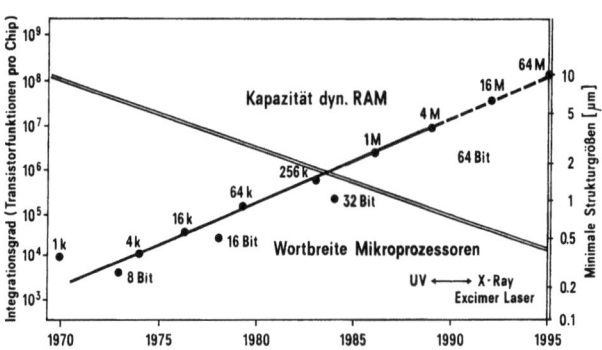

Bild 1. Entwicklungstrend von Integrierten Schaltungen

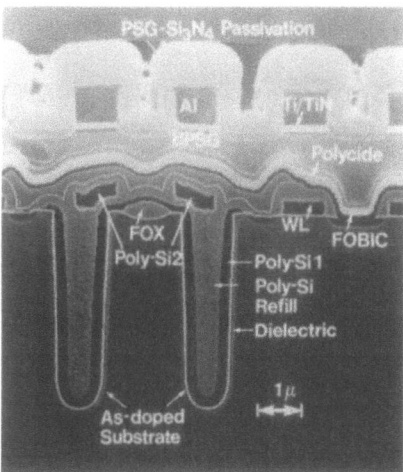

Bild 2. Querschnitt durch Speicherzellen des 4M-DRAM

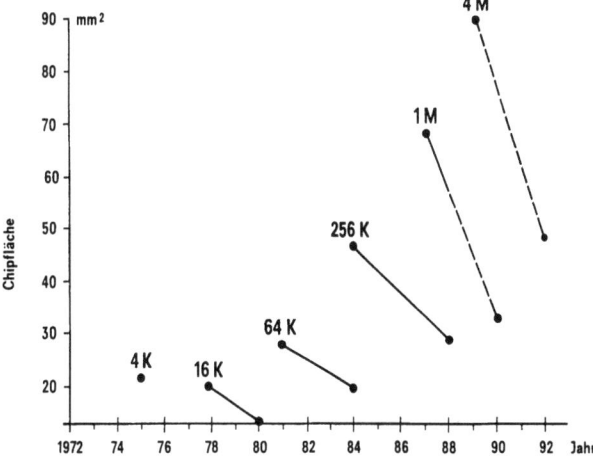

Bild 4. Entwicklungstrend von Integrierten Schaltungen

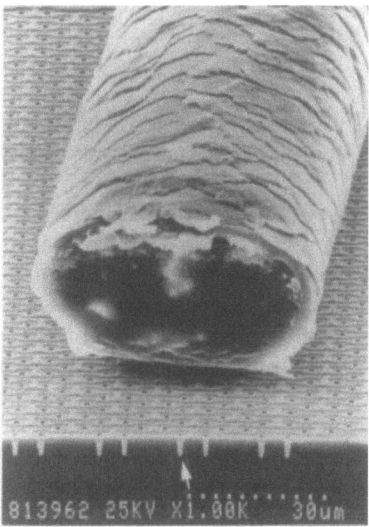

Bild 3. Vergleich Haar mit 4-Mbit-Speicherfeld

der sogenannten Trench- oder Grabenzelle dringt man in atomare Größenordnungen vor. So beträgt die Dicke der Dielektrikumschicht aus Siliziumdioxid knapp 15 nm, was etwa 100 Atomlagen entspricht.

Eine anschauliche Darstellung der Mikrostrukturtechnik, die bei der 4-M-Technologie bereits im Sub-µ-Bereich liegt, vermittelt der Vergleich eines Haares von ca. 60 µm Durchmesser mit der Struktur des 4-Mbit-Speichers. Auf dem Haarquerschnitt hätten 140 Trenchzellen Platz (Bild 3).

Etwa alle drei Jahre wird bislang eine Speichergeneration von der nächstfolgenden mit einem vierfach besseren Preis-Leistungsverhältnis abgelöst. Die Wichtigkeit der Weiterentwicklung eines fertigen Produktes ist in Bild 4 am Beispiel der Reduzierung der Chipfläche gezeigt.

Die Herstellkosten für Speicherbausteine gehen aufgrund zunehmender Erfahrungen gemäß einer Lernkurve und durch die Technologieverschärfung in Richtung feinerer Strukturen sowie größerer Lagegenauigkeit der Ebenen zurück. Derartige "Shrink-Versionen" bewirken einen deutlichen Performancegewinn und eine Erhöhung der Wirtschaftlichkeit.

Die Technologie Integrierter Schaltungen stellt somit eine hochprofessionelle Gesamtheit komplexer Schritte der Mikroverfahrenstechnik dar, die in zunehmendem Maß nur noch durch Automatisierung beherrscht werden kann. Die heutigen Fertigungsgeräte der Mikroelektronik sind höchst-reine Vollautomaten mit interner Roboterhandhabung, die hinsichtlich physikalischer und chemischer Verfahrenstechnik, absolut staubarmer Scheibenbewegungen und höchster Reinheit der Prozeßgase und -chemikalien von Spezialistenteams optimiert wurden. Nahezu jedes der wesentlichen Geräte stellt heute einen Wert von >1 Mio. DM dar, so daß eine Fertigungslinie beispielsweise für einen 1-Mbit-Speicher Kosten der Größenordnung 600 Mio. DM erreicht hat. Hiervon entfallen etwa ein Drittel auf Gebäude und Infrastruktur, ein weiteres Drittel auf die physikalisch-chemischen Herstellungsgeräte der Scheiben und ein weiteres Drittel auf Montage- und insbesondere Prüfgeräte. Vor allem die Prüftechnik ist extrem kompliziert geworden, was sofort klar wird, wenn man bedenkt, daß beispielsweise viele hunderttausende von Halbleiterelementen über nur 40 Anschlüsse auf Funktionen in mehreren Betriebszuständen geprüft werden müssen.

Ausbeute und insbesondere Zuverlässigkeit der Bausteine sind das Ergebnis oft jahrelanger Optimierungsprozesse. Die Skala der zu beherrschenden Problemkreise reicht von Fragen der Quantentheorie, der Halbleitertechnik, dem Verhalten hochbelasteter Metallegierungen, der chemischen Verfahrenstechnik bis hin zum Ionenbeschuß zu Montagetechniken und Oberflächenbehandlungen der fertigen Bauelemente und schließt deren Langzeitverhalten ein.

Die in den ersten Jahren stark vorherrschende Anwendung integrierter Schaltungen im Bereich von Pentagon und NASA führte zunächst zu einer Vormachtstellung der Vereinigten Staaten von Amerika. Aufgrund von industriellen und MITI-Aktivitäten verlagerte sich später der Schwerpunkt der Halbleiterproduktion bei zugleich starker Ausweitung des dortigen Elektronikmarkts nach Japan.

Europäische Firmen wie Philips, Siemens und SGS-Thomson konnten zwar noch bestimmte Marktanteile halten, kamen aber infolge der konzentrierten Anstrengungen in Fernost zunehmend in Bedrängnis. In den letzten Jahren wurde die starke strategische Bedeutung der Mikroelektronik im wirtschaftlichen Wettbewerb der Regionen immer deutlicher. Das führte auch in den europäischen Staaten zu einer Förderung seitens der öffentlichen Hand sowie zu Gemeinschaftsprojekten wie ESPRIT und EUREKA. Hierdurch konnte die europäische Halbleiterindustrie ihre Position in den letzten Jahren wieder etwas stabilisieren und mit Projekten wie dem MEGA-Projekt (Siemens/Philips) technisch aufholen.

Auf den Strukturwandel, den die Mikroelektronik für unsere Industriegesellschaft bis hin zur wirtschaftspolitischen Situation verursacht, werde ich am Ende des Vortrags noch weiter eingehen.

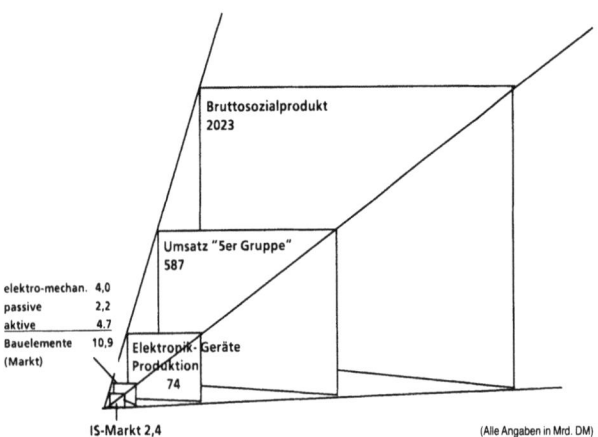

Bild 5. Einfluß der Bauelemente auf die Wirtschaft der Bundesrepublik Deutschland 1987

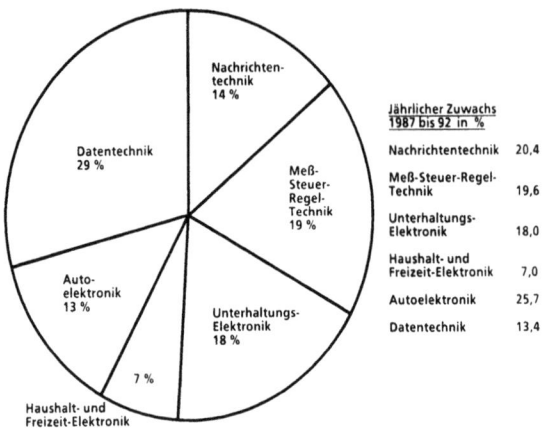

Bild 7. Anwendungsgebiete der Mikroelektronik. IS-Markt Bundesrepublik Deutschland 1987 mit 2,4 Mrd. DM

3 Mikroelektronik als Basisinnovation

Bei der Mikroelektronik handelt es sich um eine Zukunfts- und Wachstumstechnologie par excellence mit gesamtwirtschaftlicher Bedeutung. Dies wird allein schon daran deutlich, daß die fünf wichtigsten Industriegruppen, die Elektronik-Endprodukte verwenden und deren Konkurrenzfähigkeit somit wesentlich von der Chip-Industrie abhängt, rund 60% der deutschen Exporte von Industrieerzeugnissen stellen und drei Millionen Arbeitnehmer beschäftigen. Der Markt für Integrierte Schaltungen von 2,4 Mrd. DM beeinflußt sehr unmittelbar die Produktion der 5er-Gruppe im Wert von 587 Mrd. DM (Bild 5).

Die künftige Wettbewerbsfähigkeit dieser Gruppe – nämlich Straßenfahrzeugbau, Maschinenbau, Elektroindustrie, Feinmechanik und Optik sowie Büro- und Datentechnik – wird ganz erheblich von der Verfügbarkeit optimaler elektronischer Bauelemente abhängen.

Die Bilder 6 und 7 geben die IS-Markt-Situation dieser fünf Branchen, insbesondere auch im Hinblick auf den Weltmarkt, Europa und die Bundesrepublik Deutschland, wieder. Im Vergleich zum Weltmarkt ergibt sich für Europa eine wesentlich schwächere Position in der Unterhaltungsindustrie, während die Nachrichtentechnik in Europa stärker vertreten ist. In der Bundesrepublik Deutschland sind die relativen Marktanteile in der Autoindustrie und der Meß-, Steuer- und Regeltechnik höher.

Aus Tabelle 1 kann die Importsituation unserer Industriebranchen abgelesen werden. Kritisch ist die Situation bei Feinmechanik und Optik sowie Büro- und Datentechnik geworden. Im letzten Fall überwiegen die Importe bereits die Exporte.

Tabelle 2 zeigt, daß in Japan der Halbleiterverbrauch pro Kopf der Bevölkerung schon fast dreimal so hoch ist wie in Deutschland und sechsmal so hoch wie in Westeuropa. Ebenfalls interessant ist die unterschiedliche Gewichtung der Märkte für Standard-IC wie Speicher und Mikroprozessoren (Bild 8). Während die Überlegenheit von Japan und den USA vor allem bei den Standardbauteilen groß ist, haben sich Westeuropa und die Bundesrepublik Deutschland bei Nichtstandard-IC einen beachtlichen eigenen Marktanteil erkämpft. Hier könnte uns die enge Zusammenarbeit zwischen Halbleiterherstellern und -anwendern Zukunftschancen geben.

Allerdings muß gesagt werden, daß bei der jetzigen Überlegenheit der fernöstlichen Mikroelektronik in zunehmendem Maße die Gefahr steigt, daß weitere Industriezweige von Europa wegverlagert werden.

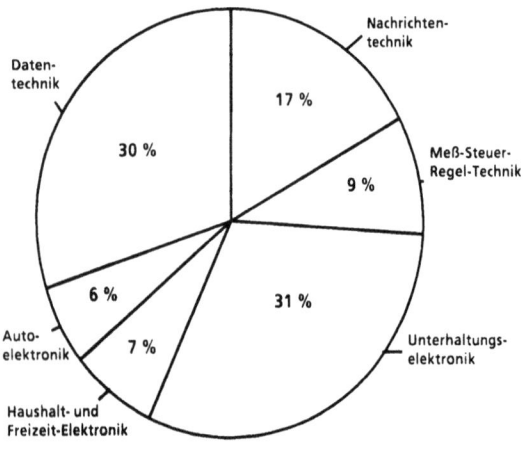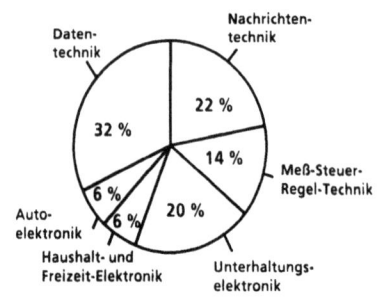

Bild 6. Anwendungsgebiete der Mikroelektronik. Links: IS-Weltmarkt 1987 mit 45,9 Mrd. DM; rechts: Westeuropa 1987 mit 8,4 Mrd. DM

Tabelle 1. Umsatz, Aus- und Einfuhr 1987 der 5er-Gruppe

	Umsatz in Mrd. DM	Export Mrd. DM	% v. Umsatz	Import Mrd. DM	% v. Inland-Umsatz
Maschinenbau	167"0	80"8	48	23"8	28
Straßenfahrzeugbau	207"8	98"5	47	32"0	29
Elektrotechnik	168"6	57"9	34	37"4	34
Feinmechanik und Optik	18"2	10"5	58	7"1	92
Büro- und Datentechnik	25"2	12"8	51	15"1	122
Summe "5er-Gruppe"	586"8	260"5	44	115"4	35

Tabelle 2. Halbleiter-Marktvolumen — Pro-Kopf-Quote der Mikroelektronik

Region	Einwohner*	Halbleiterverbrauch** 1986 Mio DM	Per Capita (gerundet)
Nordamerika (USA + Kanada)	262 Mio	18 200	70 DM
Westeuropa	352 Mio	11 000	30 DM
Bundesrepublik Deutschland	61 Mio	3 660	60 DM
Japan	120 Mio	20 600	170 DM

* Stand 1984, Quelle: UN Stat.Papers - Serie A
** 1 DM = 0,50 US $

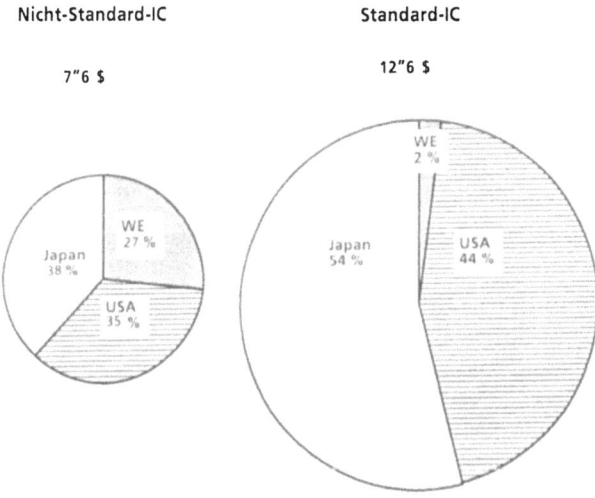

Bild 8. Produktionsanteile am Weltmarkt 1986

Deshalb ist das von der Studie Mikroelektronik 2000 geforderte strategische Vorgehen der deutschen und europäischen Mikroelektronikindustrie und deren Anwender so lebenswichtig für unsere Zukunft. Heute produzieren japanische Firmen 46% des Weltmarktbedarfs an Chips, US-Firmen 42%, die Europäer 10% und die Bundesrepublik Deutschland 4% (!). Der Mikroelektronikmarkt in Westeuropa kann derzeit nur zu einem Drittel durch europäische Halbleiterhersteller versorgt werden, deren Produktion im übrigen nur zu einem Fünftel in den Export geht. Wettbewerbsverzerrende Rahmenbedingungen in Westeuropa, aber auch in den USA, haben entscheidend zu dieser Situation beigetragen. Japan strebt mit staatlicher Unterstützung nach Dominanz auf dem Gebiet der Mikroelektronik und zielt auf die Vormachtstellung auch in den Anwenderbranchen.

Die Lasten zum weiteren Auf- und Ausbau der Mikroelektronik-Forschungs-, Entwicklungs- und Fertigungskapazitäten können unter diesen Wettbewerbsbedingungen wegen ihrer enormen Höhe und ihres den Herstellersektor weit übergreifenden volkswirtschaftlichen Aspekts nicht von den Unternehmen allein getragen werden. Der gesamtwirtschaftlichen Bedeutung dieser Anstrengungen entsprechend muß sichergestellt werden, daß ihr Vorleistungscharakter wie in den Hauptwettbewerbsländern USA und Japan erkannt wird.

Der eigentliche Gewinn aus dem Innovationsprozeß „Mikroelektronik" wird allerdings nur dann wirksam, wenn Anwender und Hersteller der Chips kooperieren.

In der Bundesrepublik Deutschland wird gelegentlich immer noch die Meinung vertreten, alle Wettbewerber könnten alle Mikrochips — etwa wie Öl — überall auf der Welt jederzeit kaufen. Das trifft zeitweise für Standardchips (RAMS) zu. Für die anwenderspezifischen Chips, vor allem die Logikbausteine, gilt dies nur eingeschränkt. Sie beinhalten System-Know-how, und zwar in zunehmendem Maße. „The system is the chip" — diese amerikanische Einsicht charakterisiert die Sachlage. Wenn die spezifischen Besonderheiten einer Problemlösung, das System-Know-how, auf dem Silizium untergebracht und dieses außerhalb des eigenen Unternehmens mitgestaltet und gefertigt wird, dann kann es auf Dauer nicht gleichgültig sein, wo das abläuft.

4 Ausstrahlung der Mikroelektronik als treibender Motor

In Bild 9 sehen Sie eine Übersicht über die von der Mikroelektronik und besonders von der Technik Integrierter Schaltungen beeinflußten Sektoren unserer Volkswirtschaft. Dieser Einfluß umfaßt das Gesamtgebiet
- Büro und Handel,
- Industrieanwendungen,
- Kommunikationstechniken,
- Auto und Verkehr,
- Haushalt und Konsumgüter,
- Medizin,
- Energie/Umwelt/Sicherheit und
- Bildung/Unterhaltung/Freizeit.

Die aufgeführten, typischen Beispiele erheben keinen Anspruch auf Vollständigkeit.

Ein typisches Industriebeispiel sind die Strukturen von CIM (Computer Integrated Manufacturing), einer Technik, die aufgrund der nun wesentlich verbilligten Datenverarbeitung, die inzwischen dezentral geworden ist, möglich wurde (Bild 10). Ein großer Teil Ihrer Tagung wird sich mit dieser Anwendung beschäftigen. Der Einsatz der Mikroelektronik für Disposition, Produktplanung, Entwick-

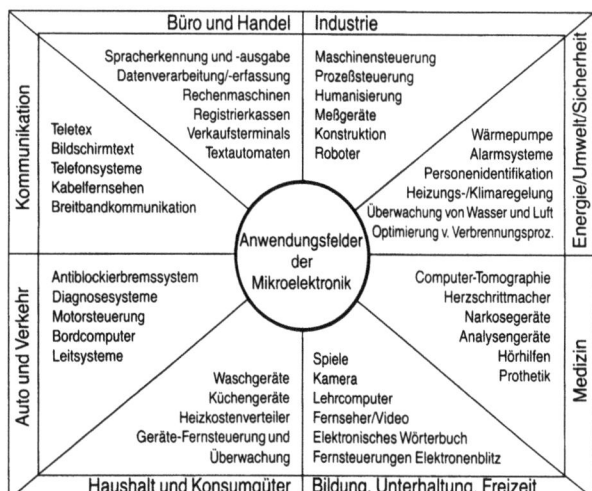

Bild 9. Basisinnovation Mikroelektronik

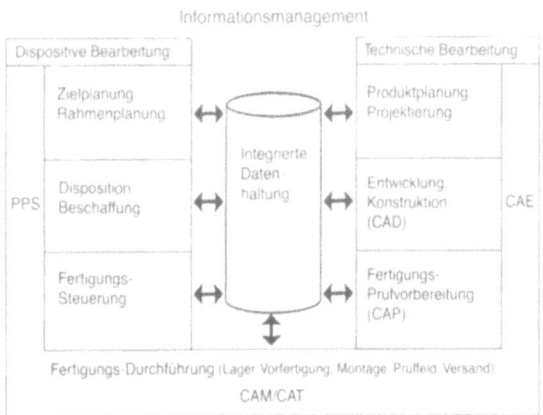

Bild 10. CIM-Funktionen

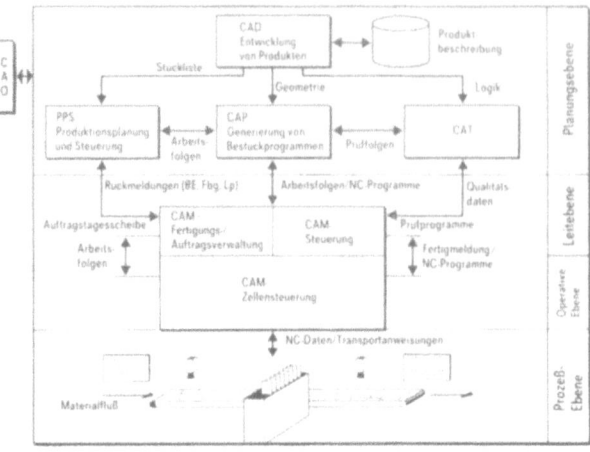

Bild 12. CIM-Konzept FALKE (Flexibles Automatisierungslinienkonzept für Elektronikbaugruppen)

lung, Fertigungsvorbereitung und -durchführung, Steuerung und Überwachung führt zu immer mehr geschlossenen Systemen. Ein Beispiel hierfür gibt eine automatische Leiterplattenfertigung der Siemens AG (Bilder 11 und 12).

Ein Beispiel für die Entwicklung numerischer Steuerungen gibt Bild 13. In zunehmendem Maße werden unsere Fabriken von Dispositionen über die technische Bearbeitung (CAE, CAD, CAP) bis zur Fertigungsdurchführung mit Elektronik durchsetzt werden (CAM/CAT). Heute überwiegen allerdings noch Teillösungen, die häufig noch flexibler und zudem bislang weniger aufwendig sind.

Ähnlich ist es für Büroarbeiten, bei denen die Integration der verschiedensten Dienste in einem Gerät HICOM bzw. ISDN bevorsteht und schon in Teilbereichen realisiert ist (Bild 14). Hier kann sich der Arbeitsstil in den Verwaltungsbereichen nochmals stark verändern. Weitere Beispiele in anderen Bereichen haben wir auf Bild 9 kurz erwähnt.

Wie man den künftigen Einsatz der Mikroelektronik insgesamt in etwa abschätzen kann, entnehmen wir dem nächsten Bild 15. Hier sind die Themen angedeutet, die noch vor uns liegen und sicher in den nächsten Jahren bearbeitet werden. Fragen wie
- Spracherkennung und Sprachausgabe,
- Verbesserung der Bürokommunikation,
- Automatisierung in Konstruktion und Fertigung,

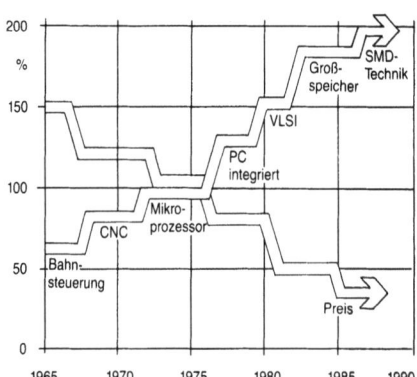

Bild 13. Preis- und Leistungsentwicklung bei numerischen Steuerungen

- Medizintechnik,
- Auto- und Verkehrstechnik,
- Haustechnik,
- Umweltschutz und
- elektronisches Zahlungsmittel

werden die Technik weitertreiben und unsere Welt verändern.

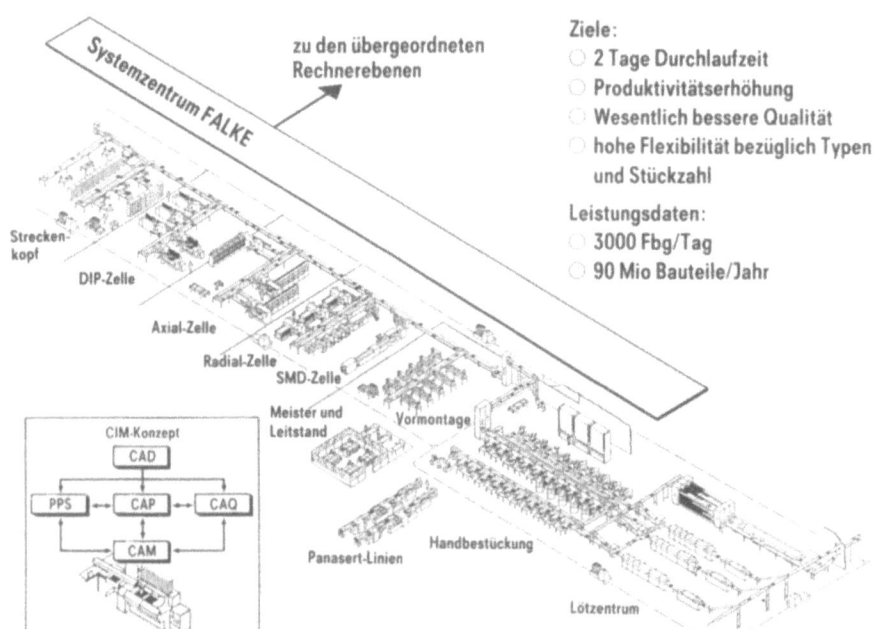

Bild 11. FALKE (Flexibles Automatisierungslinienkonzept für Elektronikbaugruppen)

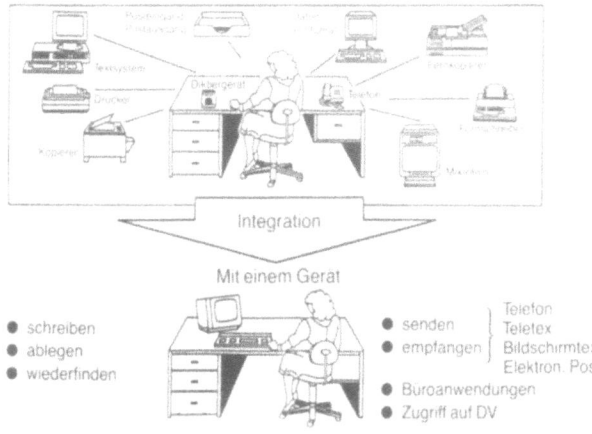

Bild 14. Bürokommunikation

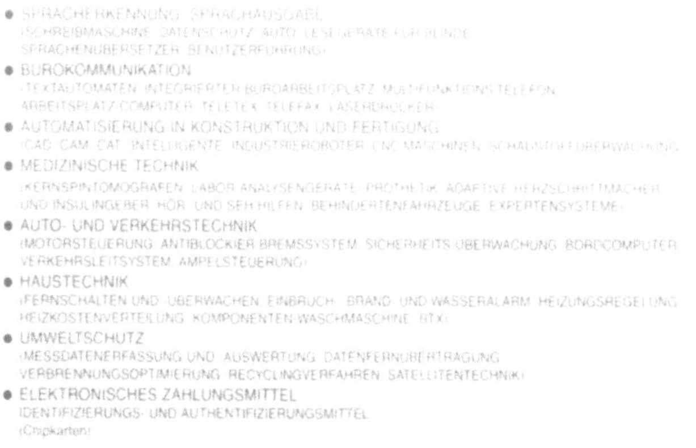

Bild 15. Neuartige Anwendungsbeispiele der Mikroelektronik

In der Tat hat die Mikroelektronik verbreitet Eingang in eine Reihe wichtiger Anwendungsgebiete gefunden. Einige dieser Anwendungen und ihre Entwicklungstrends möchte ich kurz charakterisieren.

In der Datentechnik schreitet der Ausbau von Datenbanken und Expertensystemen voran. Künstliche Intelligenz ergänzt Datenverarbeitung um Wissensverarbeitung, wobei einfache Sinninhalte von Datenfolgen erkannt und in Beziehung zueinander gesetzt werden. Derartige Systeme können Probleme aus begrenzten Spezialgebieten selbständig bearbeiten und bieten häufig eine Benutzeroberfläche in natürlicher Sprache oder Graphik an. Neue Computerarchitekten, die vom Neumann-Prinzip abweichen, sind in der Entwicklung. Begriffe wie RISC, systolische Arbeitsweise, Multiprozessor-Arrays und Parallelverarbeitung kennzeichnen die Diskussionen in der gegenwärtigen Computertechnik.

Nach der Datentechnik ist der wichtigste Anwendungszweig der Informationstechnik die Kommunikationstechnik. Mit ihrer Hilfe hat sich das Telefon zu einem vielseitigen Terminal entwickelt. Integrierte Bürosysteme zur Verarbeitung von Text, Sprache, Daten und Bildern wie das Siemenssystem HICOM bieten bedeutende Möglichkeiten zur Erhöhung der Leistungsfähigkeit des Büros.

Das ISDN-Kommunikationssystem HICOM verbindet Telefone, Bildschirmtelefone, Personalcomputer, multifunktionale Endgeräte und Arbeitsplatzcomputer untereinander, mit Dienste-Anbietern, Informationssystemen und öffentlichen Netzen.

Auch in der Kommunikationstechnik werden sich Spracherkennung und Sprachausgabe zu wichtigen, benutzerfreundlichen Mensch-Maschine-Berührungsstellen entwickeln.

Die Digitalisierung in Individual- und Massenkommunikation, Wissensspeicherung und Wissensverarbeitung, optischer Nachrichtenübertragung, offener Kommunikation mit Hilfe genormter Schnittstellen und Protokolle, intelligenten Netzen und Breitband-Kommunikation über ein Glasfaser-Fernnetz charakterisieren die weiteren Entwicklungen in der Kommunikationstechnik. Sie werden jedoch nicht revolutionär, sondern als Evolution verlaufen und langfristig zu bedeutenden Vorteilen führen, sowohl für große Organisationen als auch für mittlere und kleinere Dienstleistungsanbieter und Benutzer bis in den privaten Bereich.

In der modernen Industrieelektronik, geprägt von der Meß-, Steuer- und Regeltechnik, führt uns die Mikroelektronik weiter in Richtung auf die „Fabrik der Zukunft".

Wie bereits ausgeführt, wird sie den Fertigungsprozeß weiter automatisieren und flexibel, rationell und umweltfreundlich gestalten, von der Planung über die Konstruktion und Fertigung bis zur Qualitätssicherung und zum Umweltschutz. CIM (Computer Integrated Manufacturing) ist der neue, umfassende Begriff für diese Entwicklung.

Heute erleben wir eine weitgehende Verschmelzung von Computer-, Nachrichten-, Büro- und Fertigungstechnik. Ihre Arbeitsweise wird einheitlich bestimmt von den Methoden der digitalen Datenverarbeitung. Einzelne Gerätefunktionen werden dabei zunehmend in multifunktionale Terminals integriert, und diese werden Bestandteile integrierter Informationsnetze wie ISDN.

Bei der Betrachtung von Informationstechnik für den Menschen darf natürlich die Medizintechnik nicht fehlen. Sprachgesteuerte Operationsmikroskope und Behindertenfahrzeuge gibt es bereits, ebenso von außen programmierbare Herzschrittmacher, fernsteuerbare Hörgeräte und Prothesen mit Mikrocomputersteuerung. Kernspintomographen erlauben millimetergenaue Durchleuchtung von Körperteilen ohne jede Röntgenstrahlenbelastung. Ob in der Intensivstation, dem Operationssaal oder Analysenlabor, mit Mikroelektronik ausgestattete Geräte werden zum unverzichtbaren Werkzeug des Arztes. Auch Expertensysteme haben in der Medizin ein wichtiges Anwendungsgebiet gefunden.

Die Anwendung der Mikroelektronik im Auto ist mit 6% Marktanteil zwar noch klein, aber nach heutigen Prognosen das derzeit am schnellsten wachsende Gebiet der Mikroelektronik. Mikrocomputer in Verbindung mit speziellen Sensoren machen das Auto sicherer, sparen Kraftstoff, vermindern die Umweltbelastung und erhöhen den Fahrkomfort. Verkehrsleitsysteme können dem Fahrer helfen, sich auch in einer ihm unbekannten Gegend schnell zurechtzufinden. Der Fahrer erhält vom Bordcomputer automatisch Informationen über problematische Situationen wie überfrierende Nässe, steigende Motortemperatur oder fallenden Öldruck. Das Antiblockiersystem hat bereits viele Menschenleben gerettet. Abstandsradar wird in Zukunft helfen, Auffahrunfälle zu vermeiden.

Wenn man bedenkt, daß allein in der Bundesrepublik Deutschland etwa 8000 Menschen jährlich bei Verkehrsunfällen sterben und der Gesamtschaden für unsere Volkswirtschaft über 50 Mrd. DM beträgt, wird einem bewußt, wie wichtig ein vermehrter Einsatz der Informationstechnik zur Erhöhung der Sicherheit im Auto ist.

Das Feld möglicher neuer Anwendungen der Mikroelektronik ist unermeßlich groß. Es liegt im Handel und Gewerbe ebenso wie in der Unterhaltungs- und Freizeitelektronik, in der Haushaltstechnik wie in der Landwirtschaft. Der Arzt bedient sich ihrer, der Apotheker, der Rechtsanwalt und der Handwerker. Mikroelektronik hilft dem Bauunternehmer beim Erstellen von Angeboten und Kostenkalkulationen, sie überwacht die Prozesse des Bierbrauens und ist selbstverständlich geworden in der Hand der Sekretärin und des Versicherungsagenten.

In der öffentlichen Verwaltung ermöglichen informationstechnische Systeme bürgernähere Dienstleistungen, d. h. zuverlässigere Auskünfte, geringere Wartezeiten, kommunale- und Landesinformationsbanken haben für ihre Aufgaben mehr und bessere Planungsdaten und über graphische Terminals übersichtlichere Darstellungsmöglichkeiten zur Verfügung. Moderne Medien vermitteln uns weltweit entstandene politische und wirtschaftliche Informationen großer Aktualität innerhalb weniger Stunden oder sogar „live".

Computer steuern und überwachen Katastropheneinsätze, entdecken von Satelliten aus Waldschäden und Meeresverschmutzungen, erarbeiten Szenarien für Wirtschaftsgebiete und ermöglichen uns Einblicke in die vielschichtige Problematik einer kommenden Überbevölkerung auf der Erde. Die Mikroelektronik als Basis der Informationstechnik ist vielleicht eines der wichtigsten Hilfsmittel, das wir Menschen haben, um Probleme von derart existenzieller Bedeutung zu lösen.

Wir haben gezeigt, wie die Mikroelektronik in sehr vielen Bereichen unsere Technik und unser Umfeld beeinflussen wird. Angesichts der dadurch ausgelösten Änderungen unserer Lebensumstände müssen wir die möglicherweise nicht nur positiven Folgen beachten, um korrigierend einzugreifen und zu fragen, ob tatsächlich alles, was möglich ist, auch wert ist, getan zu werden.

Anders als manche Produkte der Chemie, der Nukleartechnik und Bionik sind die Chips der Mikroelektronik als solche nicht „gefährlich". Wenngleich sie unsere Umwelt ähnlich verändern wie die Produkte der Buchdruckerkunst, so können wir ihre Auswirkungen doch durch sinnvolle Einflußnahme kontrollierbar machen.

Gerade die Mikroelektronik ist, wie bereits ausgeführt, als katalytischer Effekt auf unsere Volkswirtschaft so entscheidend wichtig, daß es nur heißen kann: „An dieser Hochtechnologie und ihren positiven Möglichkeiten dürfen wir, darf Europa nicht vorbeigehen."

Lassen Sie uns alle mitarbeiten, die Mikroelektronik und die mit ihr direkt zusammenarbeitenden Industrien in Europa zu stärken. Nur in enger Kooperation zwischen Mikroelektronikherstellern und Anwendern werden wir unsere wirtschaftliche Zukunft sichern können.

Grundlegende Gesetzmäßigkeiten in der Produktion

H.-J. Warnecke, Stuttgart

Inhalt. Der Autor versucht, auf die folgenden Fragen eine Antwort zu geben: Nach welchen Gesetzen, Regeln oder Richtlinien werden Maschinen, Abläufe und (Aufbau-) Organisationen strukturiert? Welche Abhängigkeiten bestehen zwischen Markt, Produkt und Fertigung? Sind wir in der Abstimmung von Mitarbeitern, Technik und Organisation an einem Optimum? Wie ist das Verhältnis des Planungs- und Steuerungsaufwands zur zu fertigenden Menge? Wo liegen die Anwendungsbereiche und Grenzen unterschiedlicher Automatisierungsgrade und Fertigungskonzepte?

1 Einleitung

Der Bereich der Produktion umfaßt technische, organisatorische, wirtschaftliche und soziale Aspekte. In seiner Gesamtheit ist die Produktion ein so komplexes Wissensgebiet, daß es in weiten Teilen nicht algorithmisch beschrieben werden kann. So sind die Experten dieses Gebiets auf heuristisches bzw. empirisches Wissen angewiesen. Empirisches Wissen hat jedoch den Nachteil, daß es seine Gültigkeit verlieren kann, wenn sich Voraussetzungen ändern, die zum Zeitpunkt seines Entstehens bestanden. Seit die Informationstechnik immer stärkere Auswirkungen auf den Bereich der industriellen Produktion ausübt, ändern sich viele der noch vor wenigen Jahren gültigen Voraussetzungen. Die Gefahr, Fehlentscheidungen zu treffen, wächst somit ständig. Der französische Staatsmann und Schriftsteller Alexis de Tocqueville (1805–1859) meinte hierzu vor etwa 150 Jahren: „Seit die Vergangenheit aufgehört hat, ihr Licht auf die Zukunft zu werfen, irrt der menschliche Geist in der Finsternis."

2 Zunehmende Instabilität zwischen Umwelt und Unternehmen

Zu diskutieren, ob der gesicherte, überschaubare Zeitraum wirklich immer kürzer wird oder ob es sich hierbei um ein seit den Tagen Heraklits beständig auftretendes subjektives Phänomen handelt, ist müßig. Tatsache ist, daß ein Unternehmen seine Situation in dem Maße verbessert, in dem es das ständige Auseinanderstreben, das Ungleichgewicht zwischen sich und der Umwelt rechtzeitig erkennt und sich anpaßt (Umwelt hier im Sinne von Absatz- und Beschaffungsmarkt, Wettbewerb, Gesellschaft und Arbeitsmarkt). Dazu sind zwei Strategien denkbar: Erstens kann versucht werden, den überschaubaren Zeitraum durch die Kenntnis von Gesetzmäßigkeiten und Langzeitzusammenhängen zu vergrößern. Zweitens können die Folgen plötzlicher Veränderungen und Störungen durch eine Erhöhung der Reaktionsgeschwindigkeit gemildert werden. Dieser Weg wird heute meist beschritten, auch wenn es sicherlich eleganter wäre, aufgrund der Kenntnis der grundlegenden Zusammenhänge diese Veränderungen vorherzusehen.

3 Die Vorteile herkömmlicher Produktionsstrategien sind fraglich geworden

Die klassische Unternehmensführung orientiert sich an Gedanken von Adam Smith und F.W. Taylor (wissenschaftliche Betriebsführung), also der Aufbauorganisation in spezialisierte Teilbereiche und -funktionen, die hierarchisch strukturiert über eine Ablauforganisation zu einem Gesamtsystem zielgerichtet werden [1]. Mit dieser Spezialisierung von Menschen und Betriebsmitteln werden folgende wirtschaftliche Effekte erzielt:
- Konzentration gleichartiger Aufgaben (Mengen) ergibt Zeitdegression für die Ausführung,
- große gleichartige Einheiten (Größe und Auslastung) führen zur Fixkostendegression je Leistungseinheit,
- ein hoher Wirkungsgrad der einzelnen Stationen ergibt Einzelkostendegression, damit verbunden sind
- Know-how-Konzentration und begrenzter Qualifikationsbedarf,
- kurze Anlernzeit, gezielte Investition und damit
- kürzeste Prozeß- und Nebenzeiten.

Diese wirtschaftlich-technischen Gesetze sind so zwingend wie naturwissenschaftliche Gesetze. Der Betrieb wird als Analogon zu einer Maschine betrachtet, mit der bei minimalem Verbrauch (Einsatz von Produktionsfaktoren) ein Maximum an Leistung erzielt werden soll. So zwingend wie bei der Maschine die physikalisch-technischen Gesetze, gelten im Betrieb zusätzlich wirtschaftliche und soziologische. Was im einen Fall Verbesserung des Wirkungsgrades heißt, nennt man im anderen Kostensenkung und Rationalisierung sowie Unternehmenskultur und Motivation.

Diese Effekte sowie überwiegend zeitpunktorientierte Betrachtungen führen konsequent zu planwirtschaftlichem oder programmbezogenem und zentralistischem Denken sowie bürokratischen Organisationsstrukturen. Sie haben aber als Voraussetzung für ihre Gültigkeit und Wirksamkeit eine relativ stabile, sich vorhersehbar stetig entwickelnde Umwelt. Von katastrophenartigen Unterbrechungen abgesehen, waren diese Voraussetzungen für die Fertigungstechnik bis in die 60er Jahre dieses Jahrhunderts gegeben; man kann es als Zeitalter der Massenproduktion bezeichnen. Heute aber müssen die Produktionssysteme – um bei dem Vergleich mit der Maschine zu bleiben – mit ständigem Lastwechsel, häufiger Teillast und erschwerten Umweltbedingungen fertig werden. Das fordert und erschwert die Beantwortung der Frage nach der „richtigen" Maschine bzw. dem richtigen Produktionssystem.

4 Vom Werkzeug zum weltweiten Fertigungsverbund

Im 19. Jahrhundert konzentrierte man sich auf die Mechanik, die Thermodynamik und die übrigen Bereiche der klassischen Naturwissenschaften. Im Bereich der Produktion entstanden die ersten wissenschaftlichen Ansätze bezogen auf spezifische Technologien und Maschinen. Die Mechanik des Spanens ist hierfür das beste Beispiel. Die Organisation der Fertigung in Form vieler getrennter Arbeitsschritte fällt in die Epoche der Massenfertigung. Zu dieser Zeit dominierten die Anbieter den Markt. Henry Fords Aussprüche „Die Autos können jede beliebige Farbe haben, sofern sie schwarz ist" und „keine Fabrik ist groß genug, um darin mehr als ein Produkt zu fertigen" charakterisieren diese Situation.

Die Entwicklung des fertigungstechnischen Denkens vollzog sich somit vom Werkzeug und der Werkzeugmaschine sowie den einzelnen Arbeitsschritten in der Werkstatt oder am Fließband zum weltweiten Fertigungsverbund.

Der für das unternehmerische Handeln wichtigste Faktor ist der Markt. Für diesen Markt, der auch oft als „der Welthandel" apostrophiert wird, ist eine zunehmende Verflechtung zu beobachten. Diese zeigt sich dadurch, daß die Verfügbarkeit aller Produktionsfaktoren weltweit immer mehr zunimmt und die Konkurrenz auf dem Weltmarkt sich erhöht (Bild 1). Die Transportkosten spielen für die meisten Produkte eine immer geringere Rolle. Daher gewinnen gesellschaftlich bedingte Standortfaktoren wie Unternehmensbesteuerung, Lohn- und Lohnnebenkosten, Arbeitszeiten sowie Währungsparitäten verstärkt an Bedeutung.

Die Verfügbarkeit von Informationen erhöht sich in diesen Jahren aufgrund der Innovationen in der Mikroelektronik gegenüber den Möglichkeiten des Telefons und des Radios um mehrere Größenordnungen. Weltumspannende Netzwerke und Satelliten ermöglichen den sofortigen Austausch großer Datenmengen zwischen einzelnen EDV-Anlagen. Mittlerweile zeichnet sich ab, daß nicht mehr nur unqualifizierte Arbeit, sondern auch Know-how und qualifizierte Arbeit weltweit immer leichter verfügbar werden. Legt man diese Entwicklungen, besonders die des Arbeitsmarktes zugrunde, so wird verständlich, warum auch die Produktionsstandorte selber immer unabhängiger von nationalen Grenzen ausgewählt werden. Es gibt eine Tendenz zur Globalisierung der Produktion und damit einen steigenden Wettbewerb um Produktionsstandorte.

5 Die Gesellschaftsstruktur ändert sich

Das steigende Durchschnittsalter der Bevölkerung und die langen Ausbildungszeiten wirken sich auch für die Unternehmen erschwerend aus, weil die steigenden Soziallasten von ihnen direkt oder indirekt mitgetragen werden müssen. Ein weiteres Problem ist die sinkende Verfügbarkeit der Mitarbeiter in der Bundesrepublik Deutschland aufgrund der sinkenden Wochen- und Lebensarbeitszeit. Durch die hohen Lohn- und Lohnnebenkosten bedingt, steigt der Betrag, der zur Automatisierung eines Arbeitsplatzes investiert werden kann, im internationalen Vergleich immer mehr an (Bild 2).

Die in der Produktionstechnik möglichen Verbesserungen und damit der maximal mögliche Know-how-Vorsprung werden wegen des Gesetzes vom abnehmenden

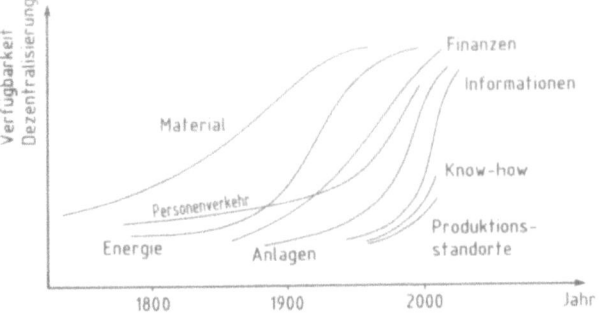

Bild 1. Verfügbarkeit von Produktionsfaktoren

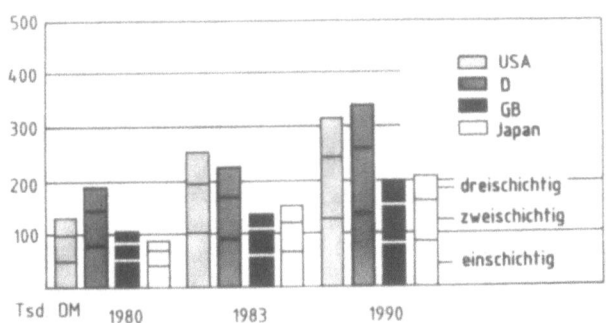

Bild 2. Kapitalgrenze für die Automatisierung eines Arbeitsplatzes bei einem Planhorizont von zwei Jahren (nach Elbracht)

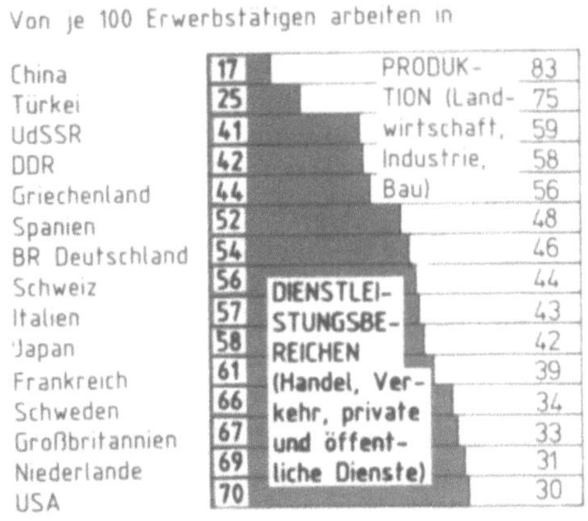

Bild 3. Der Weg in die Dienstleistungsgesellschaft (nach Globus)

Grenznutzen geringer, zumal der Innovationsdruck sinkt, wenn eine Nachfrage mit immer weniger Aufwand befriedigt werden kann. Daher wird die Produktionstechnik in ihrer gesellschaftlichen Bedeutung sinken, etwa vergleichbar mit der Entwicklung der Landwirtschaft in den letzten 100 Jahren. Zunehmend entstehen Produktionsüberkapazitäten, von denen die am wenigsten leistungsfähigen zwangsläufig verschwinden werden. Diese Problematik kann nur durch Wachstum auf dem Dienstleistungssektor gemildert werden (Bild 3). Die Verteuerung niederwertiger Tätigkeiten führt also zu deren Substitution oder zur Automatisierung. Die Bundesrepublik Deutschland muß ein international attraktiver Produktionsstandort bleiben, da der Strukturwandel sonst noch schmerzhafter sein wird als in den europäischen Nachbarländern.

6 Gesetz des abnehmenden Grenznutzens beachten

Die wesentlichen Ergebnisse einer Studie des Strategic Planning Institute in USA besagen, daß

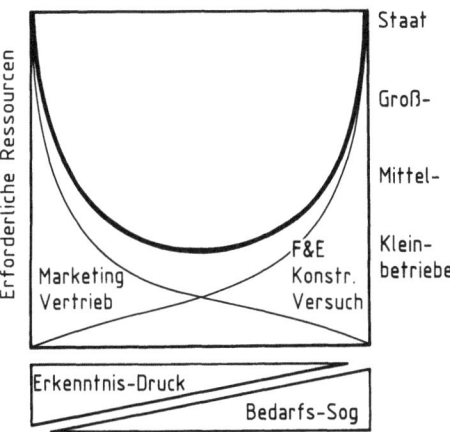

Bild 4. Tätigkeitsfelder in Abhängigkeit von der Unternehmensgröße

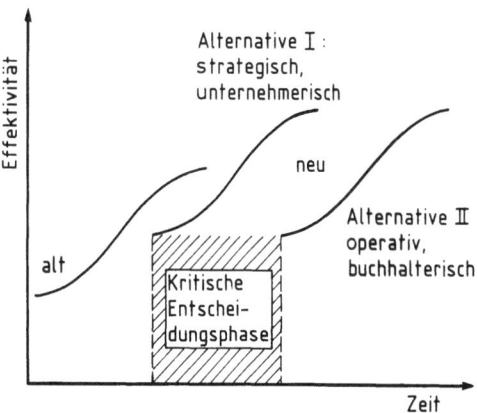

Bild 5. Entwicklung von Technologien in Form von S-Kurven

- die Kosten des Marktführers niedriger sind als die seiner Konkurrenz,
- zur Haltung der Marktführerschaft eine kundennahe Produktion erforderlich ist,
- eine hohe Produktivität/Wertschöpfung pro Mitarbeiter oder/und eine überdurchschnittliche Qualität anzustreben ist,
- der zur Kostensenkung notwendige Erfahrungsgewinn bezüglich flexibler Systeme nicht an die kumulierte Produktionsmenge, sondern an die Dauer und Breite ihrer Anwendung gebunden ist.

Für die strategische Unternehmensplanung ist also entscheidend, auf welche Weise Eintrittsbarrieren zum Schutz des eigenen Marktanteils gegen potentielle Nachahmer errichtet werden können. Es hängt somit von der Firmengröße und den damit verbundenen Ressourcen ab, in welchen Bereichen und Marktsegmenten ein Unternehmen tätig werden kann und sollte. Für Bereiche, in denen technische Lösungen vorhanden sind, der Markt aber nicht aufbereitet ist (Erkenntnis-Druck), sind Großunternehmen bzw. der Staat ebenso prädestiniert, wie im Fall offensichtlicher Problemstellungen, die nur mit erheblichem Forschungsaufwand (Bedarfs-Sog) gelöst werden können. Dazwischen liegt das weite Feld für Klein- und Mittelbetriebe (Bild 4).

Neue Erfahrungskurven beginnen nicht mehr mit der Einführung neuer Produkte, sondern mit der Einführung neuer Technologien. Daher dürfen beispielsweise Innovationen im Bereich der Werkstofftechnologie nicht auf Hochtechnologieprodukte, etwa in der Luft- und Raumfahrt, beschränkt bleiben. Hier ist ein „Bottom-up"-Vorgehen sinnvoll, um über die Verwendung in „Alltagsprodukten" fertigungstechnisch zu lernen und die zur Kostensenkung notwendige Lernkurve so früh wie möglich zu beginnen. Die Erfolge Japans auf einigen Schlüsselgebieten sind weniger durch Kanban und Just-in-time, Logistik und Qualitätszirkel bedingt – das ist zu kurz gedacht –, sondern durch große Investitionen in grundlegende, strategische Produkte und Produktionstechniken sowie Innovation, insbesondere bei Produkten mit hoher Wertschöpfung.

Das Verhalten von Technologien und Märkten läßt sich durch S-Kurven beschreiben [2]. Nach den ersten technisch ausgereiften, entscheidenden Anwendungen bringt die weitere Ausbeute einer Technologie weniger Nutzen als der Übergang auf die nächst anspruchsvollere Technologie, die natürlich zunächst höhere Kosten verursacht (Bild 5). Wird es aber unterlassen, rechtzeitig eine neue Technologie einzuführen, so ist mit Kosten für verpaßte Gelegenheit zu rechnen. Andererseits besteht bei zu früher Einführung das Risiko, aufgrund der starken Erhöhung der Komplexität und den damit verbundenen Schwierigkeiten zu scheitern. Ein neues Produkt muß sofort, wenn es auf den Markt kommt, besser sein als das Produkt, welches es ersetzt, und die maximale Produktionskapazität muß gleich nach der Produktankündigung zur Verfügung stehen. Daher empfiehlt es sich, neue Technologien zwar sehr früh, aber schrittweise im Sinne der Flexibilität einzuführen.

7 Herleitung von Gesetzmäßigkeiten erschwert durch steigende Komplexität

Im Sinne einer systematischen Vorgehensweise sind zunächst die Einflußgrößen zu gliedern, die das Ableiten von Gesetzmäßigkeiten zulassen. Die folgende Einteilung von Einflußgrößen erscheint sinnvoll:
- physikalische (Leistung, Gewicht, Werkstoff),
- geometrische (Länge, Volumen, Zahl der Bearbeitungsflächen),
- fertigungstechnische (Anzahl der Arbeitsgänge, Art der Bearbeitung) und
- organisatorische (Produktionsmenge, Losgröße, Produktionsintervalle, Anzahl Varianten),
- betriebswirtschaftliche (variable und fixe Kosten, Kostenzurechnung, Amortisationszeit, Risiken und Nutzen),
- soziologische (Leistungsfähigkeit und -bereitschaft, richtige Belastung und Beanspruchung, Qualifikation).

Weil diese Gesetzmäßigkeiten nebeneinander auftreten und einander überlagern, führt eine isolierte Betrachtung zu Fehlentwicklungen. Trotzdem muß zunächst versucht werden, die geforderten Zielgrößen empirisch als Funktion einer Einflußgröße zu ermitteln. Mit der gewichteten Addition aller relevanten Einzelfunktionen ist es dann möglich, die Summenfunktion zu erhalten. Probleme entstehen, weil sich die einzelnen Einflußgrößen nicht wechselwirkungsfrei voneinander trennen lassen.

7.1 Die Zielgröße „Kosten"

In den meisten Fällen werden Kosten als Meß- und Zielgröße gewählt. An einem Beispiel aus diesem Bereich soll die angesprochene Systematik zum Ableiten von Gesetzmäßigkeiten erläutert werden. Eine aktuelle Problematik sind beispielsweise die durch Variantenvielfalt bedingten Kosten. Zur Bestimmung einer Kostenfunktion, die über relative Vergleiche Entscheidungen bezüglich eines zu wählenden Variantenspektrums ermöglicht, werden die relevanten Kosten herausgearbeitet und in mengen- und nicht mengenpro-

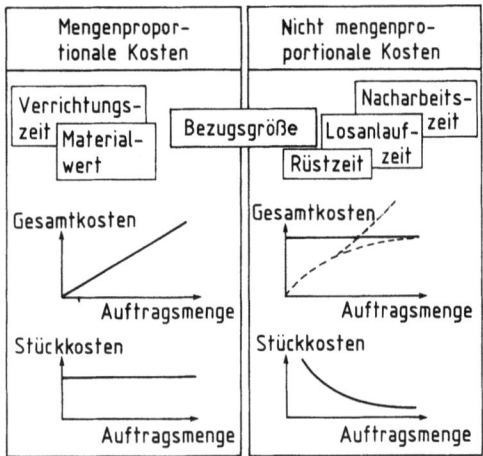

Bild 6. Zerlegung der Fertigungskosten

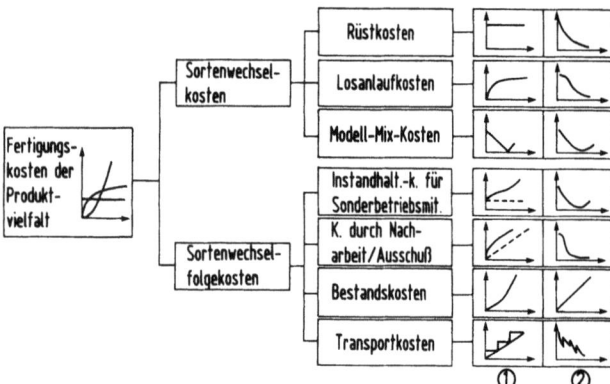

Bild 7. Fertigungskosten der Produktvielfalt. *1* Gesamt-, *2* Stückkosten über der Stückzahl

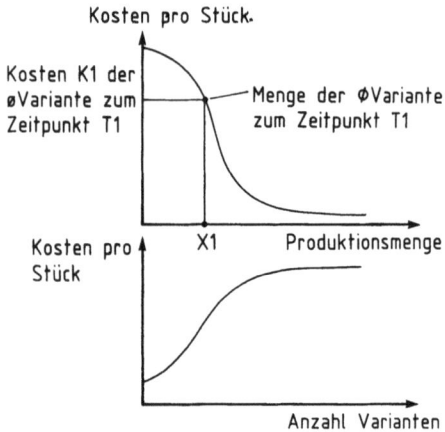

Bild 8. Varianten-Stückkosten-Progression

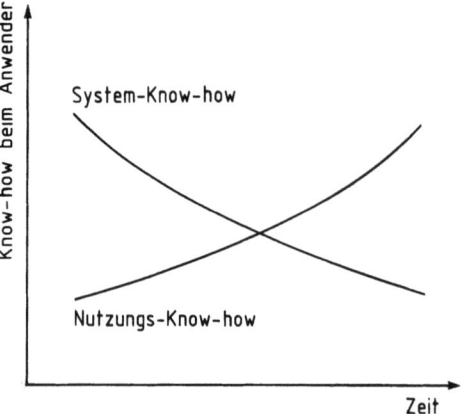

Bild 9. Abbau von System-Know-how beim Anwender

portionale Kosten gegliedert (Bild 6). Die Kosten der Variantenfertigung setzen sich im wesentlichen aus sieben Kostenarten zusammen, die jeweils erste Kurve skizziert den Gesamtkostenverlauf (Bild 7) [3].

Problematisch ist natürlich die Gewinnung dieser sieben Teilkostenarten aus den üblicherweise im Unternehmen erfaßten ressourcenbezogenen Kostenarten. Sind die Gesamtkostenfunktionen aber erst einmal bekannt, so erhält man durch Bilden der ersten Ableitung die Stückkostenfunktionen. Bild 8 zeigt den so errechneten Stückkostenverlauf am Beispiel der Losanlaufkosten. Trägt man die Stückkosten über der Variantenzahl anstelle der Produktionsmenge auf, so erhält man die zugehörige Varianten-Stückkostenprogression (zum Beispiel bedingt durch die Teilkostenart Losanlaufkosten) als Erkenntnis- und Entscheidungshilfe.

Optimierungen vorzunehmen hinsichtlich der Anpassung an die Kundenwünsche, ist aber oft problematisch, weil die Kunden die Herstellung von Varianten erzwingen. Diese ist besonders im Bereich der Massengüterfertigung ein kostspieliges Unterfangen, weil ganze Gemeinkostenblöcke praktisch proportional mit der Anzahl der zu verwaltenden Teilepositionen wachsen und nur wenig von der Menge pro Position abhängen. Die daraus resultierenden zusätzlichen Kosten machen die herkömmlichen Produkte für den Durchschnittskunden zu teuer. Daher ist die Strategie der Flexibilität um jeden Preis international gesehen falsch und nur für Teilmärkte richtig.

Das Vorhalten von Experten-Know-how verursacht hohe Fixkosten im Personalbereich (Bild 9). Anwender neigen daher heute dazu, Stabsfunktionen und deren Knowhow abzubauen. Dieses aber weiterhin erforderliche spezielle Know-how wird dann vom Anbieter bzw. Lieferanten verlangt. Dieser muß daher künftig Komplettlösungen mit Garantie, Schulungsprogrammen, Expertensystemen zur Selbstdiagnose und einen umfassenden Service zur Verfügung stellen. Die Kopplung von Lieferant und Anwender durch gemeinsam genutzte Netzwerke bietet zusätzliche Möglichkeiten, gerade im Bereich der Ferndiagnose [4].

Die Kontrolle und Minimierung von Kosten ist nur eine Zielgröße. Sie ist ein „Muß" beim Wettbewerb mit Konkurrenten, die dem Kunden einen gleichen oder ähnlichen Nutzen bieten. Der Nutzen, ausgedrückt im Preis, muß über den Kosten liegen. Der Nutzen kann häufig über die Zielgröße „Zeit" ausgedrückt werden.

7.2 Die Zielgröße „Zeit"

Die Marktentwicklung fordert vom Hersteller immer kürzere Lieferzeiten. Daher gewinnt bei der Suche nach Gesetzmäßigkeiten die Zielgröße „Zeit" gegenüber den Kosten immer mehr an Bedeutung. Für die Gesamtdurchlaufzeit eines Produkts durch die Produktion, Entwicklung und Fertigung ist eine Reihe von Abhängigkeiten bereits bekannt. Die mittlere Durchlaufzeit (DLZ) ist eine Funktion unter anderem der folgenden Einflußgrößen:

- Prozeßzeit; sie ist die Summe von mittlerer Transport- und Durchführungszeit und somit das theoretische Minimum der DLZ,
- Rüstzeit,
- Bestandsgröße vor den Produktionseinrichtungen und
- Kapazitätsauslastung (Bild 10).

Aus dem bisherigen Wissensstand lassen sich Gesetze ableiten wie:

- Die DLZ an einem Arbeitsplatz wird durch das Verhältnis von Bestand zu Leistung dieses Arbeitsplatzes bestimmt.

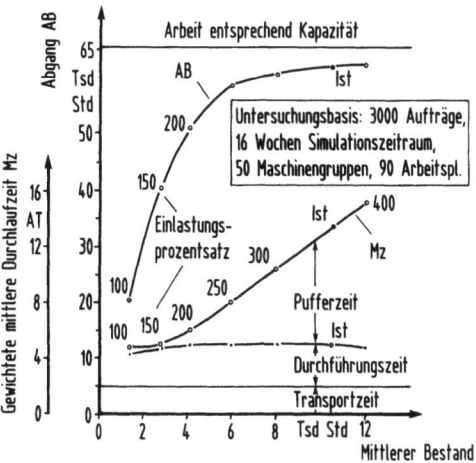

Bild 10. Zusammenhang zwischen Durchlaufzeit, Leistung und Bestand (nach Wiendahl)

Kostenart	Kosten (TDM)	(%)	in % von der Betriebsleistung[a]
Materialflußkosten	2 369	19,9	1,6
Auftragsabwicklungskosten	6 749	56,7	4,4
Kosten des Umlaufvermögens	2 781	23,4	1,8
Gesamt	11 899	100,0	7,8

[a] Betriebsleistung = Umsatz ± Bestandsveränderung − Erlösschmälerung = 152,775 Mio. DM

Bild 11. Kostenstruktur einer Serienfertigung mit hoher Typenvarianz (nach Schulte)

- Die Arbeitsstundeninhalte der Aufträge sollten so klein wie möglich sein und so wenig wie möglich streuen.
- Die Abfertigungsregel „First in — First out" bewirkt die geringste Streuung der DLZ und der Terminabweichung [5].

Am Beispiel der Durchlaufzeit wird eine im Bereich der Produktion immer wiederkehrende Problematik deutlich: die Konkurrenz zwischen mehreren Zielgrößen, in diesem Fall Kosten und Zeit. Als Entscheidungshilfe wären in diesem Fall die Produktionskosten als Funktion der mittleren Durchlaufzeit zu bestimmen. Von der Durchlaufzeit abhängig sind bei gegebener Produktionskapazität in erster Linie die Kosten für Materialfluß, Auftragsabwicklung und Umlaufvermögen. Diese Kostenarten stellen einen nicht unwesentlichen Teil der gesamten Betriebsleitung dar und können, bezogen auf die eigene Wertschöpfung, in Betrieben mit Variantenvielfalt eine Logistikkostenrate von etwa 30% haben. Bild 11 zeigt die Kostenstruktur einer Serienfertigung mit hoher Typenvarianz.

Trägt man die Wertschöpfung über der DLZ auf, so ergeben sich zur Charakterisierung des Ablaufprozesses gut geeignete Wertzuwachskurven (Bild 12). Kurve A zeigt den Optimalfall, in dem alle Warte- und Übergangszeiten minimiert sind (reine Prozeßzeit). Bilden sich Puffer oder treten zusätzlich außerordentliche Störungen auf, so ergeben sich die Kurven B und C [6].

Aus dem Verhältnis von Lohnkostensatz zu Maschinenkostensatz läßt sich gemäß [7] für den Zustand der Vollauslastung und möglicher Mehrmaschinenbedienung die opti-

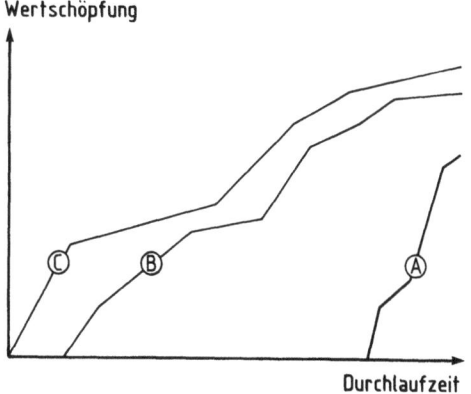

Bild 12. Wertzuwachskurve eines Produktionsprozesses (nach Schulte)

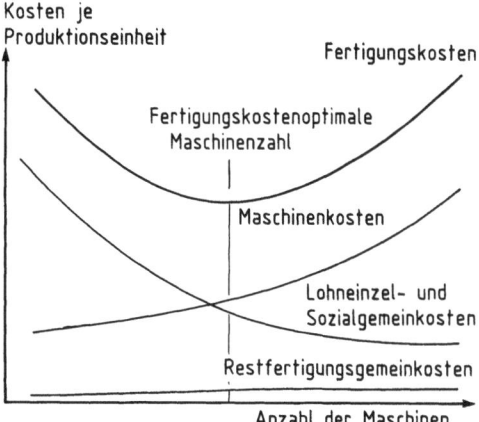

Bild 13. Fertigungskosten in Abhängigkeit von der Maschinenzahl (nach Häußermann)

male Maschinenzahl berechnen (Bild 13). Diese Maschinenzahl ist interessanterweise größer, als sich aus der Addition der einzelnen Kapazitäten im Vergleich zur benötigten Gesamtkapazität errechnen würde. Gewisse Überkapazitäten sind also wirtschaftlich gerechtfertigt, selbst wenn die erwünschte Verringerung der Durchlaufzeiten noch nicht berücksichtigt wird.

7.3 Umweltverträglichkeit und Ressourcenschonung sind auch eine Zielgröße

Die zu beobachtende Notwendigkeit, daß betrachtete Systemgrenzen immer weiter gezogen werden müssen, gilt nicht nur für den Markt, sondern auch und gerade im Bereich der Ökologie. Die schrittweise Erhöhung der Fabrikschornsteine bis hin zur Verwendung von Filteranlagen unterstreicht diese Entwicklung. Heute muß die Entsorgung des Abfalls schon in die Planung neuer Produkte und Anlagen mit einbezogen werden. Dagegen befinden sich zum Beispiel die Ozeane heute scheinbar noch außerhalb der relevanten Systemgrenzen. Dies wird aus der Diskussion um die Verschmutzung von Nord- und Ostsee deutlich, in der argumentiert wird, der Wasseraustausch mit dem Atlantik sei zu gering. Hier wird nicht erkannt, daß auch die Weltmeere eine Belastungsgrenze haben, die zu überschreiten mit Sicherheit verhängnisvoll für unsere Zivilisation wäre. Am Ende dieser Entwicklung muß daher die Betrachtung der gesamten Erde im Rahmen eines kybernetischen, ökologischen Systems stehen.

Eine wesentliche Folge von wachsender Industrieproduktion und Bevölkerungszahl ist die Verknappung der Ressourcen. Auch in dieser Problematik zeigt sich die zu-

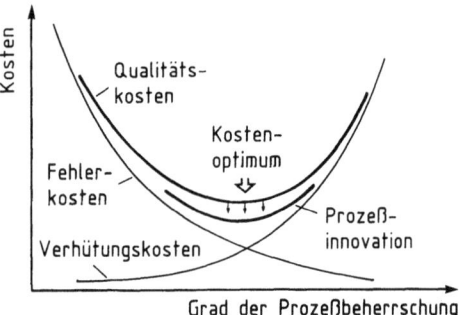

Die traditionelle Betrachtungsweise stellt gegebene Prozeßtechniken nicht infrage: Eine Qualitätsverbesserung ist nur bis zu einem bestimmten Kostenoptimum vertretbar.

Bild 14. Kostenoptimum bei festgeschriebener Produktionstechnologie (nach Kirstein)

nehmende Vernetzung von früher getrennten Problembereichen. Die Optimierung einzelner Prozesse auf Kosten anderer Bereiche führt nicht mehr zum Erfolg. Vielmehr muß darauf geachtet werden, daß ganze Prozeßketten, angefangen von der Gewinnung der Rohstoffe über die Produktion, den Gebrauch und die Beseitigung umweltverträglich ausgelegt werden. Neue Technologien müssen sparsam mit den Ressourcen umgehen, möglichst regenerativ sein oder ein Recycling zulassen, sie sollen weniger Abfallprodukte erzeugen und müssen leicht und rückstandsfrei zu beseitigen sein. Als Beispiel seien die notwendigen Entwicklungen und hohen Aufwendungen in der Fertigungstechnik zum Waschen und Reinigen, Lackieren und Galvanisieren von Oberflächen genannt.

Die Abfallwirtschaft wird sich durch die Schließung von Materialkreisläufen zur Rohstoff- und Energiewirtschaft wandeln und so Verantwortung für die Schonung der Ressourcen übernehmen. Damit wird ebenfalls eine Dezentralisierung von Produkten, Verpackung, Handel, Verbrauch und Recycling verbunden sein. Für das Käuferverhalten wird die Frage der Schädigung des Gesamtsystems und der Recyclingfähigkeit eine zunehmende Rolle spielen. Dies wird die Produktionstechnik hinsichtlich der Unternehmensstrategie und der Produktentwicklung beeinflussen. Verschiedene Forderungen bedingen also gleichzeitig die Tendenz zur Verringerung des spezifischen Verbrauchs von Stoffen und Energie in Produkten und Produktion. Die Qualität der Entsorgung muß der Qualität der Versorgung entsprechen.

7.4 Erkenntnisse gelten nur immer für bestimmte Randbedingungen

Am Beispiel der kostenoptimalen Qualität, die sich aus Fehlerkosten und Fehlerverhütungskosten ermitteln läßt (Bild 14), kann gezeigt werden, wie eine so gewonnene Erkenntnis durch Veränderung der Randbedingungen ihre Gültigkeit verliert. Die Zusammenhänge gelten nur bei einer festgeschriebenen Prozeßtechnologie oder Fertigungstechnik. Verläßt man diese Technologie, weil man beispielsweise an eine wirtschaftliche Qualitätsgrenze stößt, so wird der Verlauf von Fehler- und Produktkosten geändert. Dadurch verschiebt sich das Kostenoptimum mit zunehmender Prozeßbeherrschung immer weiter nach unten trotz erhöhter und gesicherter Qualität. Dieses Thema gewinnt heute an Bedeutung, da Qualität sofort bei der Markteinführung vorhanden sein muß, die Zeit zur Qualitätssicherung vor und im Produktionsanlauf somit immer kürzer wird.

8 Der kybernetische Managementansatz

In einer amerikanischen Untersuchung wurden die durchschnittlichen Reaktionszeiten auf die folgenden Veränderungen ermittelt:

- Preisveränderungen 1,7 Monate,
- Produktionsveränderungen 6,0 Monate,
- Marktveränderungen 8,7 Monate,
- Auftreten neuer Produkttechnologien 9,7 Monate.

Weil Unternehmen ständig auf äußere Einflüsse reagieren müssen, werden sie vielfach mit einem Regelkreis verglichen; oder es wird postuliert, das Unternehmen solle als Regelkreis gestaltet werden, um dadurch eine schnelle und selbständige Reaktion auf Störungen zu ermöglichen. Zur Realisierung von Wettbewerbsvorteilen in einem durch Überkapazitäten gekennzeichneten Markt, ist die Geschwindigkeit der Reaktion wichtiger als die Geschwindigkeit der Ausführung; die Produktivität des Systems muß somit die Produktivität der Technik ersetzen.

Die Betrachtung eines Unternehmens als Regelkreis hat eine Reihe von Vor- und Nachteilen. Ein bestechender Vorteil ist die auf den ersten Blick offensichtlich wirkende Analogie zwischen einem Regelkreis mit seinen verschiedenen Stellgrößen und dem Produktionsbetrieb mit seinen Bearbeitungsvorgängen, die genau wie jeder Regelkreis dem Einfluß von Störgrößen unterworfen sind. Gelänge es nun, die einzelnen Komponenten der Produktion wie Bearbeitungsmaschinen, Mitarbeiter und Transportmittel durch Zeitfunktionen zu beschreiben und diese realitätsgerecht zu verknüpfen, so ließe sich der Produktionsbetrieb als Gesamtheit hinsichtlich seines Zeitverhaltens berechnen. Die Regelungstechnik stellt eine Reihe ausgereifter mathematischer Verfahren und Modelle zur Verfügung, mit denen jede noch so komplexe Verknüpfung von Zeitfunktionen einzelner Komponenten − prinzipiell − zu einer einzigen Zeitfunktion verdichtet werden kann.

Betrachtet man das Produktionssystem auf der Ebene seiner einzelnen Komponenten, so erweist sich als hinderlich, daß deren Zeitverhalten nicht bekannt ist. Eine funktionierende Bearbeitungsstation könnte etwa durch eine Sprungfunktion und eine Totzeit dargestellt werden. Diese Darstellung ist jedoch wertlos, weil sie nichts über die Verfügbarkeit bzw. das Ausfallverhalten aussagt. Die Ausfälle der Maschine sind statistisch gestreut und im einzelnen unbekannt. Es können nur Mittelwerte für Verfügbarkeit, Störungsabstand und Störungsdauer angegeben werden, jedoch kaum eine Zeitfunktion. Ähnliche Probleme gibt es bei der regeltechnischen Beschreibung von Mitarbeitern. Deren Zeitverhalten ist wohl zu stark von der Art der Störung, Qualifikation usw. abhängig, um durch eine Zeitfunktion beschrieben werden zu können.

Der kybernetische Managementansatz leitet aus der Analogie zwischen Unternehmen und Regelkreis Grundsätze ab, ohne zu versuchen, das Unternehmen als Regelkreis zu berechnen. Der Prozeß der Entscheidungsfindung steht in einem Unternehmen im Mittelpunkt eines dynamischen Regelungssystems [8].

Ein Beispiel für die Anwendung regelungstechnischer Grundsätze in der Fertigung ist die logistische Regelung diskreter Prozeßlinien (Bild 15) [9]. Hierbei ist die Autonomie eines Regelkreises einzuhalten, und wegen der Dynamik des Systems sind totzeitfreie Regelstrecken zu verwenden. Jeder einzelne Arbeitsschritt ist Teil eines Unterregelkreises. In diesem werden gefährdete Werte kontinuierlich geprüft, Korrekturen angebracht bzw. die Wiederholung des Arbeitsschrittes wird veranlaßt. So kann kein fehlerhaftes Ob-

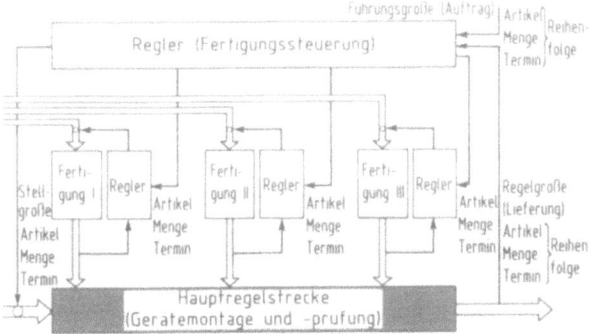

Bild 15. Produktion als Regelkreis (nach Börnecke)

jekt einen Bearbeitungsvorgang in Richtung des nächsten verlassen.

Ein im Sinne eines Regelkreises wirklich regelbares Unternehmen muß gewisse technische und organisatorische Voraussetzungen erfüllen. Erst durch das Zusammenwirken beider Bereiche im Sinne eines sozio-technischen Systems kann die erforderliche Dynamik erreicht werden. So wie die Antwortzeit eines Regelkreises auch eine Funktion der Anzahl der aktivierten Stellglieder ist, so ist die Reaktionsfähigkeit eines Systems auch eine Funktion seiner Größe. Auf der organisatorischen Seite ist daher die Zerlegung des Produktionsprozesses in mehrere kleinere Systeme erforderlich. Diese in weiten Bereichen autonomen Regelkreise werden über klare Zielvorgaben und Steuergrößen in das Gesamtkonzept eingebunden.

Das bedeutet dann beispielsweise: Die in Arbeitsgruppen organisierten Mitarbeiter bekommen den Gesamtauftrag zugewiesen. Danach koordinieren und kontrollieren sich die Mitarbeiter dieser Gruppe in Eigenverantwortung. Innerhalb der Gruppe wird die Verantwortung für die Koordination möglichst demjenigen übertragen, dessen Arbeit am meisten vom Erfolg der Koordination abhängt. Durch Einführung dieser Organisationsform verringert sich die gegenüber herkömmlichen Konzepten erforderliche Mitarbeiterzahl; Motivation und Qualität können deutlich verbessert werden.

Auf der technischen Seite muß diese Gliederung in Subsysteme durch neue Steuer- und Regelsysteme unterstützt werden. Durch den Einsatz einer hierarchischen Rechnerarchitektur, in der Prozeßrechner und Leitstände über ein Netzwerk mit übergeordneten Rechenanlagen verbunden sind, kann der Zusammenhalt in der Produktion gewahrt werden. Voraussetzung für eine unternehmensweite Kommunikation im Rahmen einer erfahrungsgemäß meist heterogenen Rechnerstruktur sind standardisierte Kommunikationssysteme oder fallspezifische Lösungen. Ein wesentlicher Vorteil eines vernetzten Systems ist die Tatsache, daß bestimmte Datenbestände jeweils nur an einer Stelle im Unternehmen gepflegt oder geändert werden müssen. Dennoch sind gewisse Redundanzen notwendig, um die Anfälligkeit für Fehler und Störungen zu verringern. Innerhalb eines Steuerungssystems sind auf jeder Ebene der Rechnerarchitektur genügend große Arbeitsvorräte zu speichern, um einen kontinuierlichen Produktionsfluß auch im Fall eines vorübergehenden Rechnerausfalls sicherzustellen.

Auf der Ebene der einzelnen Maschinen und Transportmittel sind Einrichtungen zu schaffen, die den Produktionsablauf transparent und übersichtlich machen und dadurch eine Regelung erleichtern. Gemeint sind hier vor allem Einrichtungen zur automatischen Betriebs- bzw. Maschinendatenerfassung. Aufgrund dieser Daten können die notwendigen Änderungen und Reaktionen manuell am Leitstand oder auch vollautomatisch erfolgen. Mann kann also die Regel formulieren: Erst vereinfachen, dann automatisieren.

9 Komplexität verringern, Ganzheitlichkeit belassen

Die bisherigen Überlegungen zeigen, daß das Unternehmen und dessen Produktionsbereich weder durch Gesetzmäßigkeiten vollständig erfaßt noch durch regeltechnische Systeme zufriedenstellend nachgebildet werden kann. Es ist denkbar, das vorhandene heuristische Wissen in Form von Regeln und Axiomen mit der Zeit so weit zu verdichten, daß es unter Nutzung wissensverarbeitender Systeme einer größeren Zahl von Entscheidungsträgern nutzbar gemacht werden kann.

Für den Bereich der Konstruktion hat Suh am MIT ein auf zwei Axiomen basierendes Verfahren zur Optimierung von Produkten entwickelt. Diese postulieren, erstens die funktionalen Anforderungen unabhängig voneinander zu erfüllen und zweitens die für die Herstellung des Produkts erforderlichen (maßlichen) Informationen zu minimieren [10].

Bei der Umstrukturierung von Produktionsbetrieben erweisen sich die folgenden Leitlinien als zweckmäßig:
- Produkt- und Produktionsstrukturen sind zu *vereinfachen*, die dafür erforderlichen Komponenten möglichst zu standardisieren. Als Beispiel für die damit zu erreichende Produktivitätssteigerung sei nur auf den weltweiten Containerverkehr hingewiesen.
- Die Informationsmengen sind durch beherrschte Abläufe und Prozesse zu *reduzieren*, Zugriffszeiten und erforderliche DV-Kapazitäten sind dadurch zu senken.
- Informationen, Entscheidungen und Verantwortung sind zu *dezentralisieren;* Reaktionsgeschwindigkeit und Verfügbarkeit sind durch die Gliederung des Unternehmens in kleine Regelkreise zu steigern.
- Aufgaben und Funktionen sind zu *integrieren;* die Arbeitsinhalte zu vergrößern. Bei Maschinen bedeutet das die Tendenz zur Komplettbearbeitung, bei den Mitarbeitern ist deren Qualifikation entscheidend für die mögliche Organisation.
- Bei allen Veränderungen im Unternehmen ist *schrittweise* und iterativ vorzugehen, aber mit strategischer Zielsetzung.

Diese Leitlinien seien im folgenden beispielhaft erläutert.

10 Erhöhung der Flexibilität durch geringere Arbeitsteilung und größere Arbeitsinhalte

Die Tendenz für Gegenwart und Zukunft heißt: Arbeitsbereicherung, Delegation von Verantwortung, Dezentralisierung, Integration von Einzelvorgängen und deren Vernetzung. Die Gründe hierfür liegen sowohl in der Entwicklung der Informationstechnik als auch in den Auswirkungen des veränderten Käuferverhaltens. Vor allem drei Entwicklungen sprechen für die Verringerung der Arbeitsteilung:
- Die Informationsverfügbarkeit nimmt zu,
- die durchschnittliche Losgröße ab, und
- die geforderte Lieferzeit verringert sich.

Die Entwicklung der Informationstechnik schafft die Voraussetzung für die wirtschaftliche Vergrößerung der Arbeitsinhalte. Verringert man die durchschnittliche Losgröße, so sinken die Prozeßzeiten und -kosten bei zunehmender Arbeitsteilung langsamer, als die Kosten für den zusätzlichen Informationsaufwand steigen. Dadurch ver-

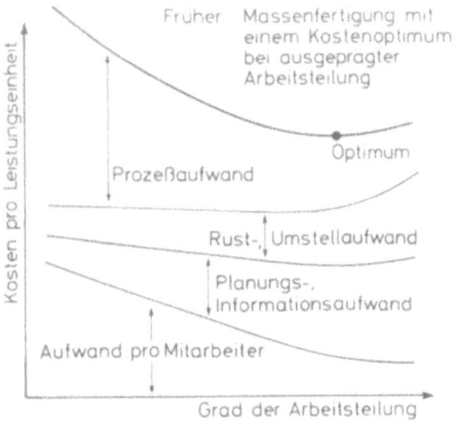

Bild 16. Kostenoptimale Arbeitsteilung (früher)

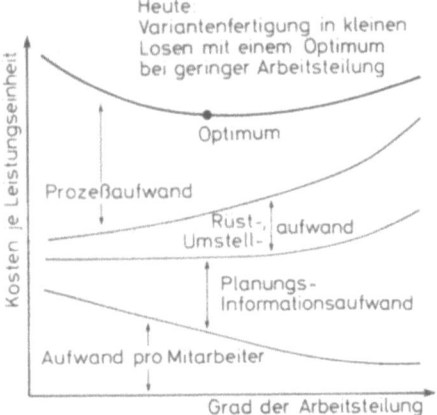

Bild 17. Kostenoptimale Arbeitsteilung (heute)

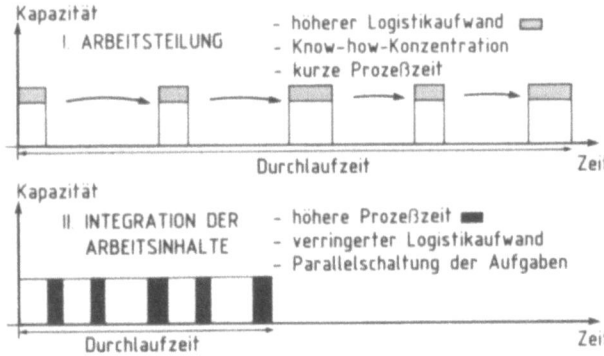

Bild 18. Verkürzung der Durchlaufzeit durch die Integration von Arbeitsschritten

schiebt sich die wirtschaftliche Arbeitsorganisation bei insgesamt steigenden Kosten zu erhöhten Arbeitsinhalten mit ganzheitlichem Charakter (Bilder 16 und 17). Weil sich die Durchlaufzeit in etwa proportional zur Anzahl der zu überwindenden Schnittstellen erhöht, ist eine Verringerung der Zahl der Arbeitsgänge, selbst auf Kosten der Prozeßzeit, sinnvoll. Durch die Vergrößerung von Arbeitsinhalten nimmt der interne und externe Logistikaufwand so stark ab, daß die Erhöhung der Prozeßzeit überkompensiert wird (Bild 18).

10.1 Denzentrale Organisation hat Zukunft

Die Vergrößerung der Arbeitsinhalte macht Änderungen in der Unternehmensorganisation erforderlich. Es sind Struk-

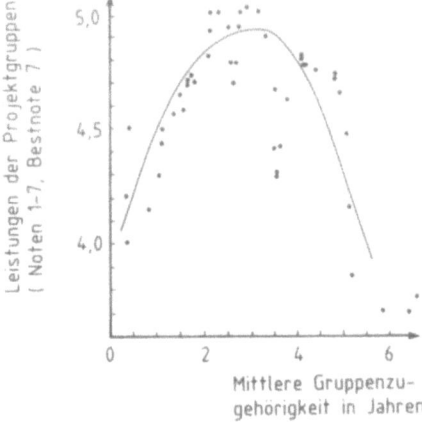

Bild 19. Leistungen von F & E-Projektgruppen (nach Katz und Allen)

turen für den vertikalen und horizontalen Wissens- und Erfahrungsaustausch zu schaffen, um ein Maximum an Synergie zu ermöglichen. Die Organisationsstruktur muß somit möglichst einfach sein, d.h. wenig Hierarchiestufen besitzen und weite Kontrollspannen enthalten. Durch eine breite Streuung kleinerer Einheiten verringert sich die Zahl der Hierarchiestufen, und Verantwortung verlagert sich „nach unten" zu den „ausführenden" Mitarbeitern.

Das gemeinsame Engagement aller Organisationsmitglieder bezüglich eines Auftrags, verbunden mit der entsprechenden Kompetenz, steigert die Fähigkeit eines Unternehmens, mit den Veränderungen in seiner Umwelt fertig zu werden. Mit wachsender Dezentralisierung wird der Konsens aller Mitarbeiter hinsichtlich der Unternehmensziele immer wichtiger. Ziele und Werte, welche die Aktivitäten leiten, müssen klar definiert und so verbindlich sein, daß die Mitarbeiter ihre Anstrengungen selbst anforderungsgerecht regulieren. Voraussetzung hierfür ist, daß die Mitarbeiter eine Autonomie besitzen, die es ihnen gestattet, ihre Arbeitssituation zu kontrollieren und Entscheidungen zu treffen. Damit verringert sich der Zeitaufwand für „Top-down-Management" zugunsten des „Bottom-up-Managements" zunehmend, und das obere Management wird zugunsten anderer, vor allem externer, Aufgaben entlastet.

Zur Verwirklichung dieser dezentralen Organisationsstruktur ist ein sozio-technischer Managementansatz geeignet [11]. Er ist dadurch gekennzeichnet, daß aufgaben- statt personenorientiert entschieden und nur dort kontrolliert wird, wo es auch effektiv ist. Die primäre Aufgabe des Managements in diesem Konzept ist die Grenzkontrolle des Unternehmens nach außen. Viele Führungsaufgaben verschieben sich vom administrativen zum kreativen Bereich. Von der entsprechenden Führungspersönlichkeit sind daher soziale und kommunikative Kompetenz, die Fähigkeit, Mitarbeiter zu motivieren, und ein Blick für das Wesentliche zu verlangen. Der Mitarbeiter muß in der Regel Mehrfachqualifikationen und die Fähigkeit zur Selbstregulation besitzen.

Es gibt jedoch auch nachdenklich stimmende Erfahrungen aus dem Bereich der Projektorganisation (Bild 19). Nach Untersuchungen von Katz und Allen erhöht sich die Leistung einer Projektgruppe stark mit der Dauer der Zusammenarbeit, bis die Gruppe nach etwa drei bis vier Jahren zu homogen wird und die Leistung stark abfällt. Um diesem Umstand gerecht zu werden, sind periodische Umstrukturierungen oder ständige Organisationsentwicklung innerhalb des Unternehmens wohl unvermeidlich.

10.2 Qualifizierung zur Ganzheitlichkeit

Im Interesse von kurzen Entwicklungs- und Durchlaufzeiten sowie Reaktionszeiten sind Entscheidungen dort zu fällen, wo sie im Arbeitsablauf erforderlich sind. Hierfür sind ein neues Führungsverhalten und höhere Qualifikationen erforderlich. Weil das Detailwissen der jeweiligen Mitarbeiter bzw. die Fähigkeit zum Lösen von Detailproblemen mit dem Arbeitsumfang tendenziell sinkt, nimmt der Qualifikationsbedarf mit steigendem Arbeitsumfang überproportional zu. Die Qualifikation der Mitarbeiter ist für eine erfolgreiche Einführung neuer Technologien ebenso ausschlaggebend wie für die Suche und Verwirklichung von Innovationen. Gerade Innovationen sind an Menschen verschiedener Qualifikation gebunden und können nicht durch Maschinen oder Kapitaleinsatz ersetzt werden. Der menschenleeren Fabrik fehlt aus diesem Grunde langfristig das Innovationspotential und damit die Zukunft.

Zur Steigerung des Potentials sollten 10% der Investitionen oder mehr für Aus- und Weiterbildung aufgewandt werden. Alle Mitarbeiter befinden sich somit in einem Prozeß der ständigen Weiterbildung. Mit der Zunahme dieses Aufwands je Mitarbeiter steigt auch das Interesse des Unternehmens an einem festen Mitarbeiterstamm. Der Mitarbeiter wird als entscheidender Produktionsfaktor erkannt und entsprechend gepflegt [12].

Mit zunehmender Verantwortung und Selbständigkeit der Mitarbeiter findet rein formale Autorität immer weniger Anerkennung. Führungskräfte werden zunehmend nach Persönlichkeit, Durchsetzungsvermögen, Überzeugungskraft und Motivationsfähigkeit beurteilt. Die aufgrund verantwortlicher und abwechslungsreicher Tätigkeit hohe Motivation der Mitarbeiter sollte ständige Kontrollen seitens des Managements überflüssig machen, das sich zunehmend auf externe Entwicklungen konzentrieren muß.

11 Ausblick

Die Gesetze und Regeln der Fertigungstechnik sind eine Kombination technisch-naturwissenschaftlicher, technisch-wirtschaftlicher, soziologischer und arbeitswissenschaftlicher Erkenntnisse. Die jeweilige Betonung dieser verschiedenen Aspekte hängt von der „Umwelt" ab. Jedes Unternehmen muß seinen eigenen Weg finden durch periodische Analyse seiner externen Situation und seiner internen Erfordernisse zur Leistungserstellung und dann allein oder mit Partnern gehen.

Ein erster Ansatz für eine erfolgreiche interne Unternehmensstrategie stellt die Besinnung auf diejenigen Bereiche in der Leistungserstellungs- bzw. Wertschöpfungskette dar, die den größten Aufwand bzw. den höchsten Werteverzehr bedingen. Die Konzentration auf die direkt zur Behebung notwendigen Aktivitäten führt zum relativ schnellsten und größten Erfolg und kann schrittweise und kontinuierlich fortgesetzt werden. Diese Gesetzmäßigkeit ist nicht neu, erfordert aber die ständige Kreativität des Erkennens und Umsetzens in Maßnahmen, ohne die letztlich jede Erkenntnis ohne Wirkung ist.

Literatur

1. Warnecke, H.-J.: Taylor und die Fertigungstechnik von morgen. Vorträge Fertig.techn. Koll. Stuttgart FTK'85. Berlin: Springer 1985
2. Riboúd, A.: Modernisation, mode d'emploi. Rapport an Premier ministre. Union Générale d'Editors, Paris 1987
3. Köhler, A.: Beitrag zur Verbesserung der Fertigungskostentransparenz bei Großserienfertigung mit Produktvielfalt. Diss. Univ. Stuttgart 1987
4. Warnecke, H.-J.: CIM-Fabrik mit Zukunft: Vision, Realität, Perspektiven. Schweiz. Masch.markt (1988) H. 22, S.52–61
5. Wiendahl, H.-P.: Grundgesetze der Produktionslogistik – vom Losdenken zum Flußdenken. In: VDI-Ber. Nr. 691: Bausteine der Produktionslogistik. Düsseldorf: VDI-Verlag 1988
6. Schulte, H.: Rechnerunterstützte Analyse und Entwicklung eines Produktionslogistik-Konzeptes. In: VDI-Ber. Nr. 691: Bausteine der Produktionslogistik. Düsseldorf: VDI-Verlag 1988
7. Häußermann, S.: Planung von Mehrstellenarbeit unter Berücksichtigung von Umfeldaufgaben. Diss. Univ. Stuttgart 1980
8. Mock, A.: Wirtschaftskybernetische Erfahrungen in der Wirtschaftspraxis. In: Witte, Th. (Hrsg): Systemforschung und Kybernetik für Wirtschaft und Gesellschaft. Wirtschaftskybernetik und Systemanalyse, Bd. 11. Berlin: Dunker & Humblot 1986
9. Börnecke, G.: Fließfertigungskonzepte für variantenreiche Produkte. Ref. Münchener Koll. '88. Berlin: Springer 1988
10. Suh, N.P.: Rinderle, J.R.: Qualitative and quantitative use of design and manufacturing axioms. Cirp Annals 31 (1982) No. 1, pp. 333–338
11. Emery, F.; Einar, T.: Industrielle Demokratie. Bern: Verlag Hans Huber 1982
12. Warnecke, H.-J.: Fabrikautomatisierung zwischen technischen Zielvorstellungen und wirtschaftlich-sozialer Realität. Vorträge Produkt.techn. Koll. Berlin PTK'86. München: Hanser 1986

Zukünftige Rechnerarchitekturen und Kommunikation in der Produktionsautomatisierung

S. Waller, Nürnberg

Inhalt. Die flexible Fertigung ist durch eine zunehmende Automatisierung mit dezentralen Systemen gekennzeichnet. Mehrprozessortechnik, Transaktionssicherung, Fehlertoleranz, Objektorientierung und das Streben nach einem einheitlichen Betriebssystem sind Architekturmerkmale für zukünftige universelle Rechnersysteme. Ein industrielles Kommunikationsnetz verbindet die dezentralen Systeme untereinander. Standardisierung und Normung sind Voraussetzung für die breite Anwendung der Kommunikation.

1 Einleitung

Flexibilität und damit die Möglichkeit einer bedarfsorientierten Fertigung mit kurzer Lieferzeit ist die Antwort der modernen Produktionstechnik auf das geänderte Umfeld des Marktes der gütererzeugenden Wirtschaft. Dies trifft sowohl für die Großserienfertigung – beispielsweise die Automobilindustrie – zu, die das persönlich definierte Auto des Kunden zu fertigen hat, als auch für die Kleinserienfertigung im Maschinenbau, wo die Problemlösung eine immer stärker ausgeprägte kundenspezifische Lösung verlangt.

Die dafür erforderliche flexible Fertigung ist geprägt durch eine hierarchisch aufgebaute Automatisierungslandschaft:
- Dedizierte Systeme sind auf die speziellen Aufgaben zugeschnittene Automatisierungssysteme wie numerische Steuerungen, Robotersteuerungen und speicherprogrammierbare Steuerungen. Sie führen die Fertigungs-, Transport-, Montage- und Prüfeinrichtungen anhand vorgegebener Daten.
- Mikrocomputer fassen dedizierte Systeme in einer Automatisierungsinsel zusammen – wie flexible Fertigungssysteme – und ermöglichen ihr Zusammenspiel.
- Minicomputer übernehmen die logistischen Aufgaben der Fertigung, die Werkstattsteuerung sowie die Überwachung in der Leitebene.
- Mainframes oder Minicomputer schaffen durch die Fertigungsplanung und Materialwirtschaft die Voraussetzung für einen geordneten Fertigungsablauf.
- Dies wird ergänzt um Arbeitsplatzsysteme im technischen Büro und den Entwicklungslabors zur Unterstützung der Entwicklung, Konstruktion, Fertigungsvorbereitung und Qualitätssicherung.
- Kommunikationsnetze sorgen für den Austausch von Informationen aller Systeme untereinander.

Dedizierte Systeme haben sich an den jeweils vorliegenden Automatisierungsaufgaben orientiert. Sie sind in Funktionalität und Leistung, aber auch in den Sicherheitsanforderungen, mit den immer umfangreicher werdenden Aufgaben gewachsen. Damit stehen heute sehr leistungsfähige und in der Leistung abgestufte Geräte für die Automatisierung vor Ort zur Verfügung. Die Programmiersprachen sind genormt. Für grafische Darstellungen haben sich Standards durchgesetzt. Damit ist der Anwender weitgehend frei, Geräte unterschiedlicher Hersteller für ein und dieselbe Aufgabe einzusetzen. Ein gutes Beispiel hierzu sind die speicherprogrammierbaren Steuerungen, die in großer Breite bei der Automatisierung Eingang gefunden haben.

Dies trifft in gleicher Form für Rechner nicht zu. Diese haben prozeßführende und systemverknüpfende Aufgaben, im logistischen und planerischen Sinne sogar optimierende, im Modell nachbildende und kommunikative Aufgaben. Sie müssen also bei fortschreitender Integration ein immer breiteres Feld von Anwendungen abdecken. Ausgangspunkt waren einerseits Prozeßrechner, die erfolgreich die eigentliche Prozeßaufgabe mit ihren Real-time-Anforderungen lösten. Auf der anderen Seite, im kommerziellen Bereich, bearbeiteten universelle Rechner hohe Datenmengen. Mit der Weiterentwicklung, insbesondere der Betriebssysteme, sind die Unterschiede kleiner geworden. Jedoch sind dabei keine Systeme entstanden, die das Anforderungsprofil aus Integration und dezentraler Verarbeitung voll erfüllen. Die Breite der unterschiedlichen Anforderungen und der im Vergleich zum kommerziellen Markt deutlich kleinere Bedarf an Rechnern in der Produktionsautomatisierung mögen dafür Gründe sein. Das gleiche gilt für die Kommunikationssysteme mit hohen Forderungen an Übertragungssicherheit und – insbesondere im Prozeßbereich – Antwort- sowie Reaktionszeiten im Bereich weniger Millisekunden.

Im folgenden sollen die Anforderungen und Lösungen für Computer und Kommunikationsnetze im Produktionsbereich diskutiert werden.

2 Architekturmerkmale zukünftiger universeller Rechnersysteme

Mit zunehmender Dezentralisierung und Integration begegnen sich Systeme unterschiedlicher Hersteller in einer Anlage. Leistungsverlust und nicht unerheblicher Aufwand bei der Verknüpfung sind die Folge. Spezialfirmen bieten ergänzende Produkte an, die vorteilhaft vom Anwender eingesetzt werden können. Der übliche Anpassungsaufwand erschwert dies. Der Ruf nach offenen Systemen wird deshalb immer stärker. „Offen" in diesem Zusammenhang heißt, daß die Schnittstellen der Geräte hardwaremäßig exakt definiert und beschrieben sind, so daß der physikalische Anschluß zum Beispiel eines Peripheriegeräts ohne jede Anpassung möglich ist. Darüber hinaus müssen aber auch bei der Schnittstellendefinition die Verständigungsmechanismen festliegen, damit Informationen austauschbar sind. Die Bereitschaft der Hersteller wächst, durch gemeinsame Arbeit Industriestandards zu schaffen. Ein spezieller, in diesem Zusammenhang immer wichtiger werdender Punkt ist die Portierbarkeit der Anwendersoftware. Darauf soll später eingegangen werden.

Die Fortschritte der Halbleitertechnologie sowohl bezüglich Integrationsdichte als auch Taktfrequenz bringen eine stetige Leistungssteigerung bei den Prozessoren. Dies wird unterstützt durch die Integration zusätzlicher Leistungen wie Speicherverwaltung oder Gleitpunktverarbeitung in der Hardware des Mikroprozessors. Eine neue Qualität in diesem Zusammenhang bringt das Realisieren wesentlicher Teile des Betriebssystems in der Hardware, also ein „Gießen des Betriebssystems in Silizium". In der Vergangenheit war ein umgekehrter Trend zu erkennen. Immer mehr Hardwareaufgaben wurden softwareseitig realisiert. Nur so konnten zusätzlich gewünschte Funktionen bei der verfügbaren Technik gelöst werden. Jetzt kehrt sich das Geschehen um. Hierdurch läßt sich nicht nur die Systemleistung beachtlich steigern, sondern gleichzeitig auch die Sicherheit erhöhen.

Nachfolgend sollen die weiteren Architekturmerkmale zukünftiger universeller Systeme besprochen werden:
- *Multiprozessorsysteme* zur Leistungsabstufung,
- Sicherung der Datenverarbeitung und Datenaustausch im netzweiten Verbund – *Transaktionssicherung*,
- Anpassung der Zuverlässigkeit und Verfügbarkeit an die vorliegende Aufgabe – *Fehlertoleranz*,
- Zugriffsschutz von Programmteilen und Betriebssystem – *Objektorientierung*,
- Mischung von Betriebssystemen zur Erleichterung der Programmerstellung – *Dual-Port-Betriebssysteme*.

2.1 Abgestufte Rechnerleistung mit softwaretransparenten Multiprozessorsystemen

Die üblichen Multiprozessorkonzepte haben zwar hohe Rechenleistung, benötigen aber speziell zugeschnittene Software. Das Zusammenspiel der Prozessoren, ihre Unterstützung durch das Betriebssystem und das Erstellen von Multiprozessor-Anwendersoftware erschweren die Programmierung. Neue Multiprozessorkonzepte erlauben, bei steigenden Leistungsanforderungen das Einfügen zusätzlicher Prozessoren, ohne daß Anpaßarbeiten in der Anwendersoftware oder im Betriebssystem erforderlich werden. Damit kann sich der Anwender voll auf seine eigentliche Aufgabe konzentrieren, ohne über die Hardwarerealisierung nachdenken zu müssen.

Es wird dann von einem softwaretransparenten Multiprocessing gesprochen. Das Neue dabei ist, daß die Aufgabe nicht mit Softwaremitteln und einem Koordinierungssystem gelöst wird, sondern mit einem dem jeweiligen Prozessor zugeordneten Teil des Betriebssystems (Bild 1). Dieser Betriebssystemteil ist hardwaremäßig im Mikroprozessor gelöst und wird beim Hinzufügen desselben automatisch aktiviert. Das ist ein Beispiel für das eingangs erwähnte „Gießen des Betriebssystems in Silizium". Die einzelnen Programmteile der Anwenderprogramme bilden, wie das Bild zeigt, eine Warteschlange. Freigewordene Prozessoren holen sich aus dieser Warteschlange ihre Aufträge und arbeiten sie ab, ohne daß dies von dem Programmierer festgelegt werden müßte. Die Koordinierung erfolgt durch die Prozessoren selbst. Damit tritt kein Leistungsverlust auf. Dies gilt zumindest solange, bis durch hohe Busbelastung auf diesem statistische Wartezeiten entstehen. Dieses Vorgehen hat zwei Vorteile: So erhält man zum einen auf einfache Weise eine Leistungsvervielfachung und zum zweiten macht es für

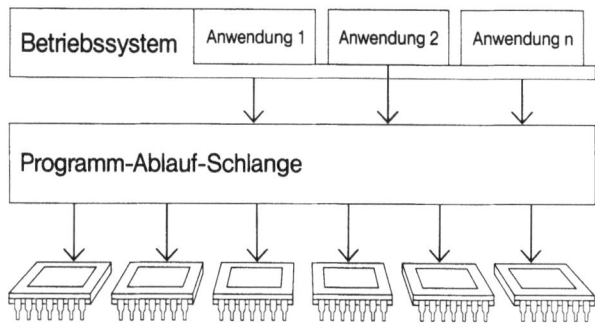

Bild 1. Softwaretransparentes Multiprozessorsystem

die Anwendersoftware keinen Unterschied, ob sie auf einem oder auf mehreren Prozessoren abläuft.

2.2 Datenkonsistenz durch Transaktionssicherung

Bei zunehmendem Umfang der Automatisierungssysteme wird die Verarbeitung der Information auf immer mehr Rechner und dedizierte Systeme aufgeteilt. Damit treten aber gegenseitige Abhängigkeiten auf; dies gilt vor allem für die ausgetauschten Daten. Voraussetzung ist deshalb eine absolut sichere netzweite Datenkonsistenz. Datenkonsistenz bedeutet, daß Datenbestände bei Unterbrechung oder unvollständiger Durchführung wieder auf den Ausgangszustand zurückgeführt werden und der Vorgang wiederholt werden kann. Dies wird mit dem Begriff „Sicherung der Transaktion" beschrieben. Die einzelnen Schritte sind aus dem linken Bildteil ersichtlich (Bild 2). So wird beispielsweise in einer automatisierten Produktion das Lager mit einem Rechner verwaltet, während Produktionsplanung und -steuerung auf einem anderen Rechner durchgeführt werden. Lagerbestand abbuchen und einem Auftrag zuordnen bilden aber eine logische Einheit. Falls nun beim Bearbeiten einer logischen Einheit Schwierigkeiten auftreten, weil etwa bestimmte Daten nicht verfügbar sind, müssen die bisher durchgeführten Datenveränderungen rückgängig gemacht werden.

2.3 Ausbaubare Fehlertoleranz bis zum Nonstop-Betrieb

Rechner und Automatisierungssysteme haben heute eine sehr hohe Zuverlässigkeit, die beim Einzelgerät 99% erreichen kann. Trotzdem muß mit dem nur statistisch angebbaren Ausfall gerechnet und sein Einfluß auf die Anlage beurteilt werden. Zeitverlust bei einer Störung und Wiederanlauf des Systems haben bei den einzelnen Anlagenteilen eine sehr unterschiedliche Auswirkung. Sicherheit kostet Geld, so daß eine abgestufte Zuverlässigkeit zur Anpassung an die Aufgabe wünschenswert ist. Bei Planungsrechnungen in der Produktionsplanung würde beispielsweise ein Basissystem ausreichen. Bei Ausfall des Systems wird der Rechenlauf nach der Reparatur einfach wiederholt. Es besteht hier kein unmittelbarer Einfluß auf die Produktion. Bei der Produktionsleittechnik ist eine erhöhte Zuverlässigkeit notwendig, da Anweisungen an die unterlagerten Systeme bei einem Ausfall fehlen würden. Dies wird heute durch Doppelrechnersysteme – Hot- oder Coldstandby – beherrscht.

Weitergehende Konzepte führen zu einem ausbaubaren System der Zuverlässigkeit, beginnend mit einem Basissystem über ein selbsterhaltendes System bis zu einem Nonstop-System. In der englischsprachigen Literatur wird dies durch den Begriff „fault tolerant" beschrieben (Bild 3).

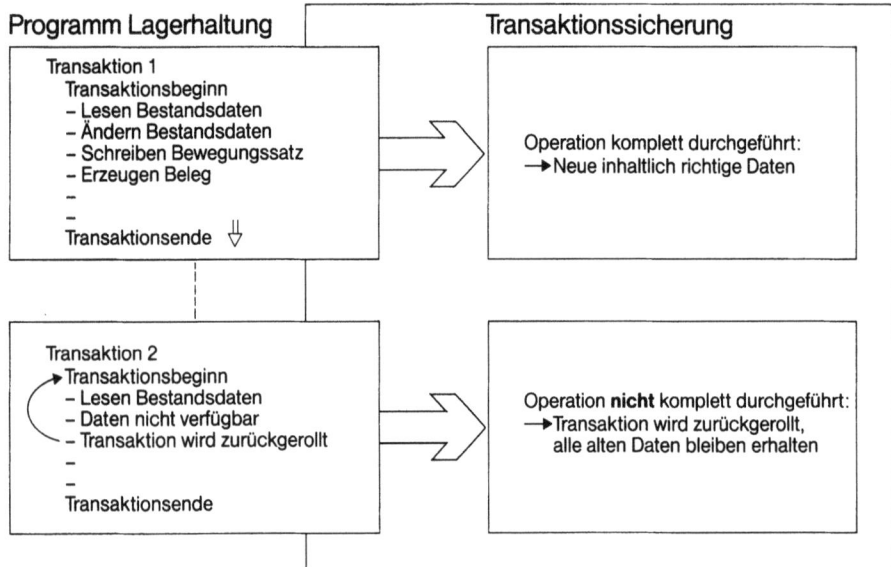

Bild 2. Konsistente Daten durch Transaktionssicherung

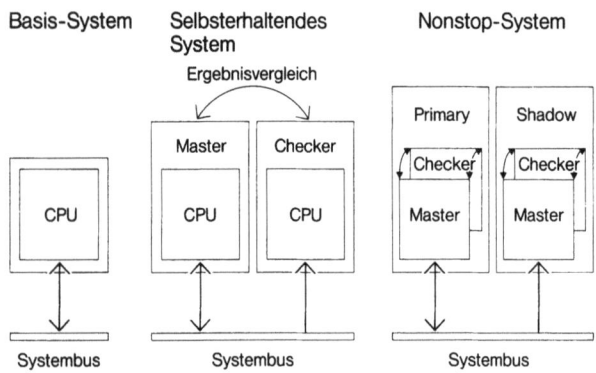

Bild 3. Ausbaubare Fehlertoleranz – vom Basissystem zum Nonstop-System

Ein Basissystem verfügt über die schon klassischen Selbsttests in den Bauelementen, Error Correcting Code im Hauptspeicher und die Paritätsprüfung am Systembus.

Beim selbsthaltenden System ist die Fehlererkennung durch gepaarte Bauelemente auf Baugruppenebene sichergestellt, dem sogenannten Master-Checker-Prinzip. Auf beiden Bauelementen werden die Rechenvorgänge taktsynchron durchgeführt. Die Master-Einheit arbeitet das vorgegebene Programm ab. Die Checker-Einheit hört am Bus mit und führt dieselben Anweisungen wie die Master-Einheit durch, unterdrückt allerdings das Ergebnis und vergleicht dieses nur mit dem der Master-Einheit. Bei ungleichen Ergebnissen wird ein Hardware-Selbsttest ausgelöst, die defekte Komponente erkannt und ausgeblendet. Der Wiederanlauf kann nun mit der intakten Einheit automatisch durchgeführt werden. Das System arbeitet dann nach kurzer Zeit bezüglich der Fehlertoleranz wie ein Basissystem weiter.

Die nächste Stufe der Fehlertoleranz ist das Nonstop-System. Hier sind zwei Master-Checker-Paare in Betrieb. Primary- und Shadow-Einheit führen dieselben Arbeiten durch, wobei jedoch nur die Primary-Einheit nach außen wirksam ist. Der Checker der Primary-Einheit vergleicht sein Ergebnis mit dem Ergebnis der Master-Einheit wie beim Master-Checker-Prinzip. Im Fehlerfall wird taktsynchron und damit absolut unterbrechungsfrei auf die Shadow-Einheit geschaltet, ohne daß der Anwender etwas merkt. Ein Wiederanlauf ist also nicht notwendig. Das System läuft im Master-Checker-Modus weiter. Eine On-line-Reparatur ist dann möglich. Ein solches System wird bei extrem kritischen Vorgängen eingesetzt, bei denen auch bei kurzer Unterbrechung mit erheblichem Schaden zu rechnen ist, wie beim Führen eines Laugenkessels in der Chemie oder in einem Kernkraftwerk. Es reicht natürlich nicht aus, die Sicherheitsmaßnahmen auf die Elektronik zu beschränken. Zwei Stromversorgungen, doppeltes Lüftersystem, Doppelbussystem und doppelte Peripheriegeräte sind ebenso notwendig.

Diese Selbsterhaltungsmaßnahmen laufen hardwareseitig ohne Einfluß auf die Anwendersoftware ab, das heißt, dasselbe Anwender-Softwarepaket ist auf einem Basissystem wie auf einem Nonstop-System ablauffähig. Zur Erhöhung der Datenintegrität tragen softwareseitig Transaktionsmanagement und Objektorientierung bei.

2.4 Schutz der Daten und Programme durch Objektorientierung

Um die immer komplexer werdende Anwendersoftware besser zu beherrschen, werden die einzelnen Programmteile strukturiert geschrieben. Trotzdem weiß jeder, der schon Software geschrieben hat, wie oft eine Fehlerkorrektur in einem Programmteil Rückwirkungen auf andere Programmteile oder auf das Betriebssystem hat, so daß immer wieder umfangreiche Gesamttests notwendig sind. Abhilfe schafft hier die Einführung von geschützten Bereichen, oder, anders ausgedrückt, von geschützten Objekten. Objekte können Programmteile, Dateien, Nachrichtenpakete und ähnliches sein. Jedes Objekt hat einen geschützten Adreßraum. Um nun die einzelnen Objekte zu schützen, ist jedem Objekt ein Zugriffsrecht zugeordnet. Zugriffsrecht, Struktur und Aufbau werden von einem sogenannten Typemanager verwaltet. Dieser prüft bei einem Zugriffswunsch auf eines der Objekte durch einen Anwender oder durch ein Programm die Berechtigung und gibt bei positivem Ergebnis den Zugriff frei (Bild 4). Bei Dateien beispielsweise kann dieser Zugriff auf das Lesen beschränkt sein oder aber auch das Schreiben von Daten enthalten. Die Organisation aller Softwaremodule einschließlich der des Betriebssystems in Objekte wird als objektorientiert bezeichnet.

Dieses Konzept der Objektorientierung ist aber nur dann sinnvoll, wenn ein Umgehen der Kontrolle durch den Typemanager unmöglich gemacht wird und gleichzeitig die Pro-

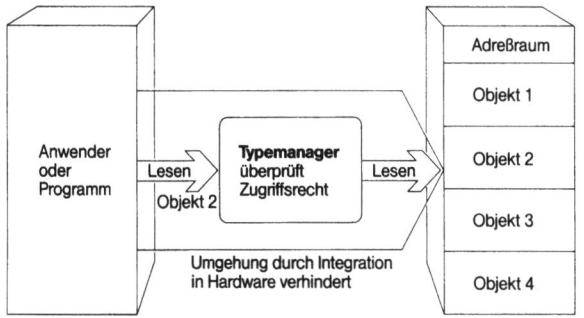

Bild 4. Objektorientierung und Objektschutz

grammausführung nicht beeinträchtigt wird. Dies ist nur dann gewährleistet, wenn die Prüfung, wer mit welchen Daten wie umgehen darf, in der Hardware des Zentralprozessors festgeschrieben ist. In Verbindung mit modularer Software – sowohl Betriebssystem, als auch Anwendersoftware – entsteht so eine sehr sichere und hochflexible Programmierumgebung. Durch ein objektorientiertes Betriebs- oder Anwendersystem wird die Stabilität des Gesamtsystems auch im Falle fehlerhafter Teilkomponenten oder beim Einbringen neuer Teilversionen garantiert.

2.5 Bedeutung von UNIX für die Produktionsautomatisierung

Die Anwendersoftware in Form von Standardsoftwarepaketen oder projektspezifischer Software erhält vom Kosten- wie vom Zeitaufwand immer größerer Bedeutung. Es besteht deshalb ein vitales Interesse, diese Softwarepakete beim Wechsel einer Rechnerfamilie oder eines Rechnerherstellers ohne jede Änderung weiter verwenden zu können. Sprachen erleichtern zwar die Portierung, erfordern aber trotzdem noch einen gewissen Aufwand an Änderungsarbeit und insbesondere an Programmtests. Mit UNIX, das von AT&T entwickelt wurde, wurde erstmalig der Ansatz gemacht, weltweit zu einer Vereinheitlichung auf der Basis des Betriebssystems zu kommen. Welche Bedeutung von den Anwendern dem beigemessen wird, ist am besten aus den Wachstumsraten und aus den Prognosen abzuleiten. Marktforscher sagen für UNIX voraus, daß es 1991 etwa dieselbe Bedeutung haben wird, wie heute DOS für den PC-Markt bzw. MVS für den Mainframe-Markt (Bild 5).

Die Entwicklung von UNIX wird stürmisch vorangetrieben, um seine Funktionalität so zu erweitern, daß sie den heute üblichen Betriebssystemen entspricht. Nachteilig für die Sache ist, daß es derzeit eine Spaltung in den Entwicklungslagern gibt: auf der einen Seite die Firmen AT&T und SUN, auf der anderen Seite die in der „Open Software Foundation" zusammengeschlossenen Firmen wie IBM, Digital Equipment, Apollo, Hewlett Packard, Bull, Siemens und Nixdorf. Ob es wieder zu einer Zusammenführung kommen wird oder welches System sich im anderen Fall als Weltstandard durchsetzen wird, ist offen.

Bei der Produktionsautomatisierung ist derzeit eindeutig erkennbar, daß alle Aufgaben, die es im technischen Büro gibt, mit dem heutigen Stand von UNIX abdeckbar sind. Es läßt sich deshalb absehen, daß alle Anwenderprogramme für diesen Bereich in den nächsten Jahren nur noch auf der Basis von UNIX geschrieben bzw. auf UNIX portiert werden.

Im Bereich CAM ist die Funktionalität von UNIX derzeit nicht ausreichend. Hier fehlen insbesondere die Echtzeitaufrufe und die Transaktionssicherung. Hilfreich sind deshalb Rechner mit einem sogenannten Dual-Port-Betriebssystem, bei denen sowohl reine UNIX-Programme bzw. Unterprogramme als auch Module auf dem herstellereigenen Betriebssystem ablaufen können und beliebig mischbar sind. Damit ist es beispielsweise möglich, daß gewisse Standards, in UNIX geschrieben, ergänzt werden um Funktionen, die derzeit für UNIX noch nicht zugänglich sind. Dazu wird dann ergänzend die herstellerspezifische Betriebssystemschale benützt.

3 Rückgrat von CIM ist die offene industrielle Kommunikation

Durch die zunehmende Informationsmenge bei der Automatisierung tritt die Kommunikation immer mehr in den Vordergrund. Dies gilt vor allem seit die dedizierten Automatisierungssysteme mit einbezogen werden.

So wie heute eine Fabrik über umfassende Energienetze (z. B. Elektrizitäts-, Dampf-, Luft- oder Gasnetze) verfügt, müssen auch die Kommunikationsnetze Infrastruktur werden. Dies setzt jedoch voraus, daß an das Kommunikationsnetz dann freizügig beliebige Automatisierungssysteme auch unterschiedlicher Hersteller angeschlossen werden können. Zum Festlegen einer solchen offenen Kommunikation, bei der die Transportmittel, die Datenübertragung und -sicherung und die Verständigungsmechanismen, d. h. die Protokolle vereinheitlicht werden, tragen heute alle wesentlichen Hersteller von Automatisierungssystemen und Rechnern bei. Basis ist das OSI-7-Schichten-Modell. Die ersten vier Schichten sind genormt. Mehrere Multi-Vendor-Projekte in den USA und in Europa sollen mithelfen, die vorläufigen Entwicklungsergebnisse abzusichern. Hierzu werden insbesondere die in Europa im Rahmen von ESPRIT initiierten Projekte, die einen praktischen industriellen Einsatz zum Ziel haben, ihren Beitrag leisten.

Da vor Ende 1989 jedoch nicht mit stabilen Normen zu rechnen ist und damit Produkte auf dieser Basis noch später kommen, aber auch heute schon Anlagen mit komplexen Kommunikationsaufgaben gebaut werden, hat sich Siemens zur Strategie der normenbegleitenden Entwicklung entschlossen. Damit können heute schon Kommunikationsaufgaben im heterogenen Verbund gelöst werden. Basis sind die genormten OSI-Schichten eins bis vier, auf die das Kommunikationsprotokoll SINEC AP aufgesetzt ist, das um ein Netzwerkmanagement ergänzt wird.

Siemens legt diese selbstdefinierten Protokolle gegenüber den anderen Automatisierungsherstellern offen, um die Kommunikationstechnik im Produktionsbereich in Europa auf breiter Front vorantreiben zu können.

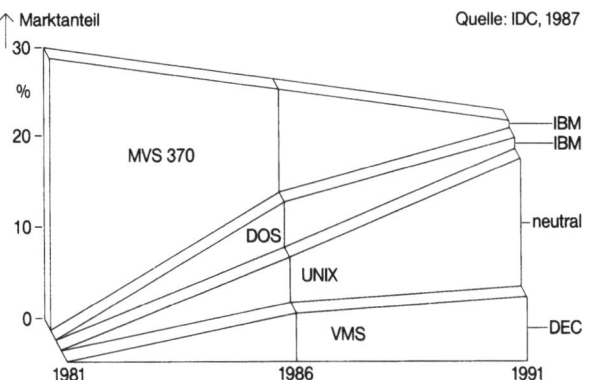

Bild 5. Bedeutung von UNIX nach Marktanteilen (Quelle: IDC 1987)

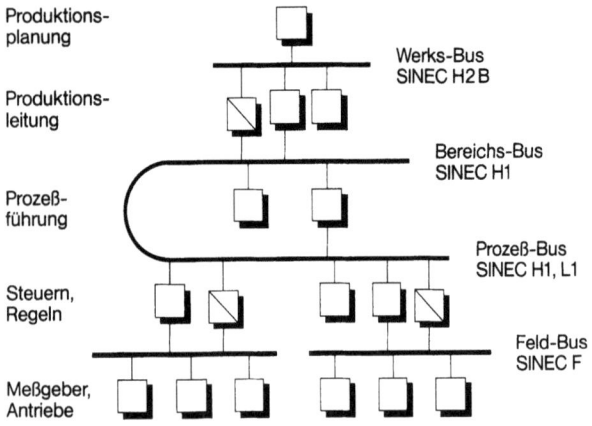

Bild 6. Offene industrielle Kommunikation – leistungsabgestufte Netze

4 Offene industrielle Kommunikation erfordert leistungsabgestufte Netze

Es wäre wirtschaftlich nicht vertretbar, ein einheitliches Hochleistungsnetz für alle Kommunikationsaufgaben einzusetzen. Die Topologie des Netzes ist der entsprechenden Automatisierungsaufgabe eines Unternehmens anzupassen (Bild 6). Bei größeren Fabrikkomplexen ist ein Breitbandsystem als Werksbus vorteilhaft. Es arbeitet nach dem Token-Prinzip und hat eine Datenübertragungsrate von 10 Megabit s^{-1}. Damit ist es möglich, neben den Daten, die für die Fertigungsautomatisierung benötigt werden, noch Rechnernetze, Videokanäle und ähnliches mit in der Infrastruktur unterzubringen.

Dem Werksbus ist der Prozeßbus in Form des Basisbandnetzes unterlagert. Das Basisband hat eine Übertragungsrate von ebenfalls 10 Megabit s^{-1} und ist in der Fertigungsautomatisierung derzeit aus Kostengründen auf Ethernet-Basis ausgeführt. Die immer wieder gestellte Frage, ob Ethernet geeignet ist oder ein deterministisches Zugriffsverfahren wie das Token-Prinzip in der Fertigungsautomatisierung eingesetzt werden müßte, sollte zu keinem Glaubenskrieg führen. Alle bisher dazu abgegebenen Lippenbekenntnisse sind Meinungen. Ausgeführte Anlagen zeigen, daß keine merkbaren Kollisionen auftreten. Das gilt auch bei den im Störfall vorliegenden Belastungen. Ethernet ist durch die verfügbaren hochintegrierten Chips preisgünstiger, die verwendeten Sicherungsmaßnahmen sind weltweit erprobt, und die Handhabung ist einfacher.

Dem Prozeßbus kann insbesondere bei der Verknüpfung speicherprogrammierbarer Steuerungen ein noch einfacheres System unterlagert sein, bei dem man mit 9,6 Kilobaud auskommt. Feldgeräte wie Sensoren, Geber, Aktoren und ähnliches werden heute noch vorzugsweise in Punkt-zu-Punkt-Verbindung angeschlossen. Hier ist ein Feldbus mittelfristig zu erwarten, der unter dem Stichwort Profibus im Rahmen einer Arbeitsgemeinschaft in der Bundesrepublik Deutschland entwickelt und einer Normung zugeführt wird.

Ein Beispiel auf der Basis dieser Grundüberlegungen ist das Kommunikationsnetz in der Montagehalle des BMW-Werkes Regensburg (Bild 7), das vor etwa zwei Jahren in Betrieb ging. An das Breitbandsystem, das werksübergreifend verlegt ist, sind im Augenblick 16 SINEC-H1-Busse auf Ethernet-Basis angeschlossen, an die die einzelnen Automatisierungssysteme in den entsprechenden Fertigungsabschnitten angeschaltet sind. 260 Teilnehmer tauschen so ihre Informationen über diese Netze aus.

Die Langzeiterfahrung bei dieser Anwendung zeigt, daß bei der gewählten Topologie bis heute keine Störungen im Netz aufgetreten sind. In ähnlicher Form wurde eine große Zahl weiterer Netze in Betrieb genommen, die teilweise sehr einfach sind wie bei flexiblen Fertigungssystemen, aber auch große Fabrikkomplexe umfassen.

5 Schlußbemerkung

Rechner als universelle Datenverarbeitungsanlagen mit Echtzeitverhalten und in Form von dedizierten Automatisierungssystemen mit einem Rechnerkern prägen mit den Kommunikationssystemen die Automatisierungslandschaft. Alle erkennbaren Aufgaben sind mit den heutigen Mitteln lösbar. Die wirtschaftlichste Lösung hängt in hohem Maße jedoch davon ab, ob es gelingt, die Automatisierungsmittel leistungsabgestuft der Aufgabe anzupassen, den Datenaustausch zwischen den Systemen ohne Programmierung und spezifische Anpassung möglich zu machen, die Daten- und Funktionssicherheit zu gewährleisten und die Softwareerstellung und Inbetriebnahme durch geeignete Werkzeuge und Schutzmechanismen zu erleichtern und besser zu beherrschen.

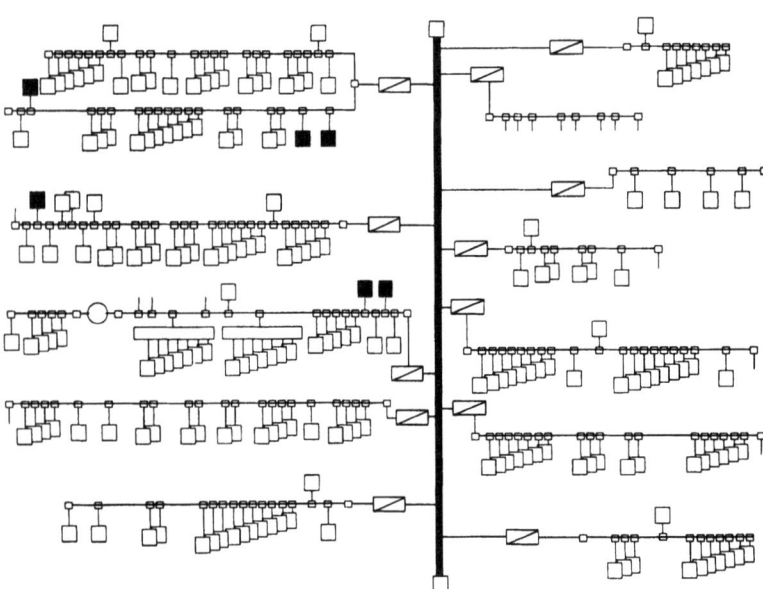

Bild 7. Hierarchische Netze am Beispiel der Montagehalle bei BMW in Regensburg

Auftragssteuerung in einem CIM-Konzept

W. Dangelmaier, Stuttgart

Inhalt. Die Höhe der Investitionen verlangt bei CIM-Systemen die vollständige Umsetzung des Just-in-time-Gedankens. Voraussetzung dazu ist eine Auftragssteuerung, die sich eng am Fertigungsprozeß orientiert und quasi on-line auf Planabweichungen und Störungen reagiert.

1 Einleitung

Auch wenn bisher nur unzureichend formuliert wurde, wann ein Fertigungssystem als CIM-System zu bezeichnen ist, so besteht doch allgemeines Einverständnis darüber, daß ein solches System (Flexibles Fertigungssystem (FFS) [1, 2]) mit einer hohen Investitionssumme verbunden ist. Dies legt die Forderung nach einer intensiven Nutzung nahe. Andererseits kann dies – auch in Anbetracht der üblicherweise nur sehr begrenzt installierten Pufferfähigkeit – nicht bedeuten, daß das Ablaufplanungsdilemma [3, 4] einseitig zu ungunsten der Durchlaufzeit und damit zu Lasten der Flexibilität entschieden wird. Ein flexibles Fertigungssystem kann seinem Anspruch nur gerecht werden, wenn hier ein echter Kompromiß zwischen Kapazitätsnutzung, Kapitalbindung und Liefertreue gefunden wird.

2 Definition eines CIM-Systems aus der Sicht der Auftragssteuerung

Der Prototyp eines CIM-Systems/eines flexiblen Fertigungssystems (FFS) enthält generell eine Mischung aller Fertigungs- und Auftragsabwicklungsarten. Von folgenden Prämissen ist auszugehen:
- In einem CIM-System treten von der Einzel- bis zur Großserienfertigung alle Fertigungsarten [5] auf.
- Es wird sowohl kundenorientiert (Kundenauftragsfertigung) als auch kundenneutral produziert (Serienfertigung).
- Der Fertigungsprozeß (Beschaffung, Teilefertigung, Montage usw.) ist mehrstufig. Auf jeder Fertigungsstufe ist jede Organisationsform [6] denkbar: Werkstatt-, Baustellen-, Gruppen- oder Linienfertigung.
- Infolge eines ständig sich verändernden Produktionsprogramms muß von wandernden Engpässen ausgegangen werden. Da – z.B. in der Montage – das Vorhalten von Überkapazitäten bei der anzunehmenden hohen Automatisierung aus Kostengründen prinzipiell unmöglich ist, sind diese Engpässe bei der Planung und Steuerung auf allen Fertigungsstufen zu betrachten. Dabei ist nicht nur der reine Bearbeitungsprozeß, z.B. Teilefertigung oder Montage, Gegenstand der Betrachtung. Genauso ist z.B. die Qualitätskontrolle, der Transport oder ein Lager als leistungsmäßig begrenzt anzusehen und damit zu planen und zu steuern [7]. Da von einer detaillierten Fertigungsplanung ausgegangen wird, sind die Voraussetzungen für die größtmögliche Übereinstimmung von Planung und Realität gegeben. Die höchstmögliche Verfügbarkeit aller Ressourcen wird durch eine geplante Instandhaltung sichergestellt.
- Ein CIM-System stellt einen Kompromiß hinsichtlich der Spezialisierung auf ein bestimmtes, langfristig unveränderliches Produktionsprogramm und den ständig veränderten Produktanforderungen dar. Daher kann auf der einen Seite nicht die Austauschbarkeit von Maschinen als Regel angenommen werden. Auf der anderen Seite ist ein Objekt gegebenenfalls auch auf Ausweichmaschinen zu fertigen.
- Ein Fertigungslos unterteilt sich bei Serienfertigung in mehrere Transportlose. Über diesen Weg wird zur Erreichung kurzer Durchlaufzeiten ein (Quasi-)Fließprozeß mit einer weitgehenden Überlappung aufeinanderfolgender Fertigungsstufen realisiert. Um den Transportaufwand zu minimieren, ist hier zu fordern, daß alle Förderhilfsmittel vollständig gefüllt sind. Deshalb sind die Fertigungslosgröße auf eine ganzzahlige Anzahl von Transportlosen und die Transportlose über die einzelnen Fertigungsstufen hinweg auf jeweils ganzzahlige Vielfache voneinander abzustimmen. Damit entfällt aber die Kommissionierung im Lager in der Art, daß aus einem Behälter entnommen und in anderen bereitgestellt wird. „Kommissionieren" erfolgt nur noch transportlosweise.

Bei Einzel- und Kleinserienfertigung muß dagegen von einer Übereinstimmung von Transport- und Fertigungslos ausgegangen werden. Bei Kleinserienfertigung wird sich daher eine „konventionelle" Kommissionierung und Bereitstellung nicht vermeiden lassen. Diese Kommissionierung ist gegebenenfalls planungsseitig als eigene Fertigungsstufe zu betrachten [8].
- Der für Planung und Steuerung relevante Zustand des flexiblen Fertigungssystems ist zu jedem Zeitpunkt bekannt. Dies gilt insbesondere für den Materialfluß [9] und irgendwelche Störungen. Die Informationen werden entweder von den Zellensteuerungen oder von einer entsprechenden Betriebsdatenerfassung (BDE) geliefert.

3 Anforderungen an die Auftragssteuerung

Ein im Sinne der Leistungserfordernisse ungestörter Fertigungsprozeß setzt voraus, daß die benötigten Materialien, Arbeits- und Hilfsmittel in der richtigen Menge zum richtigen Zeitpunkt zur Verfügung stehen. In vielen Fällen ist die korrekte Bereitstellung durch die im Fertigungssystem installierte Hardware[1] automatisch sichergestellt. Die Auftragssteuerung setzt dort an, wo diese Zwangssteuerung fehlt.

Die Auftragssteuerung in einem CIM-System muß bedarfsorientiert erfolgen. Nur so kann ohne (Material-)Bestände (Kapitalbindung, Verschrottung) umgehend auf Änderungen des Produktionsprogramms reagiert und der Vertriebs-/Kundenwunsch kurzfristig erfüllt werden:
- Steuernde Maßnahmen im Sinne der Auftragssteuerung sind überall dort notwendig, wo es nicht gelingt, einem mit einheitlicher Taktzeit fortschreitenden Materialfluß aufzubauen, und durch Bedarfsanmeldung aus nachfolgenden Fertigungsstufen eine temporäre Nichtverfügbarkeit entstehen kann. Dieser Sachverhalt wird als Steuerungsnotwendigkeit, eine Fertigungsstufe mit Steuerungsnotwendigkeit als Steuerungsstufe bezeichnet.

Unter der Annahme begrenzter Kapazitäten besteht Steuerungsnotwendigkeit demnach
- beim Austritt aus dem CIM-System,
- beim Eintritt in das CIM-System,
- beim Verzweigen des Materialflusses infolge von Mehrfachverwendungen und Splittungen,
- beim Zusammenführen des Materialflusses nach einer Splittung und bei einer Montage und
- gegebenenfalls bei Änderung der Arbeitsgeschwindigkeit.

In jedem dieser Fälle wird eine Synchronisation des Fertigungsprozesses über Puffer erforderlich. Vorrangiges Ziel einer Auftragssteuerung muß es sein, diese Puffer unter Sicherstellung der Synchronisation so gering wie möglich zu halten. Eine wirksame Steuerung orientiert sich dazu möglichst eng am zu steuernden Prozeß. Dieser wird in den gängigen Systemen zur Mengen- und Kapazitätsplanung (Materialwirtschaftssysteme wie CAPICS, MAPICS, MTU-COPICS, DISPO, MM/PM 3000, VAX-PROFI; Werkstattsteuerungssysteme wie CAPOSS, MIACS, MIMS, PS, PIUSS, MAC-PAC, MM/PM 3000, AMAPS, ATEXI) nur sehr bruchstückhaft behandelt und (fast) immer eine Aufteilung in die beiden Aufgabenblöcke Material- und Zeitwirtschaft (Werkstattsteuerung) vorgenommen (Bild 1). Unter Materialwirtschaft wird dabei die Bereitstellung von Material zur richtigen Zeit und in der richtigen Menge zur Deckung des Bedarfs verstanden. Die Werkstattsteuerung stellt eine Verfeinerung der Materialwirtschaft dar und beschränkt sich ausschließlich auf die Teilefertigung: Die in der Materialwirtschaft errechneten Termine werden unter Berücksichtigung der Kapazitätskonkurrenz verbessert. Die Materialwirtschaft verwendet dazu Stücklisten/Gozintographen, die Werkstattsteuerung Arbeitspläne [11].

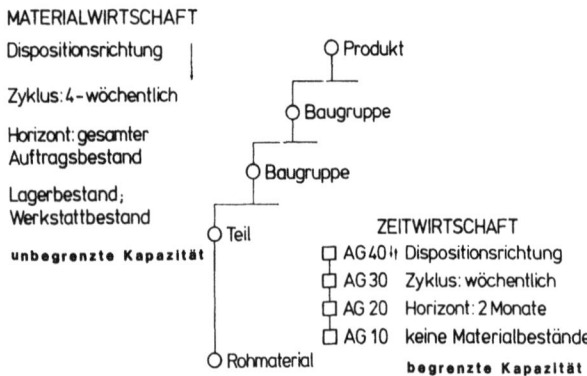

Bild 1. Disposition bei Einzel- und Kleinserienfertigung

Sowohl Material- als auch Zeitwirtschaft vernachlässigen wesentliche Aspekte der Koordination:
- Die Materialwirtschaft berücksichtigt nur ungenügend die Kapazitätskonkurrenz.
- Die Werkstattsteuerung berücksichtigt nicht die Mengensituation, die aus der detailliert festgelegten, auf die Kapazitäten abgestimmten Terminsituation resultiert (lineare Folge von Arbeitsvorgängen; keine Bedarfszusammenfassung auf Arbeitsvorgangsebene[2]).

Wendet man konventionelle Dispositionssysteme bei mehrstufiger Fertigung in einem FFS an, so zeitigt dies Ergebnisse, die die Wirtschaftlichkeit des Einsatzes in Frage stellen bzw. das gesetzte Rationalisierungsziel nicht erreichen lassen.

Die Mengenplanung muß auf jeder Dispositionsebene — insbesondere für die Teilefertigung — zeitliche Puffer („Dispositionsspielraum") für die anschließende Kapazitätsplanung vorsehen, die dann aber versucht, genau diese in bezug auf Durchlaufzeit ungünstigen Puffer/Termine über Prioritätsregeln einzuhalten. Kürzestmögliche Durchlaufzeiten sind daher mit solchen Systemen nicht zu erreichen.

In einem CIM-Konzept wird deshalb eine Trennung in Arbeitsplan und (Dispositions-)Stückliste zwangsläufig notwendig:
- Auf jeder Fertigungsstufe, z.B. also auch in der Montage, ist eine Kapazitätsbetrachtung notwendig.
- Jedes Objekt kann Ergebnis des Montagevorgangs sein (Arbeitsplaninformationen in der Stückliste).
- Jedes Objekt kann mehrfach verwendet werden (Verwendungsinformationen im Arbeitsplan).

Die hier kritisierte Ferne vom Produktionsprozeß äußert sich auch in der Aktualität und Spezifikation der Ergebnisse. Eine gegebenenfalls wöchentlich oder halbwöchentlich wiederholte Planung, die lediglich Maschinen, nicht aber z.B. Werkzeuge oder Fördermittel als Engpässe betrachtet, kann unmöglich auf die aktuelle Situation, z.B. auf Störungen, reagieren, oder die Mehrfachbelegung von Werkzeugen vermeiden. Diese Lücke muß in einer entsprechenden Steuerungshierarchie geschlossen werden.

4 Steuerungsstruktur

Die Steuerungsnotwendigkeit führt zu einer speziellen Menge von Teilaufgaben, die durch das Objekt, die Verrichtung, das Sach- oder Arbeitsmittel sowie Zeit und Arbeitsraum gekennzeichnet sind [12]. Eine solche Teilaufgabe wird durch eine Position repräsentiert. Eine (Einzel-)Fertigung nach Kundenaufträgen wird Positionen zusätzlich nach Kunden unterscheiden. Jeder Position ist ein Objekt in einer Erzeugnisstruktur zugeordnet. Ebenso ist jeder Position als ausführende Stelle und damit als kleinster bei der Steuerung betrachteten aufbauorganisatorischen Einheit eine Steuerungseinheit zugeordnet. Eine Position bezeichnet dabei den bearbeitungsmäßigen Endzustand in einer Steuerungseinheit[3]. Alle Positionen, die einer Steuerungseinheit zugeordnet sind, konkurrieren um die begrenzt vorhandene Kapazität[4] (Bild 2).

Da zwischen den einzelnen Positionen/Steuerungsstufen definitionsgemäß keine Synchronisation besteht (Steuerungsnotwendigkeit), muß davon ausgegangen werden, daß der Verbrauch der einzelnen Objekte in übergeordneten Fertigungsstufen mit einer anderen zeitlichen Verteilung erfolgt als der Vollzug der Verrichtung. Hinsichtlich jeder Position sind demnach Objekte, an denen die Verrichtung bereits vollzogen ist, von Objekten, an denen die Verrichtung noch zu vollziehen oder nur teilweise vollzogen ist, zu unterscheiden.

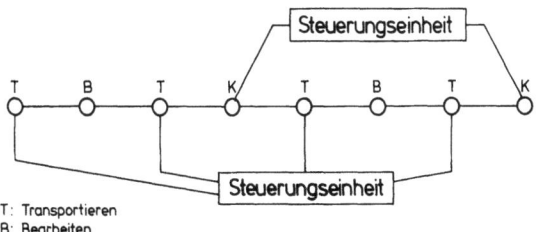

T: Transportieren
B: Bearbeiten
K: Kommissionieren

Bild 2. Steuerungsstruktur I

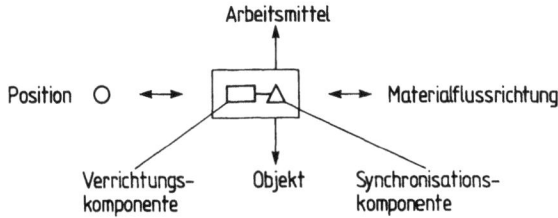

Bild 3. Erweiterte Steuerungsstruktur

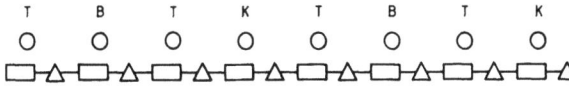

T: Transportieren
B: Bearbeiten
K: Kommissionieren

Bild 4. Steuerungsstruktur II

Die ersteren sind bis zur Höhe des Bestands (mengenmäßige Begrenzung) sofort für eine Verwendung in weiteren Positionen verfügbar. Objekte, an denen Verrichtungen noch zu vollziehen sind, sind in ihrer Verfügbarkeit einerseits durch die für den Vollzug der Verrichtung erforderlichen (Restdurchlauf-)Zeit und andererseits durch die Taktzeit begrenzt (zeitlich/mengenmäßige Begrenzung). Für die Steuerung ist es demnach sinnvoll, jede Position/Steuerungsstufe unabhängig von der technischen Realisierung als Kombination aus Verrichtungs- und Synchronisationskomponente (Puffer) zu betrachten[5] (Bild 3).

Will man mit dieser Syntax den Materialfluß darstellen, kann eine Zusammenführung von Mengenströmen nur vor einer Verrichtung „Montieren" o. ä. erfolgen. Eine Verzweigung des Materialflusses wiederum bedingt eine Verrichtung „Verteilen", „Kommissionieren" o. ä.[6]. Damit stellt sich die Struktur aus Bild 2 wie in Bild 4 gezeigt dar.

Diese Struktur zeigt bis jetzt nur den Fertigungsprozeß im engeren Sinne. Dies ist unter Umständen für eine Steuerung auf übergeordneter Ebene hinreichend. Für eine unterlagerte Steuerung müssen der Transport von Werkzeugen, von Förderhilfsmitteln oder anderen Hilfsmitteln, Leerfahrten von Fördermitteln, bedingt durch die jeweils gewählte Form der Transportorganisation usw., in derselben Notation dargestellt und in diese Struktur eingebracht werden. Damit läßt sich die Steuerungsstruktur aus Bild 3 beispielhaft erweitern (Bild 5).

Somit enthält die CIM-adäquate Steuerungsstruktur — je nach hierarchischer Ebene der Steuerung — alle steuerungsrelevanten Prozeßdaten und Zuordnungen.

5 Das Zeitmodell — Zentralisierung versus Dezentralisierung

Basis jeder Darstellung dynamischer Sachverhalte ist die Festlegung des Zeitmodells [14]. Da letztendlich die Reihenfolge der einzelnen Verrichtungen Ergebnis der Steuerung sein soll, muß die Zeitachse so fein gerastert werden, daß je Zeiteinheit nur ein (Anfangs-)Ereignis eintritt. Dies kann in Abhängigkeit von der kürzesten Zeitdauer, die betrachtet werden muß, zumindest auf der höchsten Detaillierungsstufe zu einem quasi kontinuierlichen Zeitstrahl führen. Damit lassen sich die einzelnen Fertigungsstufen beliebig genau aufeinander abstimmen und ein Quasi-Fließprozeß ohne unnötige Liegezeiten realisieren (vollständiges Just-in-time). Irgendwelche Störungen machen aber sofort eine Neuplanung erforderlich, eine gegebenenfalls vorhandene dezentrale Prozeßsteuerung (Lager-, Transport-, Zellensteuerung) verliert jeden Handlungsspielraum: Da eine dezentrale Umordnung der Reihenfolge einer Steuerungseinheit beliebig umfangreiche und möglicherweise unzulässige Änderungen in anderen Steuerungseinheiten nach sich ziehen kann, muß eben diese dezentrale Umordnung in jedem Fall ausgeschlossen werden. Die Zellensteuerung ist hier lediglich Durchsetzungsinstrument.

Spielraum für eine dezentrale Prozeßsteuerung ist automatisch dann vorhanden, wenn man die Zeiteinheit der zentralen Auftragssteuerung so vergrößert, daß mehrere Ereignisse je Zeiteinheit stattfinden (z. B. mehrere Aufträge je Tag in einem Tagesraster). Die Vorgaben der Auftragssteuerung sind hier lediglich als Arbeitsvorrat (Auftragsfreigabe, z. B. [15]) zu verstehen. Innerhalb der Zeiteinheit kann die unterlagerte Steuerung eine beliebige Reihenfolge wählen. Lediglich zu Ende der Zeiteinheit müssen die Vorgaben des Auftragssteuerungssystems in Summe erfüllt sein. Mit die-

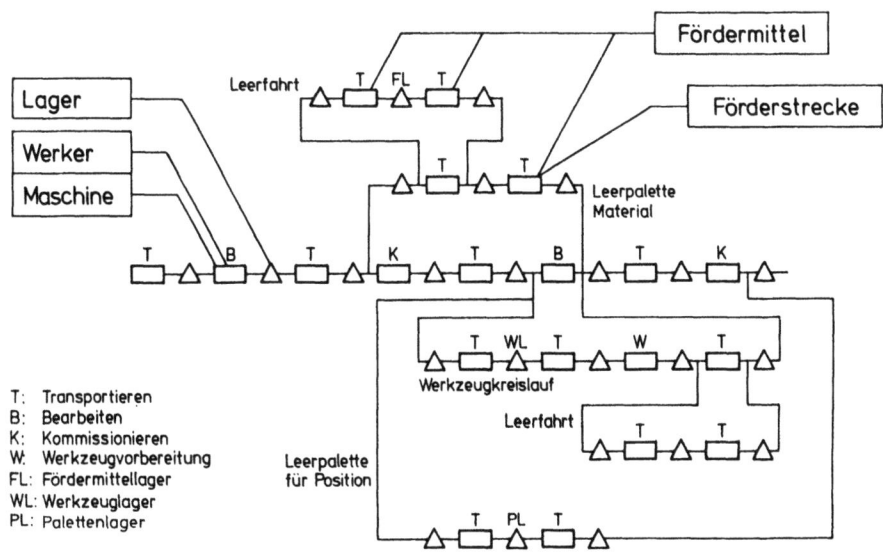

T: Transportieren
B: Bearbeiten
K: Kommissionieren
W: Werkzeugvorbereitung
FL: Fördermittellager
WL: Werkzeuglager
PL: Palettenlager

Bild 5. Endgültige Steuerungsstruktur

ser Vorgehensweise stellen sich aber drei gravierende Nachteile ein:
- Es läßt sich keine akzeptable Gesamtdurchlaufzeit erreichen. Da für jede Fertigungsstufe angenommen werden muß, daß jede Verrichtung erst ganz zu Ende einer Zeiteinheit vollzogen wird, muß von Fertigungsstufe zu Fertigungsstufe von einer Zeitverschiebung von zumindest einer Zeiteinheit ausgegangen werden. Ist die Zeiteinheit und damit der Spielraum nur genügend groß, ist völlig sicher, daß die Gesamtdurchlaufzeit größer als ohne Steuerungssystem sein wird.
- Der Handlungsspielraum hat sich zu Ende der Zeiteinheit vollständig aufgebraucht.
- Der Störungspuffer ist unabhängig vom tatsächlichen Störverhalten für alle Steuerungseinheiten derselbe.

Ein dezentraler Handlungsspielraum ist deshalb unabhängig von der Wahl des Zeitrasters in der zentralen Auftragssteuerung zu schaffen. Als ideale Möglichkeit zur Lösung der genannten Probleme bietet sich bei detailliertem Zeitraster eine gezielte Vorgabe erhöhter Durchlaufzeiten für ausgewählte Steuerungseinheiten an. Vorteile dieser Lösung sind:
- Störungspuffer/Handlungsspielraum kann individuell vorgegeben werden (als Zeitdauer, Anzahl Aufträge usw.).
- Der Handlungsspielraum ist zu jedem Zeitpunkt gleich groß und baut sich nicht selbständig ab.
- Die Zeiteinheit der zentralen Auftragssteuerung kann für die gesamthafte Abstimmung/die Just-in-time-Durchsetzung über alle anderen Steuerungseinheiten beliebig detailliert werden.
- In jeder übergeordneten Planungsebene mit größerer Zeiteinheit läßt sich das Zeitraster der feinsten Gesamtebene implizieren (Bild 6).

Aber auch dieser individuelle Handlungsspielraum (ver-)braucht Durchlaufzeit und sollte deshalb nur dort gewährt werden, wo eine unterlagerte Steuerung aufgrund von Handlungsspielraum und besseren Informationen zu besseren Ergebnissen führt [7].

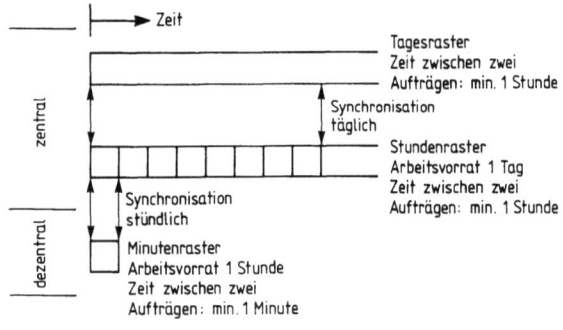

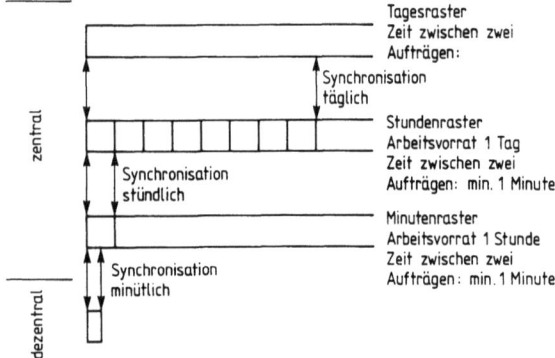

Bild 6a und b. Wahl des Zeitmodells

Allerdings lassen sich die Vorteile einer Reihenfolgeplanung in der zentralen Auftragssteuerung nur dann in vollem Umfang nutzen, wenn man die Fertigungsfunktionen soweit als möglich dezentralisiert: Muß ein Fertigungslos von einer Steuerungseinheit „Teilefertigung" zu einer zentralen Stelle „Qualitätssicherung", reiht es sich dort in eine neue Warteschlange ein (zusätzliche Steuerungsnotwendigkeit und Durchlaufzeit). Wird dort im gesamten Fertigungslos von z.B. 100 Stück nur ein fehlerhaftes Teil entdeckt, dann hält die Nacharbeit das gesamte Los zusätzlich auf (Einplanung der Nacharbeit). Deshalb muß bei einem CIM-Konzept von einer prozeßintegrierten Qualitätsregelung und — im Prinzip — von einer absoluten Null-Fehler-Quote ausgegangen werden. Vergleichbares gilt für die Instandhaltung oder das Transportsystem.

Damit läßt sich festhalten:
- Für eine kürzestmögliche Durchlaufzeit ist die Zeiteinheit auf der größten Detaillierungsebene der zentralen Auftragssteuerung so genau zu wählen, wie für eine eindeutige Reihenfolgeaussage nötig.
- Der dezentrale Spielraum ist so groß wie für eine dezentrale Fehlerbeseitigung notwendig zu wählen.
- Der Grundsatz „zentral planen/steuern — dezentral fertigen" wirkt sich um so positiver auf Bestände und Durchlaufzeiten aus, je konsequenter die Zellensteuerung auf die mühsame Reihenfolgeoptimierung verzichtet und sich auf die Koordination aller Teilverrichtungen (Fertigen, Prüfen, Puffern, Instandhalten, Transportieren, Werkzeug bereitstellen usw.) konzentriert.

6 Abarbeiten der Steuerungsstruktur

Entscheidend für die Qualität der Steuerungsergebnisse ist die Richtung, in der die Informationen von Ebene zu Ebene bzw. von Position zu Position weitergegeben werden. Eine Betrachtung (unter Umständen ausgehend vom (Primär-)Bedarf) entgegengesetzt zur Materialflußrichtung (Rückwärtsrichtung) gibt Bedarfe an (Roh-)Materialien von Stufe zu Stufe (konventionelle Nettobedarfsrechnung; Rückwärtsterminierung). Sie ermöglicht eine Auftragseinplanung bei Erreichen des Mindestbestands an Fertigungserzeugnissen und eine Fertigung nach spätesten Terminen — wesentliche Voraussetzung für eine Just-in-time-Fertigung. Die Be-/Auslastung der gegebenen Kapazitäten ist aber nur Ergebnis, nicht Zielgröße der Disposition. Eine Betrachtung in Materialflußrichtung (Vorwärtsrechnung; konventionelle Arbeitsgangterminierung) dagegen richtet sich in erster Linie nach zu belegenden und möglichst gut (zu 100%) auszunutzenden Kapazitäten (Bild 7). Eine Orientierung am (Primär-)Bedarf und eine Just-in-time-Fertigung ist zweitrangig: Auftragsreihenfolge und -termine ergeben sich als Abfallprodukt einer möglichst lückenlosen Belegung; ein im Materialfluß folgender Auftrag wird eingeplant, sobald die Belegung dies zuläßt und der betrachtete Auftrag abgeschlossen ist (Sicherstellung der Verfügbarkeit; „Auftragsfreigabe"). Da diese Entscheidung selbstverständlich nicht ganz ohne Kenntnis des Primärbedarfs angestellt werden kann, da sonst das Endergebnis völlig willkürlich wäre und Durchlaufzeiten und Bestände unbegrenzt wachsen würden, muß eine Betrachtung ausgehend vom Primärbedarf in irgendeiner Form vorab angestellt werden (z.B. im Rahmen einer Nettobedarfsrechnung oder einer übergeordneten Planung).

Das Abarbeiten ausgehend vom Primärbedarf ist dann sinnvoll, wenn Kapazitäten in ausreichendem Maß zur Verfügung stehen. Umgekehrt ist die andere Vorgehensweise

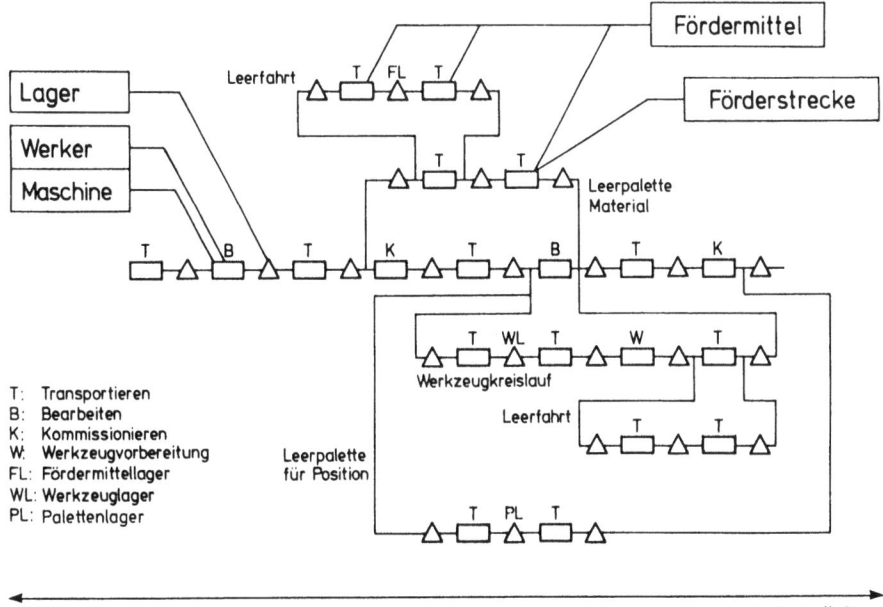

Bild 7. Vorwärts-/Rückwärtsrechnung

vorzuziehen, wenn bei Kapazitätsengpässen auf eine möglichst lückenlose Belegung geachtet werden muß und überhöhte Bestände bewußt in Kauf genommen werden.

Der zweckmäßige Kompromiß ist damit vorgegeben: Bei Engpaß-Situationen ist in Materialflußrichtung, sonst entgegen dem Materialfluß zu rechnen. Üblicherweise wird sich diese Festlegung nicht generell für eine Steuerungseinheit treffen lassen: Eine Steuerungseinheit, die üblicherweise kein Engpaß ist, kann durchaus für einen bestimmten Zeitraum dazu werden, z. B. infolge eines Werkzeugbruchs (Materialknappheit ist außer im Beschaffungsfall immer auf einen Kapazitätsengpaß auf vorhergehender Fertigungsstufe zurückzuführen). In diesem Fall ist die Betrachtungsweise für die Dauer des Engpasses umzustellen: Aus einer Bedarfsrechnung für die im Materialfluß vorhergehende Fertigungsstufe wird eine Verfügbarkeitsrechnung für die nachfolgenden Fertigungsstufen. Hier sind andere Kriterien für die Auftragsbildung zu verwenden und gegebenenfalls Aufträge anderer Positionen vorzuziehen. Damit könnten aber nachfolgende Steuerungseinheiten u. U. nicht mehr bedarfsgerecht fertigen. Sie werden in diesem Fall in ihrer Bearbeitungsreihenfolge ausschließlich von der vorausgehenden Stelle gesteuert.

7 Auftragsbildung

Der (Primär-)Bedarf[8] zielt zunächst auf die Synchronisationskomponente (Bruttobedarf). Sind hier bereits Objekte in dem für die betrachtete Position vorgeschriebenen Endzustand vorhanden, kann der Bedarf ohne weiteren Zeitbedarf ganz oder teilweise mit diesen Objekten befriedigt werden. Ist die Synchronisationskomponente erschöpft, muß der Bedarf an die Verrichtungskomponente weitergegeben werden (Nettobedarf). Bei kundenorientierter Fertigung (Einzelfertigung) muß dieser Nettobedarf einzeln (je Bedarfsanmeldung) befriedigt werden. Bei kundenneutraler Fertigung wird der Bedarf dagegen nach Gesichtspunkten, die der betrachteten Steuerungseinheit eine wirtschaftliche Fertigung/Beschaffung erlauben, zu Losen zusammengefaßt (Serienfertigung).

Ein Einzelbedarf oder ein Fertigungslos ist nicht automatisch ein Auftrag an eine Steuerungseinheit: Abgesehen davon, daß der Bedarf infolge der begrenzten Leistungsfähigkeit terminlich/mengenmäßig nicht unbedingt so erfüllt werden kann, wie er angemeldet wird, und deshalb zunächst eine Belegungsrechnung/Auftragsbildung zwischenzuschalten ist, muß ein Auftrag auch auf seine Erfüllung hin kontrollierbar sein. Dazu sollen der Zusammenhang zwischen Fertigungs- und Transportlos bei Einzel-/Kleinserien- und Serienfertigung aufgezeigt werden: Bei Einzel-/Kleinserienfertigung entspricht ein Fertigungslos (ein Stück) in der Regel einem Transportlos. Der Beginn der Verrichtung ist möglich, wenn die gesamte Materialmenge zu einem einzigen Zeitpunkt bereitgestellt wird, das Fertigungslos ist abgeschlossen, wenn die Verrichtung für das eine Transportlos vollständig vollzogen ist. Irgendwelche Teilmengen sind für die weitere Verwendung vorher nicht verfügbar. Eine Übereinstimmung von Fertigungslos und Auftrag bietet sich hier an, da der Auftrag der Bereitstellung eines Fertigungsloses im Endzustand zugeordnet, entsprechend terminiert und auch kontrolliert werden kann.

Etwas anders gestaltet sich dieser Sachverhalt bei Serienfertigung. Hier werden Teilmengen (Transportlose) sukzessive abgeliefert. Es ist also durchaus eine Teilablieferung möglich und für Verfügbarkeitsaussagen auch sinnvoll. Von einer Bedarfsbefriedigung erst mit Abschluß des gesamten Fertigungsloses auszugehen, ist daher nicht unbedingt sinnvoll. Auf der anderen Seite wird es u. U. ebensowenig sinnvoll sein, einen Auftrag über ein einzelnes Transportlos zu erteilen. Dann müßte man z. B. im 2-Minuten-Abstand Transportlose kontrollieren und eventuell anmahnen, auch wenn der zugestandene Handlungsspielraum z. B. eine Stufe beträgt. Hier ist demnach ein Zusammenhang zwischen Zeiteinheit und Transportlos zu sehen: Als Auftrag wird die aufgrund einer Belegungsrechnung in der Zeiteinheit bereitzustellende Menge (von Transportlosen) einer Position verstanden.

Damit hat man sich von einem Auftragsbegriff, der ausschließlich von der Bedarfszusammenfassung (Bestellrhythmus) bzw. durch Lagerhaltungsgesichtspunkte („optimale Losgröße") geprägt ist, gelöst und erhält einen an der Leistungserstellung orientierten Auftragsbegriff. Es ist damit möglich,

– Aufträge über Einheiten der Leistungsabrechnung (Tage, Schichten) zu erteilen (nicht: mehrere Schichten arbeiten an einem Auftrag);

– die angebotenen Kapazitäten vollständig auszulasten (nicht: Lücken in der Belegung, verursacht durch ungünstige Auftragsmengen).

Der Bestand je Position setzt sich bei Serienfertigung aus einer Vielzahl von Transportlosen (Behältern) zusammen. Alle Transportlose umfassen (rechnerisch) dieselbe Menge. Ein Transportlos ist damit mit jedem anderen identisch, und es ist vollkommen unnötig, einen bestimmten Behälter für eine Verwendung zu reservieren. Für die Steuerung ist also ein Bestand je Position (jeweils zu Ende der Zeiteinheit gemessen) vollkommen ausreichend. Dieser Bestand muß insgesamt die Verfügbarkeit bereitstellen. Der Sicherheitsbestand deckt hier erzeugnisbezogen das gesamte Steuerungsrisiko ab (sinnvollerweise nur ganze Behälter; ständiges Umwälzen des Sicherheitsbestands). Bei kundenorientierter Fertigung identifiziert eine Bedarfsanmeldung/Verwendung ein einzelnes Transportlos. Suchbegriff im (Lager-) Bestand ist hier Position/Verwendung. Die Transportlose enthalten nicht notwendigerweise dieselben Mengen. Die richtige Zuordnung Behälter-Verwendung minimiert den Verwaltungs- und Handhabungsaufwand. Sowohl aus der Sicht der Bestandsverwaltung als auch für die Beurteilung der Verfügbarkeitssituation ist es daher sinnvoll, den Bestand je Position und Verwendung, d.h. „behälterweise" zu führen [9].

Damit hängt am Behälter die Auftragsnummer bzw. Position und Verwendung. Die Entnahme aus dem falschen Behälter führt zu nicht vorgesehenem Kommissionier- und Verwaltungsaufwand. Es ist nicht sinnvoll, einen permanent vorhandenen Sicherheitsbestand zu führen. Dieser Sicherheitsbestand führt unweigerlich zur Verschrottung.

Zusätzlich zu den Beständen in der Synchronisationskomponente ist ein Bestand an Material in der Verrichtungskomponente zu betrachten: Da die Durchlaufzeit in der Regel nicht vernachlässigbar klein ist, sind hier ebenfalls Bestände gebunden (Prozeßbestand) (Bild 8).

Als Durchlaufzeitverschiebung für einen Auftrag ist lediglich die Durchlaufzeit eines Transportloses, nicht des Fertigungsloses anzusetzen (transportlosweise Materialweitergabe). Wenn man diese Durchlaufzeit in erster Näherung als (Taktzeit, Anzahl Arbeitstakte) annimmt, so ist unmittelbar einleuchtend, daß sie nicht als konstante Zahl von Zeitabschnitten, z.B. Tagen, angegeben werden kann: Die Durchlaufzeit ist vom aktuellen Kapazitätsangebot abhängig. In der Fertigungsstelle selbst wird sich abhängig vom Auftragsverlauf ein variabler Prozeßabstand einstellen.

Der Bruttobedarf an die vorgelagerten Fertigungsstufen – und damit der geplante Zugang zur Verrichtungskomponente – ist bei kundenorientierter Fertigung mengenmäßig genau weiterzugeben, da ja eine Verwendung von Restbeständen in anderen Kundenaufträgen ausgeschlossen werden soll (Zuordnung von Charge, Maschine, Schicht, Werker usw. zum Auftrag). Aber auch dann, wenn man Einzelfertigung nicht im strengen Sinn als Kundenauftragsfertigung versteht, bleibt festzustellen, daß eine Fertigung für einen bisher nicht aus dem Planungshorizont ableitbaren Bedarf bzw. für eine bisher nicht bekannte Verwendung mit äußerster Unsicherheit behaftet ist. Hier ist also der Bedarf nicht auf ein Standardtransportlos o.ä. zu runden. Dies gilt auch noch für Kleinserienfertigung, nicht aber bei Serienfertigung. Hier muß der Bedarf auf eine ganzzahlige Zahl von Transportlosen gerundet werden. Falls die Transportlose auf zwei aufeinanderfolgenden Fertigungsstufen nicht übereinstimmen, wird als zusätzliche Verrichtung „Kommissionieren" erforderlich (wie bei Kleinserienfertigung: Fertigung eines Transportloses, aus dem dann für die verschiedenen Verwendungen entnommen wird).

Es ist zu überlegen, ob der Bruttobedarf lediglich den Auftragsverlauf, multipliziert mit der Strukturmenge darstellt, oder ob voraussichtlich entstehender Ausschuß mitberücksichtigt wird. Bei kundenorientierter Fertigung bedeutet Ausschuß ohne entsprechende Erhöhung des Bedarfs sofort Nacharbeit für den betreffenden Kundenauftrag und eine entsprechende Verzögerung. Hier sollte ein Ausschuß bei der Bedarfsrechnung berücksichtigt werden. Nicht notwendig ist dagegen die planmäßige Berücksichtigung von Ausschuß bei Linienfertigung, da eventuell auftretender Ausschuß mit dem Folgelos zu dieser Position wieder ausgeglichen werden kann. Beim Bestellpunktverfahren bedeutet dies z.B. lediglich ein geringfügiges Vorziehen des Folgeloses. Sowieso könnte die Berücksichtigung von Ausschuß nur ein zusätzliches Transportlos bedeuten.

Eine kurze Durchlaufzeit bedeutet aber auch, daß auf jeder Fertigungsstufe so spät wie möglich mit dem Produzieren begonnen wird. Damit stellt sich das Problem, daß jede Störung auf irgendeiner Fertigungsstufe den vorgesehenen Termin des Endprodukts zumindest gefährdet, wenn nicht gar unrealisierbar macht. Eine gewisse Sicherheitsreserve auf allen Fertigungsstufen kann dieses Problem entschärfen. Allerdings wird damit auch die angestrebte kurze Durchlaufzeit u.U. wesentlich erhöht. Sinnvoller ist es daher, im Störungsfall die im Prozeß vorhandenen Reserven zu nutzen. So ist z.B. bei Werkzeugbruch die Frage zu stellen, ob anstelle von nutzlosem Warten auf ein neues Werkzeug kein anderes Objekt gefertigt werden kann und somit zumindest die sonst zwangsläufige Verzögerung aller auf dieser Maschine anschließend zu fertigenden Objekte vermieden werden kann. Wenn eine Maschine ganz ausfällt, kann vielleicht mit dem Material ein anderes Objekt hergestellt und so ein anderer zukünftiger Bedarf befriedigt werden. Auch mangelnde Materialverfügbarkeit muß nicht unbedingt die Liefertermine auf der Primärbedarfsebene gefährden. Ein Fertigungslos, das z.B. fünf Teile umfaßt, versorgt u.U. fünf verschiedene Primäraufträge, die sicher nicht alle zum selben Zeitpunkt abgeschlossen werden müssen. Vielleicht ist es zum betrachteten Zeitpunkt unter Verfügbarkeitsgesichtspunkten völlig ausreichend, nur vier Tage zu fertigen und das ausstehende fünfte Teil, für das zur Zeit kein Material da ist, mit einem späteren Fertigungslos nachzuliefern. Überhaupt muß in einem CIM-System die „optimale Losgröße" als Richtgröße für das Fertigungslos, nicht aber als unverrückbarer Eckwert gesehen werden. Lossplittung ist – vorausgesetzt, die zusätzliche Kapazität zum Rüsten ist vorhanden – das wesentliche Instrument zur Sicherung der Leistungsfähigkeit in einem CIM-System. Es ist sinnlos, von einem Teil A auf einer Maschine X (obwohl 10 Stück zur derzeitigen Bedarfsdeckung ausreichen würden) 500 Stück zu fertigen, nur weil dies die „optimale Losgröße[10] ist, wenn deshalb ein dringend benötigtes Teil B, das ebenfalls auf dieser Maschine zu fertigen ist, über einen längeren Zeitraum nicht geliefert werden kann, obwohl Material zur Herstellung des Teiles B und die Kapazität zum

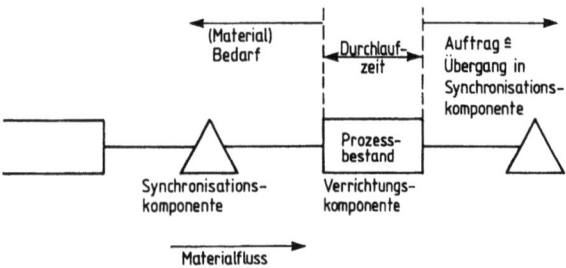

Bild 8. Auftragsgrößen

Umrüsten in ausreichendem Umfang vorhanden wäre. Die Fertigungssteuerung ist hier gefordert, zu jedem Zeitpunkt zwischen den Kriterien Liefertreue, Kapitalbindung und Kapazitätsnutzung abzuwägen und die jeweils beste Entscheidung zu treffen. Das jeweils Machbare ist von der Steuerungsseite her durchzusetzen und nicht bei der Verfolgung übergeordneter Vorgaben, z.B. aus einem PPS-System, das Hauptziel „wirtschaftliche Fertigung" aus dem Auge zu verlieren. Ein Verfahren zur Auftragsbildung (Loszusammenfassung, Lossplittung) ist daher zumindest für die Störungsbeseitigung ein unverzichtbarer Bestandteil eines Steuerungssystems für CIM-Systeme.

8 Monitoring

Im Monitoring-Teil sind einerseits die Überwachung des gesamten Prozesses/aller Prozeßgrößen (Maschinennutzung, Leistung, Temperatur, Viskosität usw. (Anschluß zur Sensorik)) und andererseits die ständige Aktualisierung der Planvorgaben aufgrund detaillierterer Informationen aus unterlagerten Steuerungen (Fertigung, Transport, Qualität) zu sehen.

Die Erfüllung eines Auftrags wird an der je Zeitabschnitt gemeldeten Auftragsmenge gemessen, die Fertig-/Teilfertigmeldung eines Auftrags hängt eng mit der Bestandsführung zusammen. Die Meldung einer Menge als Teil einer Auftragsmeldung ist immer zugleich eine Zugangsmeldung. Dementsprechend ist für die Auftragsmeldung lediglich die Fortschreibung der Bestände zu betrachten.

Für den Aufbau eines Kontrollverfahrens bestehen zwei Möglichkeiten:
- Man überprüft Veränderungen (Zugänge/Abgänge) der Bestände (Ereignisse). Da jedes Transportlos (als Auftrag) genau identifiziert ist, läßt sich auch jedes einzeln anmahnen (Ereignisprinzip). Ein Auftrag ist mit dem Ereignis bzw. der vorgegebenen Anzahl von Ereignissen beendet.
- Man überprüft Zustandsgrößen (Bestandshöhen) als Menge zu einem bestimmten Termin. Es wird nicht geprüft, warum ein Zustand ggf. abweicht. Ein Auftrag ist daher zum Termin abgeschlossen, ein Mahnen ist nicht möglich (Zustandsprinzip) (Bild 9).

Das Ereignisprinzip benutzt die Erfassung nicht zur Plankorrektur. Wichtig sind nur die Planinformationen, deren Einhaltung angemahnt wird.

Herkömmliche, wöchentlich durchgeführte Planungssysteme verwenden während der Woche das Ereignisprinzip, beim Planungslauf das Zustandsprinzip. Dies muß als konsequent angesehen werden. Während der Woche kann zwar der Plan „eingeklagt", aber nicht neu geplant werden. Bei der Planung wird dann auf dem aktuellen Zustand aufgesetzt.

Bei täglich oder öfters wiederholter Planung bietet sich das Zustandsprinzip immer dann an, wenn sichergestellt ist, daß alle Mengen entsprechend erfaßt werden (Zwangsdurchlauf). Falls der Zwangsdurchlauf nicht gegeben ist, ist auch das Ereignisprinzip zu erwägen. Dies bedeutet, daß die angemahnte Menge entweder bereits gefertigt wurde oder ohne zusätzliche Neueinplanung nachgefertigt werden kann.

9 Ausblick

Eine Auftragssteuerung in einem CIM-Konzept muß sich sehr viel enger am Produktionsprozeß orientieren, als dies heute der Fall ist. Die EDV-Unterstützung kann nicht auf einer übergeordneten Ebene abbrechen und den Menschen mit dem schwierigsten Teil, dem der aktuellen Steuerung, eine Woche allein lassen. Auftragssteuerung und CIM-Konzept werden daher als mittelfristiges Ziel die Fertigungsregelung anstreben müssen.

Literatur

1. Nieß, P.S.: Flexible Fertigungssysteme. In: Handwörterbuch der Produktionswirtschaft (Hrsg.: W. Kern). Stuttgart: Poeschel 1984
2. Spur, G.; Feldmann, K.; Mathes, H.: Entwicklungszustand integrierter Fertigungssysteme. ZwF 68 (1973) S. 229–236
3. Ellinger, Th.: Ablaufplanung. Stuttgart: Poeschel 1959
4. Gutenberg, E.: Grundlagen der Betriebswirtschaftslehre. Bd. 1: Die Produktion. Berlin: Springer 1975
5. Dolezalek, C.M.; Warnecke, H.-J.: Planung von Fabrikanlagen. Berlin: Springer 1984
6. Mellerowicz, K.: Betriebswirtschaftslehre der Industrie. Freiburg: Rudolf Haufe 1958
7. Scharf, P.; Schulz, E.: Integrierte, flexible Fertigungssysteme – Stand der Entwicklungstendenzen. wt – Z. ind. Fertig. 63 (1973) S. 130–136
8. Scharf, P.: Strukturalternativen integrierter, flexibler Fertigungssysteme und ihre Bewertung. Diss. Univ. Stuttgart 1974
9. Nieß, P.S.: Rechnergesteuertes, flexibles Fertigungssystem für die Großserienfertigung. wt – Z. ind. Fertig. 67 (1977) S. 621–627
10. Kämpf, R.: Überlegungen und Maßnahmen im Vorfeld einer LAN-Installation. In: Fabrikkommunikation mit lokalen Netzwerken (LAN). Hrsg.: VDE. Stuttgart: VDI 1987
11. Dangelmaier, W.: Ansätze zur Fertigungsplanung und -steuerung bei Serienfertigung. wt – Z. ind. Fertig. 74 (1984) S. 341–344
12. Kosiol, E.: Aufgabenanalyse. In: Handwörterbuch der Organisation (Hrsg.: E. Grochla). Stuttgart: Poeschel 1973
13. ter Vehn, A.: Zur Betriebskontrolle durch die Statistik der Wirtschaftsverbände. ZfB 2 (1925) H. 4, S. 382–385
14. Kühnle, H.: Produktionsmengen- und -terminplanung bei mehrstufiger Linienfertigung. Berlin: Springer 1987
15. Wiendahl, H.-P.: Grundlagen und Anwendungsbeispiel eines statistisch orientierten neuen Verfahrens der Fertigungssteuerung. Fertig.tech. u. Betr. 35 (1985) S. 291ff
16. von Zwehl, W.: Wirtschaftliche Losgrößen. In: Handwörterbuch der Produktionswirtschaft (Hrsg.: W. Kern). Stuttgart: Poeschel 1984

Fußnoten

[1] Die Auftragssteuerung setzt in einem flexiblen Fertigungssystem unmittelbar auf der Prozeß-/Gerätesteuerung auf. Damit ist zwar die Anbindung an die unterlagerten Steuerungssysteme, (z.B. an DNC-Systeme und Transportrechner) erforderlich, aber die Steuerung z.B. innerhalb einer Montagelinie eindeutig Bestandteil der Prozeßsteuerung und nicht Aufgabe der Auftragssteuerung (s. [10])

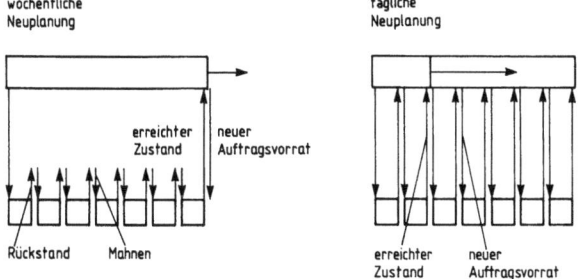

Bild 9. Berücksichtigung des erreichten Zustands

² Da bei einer Werkstattsteuerung keine Mengenänderung möglich ist, werden Fertigungslose grundsätzlich in der einmal vorgegebenen Losgröße abgewickelt. Jede Terminänderung – die Hauptaufgabe der Werkstattsteuerung – verändert aber die Bestandssituation. Ein in der Werkstattsteuerung in Richtung Gegenwart verschobener Auftrag könnte auch Bedarf des zeitlich vorhergehenden Auftrages übernehmen. Da dies nicht geschieht, ergibt sich eine zu hohe Kapitalbindung. Außerdem kann eine Mehrfachverwendung auf Arbeitsvorgangsebene im Werkstattsteuerungssystem nicht berücksichtigt werden. Bei Serienfertigung ist dies aber eine unverzichtbare Forderung

³ Die Menge der Positionen identifiziert damit eine spezielle Teilmenge aus der Gesamtheit aller Objektzustände, die im Materialfluß durch Zustandsänderungen infolge von Fertigungs-, Beschaffungs- usw. -vorgängen entstehen. Alle anderen Objektzustände bezeichnen Zwischenpositionen, die nicht Gegenstand der Fertigungssteuerung sind

⁴ Unter Kapazität wird im folgenden das „mengenmäßige Leistungsvermögen während eines Zeitabschnitts" verstanden [13]

⁵ In herkömmlichen Werkstattsteuerungssystemen ist diese Unterscheidung und speziell das Führen von Beständen nicht sinnvoll bzw. notwendig. Da erstens von linearen Verbrauchsketten ohne mengenmäßige Aufteilungen und zweitens von nur einem Transportlos je Fertigungslos ausgegangen wird, ist es völlig hinreichend, „Aufträge in Arbeit" und „fertige Aufträge" $\triangleq$ „Bestand" zu unterscheiden!

⁶ Jeder Zugang zu einer Synchronisationskomponente ist zugleich ein Abgang an einer Verrichtungskomponente und umgekehrt. Bei der Erfassung eines Zugangs ist nicht nur beim betreffenden Bestandsbereich zuzubuchen, sondern auch beim vorgelagerten Bestandsbereich abzubuchen

⁷ Eine zentrale Steuerung mit Planungsspielraum $\rightarrow 0$ setzt einerseits erheblich leistungsfähige Rechner und andererseits Prozesse voraus, die weitgehend vorherbestimmbar sind. Störungen oder Rücklieferungen von Nacharbeit, die steuerungsseitig betrachtet werden müssen, treten per Definition nicht auf. Damit läßt sich auch ein anderer Schluß ziehen: Die in der Vergangenheit vergleichsweise bescheidenen Rechnerleistungen haben einen Steuerungsspielraum von teilweise erheblichem Ausmaß erzwungen, weil einfach der Produktionsprozeß nicht bis ins letzte abgebildet werden konnte und auch eine On-line-Reaktion auf Störungen mit ihren Auswirkungen auf alle möglichen Steuerungsstufen nicht zu leisten war. Heute stehen bessere Rechner zur Verfügung. Das Ziel muß heute sein, ein ganzes Werk ablaufmäßig zu durchdringen. Wenn dies gelingt, wird sich aber die gesamte Organisation grundlegend ändern

⁸ Der Primärbedarf kann deterministisch in Form von Kunden-/Vertriebs-/Werkstattaufträgen vorliegen oder über Schätzverfahren (stochastisch) ermittelt werden

⁹ Es bleibt an dieser Stelle nochmals festzuhalten, daß sich die Auftrag-Bestand-Bedarf-Kette bei kundenorientierter und kundenneutraler Fertigung grundlegend voneinander unterscheiden: Bei kundenorientierter Fertigung liegt eine (Kunden-) Auftragsstruktur, bei kundenneutraler die Verwendungsstruktur über alle Erzeugnisse zugrunde. Ein Bedarf ist hier einem (Fertigungs-/Transport-)Los nicht fest zugeordnet. Infolge von Planänderungen kann der Bedarf jederzeit anderen Aufträgen zugeordnet werden

¹⁰ Zur „optimalen Losgröße" siehe z. B. [16]

Stand der Technik im Bereich CAD/CAM-Kopplung

A. Storr, W. Hofmeister und J. Zirbs, Stuttgart

Inhalt. Ausgehend vom technischen Informationsfluß in Betrieben werden zugeordnete rechnerunterstützte Insellösungen und die Anwendungskette CAD-CAP-CAM dargestellt. Beschreibungsregeln, Systemfähigkeit und Schnittstellen bestimmen technische Eigenschaften. Damit sind unterschiedliche Strukturvarianten von Anwendungsketten gegeben, die hinsichtlich der Funktionalität von Kommunikationsfähigkeit, Methoden- und Datenbasen beschrieben werden. Lösungsbeispiele werden vorgestellt. Außerdem wird auf personelle Voraussetzungen wie Anwender-Know-how und Qualifizierungsmaßnahmen kurz eingegangen.

1 Einleitung

CIM (Computer Integrated Manufacturing) stellt eine strategische, längerfristig und in Stufen zu realisierende Aufgabe dar. Eine wesentliche Komponente von CIM ist die rechnerunterstützte Verknüpfung von Konstruktion und Fertigung (CAD/CAM), wobei die Fertigungsplanung (CAP) Bindeglied ist (Bild 1).

Die Verknüpfung ist gekennzeichnet durch das Wiederverwenden, Ergänzen, Modifizieren, Eliminieren vorherrschend technischer Informationen. In diesem Beitrag steht die CAD/CAP-Kopplung, im besonderen die Verknüpfung von CAD-Systemen mit NC-Programmiersystemen — gekürzt als CAD/NC-Kopplung oder -Integration bezeichnet — im Vordergrund. Die Kopplung mit Arbeitsplanungssystemen für Werkzeugmaschinen wird nur kurz angesprochen. Die CAD/NC-Integration wird häufig als Keimzelle eines CIM-Konzepts betrachtet, wobei durch Simulation das Überwachen und Prüfen ermittelter Daten (z.B. hinsichtlich Plausibilität und Kollisionen) unterstützt wird. Die Verknüpfung CAP/CAM ist durch die Stichworte „NC-Programmiersystem" zur rechnerunterstützten Erstellung von Steuerdaten nach DIN 66025 und „DNC" bekannt und wird hier nicht weiter betrachtet. Möglichkeiten und Vorgehensweisen bei der CAD/CAP-Integration werden entscheidend von der Softwaretechnik bestimmt, wobei
– die Programmbausteine zur eigentlichen Verknüpfung und zur Mensch-Maschine-Kommunikation,
– die Beschreibungsmodelle der Datenbasis (s. Bild 1) und
– die Datenschnittstellen zu bewerten sind.
Beschreibungs- und Interpretationsregeln und Schnittstellenfestlegungen kommt dabei eine wichtige Bedeutung zu.

2 Zielsetzungen

Die zunehmende Vielfalt der Produkte bei kleiner werdenden Losgrößen erfordert neben flexibler Fertigung einen erhöhten Aufwand in Konstruktion und Fertigungsplanung. Vorherrschend sind bisher rechnerunterstützte Insellösungen für spezielle Aufgaben, wobei ermittelte Daten in digitaler Form für nachfolgende Aufgabenstellungen nicht zur Verfügung stehen. Ziel bei einer Verknüpfung ist es jedoch, einmal erstellte Produktdaten nicht nur lokal zu nutzen, sondern in nachgeschalteten Bereichen als Grundlage wiederzuverwenden.

Durch derartige Verknüpfungen — auch als Anwendungs- und Prozeßketten bezeichnet — werden folgende Vorteile erwartet [1–4]:
– Qualitätssteigerung bei der Produktentwicklung,
– Sicherstellung der Daten- und Modellkonsistenz,
– Minimierung von Fehlern,
– Reduktion von Informationsbeschaffungs- und -erstellungsaufwänden,
– schnellerer Auftragsdurchlauf,
– Zeiteinsparung bei Planungsaufgaben,
– bessere Qualität der NC-Programme und der Arbeitspläne.

Die Bilder 2 und 3 stellen beispielhaft unterschiedliche Untersuchungsergebnisse zur Nutzenabschätzung bei einer CAD/NC-Integration dar. Während Bild 2 auf einer Umfrage bei mehreren Unternehmen beruht [5], beachtet Bild 3 die Teiltätigkeiten bei der NC-Programmierung und mög-

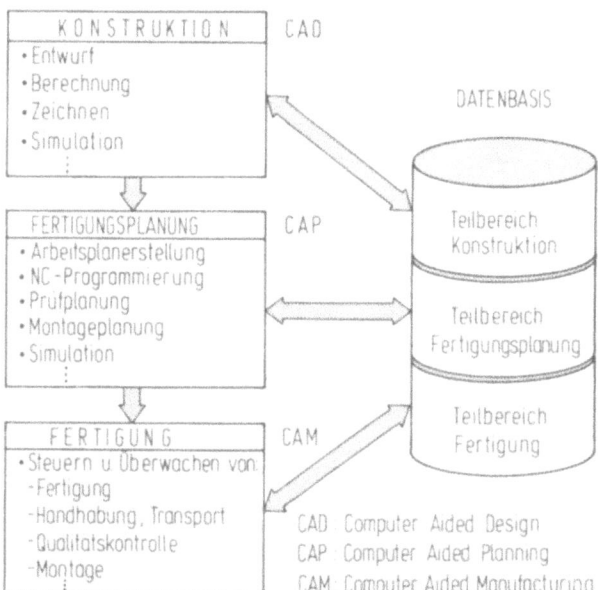

Bild 1. Begriffe und ihre Einordnung im technischen Informationsfluß

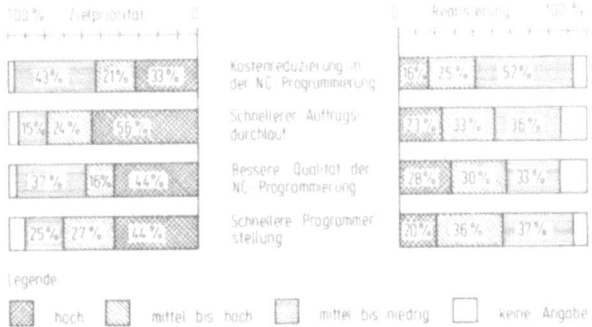

Bild 2. Mit der CAD/NC-Integration angestrebte und erreichte Ziele (nach Lay u. a.)

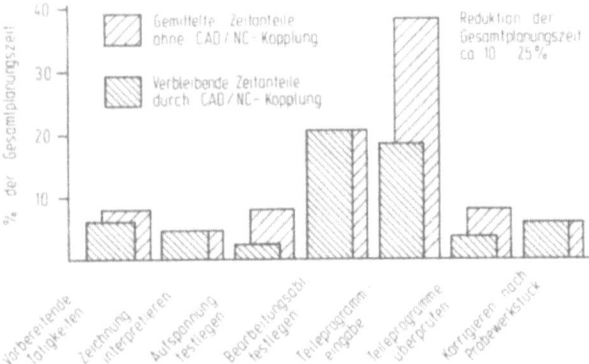

Bild 3. Teiltätigkeiten bei der NC-Programmierung und ihre zeitliche Beeinflussung durch CAD/NC-Kopplung (nach Index)

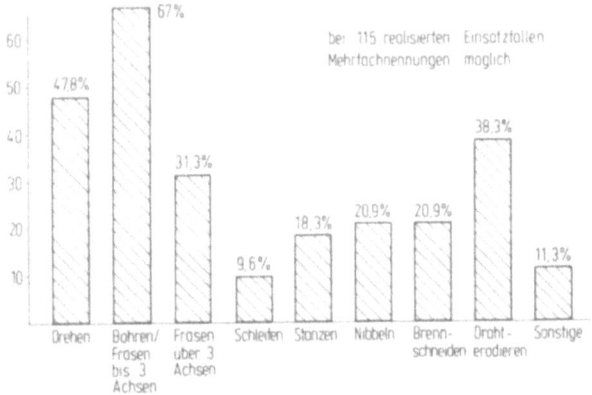

Bild 4. Bearbeitungsverfahren, für die in der NC-Programmierung auf CAD-Daten zurückgegriffen wird (nach FhG)

liche Zeiteinsparungen bei den durch die Verknüpfung beeinflußten Teiltätigkeiten in einem Unternehmen.

Zeiteinsparungen sind umso höher zu erwarten, je komplexer die Werkstückgeometrie ist. Daraus resultiert, daß bisher CAD/NC-Kopplungen für das Bohren, Fräsen überwiegen (Bild 4). Diese Aussage bezieht sich auf einfachere $2^1/_2$ D- und mehrachsige Bearbeitungen. Häufig wird festgestellt, daß durch die Wiederverwendung von Produktdaten in einer Kette gewichtige wirtschaftliche Effekte gegenüber nichtgekoppelten Lösungen erzielt werden.

Softwaretechnik und personelle Voraussetzungen bestimmen, inwieweit die Zielsetzungen erreicht werden. Es wird empfohlen [1], daß sich die Führungsebene im Unternehmen mit der CAD/CAP-Technologie vertraut macht. Für die Nutzer dieser Technologie soll gelten: Qualität in der Anwendung vor Quantität der Anwender, wobei die Anwender eingehend zu schulen sind und von Betreuern geleitet werden sollen. Möglichkeiten und Gestaltung der Kommunikation mit grafischer Unterstützung bestimmen die Akzeptanz durch den Anwender.

3 Varianten und Kennzeichen von CAD/NC-Programmiersystem-Kopplungen

Bild 5 zeigt Kopplungsvarianten. Rechts im Bild ist die Kopplung über standardisierte Datenschnittstellen gezeichnet [3, 6, 7]. Diese Verknüpfung wird als offene Anwendungskette bezeichnet. Datenschnittstellen wie IGES und VDAFS sind nach [8] ein System von Bedingungen, Regeln und Vereinbarungen, das den Informationsaustausch zweier miteinander kommunizierender Systeme oder Systemkomponenten festlegt.

Neben einer Verknüpfung über eine allgemeinere, standardisierte Datenschnittstelle kann auch eine Übertragung im Format einer NC-Programmiersprache (z. B. APT) erfolgen. Dieser Pfad stellt ebenso wie Entwicklungen, bei denen NC-Programmierfunktionen in CAD-Systeme integriert sind, eine zugeschnittene Lösung dar (Bild 5, Mitte). Bei CAD-Systemen mit integriertem NC-Modul werden die vorhandenen Programmierfunktionen vielfach als rudimentär bezeichnet. Diese Lösung wird häufig für geometrisch komplexe Werkstücke mit Freiformflächen und 3- bis 5achsiger Bearbeitung angetroffen.

Die flexiblere Lösung ist über Datenschnittstellen zu erzielen. CAD- und NC-Programmiersysteme sind dabei unabhängig voneinander gestaltbar und für neue Aufgaben besser erweiterbar. Pre- und Postprozessoren [3, 9] passen

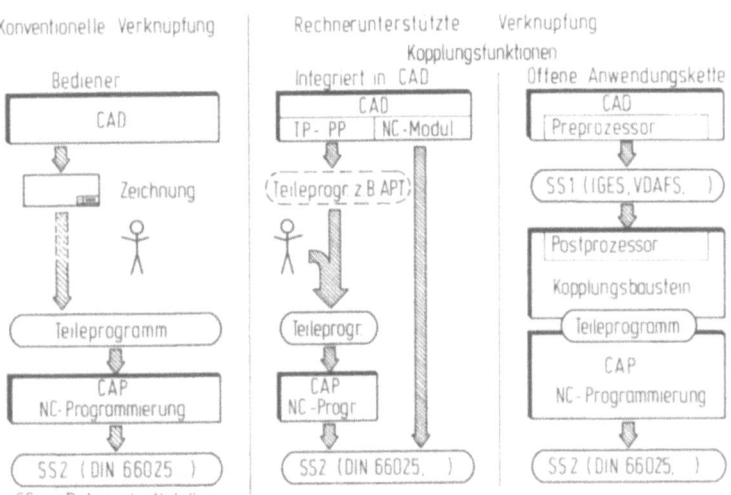

Bild 5. Varianten von CAD/NC-Kopplungen

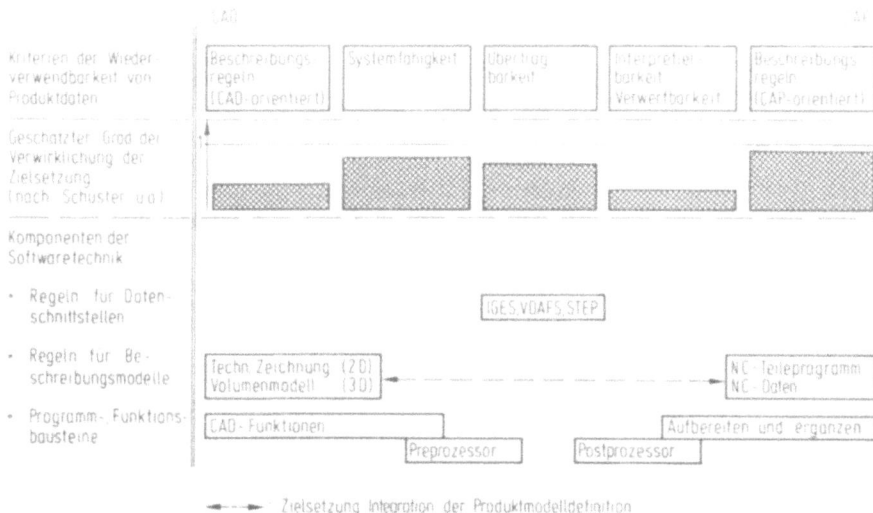

Bild 6. Kriterien der Wiederverwendbarkeit und zugehörige Vereinbarungen

Datenformate an. Kopplungsmodule unterstützen darüber hinaus die Verknüpfung durch interaktiv grafische Einflußnahme [10, 11].

Es ist zu erwarten, daß zukünftig integrierte CAD/CAM- bzw. CAD/CAP-Lösungen weniger Verbreitung finden werden. Sie bieten zwar den Vorteil, daß dem Konstrukteur und z. B. NC-Programmierer die gemeinsamen Beschreibungsregeln für die Produktdaten und ihre Integration geläufig sind. Allerdings sind Beschreibungsregeln für verschiedenartige Aufgabenstellungen in Konstruktion und Fertigung nicht in gleichem Maße geeignet. Offene Anwendungsketten finden mit zunehmender Anzahl von CAD/CAP-Systemen und damit von unterschiedlicher Hard- und Software und von Nutzern, die erstellte Daten weiterverarbeiten, eine stärkere Verbreitung. Der Grad der Wiederverwendbarkeit von Informationen hängt entscheidend von allgemeinen Regeln bzw. Vereinbarungen ab [1]. Diese bestimmen

- Produktbeschreibung,
- Systemfähigkeit,
- Übertragbarkeit von Daten sowie
- Interpretation und Verwertbarkeit.

Bild 6 stellt diesen Kriterien die eingangs erwähnten Komponenten der Softwaretechnik gegenüber.

Generell ist festzustellen, daß für die Beschreibung und Interpretation bisher allgemeine, umfassende Regelwerke fehlen. Hinsichtlich der Regeln für die Darstellung von Form und Gestalt in einer technischen Zeichnung und — eingeschränkt — in Volumenmodellen ist eine Ausnahme gegeben. Form und Gestalt sind jedoch nicht die einzigen notwendigen Angaben. Für Darstellungsarten (z. B. Schraffur), für Attribute und organisatorische Daten fehlen Regeln. Als Standards für CAP-orientierte Beschreibungsregeln sind zu nennen: NC-Programmiersystemsprache, CLDATA und NC-Daten nach DIN 66025. Die Beschreibungsregeln für CAD bzw. CAP sind demzufolge unterschiedlich ausgeprägt. Wie später noch ausgeführt wird, werden integrierte Produktmodelle mit einheitlichen Beschreibungsregeln angestrebt.

Die Systemfähigkeit gibt unter anderem an, inwieweit bei der Erstellung von Daten die Anforderungen nachgeschalteter Bereiche berücksichtigt werden, während die Interpretierbarkeit und Verwertbarkeit deren Nutzungsgrad bestimmt. Heute erfolgt die Aufbereitung vorwiegend durch interaktive Methoden des Fertigungsplaners. Die Übertragbarkeit wird durch Datenschnittstellen festgelegt. Die mittlere Zeile von Bild 6 vermittelt eine Einschätzung des heute bestehenden Umfangs an entsprechenden Regelwerken, auf die im folgenden eingegangen wird.

4 Merkmale von Regeln und Vereinbarungen

4.1 Datenschnittstellen und Übertragbarkeit

Die Übertragung über Schnittstellen bedeutet in der Regel Informationsverlust. Viele Schnittstellen wurden zudem nicht unter heute geltenden Anforderungen definiert. Folgende standardisierte Schnittstellen werden in offenen Anwendungsketten angewandt:

- IGES (Initial Graphics Exchange Specification). Nachteile sind unter anderem eingeschränkter und unterschiedlicher Elementeumfang, speicheraufwendige Datei- und Satzformate, instabile Definitionsformen, keine funktionale und vollständige DIN-Bemaßung, Probleme bei Pre- und Postprozessoren. Trotz dieser Nachteile wird IGES breit eingesetzt.
- VDAFS (DIN 66301) (Verband deutscher Automobilhersteller Flächenschnittstelle). Sie ist auf Freiformflächen abgestimmt.
- VDA-IS (Verband deutscher Automobilhersteller — IGES-Subset; VDMA 66319 Einheitsblatt). Neben der Einteilung der Entitytypen legt die VDA-IS weitere wichtige Richtlinien für den Datenaustausch via IGES fest, dabei auch Prozessorfunktionen, Richtlinien für Parametereinträge, Konvertierungsvorschriften, Organisationsdaten.
- CAD*I (CAD Interfaces). Das ESPRIT-Projekt 322 „CAD Interfaces" wurde 1984 begonnen mit der Zielsetzung, die wichtigsten Schnittstellen von CAD/CAM-Systemen zum Datenaustausch, zu Datenbanken, FEM-Analysen (Finite-Element-Methode) etc. für den europäischen Raum zu definieren [12].

Weitere Entwicklungen sind bekannt geworden. Zielsetzung internationaler Normungsarbeiten ist es, eine einheitliche, Produktdaten umfassend beinhaltende Schnittstellendefinition STEP (Standard for the Exchange of Product Data) festzulegen. Vor 1992 wird das Ergebnis nicht zu erwarten sein.

In jüngerer Zeit wurden zur Bewertung von Schnittstellen Test- bzw. Prüfmittel entwickelt (Bild 7). Die Testergebnisse mit IGES [6] zeigen (Bild 7), daß 2D-Geometrie nahezu fehlerfrei übertragbar ist, für die Bemaßung jedoch oftmals unzureichende Ergebnisse erzielt werden. Der Lei-

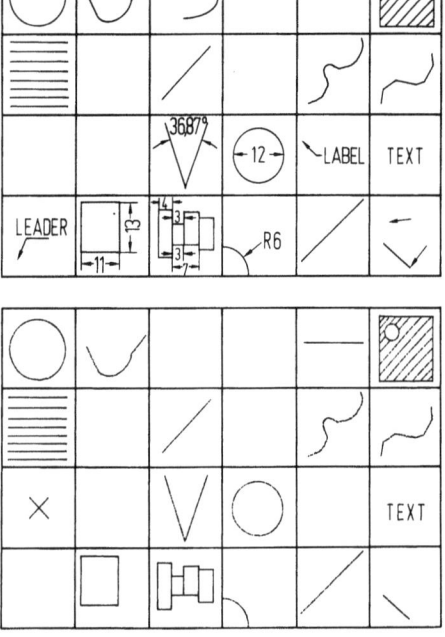

Bild 7. IGES-Prüfmatrix. Oben: CAD-System, unten: NC-Programmiersystem (nach Milberg, Peiker)

stungsumfang für einzelne Elemente ist unterschiedlich, außerdem treten Struktur- und Syntaxfehler auf.

Im Automobilbau wird verstärkt der Austausch digitaler Daten mit der Zulieferindustrie angestrebt [13]. Bild 8 stellt einen Kreis zum Datenaustausch zwischen CAD-Systemen dar, um Abweichungen deutlich zu machen. Auch dieser Testablauf kennzeichnet die Eigenschaften jeweiliger Schnittstellengenerierung und -verarbeitung.

4.2 Beschreibungsmodelle

Die dargestellten Schnittstellenprobleme resultieren unter anderem aus unterschiedlichen Beschreibungsmodellen. Im Bereich CAD wird hauptsächlich unter funktionalen, zeichnungsorientierten Gesichtspunkten die Geometrie und Topologie eines zu fertigenden Teils beschrieben. Hierzu sind unterschiedliche Modelle im Einsatz: 2D-, 3D-Draht-, Flächen-, Volumenmodelle sind anzutreffen, letztere sind z. B. CSG... Composite Solid Geometry (mathem. exakte Beschreibung) und R-REP... Boundary Representation. Der Informationsinhalt ist dabei unterschiedlich. Die tatsächlich zu fertigende Gestalt kann meist nicht ausreichend beschrieben werden. Gründe hierfür sind:

– Beschreibungsmodelle erlauben teilweise nicht die nötige Genauigkeit zur Geometrieabbildung (z. B. beim Facettenmodell).
– Toleranzen, Güte- und Qualitätsangaben usw. sind nicht logisch mit der Bearbeitungsgeometrie verknüpft. Lösungsansätze hierzu sind unter den Begriffen Mikro- und Deviationsgeometrie [14] bekannt.

Die CAP-Beschreibungsmodelle unterscheiden sich wesentlich von den CAD-Modellen. Während für CAD-Modelle eine gestaltungsorientierte Sicht — wenn auch mit unterschiedlichen Methoden — kennzeichnend ist, ist bei der Fertigungsplanung die bearbeitungsgerechte und programmiergerechte Darstellung von Rohteil-, Zwischen- und Fertiggeometrie notwendig (Bild 9), letzte kann eine Teilmenge der CAD-Geometrie sein. Der Fertigungsplaner hat zudem die Geometrie eingesetzter Betriebsmittel wie Werkzeuge und Spannmittel zu beachten (Bild 10), deren Lage und Gestalt sich beim Fertigungsprozeß zum Teil ändern.

Rohteil-, Zwischen- und Fertiggeometrien können in Teileprogrammen von NC-Programmiersystemen beschrieben werden (Bild 6), allerdings abhängig vom jeweiligen System in unterschiedlichem Umfang. NC-Daten nach DIN 66025 führen über die Festlegung der Verfahrwege definierter Werkzeuge zu Zwischen- bzw. Fertiggeometrien, es liegt eine indirekte Beschreibung vor.

Um eine Verknüpfung von CAD mit der NC-Programmierung effektiv durchzuführen, sollte das CAD-Beschreibungsmodell folgende Informationen in vereinbarter Darstellung enthalten:

– Geometrie- und Topologiedaten zur Ermittlung bearbeitungsgerechter Verfahrwege,
– der Geometrie zugeordnete Bemaßungs-, Toleranz-, Güte-, Behandlungsangaben zur Bestimmung von Bearbeitungsreihenfolgen und Schnittwerten,
– Definition von technischen Elementen als Grundlage von Bearbeitungsmakros (s. auch Bild 17).

Die beiden letzten Punkte werden selten in der praktischen Anwendung beachtet. Ihre Berücksichtigung im CAD-Beschreibungsmodell stellt einen Schritt zum Aufbau eines integrierten Produktmodells dar [15]. Die Datenbasis von Bild 1 ist für ein Produktmodell zusammenzufassen und zu ergänzen. Entsprechende Arbeiten an Hochschulen sind im Gange. Bild 11 zeigt als Schritt zu einem Produktmodell, das alle Produktdaten sowie Verbindungen, Abhängigkeiten und Querverweise zwischen den Informationsinhalten aufweisen soll, das Konzept eines integrierten Datenmodells

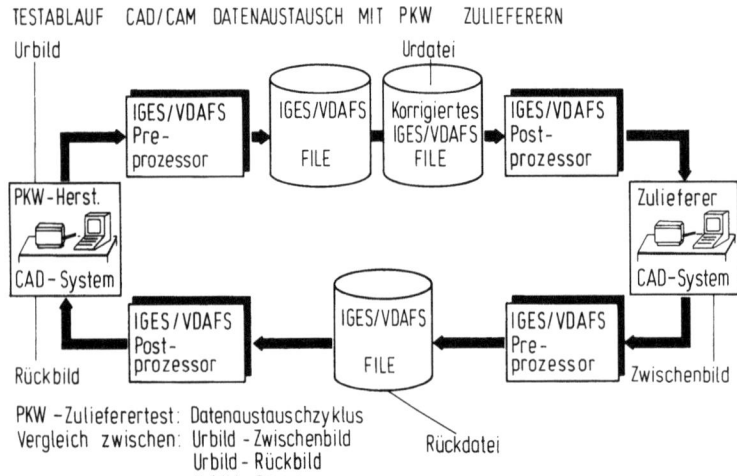

Bild 8. Schematischer Ablauf zum Test von IGES/VDAFS-Prozessoren (nach BMW)

Bild 9. Unterschiedliche Darstellungen der Geometrie eines Werkstücks mit Freiformflächen

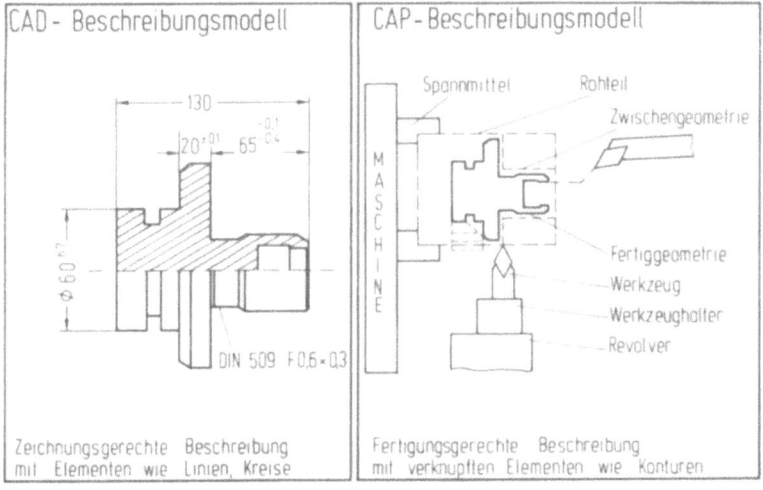

Bild 10. CAD- und CAP-orientierte Drehteildarstellung mit Berücksichtigung von Betriebsmitteln

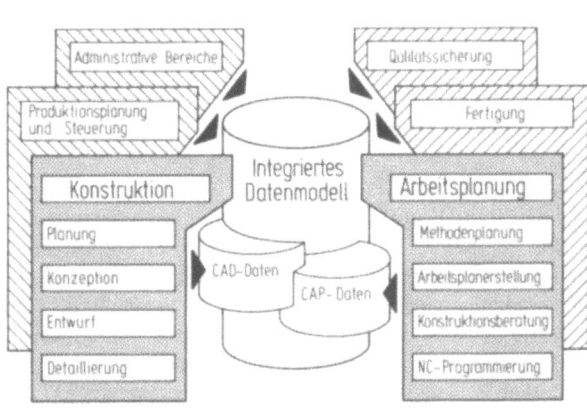 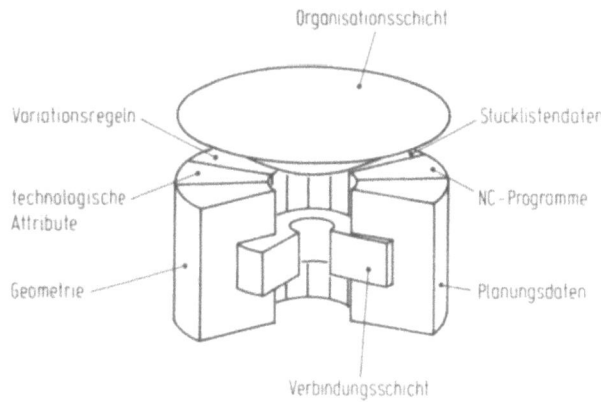

Bild 11. CAD- und CAP-Daten als Bestandteil eines integrierten Datenmodells (nach WZL)

Bild 12. Produktmodell (nach Spur)

mit CAD- und CAP-Daten, wobei weitere betriebliche Aufgabenstellungen genannt sind.

Bild 12 stellt die Komponenten eines umfassenden Produktmodells dar. Das Produktmodell weist Informationsschichten auf, deren Verwaltung und Organisation durch die Organisationsschicht erfolgt. Die Verbindungsschicht bildet die Beziehungen zwischen den Informationsschichten und soll für Konsistenz und Redundanzfreiheit Sorge tragen.

4.3 Interpretier- und Verwertbarkeit

Bild 6 deutet an, daß derzeit kein ausreichendes und einheitliches Regelwerk für die Interpretation und die Verwertung für offene Anwendungsketten zwischen CAD und CAP existiert. Die Interpretation kann von Postprozessoren (s. Bild 6) übernommen werden. Die Anzahl und Vielfalt von Systemen und die genannten Nachteile bei Schnittstellen erschweren die Festlegung allgemeiner Postprozessorregeln.

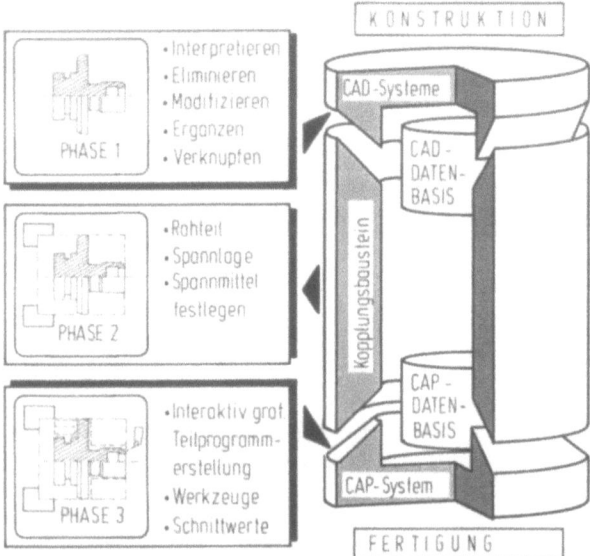

Bild 13. Interaktiv grafisch durchzuführende Phasen und Tätigkeiten (nach Index)

Die Verwertbarkeit umfaßt einerseits Sieb- bzw. Selektionsaufgaben des Postprozessors, wobei die für das CAP-Beschreibungsmodell relevanten Daten erkannt werden, und andererseits die interaktiv grafische Aufbereitung zum Ergänzen, Modifizieren und Verknüpfen von Daten. Dies geschieht mit Hilfe des Kopplungsmoduls oder -bausteins (s. Bild 5), in den der Postprozessor integriert ist.

Die Verwertbarkeit wird entscheidend durch die Aufbereitung bestimmt. Sie hat die Regeln der Teileprogrammsprache eines NC-Programmiersystems zu beachten. Als wesentliche Teilaufgaben der Aufbereitung sind zu nennen:
- Ausgleich des Informationsverlusts aufgrund des nicht ausreichenden Regelwerks der Datenschnittstelle sowie numerischer Ungenauigkeiten durch die Übertragung (z. B. Unstetigkeiten im Konturverlauf),
- Ergänzung nicht bzw. falsch definierter CAD-Informationen,
- Selektion interpretierter Daten nach ihrer Relevanz für die NC-Programmierung (z.B. Aussondern einer Umlaufkante an einem Drehteil).

Entsprechende Tätigkeiten werden vorherrschend in interaktiv grafischen Dialogsequenzen durchgeführt, algorithmierbare Regeln fehlen weitgehend. Lösungen zur Aufbereitung sollen nachstehend gezeigt werden.

Bild 13 verdeutlicht die interaktiv grafischen Tätigkeiten für die Aufbereitung in Phasen bei einem Drehteil [3]. Ziel dieser Lösung ist die Anwendungskette zwischen CAD-System und einem Programmiersystem über die Schnittstellen IGES und APT. Eine vergleichbare Vorgehensweise ist beim Baustein CADCPL [11] anzutreffen.

Das Beispiel nach Bild 14 zeigt die CAD/NC-Anwendungskette bei komplexen Freiformflächen der Luft- und Raumfahrtindustrie, des Turbinenbaus und auch des Formenbaus [16, 17]. Eine Übertragung der mit CAD-Systemen modellierten Oberflächeninformationen von Produkten und Betriebsmitteln ist nicht zuletzt durch den hohen Anteil der Geometriedaten an der Gesamtinformation zur NC-Programmierung eine nahezu unbedingte Voraussetzung. Unterschiedliche Aufgabenstellungen in Konstruktion – hier steht die Modellierung im Vordergrund – und NC-Programmierung mit der Planung von Bearbeitungsaufgaben nach technologischen Gesichtspunkten führen ebenfalls zu abweichenden Regeln in der Beschreibung der Oberfläche.

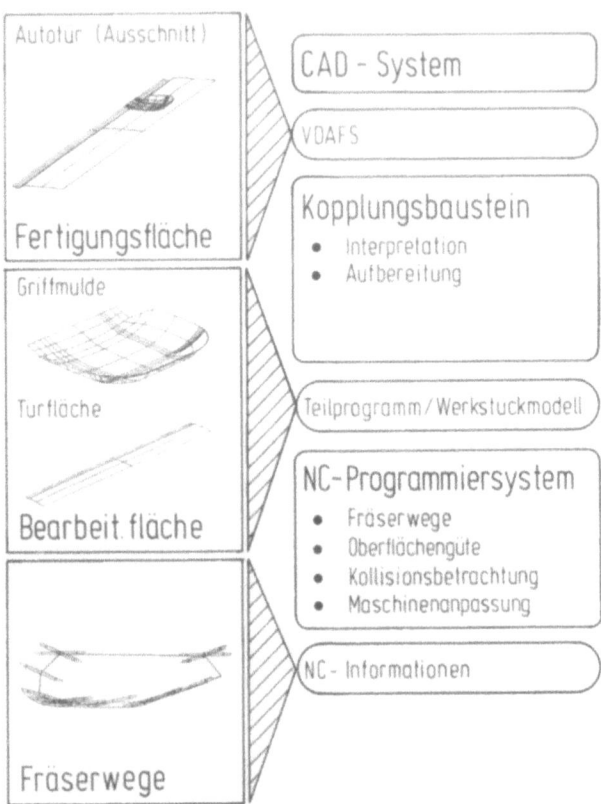

Bild 14. CAD/NC-Anwendungskette bei komplexen Freiformflächen

Sie machen eine Aufbereitung üblicherweise über VDAFS übertragener Daten notwendig. Bild 15 hält die wesentlichen geometrischen und topologischen Teilaufgaben fest. Ihr Ziel ist die Schaffung von NC-gerechten Flächenverbänden, ausgehend von konstruktiv bedingten Einzelflächen innerhalb eines fertigungstechnisch orientierten Werkstückmodells. Dieses Modell dient als Grundlage zur Anwendung von Bearbeitungsregeln für das $2^1/_2$- bis 5achsige NC-Fräsen.

5 CAD/CAP-Arbeitsplanung

Für die Arbeitsplanung werden unterschiedliche Systeme und Hilfsmittel angeboten, die teils auf leistungsstärkeren Rechnern, teils auf PC implementiert sind. Zu unterscheiden sind Arbeitsplanverwaltungs- und -erstellungssysteme. Letztere sind hier von Interesse. Nachteilig ist, daß für diese Systeme betriebsneutrale Ansätze selten sind und gleichzeitig ein hoher betriebsspezifischer Anpassungsaufwand erforderlich ist. Die Werkstückbeschreibung kann über klassifizierenden Code, problemorientierte Sprachworte oder durch CAD-Datenübernahme (z.B. über IGES) erfolgen. Bei letzterem ergeben sich prinzipiell ähnliche Aufgabenstellungen, wie im Abschnitt 4 dargestellt [18–20]. Das Regelwerk für die CAP-Beschreibung (s. Bild 6) ist jedoch bei der Arbeitsplanung in geringerem Grad festgeschrieben als bei der NC-Programmierung. Bei der Arbeitsplanerstellung sind CAD-Daten ebenfalls interaktiv grafisch zu verarbeiten, zu manipulieren und mit technologischen Daten für ein Werkstück zu verknüpfen.

Eine daraus resultierende CAD/CAP-Datenbasis (Bild 16) kann Element eines umfassenden Produktmodells (s. Abschnitt 4.2) sein [21–23]. Wichtig erscheint darüber hinaus, die gemeinsamen Aufgabenstellungen von Arbeits-

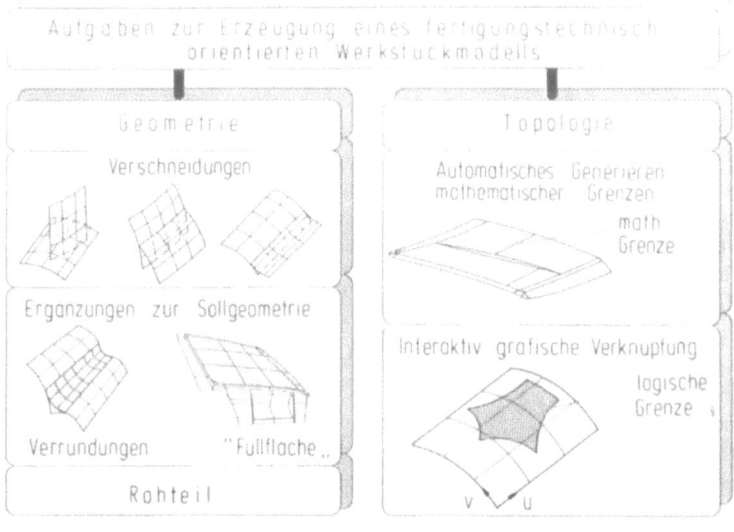

Bild 15. Interaktiv grafische Aufgaben bei der Aufbereitung von Freiformflächen

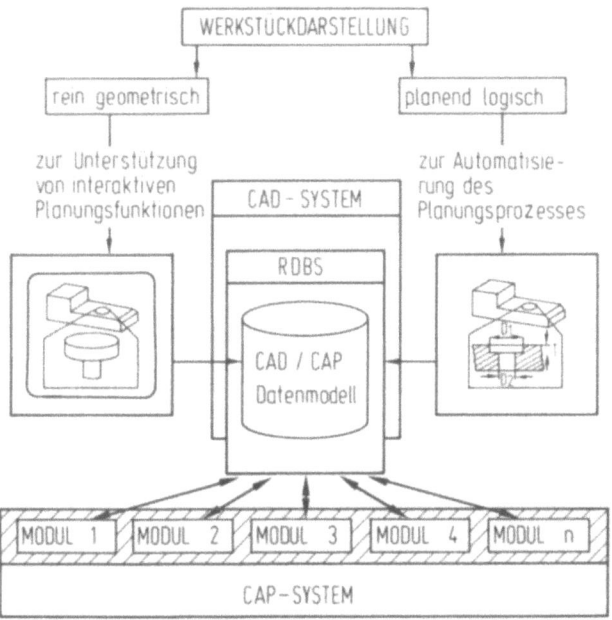

Bild 16. Struktur eines zukünftigen CAP-Systems (nach WZL; RDBS Relationale Datenbasis)

planung und NC-Programmierung zu berücksichtigen, um eine vielfach vorhandene Trennung beider Bereiche zu überwinden. Komplexer werdende Werkstücke und Maschinen erweitern die Aufgaben in diesen Bereichen.

Die in Bild 16 genannten Moduln lösen einzelne Planungsfunktionen. Das Datenmodell enthält technische Strukturelemente (Bild 17), die eine rechnerunterstützte Ermittlung von Arbeitsvorgängen und ihrer Reihenfolge erlauben. Das gezeigte Element beinhaltet geometrische und technologische Ausprägungen wie Rauheit, Form, Lagetoleranzen, an die eine Planungslogik angeschlossen werden kann. Wichtig erscheint, daß dem Konstrukteur bei der Realisierung von CAD/CAP-Systemen die Information über Fertigungsmöglichkeiten (z. B. Fertigungsverfahren) erschlossen wird.

6 Zusammenfassung und Ausblick

CAD/CAP-Kopplungen — insbesondere CAD/NC-Integrationslösungen — werden bereits zahlreich eingesetzt. Die

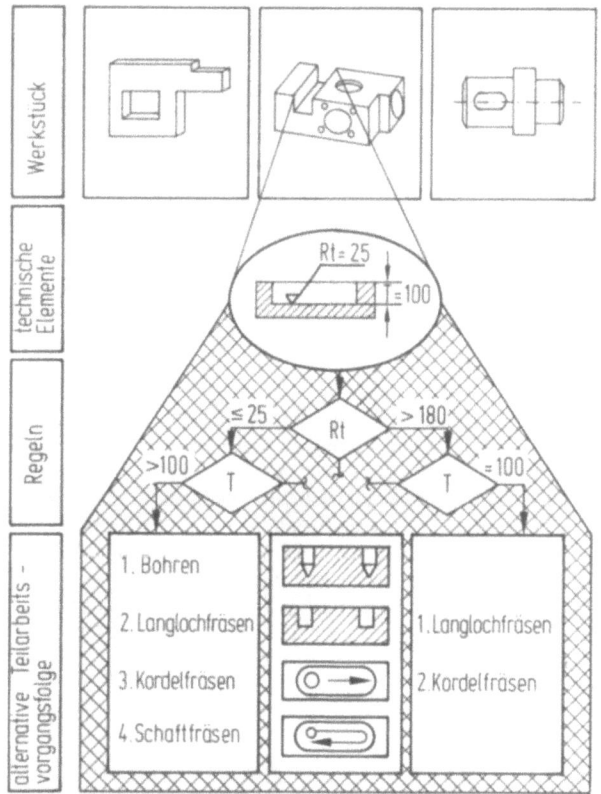

Bild 17. Rechnerunterstützte Arbeitsplanerstellung auf der Basis technischer Elemente (nach WZL)

dabei beschrittenen Lösungswege sind vielfältig, da CAD-Ausgangssysteme und NC-Programmierzielsysteme Unterschiede in ihren Systemfähigkeiten und Beschreibungsregeln aufweisen. Kurzfristig notwendig erscheinen weitgehend allgemeine Richtlinien für Regeln zu Datenschnittstellen, wobei ergänzend Prüfmittel für den fehlerfreien Datenaustausch breit angewandt werden sollten. Datenschnittstellen müssen künftig eine stärkere Verknüpfung technologischer Attribute mit geometrischen Elementen erlauben. Heutige Beschreibungsmodelle sollten längerfristig zu geeigneten, effektiv nutzbaren Produktmodellen zusammengeführt werden, die zunächst zum Beispiel die Simulation und weiterführend die Qualitätssicherung [24] unterstützen. Dem NC-Programmierer ebenso wie dem Arbeitsplaner eröffnen sich über das Produktmodell verstärkt Möglichkeiten, auf CAD-Funktionen zur grafischen Darstellung, Zeichnungserstellung und Bewegungssimulation kostengünstig zurückzugreifen.

Insbesondere die Automobilindustrie strebt zunehmend an, auch CAD/CAP- bzw. CAD/CAM-Systeme von Lieferanten in die Anwendungskette mit einzubeziehen. In vielen Unternehmen stellt sich ferner die Frage, inwieweit die CAD/NC-Integration nicht nur Produktions-, sondern auch Produktkomponente sein sollte, zum Beispiel, wenn in Verbindung mit Werkzeugmaschinen auch ein NC-Programmiersystem zum Lieferprogramm gehört. Der CAD/CAM-Entwicklungsplan stellt sich damit für einzelne Unternehmen unterschiedlich dar. Er ist grundsätzlich bereichsübergreifend und unter Beachtung entstehender Regeln und Vereinbarungen dynamisch, CIM-orientiert fortzuschreiben. Bei der Einführung von CAD/CAM-Systemen sollten gute Fachkräfte kritisch, konstruktiv tätig sein. Vorteile von CAD/CAM können erwartet werden, wenn die Einführungsprobleme überwunden und einmal erstellte Daten tatsächlich weiterverwendbar sind, auch in anderen Bereichen.

Gerätetechnische Entwicklungen werden die Integrationsaufgaben zunehmend unterstützen, wobei neben der grafischen Unterstützung mit erweiterter, kostengünstiger Funktionalität kurze Antwortzeiten (z.B. durch lokale Intelligenz in vernetzten Rechnersystemen) wichtig sind.

Literatur

1. Schuster, R.; Trippner, D.; u.a.: Durchgängige CAD/CAM-Anwendungsketten durch Beherrschung der Schnittstellen. VDI-EKV-Führungskräftetreffen, Baden Baden, Juni 1987
2. Flegel, H.: CAD/CAM-Applications in the automotive industry. Vortrag anläßl. Seminar „Advanced factory automation", Rappogni (Japan), Okt. 1987
3. Storr, A.; Zirbs, J.; Hofmeister, W.: CAD/NC-Kopplung – Ziele, Probleme und Lösungen. Techn. Rundschau 79 (1987) H. 39, S. 138–143
4. Mayer, J.: Flexibel automatisierte Blechteilefertigung erhält neue Anstöße durch konsequente Nutzung von Rechnersystemen zur Programmierung, Steuerung und Simulation. Vortrag CAT 88, Stuttgart, 17.–20. Mai 1988
5. Lay, G.; Boffo, M.; Schneider, R.J.: Integration von rechnergestützter Konstruktion und NC-Programmierung. ZwF 82 (1987) H. 6, S. 325–332
6. Milberg, J.; Peiker, S.: Geometrie- und technologieorientierte Verbindung von CAD-Systemen mit NC-Programmiersystemen. wt – Werkstattstechnik 77 (1987) H. 10, S. 101–105
7. Eversheim, W.; Schütze, P.; Diels, A.: Die CAD/NC-Integration. Ind.-Anz. 109 (1987) H. 103/104, S. 36–42
8. Grabowski, H.; Glatz, R.: Schnittstellen zum Austausch produktdefinierender Daten. VDI-Z 128 (1986) H. 10, S. 333–343
9. Schuster, R.; Vöge, E.; Trippner, D.: The use of computers in design and planning – integration via interface management. Comput. Graphics 10 (1986) No. 4, pp. 277–295
10. Walter, W.; Hofmeister, W.: Universeller CAD/NC-Kopplungsbaustein für NC-Programmiersystem. wt – Werkstattstechnik 77 (1987) H. 3, S. 129–133
11. Ernst, G.; Ruebsat, G.: CADCPL – Weiterverwendung von Modelldaten aus CAD-Systemen. Ind.-Anz. 106 (1984) H. 22, S. 37–41
12. Bey, I.; Leuridan, J.: Europäische Vorhaben zur Definition von CAD-Schnittstellen. ZwF 81 (1986) H. 1, S. 38–42
13. Trippner, D.: CAD/CAM-Datenaustausch zwischen Automobilherstellern und deren Zulieferbetrieben. CAE-J. (1988) H. 1, S. 33–44
14. Daßler, R.; Germer, H.-J.: Geometrisches Modellieren und seine Weiterentwicklung. ZwF 80 (1985) H. 5, S. 200–207
15. Spur, G.: Die informationstechnische Herausforderung an die Produktionstechnik. Produktionstechn. Koll. Berlin 1986, S. 5 bis 19
16. Storr, A.; Zirbs, J.: NC-Programmierung im Formenbau. wt – Werkstattstechnik 77 (1987) H. 3, S. 145–149
17. Storr, A.; Kempf, W.; Zirbs, J.: NC-Programming of complex, free-formed surfaces. In: Preprints "Prolamat-Conference, Dresden". Amsterdam: North Holland 1988
18. Eversheim, W.; Rozenfeld, H.; Buchholz, G.: Integration der rechnerunterstützten Konstruktion und Arbeitsplanung. Ind.-Anz. 109 (1987) H. 19, S. 64–72
19. Eversheim, W.; Diels, A.: Rechnerunterstützte Arbeitsplanung heute und morgen. VDI-Ber. (1987) Nr. 651, S. 305–324
20. Turowski, W.: Gestaltung von Funktionsbausteinen für geometrieorientierte Arbeitsplanungssysteme. München: Hanser 1986
21. Eversheim, W.; Diels, A.; Rozenfeld, H.: Datenmodell für eine integrierte Arbeitsplanerstellung. VDI-Z 130 (1988) H. 3, S. 40 bis 44
22. Krause, F.-L.: Fortgeschrittene Konstruktionstechnik durch neue Softwarestrukturen. Produktionstechn. Koll. Berlin 1986, S. 114–123
23. Grottke, W.: Integration von Konstruktion und Arbeitsvorbereitung durch technologische Modellierung. München: Hanser 1986
24. Elmallawany, I.: EUKLID-Meßmodul – ein weiterer Schritt in Richtung CIM. wt – Werkstattstechnik 78 (1988) H. 3, S. 161–163

Der Mensch im Mittelpunkt – Benutzeroberflächen von Produktionseinrichtungen

E. Götz, Frankfurt a.M.

Inhalt. Produktionseinrichtungen sind soziotechnische Systeme. Sie haben somit Schnittstellen zwischen Menschen einerseits und Betriebsmitteln und Produktionsprozeß andererseits. In der zunehmenden Mächtigkeit der Funktionalität von Automatisierungssystemen gewinnen diese Schnittstellen und ihre EDV-Unterstützung immer größere Bedeutung. Das Bedien- bzw. Darstellgerät entwickelt sich zur Benutzeroberfläche, mit der die Anpassung an die Leistungsfähigkeit des Menschen und die vollständige Abbildung des technologischen Inhalts und Ablaufs der Produktionsaufgabe ausgebaut und optimiert werden kann.

1 Kommunikation zwischen Menschen und Fertigungseinrichtung

Die Einsatzfaktoren des Arbeitssystems „Produktion" (Bild 1) sind geistige und handwerkliche Arbeit von Menschen, technologische Betriebsmittel und Arbeitsgegenstände in Form von Material, Energie und Information. Kürzer gefaßt sind
- Mensch,
- Technologie,
- Prozeß

die Einsatzfaktoren der Produktion. Das Zusammenwirken dieser Faktoren führt zwangsläufig zu Schnittstellen zwischen den Systemteilen und zur Systemumgebung.

Grundsätzlich ist die Produktion ein soziotechnisches System, eine Anordnung, bei der Menschen mit technologischen Gebilden und Prozessen zusammenwirken, Technologien zum Fahren von Prozessen benutzen, sich der Technik bedienen (Bild 2).

Der Schnittstelle zwischen Mensch und Technologie sowie dem Prozeß ist dadurch ein hoher Stellenwert für das Betreiben eines Systems mit hoher Produktivität und Wirtschaftlichkeit beizumessen. Ihre Gestaltung sollte daher bei jeder Produktionseinrichtung die vollen technisch-wirtschaftlichen Möglichkeiten ausschöpfen, ganz besonders aber die Leistungsfähigkeit des Menschen unter Berücksichtigung der Ergonomie, der Leistung der Sinnesorgane, der Wahrnehmungs- und Entscheidungsfähigkeit, des Gedächtnisses, des Wissens und Könnens, der Reaktionsgeschwindigkeit, der Konzentration und Ermüdung, der Belastung durch Lärm und ungewöhnliche Temperaturen, des Schutzes vor aggressiven Umgebungen und der Gefahren und Beeinträchtigungen der Gesundheit, kurz: der zwischen Mensch und Technologie bzw. Prozeß entstehende Regelkreis ist in jeder Hinsicht zu optimieren (Bild 3).

Beim verrichtungsorientierten Betrieb nach Taylor ist die Schnittstelle zwischen Mensch und Technologie sowie Prozeß auf einen bestimmten, meist kleinen Ausschnitt einer Gesamtaufgabe ausgerichtet. Beim CIM-strukturierten Betrieb wird eine ganzheitliche Gestaltung der Schnittstellen notwendig, da die Integration bei Variantenvielfalt der Arbeitsgegenstände, bei kleinen Losen und schneller Reaktion auf Abweichungen eine ausgebaute Kommunikation zwischen vielen topologisch verteilten Stellen bedingt und sich an den Mensch-Technologie-Prozeß-Schnittstellen entsprechend widerspiegeln muß.

Jede Produktionseinrichtung hat bei allen Betriebszuständen wie Vorbereiten, Einrichten, Produzieren und Instandhalten Schnittstellen zu Menschen, die sie bedienen, überwachen und auswerten. Diese Benutzerschnittstellen treten in unterschiedlicher Weise auf, je nachdem, ob die Produktionseinrichtung als kompakte Einheit (z.B. Einzelmaschine oder ein Arbeitsplatzrechner) oder als verteiltes System mehrerer Module (z.B. ein flexibles Fertigungssystem mit Maschinen, Handhabungssystemen und Fördereinrichtungen) oder als Plätze eines Leitstandes aufgebaut ist. Eine Produktionswerkstatt, eine Fabrik oder ein Unternehmen hat viele Benutzerschnittstellen, die für den Arbeitserfolg des ganzen Betriebs aufeinander abgestimmt arbeiten müssen (Bild 4).

Bei automatisierten Einrichtungen schiebt sich zwischen die eigentliche Produktionseinrichtung und ihre Benutzer ein informationsverarbeitendes System, das den Teil in Höhe des Automatisierungsgrades der erforderlichen Funktionen zum Betrieb der Fertigungseinrichtung dem Menschen abnimmt.

Der Benutzer wird dadurch von der Fertigungseinrichtung einerseits entkoppelt, andererseits durch zusätzliche Angaben ausführlicher über das Technologie- und Prozeßgeschehen informiert. Die Benutzerschnittstelle liegt nun zwischen Automatisierungssystem und Mensch. Die Informationsverarbeitung im Automatisierungssystem kann die Benutzer auf vielfältige Weise unterstützen, so daß sich die

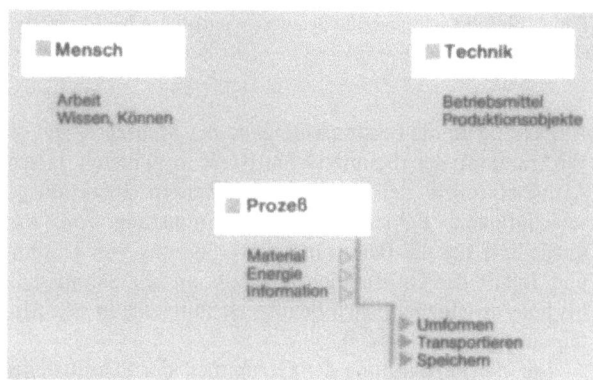

Bild 1. Einsatzfaktoren des Arbeitssystems „Produktion"

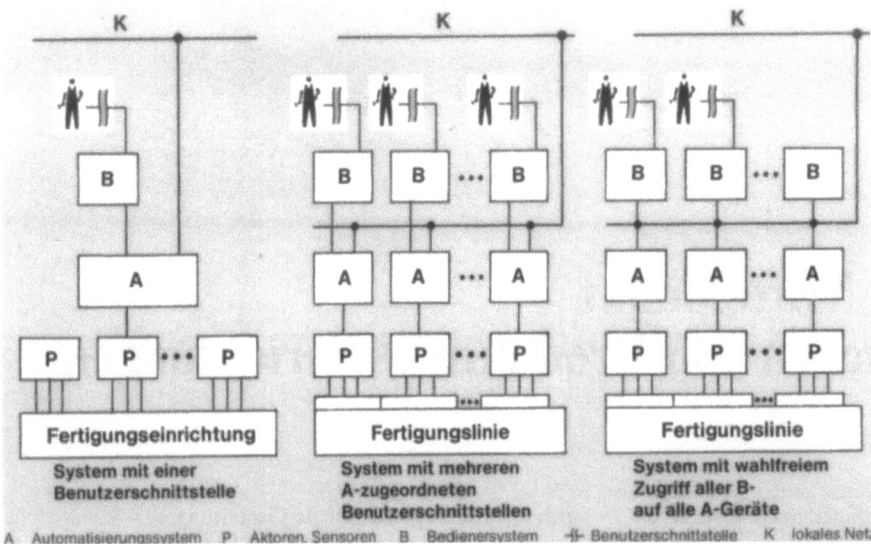

Bild 2. Schnittstellen eines soziotechnischen Arbeitssystems

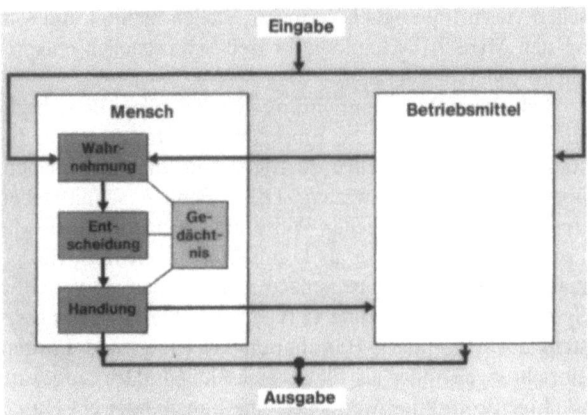

Bild 3. Arbeitssystem „Produktion" als Regelkreis „Mensch-Maschine"

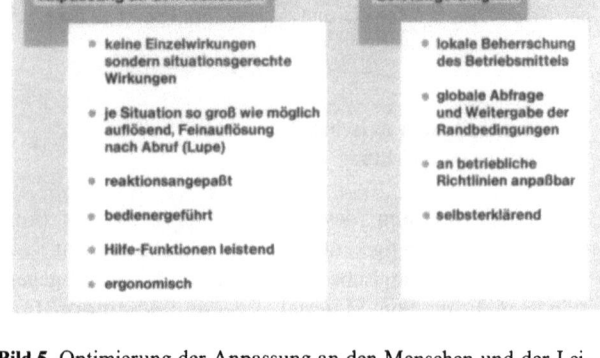

Bild 5. Optimierung der Anpassung an den Menschen und der Leistungsfähigkeit von Benutzerschnittstellen

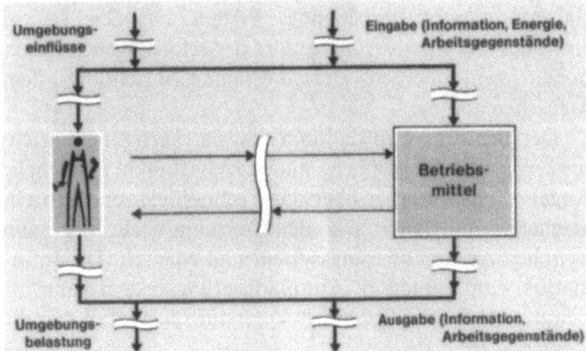

Bild 4. Einzelne und verteilte Benutzerschnittstellen bei Fertigungseinrichtungen

Anpassung an die Leistungsfähigkeit des Menschen und die Wirksamkeit der Benutzerschnittstelle optimieren lassen. Als Zielgrößen der Optimierung werden Reaktionsgeschwindigkeit, Fehlerminimierung, Entlastung von Wissensballast für die Benutzung, Vergrößerung von Umfang und Inhalt des Informationsangebots an der Schnittstelle bis hin zur ganzheitlichen Benutzerschnittstelle in den Mittelpunkt gerückt (Bild 5).

Für die Bezeichnung der Gesamtheit der Schnittstellen zwischen Mensch und Informationssystem hat sich der Begriff der *Benutzeroberfläche* eingeführt, der deutlich machen soll, daß die Bedien- und Darstellfunktionen sich gleichsam auf eine Ebene zwischen Benutzer und Fertigungseinrichtung abbilden und die Wirksituation und Wirkmöglichkeit der technologischen Aufgabe symbolisch oder mit analogen Abbildungen wiedergeben. Art und Umfang der an dieser Schnittstelle austauschbaren Informationen kennzeichnen die Funktionalität der Benutzeroberflächen.

Betreiben, Instandhalten, Inbetriebnehmen und Überwachen von Fertigungseinrichtungen sollte von dem Bedienpersonal nur die Kenntnisse der Technologie fordern, die zur Erledigung der jeweiligen Produktionsaufgabe notwendig sind. Dreher, Lackier- und Montagewerker, Konstrukteure und Menschen in Leitständen sollten – um Beispiele zu nennen – mit dem erlernten und erfahrenen Wissen ihrer Technologie schwerpunktmäßig auskommen und für die Benutzeroberfläche keine ins Gewicht fallende Ausbildung benötigen.

Tatsächlich kann sich häufig der Mensch der Maschine und umgekehrt die Maschine dem Menschen in vieler Hinsicht nur über mittelbare Wirkungen mitteilen, so daß über die Technologiekenntnisse hinaus Wissen, Fertigkeiten und Zusatzeinrichtungen ausschließlich und spezifisch zur Durchführung der Mensch-Maschine-Kommunikation bei der jeweiligen Fertigungseinrichtung nicht vermeidbar sind. In einer Werkstatt oder einem Betrieb vergrößern sich dadurch das notwendige Wissen, die erforderliche Erfahrung mit dessen Umgang und die Kosten, dieses Wissen zu schulen und zu pflegen; dies schränkt die Zuordnung vom Menschen zu Maschinen erheblich ein. Überdies gehen Reaktionszeiten oder Fehler in der Mensch-Maschine-Kommunikation in die Verfügbarkeit der Fertigungseinrichtungen ein.

Eine ganze Reihe von Gründen für größere Produktivität und höhere Wirtschaftlichkeit liegt somit in der Qualität der Mensch-Maschine-Kommunikation, vor allem an der dem Menschen angepaßten Auslegung der Benutzeroberfläche und dem ausschließlich für den Umgang mit der Benutzeroberfläche erforderlichen Wissen, das als Ballast erkannt und minimiert werden muß.

Diese Feststellung gilt generell, sie gilt aber in besonderem Maße bei CIM-strukturierten Systemen, deren einzelne Automatisierungsinseln über Netze zu Gesamtsystemen verbunden sind. Der einzelne Bedien-/Darstellplatz hat dabei nicht nur lokale Bedeutung für die jeweilige Insel, sondern auch globale Aufgaben (z.B. für den Überblick über das Netz bzw. dessen Teilnehmer oder die Anforderung von Daten und Programmen von entsprechenden Datenbasen).

Benutzeroberflächen haben sich in den letzten Jahren umwälzend verändert. So sind beispielsweise aus dem Sammelpult für Meldungen und Meßwerte mit Tastern und Zifferschaltern für Befehle und großen Meldebildtafeln mit Befehlsgebern flexible, lichtgriffelgeführte Bildschirmplätze geworden. Das Konstruktionsbrett wird durch den CAD-Arbeitsplatz ersetzt, der Stapelbetrieb für Programme zur Datenaufbereitung weicht dem Arbeitsplatzrechner oder Mehrplatzsystemen mit Datenbankzugriff, und viele Einzelsysteme werden durch Netze miteinander verbunden.

Das führt nicht nur zu einer Modernisierung der herkömmlichen Benutzeroberfläche. Vielmehr entsteht eine neue Qualität der Mensch-Maschine-Kommunikation, welche die Chance in sich birgt, daß die über Jahre immer komplizierter und komplexer gewordenen Benutzeroberflächen bei richtiger Auslegung der hoch gewachsenen Funktionalität auf Basis der neuen Technik dem Benutzer eine überschaubare, der jeweiligen Teilaufgabe angepaßte Oberfläche bieten. Komplexität wie Kompliziertheit werden für den Benutzer trotz höherer Leistungsfähigkeit deutlich reduziert. Für sich sprechende Hintergrundbilder auf Farbvideosystemen und in diese laufend eingeblendete Variablen des technologischen Geschehens sind dafür Beispiele (Bild 6).

Die Triebkraft für diesen Fortschritt ist, wie generell bei der Automatisierung, der Entwicklung der Mikroelektronik zuzuschreiben. Ihre Integrationsdichte wuchs in den letzten zwei Jahrzehnten auf 10^6 und mehr Grundfunktionen je Element bei gleichzeitiger Abnahme der spezifischen Kosten ebenfalls um Zehnerpotenzen, und dieser Trend setzt sich unvermindert fort (Bild 7). Er gestattet die wirtschaftliche Realisierung immer mächtigerer Automatisierungssysteme, die von Architektur, Struktur und Platzbedarf her betrachtet aber eher einfacher, mindestens aber überschaubarer werden können.

Die richtige Nutzung dieser fast unerschöpflich anmutenden Ressource für die Gestaltung von Benutzeroberflächen ist eine besondere Herausforderung, da sie unter menschbezogenen (Leistungsfähigkeit des Menschen, Betreibers, Anlagenbauers, Gerätetechnikers und Informatikers), technologiebezogenen (Betriebsmittel, Prozeß), technikbezogenen (elektronisch, programmtechnisch, haptisch visuell, audiolingual, analog, symbolisch, statisch, dynamisch) und topologischen (Aufstellungsort, Umgebung, stationär, mobil, lokal, netzfähig) Gesichtspunkten vielschichtig durchdacht und optimiert werden muß.

Bild 6. Benutzeroberflächen

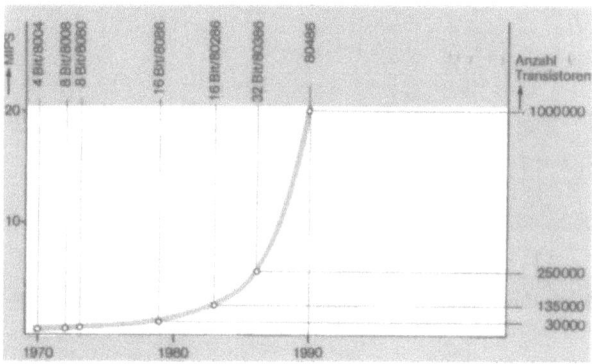

Bild 7. Triebkraft „Elektronik": Zunahme der Leistungsfähigkeit von Mikrorechnern

Drei Schwerpunkte stehen für die Gestaltung von Benutzeroberflächen im Vordergrund:
– die funktionale Ausstattung,
– die lokale, für die örtliche Aufgabe erforderliche, und die globale, für ein Gesamtsystem erforderliche Nutzung,
– die Nutzung für eine Aufgabenkategorie (z.B. Produzieren) und die Nutzung für mehrere Aufgabenkategorien (z.B. Produzieren, Einrichten, Instandhalten) in einem und demselben Platz.

2 Vom Bedien- und Darstellgerät zur Benutzeroberfläche

Die ursprünglichen Bediengeräte an Fertigungseinrichtungen wie Handkurbeln oder Schalthebel haben eine feste Kopplung von Bedieninformation und durch diese beeinflußbare Stellenergie für einzelne Maschinenfunktionen. Entsprechend arbeiten Skalen und Zeiger zur Darstellung von Maschinenwerten.

Benutzt man zur Beschreibung der Gesamtfunktionalität von Bedienung und Darstellung auch für so ausgerüstete Einrichtungen das neuere Wort Benutzeroberfläche, dann ist diese durch alle Einrichtungen beschrieben, die speziell für die menschliche Beeinflussung oder menschliche Erfassung des Verhaltens einer Fertigungseinrichtung vorgesehen sind. Oberfläche meint hier die insgesamt zugänglichen Stellen für die Mensch-Maschine-Kommunikation, während unter Benutzer der Betreiber, der Einrichter, der Instandhalter gemeint ist, wobei jedem der unterschiedlichen Benutzer ein ihm speziell zugeordneter Ausschnitt zugeordnet ist (Bild 8).

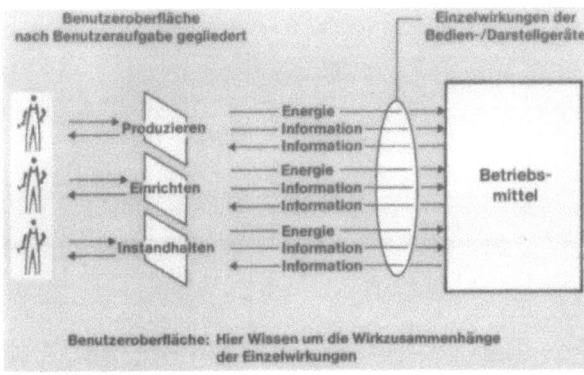

Bild 8. Vom Bedien- bzw. Darstellgerät zur Benutzeroberfläche bei direkter Bedienung

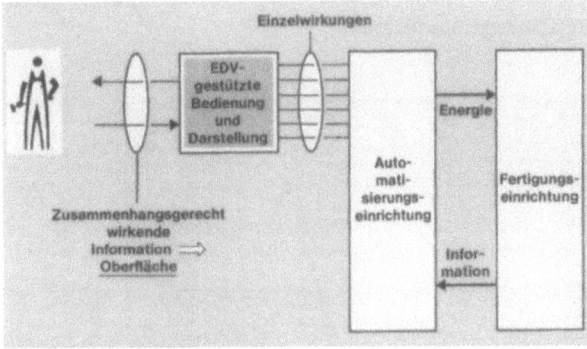

Bild 9. Vom Bedien- bzw. Darstellgerät zur Benutzeroberfläche bei EDV-gestützter Bedienung

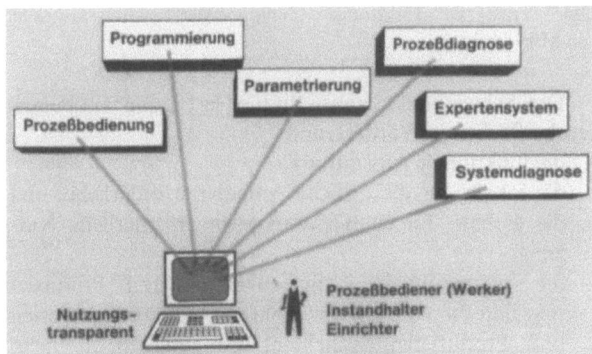

Bild 10. Transparente Bedienplätze

Sinnvoller wird der Begriff der Benutzeroberfläche aber dann, wenn zwischen den vom Benutzer zu gebenden bzw. zu empfangenden Informationen und den maschineninternen Funktionen eine Informationsumsetzung und Informationsverarbeitung stattfindet, die dem Benutzer einerseits und der Maschine andererseits angepaßte Informationsdarstellungen bietet. Die Intelligenz dieser Anpassung bietet sich zur Gestaltung der Funktionalität der Benutzeroberfläche an. Sie läßt sich insbesondere dazu heranziehen, daß das Bedienungspersonal mit dem ihm eigenen Fachwissen die Bedienung durchführen kann. Darüber hinaus können im vernetzten System an den Bedienplätzen Informationen von benachbarten Systemen wie von Systemen anderer betrieblicher Ebenen eingezogen werden. Dies gelingt besonders bei ikonischer, d.h. bildhaft sich vermittelnder Benutzeroberfläche (Bild 9).

Beim Übergang von direkten Bedien- und Darstellelementen auf Tafeln und Pulten (Schalter, Taster, Leuchten, Zeigerinstrumente und anderes mehr) zu Bildern auf Bildschirmen gewinnt man gleichzeitig einen beachtlichen Zuwachs der Flexibilität der Benutzeroberfläche, da praktisch beliebig viele Bilder in Speichern abgelegt und abrufbar bereitgehalten und mit Variablen entsprechend der aktuellen Situation versorgt werden können. Werden dabei Zugänge zu allen gespeicherten und zur Verarbeitung und Übertragung von bzw. zu anderen Automatisierungssystemen vorgesehenen Daten und Programmen geschaffen, kann die Vielfalt von Bediengeräten auf eines reduziert werden, das auf diese Weise für alle Anforderungen transparent gemacht wird (Bild 10). Prozeßbedienung, Programmierung, Parametrierung, Prozeßdiagnose, Systemdiagnose laufen dann über *eine* Benutzeroberfläche, die von Menschen unterschiedlicher Ausrichtung (Prozeßbediener, Instandhalter, Einrichter) und möglicherweise aufgrund unterschiedlicher Berechtigungen (Paßwörter) genutzt werden kann.

Schließlich kann der Benutzer mit einem Echtzeit-Expertensystem unterstützt werden und so mit gespeichertem Erfahrungswissen Vorschläge für die Bedienung erhalten oder bei der Ausrichtung der Benutzeroberfläche auf eine konkrete Anwendung hin (Parametrierung) unterstützt werden (Bild 11).

3 Benutzeroberflächen in den verschiedenen betrieblichen Ebenen

Der CIM-strukturierte Produktionsbetrieb wird heute üblicherweise in Ebenen gegliedert, die einzelnen Automatisie-

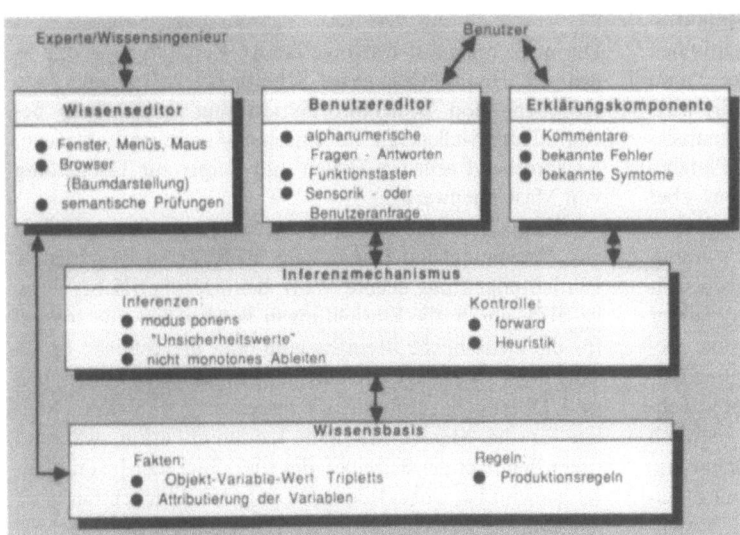

Bild 11. Expertensystemgestützte Benutzeroberfläche

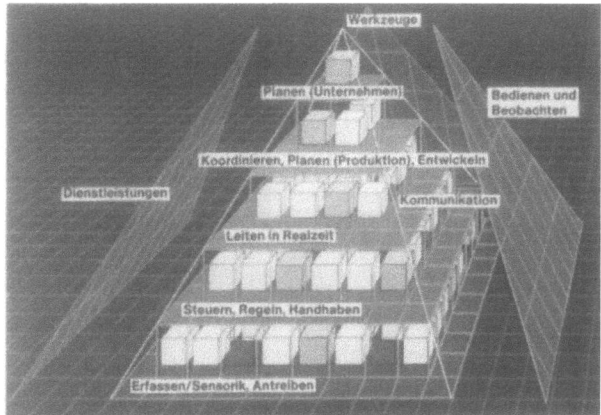

Bild 12. Benutzeroberfläche in den verschiedenen betrieblichen Ebenen

rungsbereichen zugeordnet sind. Die Ebene 1 entspricht der fertigungsnahen Automatisierung, Ebene 5 den Leitstellen eines Gesamtunternehmens, die Ebenen 2 und 4 sind den Leitaufgaben für Produktionslinien, Produktionsbereiche und Fabriken zugeordnet (Bild 12).

Auf allen Ebenen sind Bedienplätze erforderlich, die primär den jeweiligen lokalen Bedienaufgaben zugeordnet sind, zusätzlich aber in erforderlichem Maße globale Informationen darstellen und Bedieneingriffe ermöglichen.

Bei ikonischen Bedien-/Darstellgeräten (Bildschirmplätzen) bietet sich dabei die Möglichkeit, Bilder aus unterlagerten Ebenen auch auf überlagerten Ebenen zeigen und den Bildvorrat auf den überlagerten Ebenen mit zusätzlichen Übersichtsbildern anreichern zu können (Bild 13). Für Bedieneingriffe müssen freilich die Berechtigungen geordnet werden, ein Hinweis darauf, daß im CIM-strukturierten Produktionsbetrieb nicht nur die Technik und die Mensch-Maschine-Kommunikation weiterentwickelt werden müssen, sondern auch die Organisation des Betriebs.

Auf dieselbe Weise können Bedien-/Darstellgeräte einer betrieblichen Ebene (z.B. an Produktionslinien) einander ersetzen, bzw. von einem Platz kann in die ganze Linie hineingeschaut und gegebenenfalls die ganze Linie bedient werden.

Andere Beispiele sind der Aufruf von Bildern höherer Ebenen von niedrigen Ebenen aus, beispielsweise zur Orientierung über künftige Aufgaben, der Abruf von Daten und Programmen aus Datenbänken wie beim DNC-Betrieb, die Eingrenzung von Störungen oder das Abrufen von Betriebsdaten. Die Liste der Möglichkeiten kann nahezu beliebig vergrößert werden. Praktische Grenzen ergeben sich aus der Leistungsfähigkeit (Zeitbedarf) der beteiligten Netze und der Art der Anbindung der verschiedenen Automatisierungssysteme und der Konsistenzbedingungen für Daten und Programme.

4 Inhalte von Benutzeroberflächen

Wie bei jedem Produkt, so hat auch bei einem Produkt zur Bedienung und Darstellung die Oberfläche entscheidenden Anteil an seiner Qualität und Akzeptanz durch den Benutzer. Nicht selten setzt sich bei mehreren Produkten vergleichbarer Leistung dasjenige durch, welches das attraktivste und benutzerfreundlichste Äußere hat.

Auf die Gestaltung der Benutzeroberfläche von Automatisierungssystemen und in ihr enthaltenen Softwareprodukten wird daher wachsendes Gewicht gelegt. Dies ist nicht verwunderlich, da bei den heutzutage verfügbaren stark interaktiven Systemen der Dialoganteil einer Anwendung einen beträchtlichen Teil des gesamten Produkts einnimmt.

Dennoch haben Systementwicklungen häufig Schwächen an der Benutzeroberfläche wie
- Ad-hoc-Entwurf der Benutzerschnittstelle ohne umfassendes Konzept,
- zu geringe Nutzung der Erfahrungen aus der technologischen Praxis,
- Mangel an Konsistenz, wenn jede Schnittstelle der Oberfläche unterschiedliches Aussehen hat,
- fehlende formale Methoden und Entwurfkriterien zur Schnittstellengestaltung,
- unausgeglichene Nutzung der Dialogkomponenten,
- Mangel an Werkzeugen zur Dialoggestaltung.

4.1 Modelle

Für die Anwendung von Benutzeroberflächen sind Modelle (Bild 14) erforderlich. Dies sind Datenfelder, die Betriebsmittel und Prozesse datentechnisch beschreiben und die laufend zeitgerecht aktualisiert werden. Auf diesen Modellen setzen die Funktionen des Automatisierungssystems für den Betrieb der Produktionseinrichtung auf. Sie werden in gleicher Weise von den Funktionen der Benutzeroberfläche genutzt und von diesen entsprechend den Bedienmaßnahmen verändert.

4.2 Ikonische Benutzeroberflächen

Ikonische Benutzeroberflächen nutzen Bilder von Videosystemen für die Mensch-Maschine-Kommunikation. Dabei

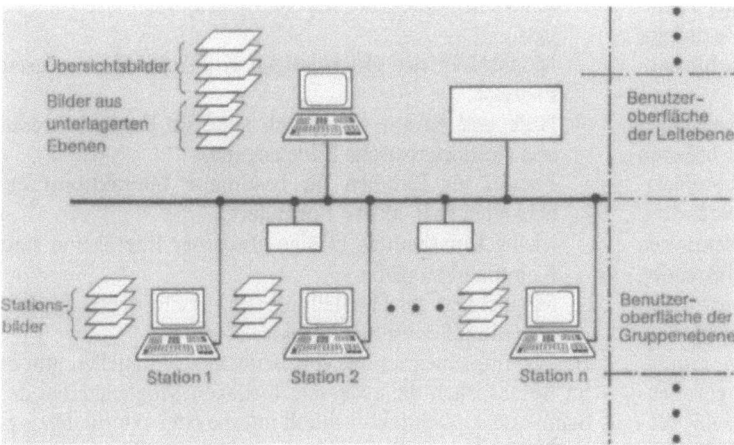

Bild 13. Benutzeroberflächen bei ikonischen Bedien- und Darstellgeräten in mehreren betrieblichen Ebenen

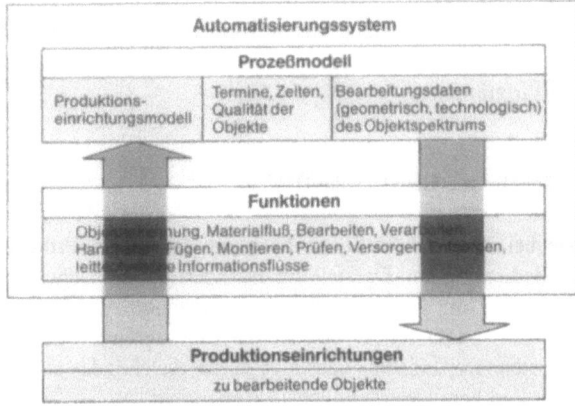

Bild 14. Automatisierung der auftragsabhängigen Produktion (Prozeßmodell und Funktionen)

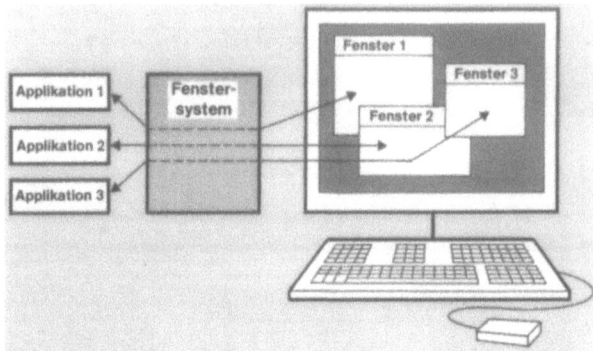

Bild 16. Leistung von Fenstersystemen

Bild 15. Ikonisches Bedienen und Darstellen

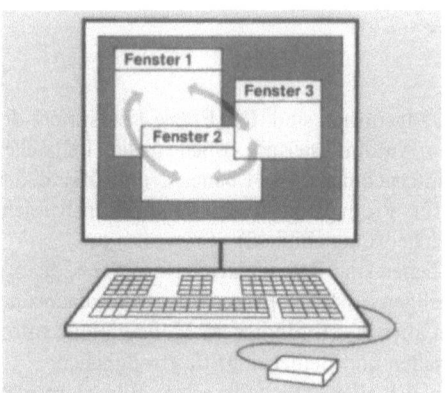

Bild 17. Kommunikation zwischen Fenstern

werden in den Bedien-/Darstellgeräten aufrufbare Hintergrundbilder gespeichert, welche die jeweilige Situation veranschaulichen und Ausschnitte freilassen, in die Größen aus dem Datenmodell direkt oder entsprechend aufbereitet eingeblendet werden können, so daß das Hintergrundbild um aktuelle Daten ergänzt und „lebendig" wird (Bild 15). Damit lassen sich aber auch Balkendarstellungen, Segmentdarstellungen und Kurven zeitlicher Veränderungen einschließlich histografischer Daten darstellen und über Lichtgriffel oder Maus abrufen. Zur Eingabe von Bediendaten dienen Tastaturen.

Das Hauptaugenmerk soll hier auf den von der Software bereitzustellenden Mechanismen liegen, die den Kommunikationsprozeß zwischen Rechner und Benutzer unter Zuhilfenahme der Hardwarekomponenten steuern, Informationen zur Ausgabe aufbereiten und geeignete Eingabefunktionen zur Verfügung stellen.

Im Laufe der Zeit hat sich mit zunehmenden Rechengeschwindigkeiten, abnehmenden Gerätekosten und höheren Speicherkapazitäten auch das Aussehen und die Komplexität der Benutzerschnittstelle in starkem Maße verändert. Die früher eher zeilenorientierten Kommandointeraktionen sind durch die inzwischen verfügbaren hochauflösenden und schnellen Bildschirme grafischen Interaktionsformen gewichen, die eine bildhafte Darstellung von Informationen, Kommandos und zu manipulierenden Objekten ermöglichen. Einen entscheidenden Fortschritt aber bringen Fenstersysteme (Bild 16), deren Fenster nicht nur einzelne Variablen, sondern vollständige Bilder enthalten können, wo-

bei die Bilder wiederum Ausschnitte für aktuell zum Prozeßgeschehen nachführbare Variablen enthalten. Diese Systeme bieten dem Benutzer eine hochentwickelte grafische Oberfläche, die es erlaubt, alle erwähnten Interaktionsformen zu realisieren.

Vor allem das benutzerfreundliche Prinzip der direkten Manipulation ist in Fenstersystemen schon in starkem Maße verwirklicht. Sämtliche Betriebssystemfunktionen lassen sich dabei mit Hilfe von grafischen Interaktionen durchführen. So läßt sich beispielsweise statt der Eingabe eines Kommandos einfach mit der Maus oder dem Lichtgriffel direkt ein Bild von einem Fenster in ein anderes schieben (Bild 17).

Gegenüber herkömmlichen Systemen zeichnen sich Fenstersysteme besonders durch folgende Merkmale aus:
- größeres Informationsangebot,
- bessere Nutzung der Bildschirmfläche, besonders bei überlappender Fenstertechnik,
- Integration und Austausch von Informationen aus verschiedenen Quellen durch bildschirmorientierte Interaktion,
- Möglichkeit der gleichzeitigen Kontrolle über mehrere Prozesse,
- Hilfe und Erinnerung durch spezielle Fenster, Menüs und charakteristische Bildelemente,
- Fenster als Rahmen für bestimmte Interaktionsmöglichkeiten (z.B. aktive Formulare),
- leichte Einarbeitung infolge grafischer Interaktion statt Kommandoeingabe,
- Möglichkeit der Darstellung von verschiedenen Ansichten ein und desselben Objekts.

Bei der Implementierung von Benutzerschnittstellen gibt es im wesentlichen die zwei verschiedenen Möglichkeiten der Schnittstellenarchitektur durch interne oder externe Dialogkontrolle. Bei Anwendungen mit interner Kontrolle sind

Ein- und Ausgabefunktionen in die Applikation integriert. Jede Anwendungsroutine verwaltet ihre eigene Ein- und Ausgabe, was zu einer starken Vermischung von Dialog- und Anwendungsschicht führt. Solche Benutzerschnittstellen sind nachträglich schwer zu modifizieren und verfügen in der Regel nur über einen beschränkten Vorrat an Interaktionstechniken. Umfangreiche Schnittstellen werden auf diese Weise rasch unübersichtlich und führen zu höherer Fehleranfälligkeit.

Der bessere Ansatz ist der einer externen Kontrolle, bei der sämtliche Ein- und Ausgabefunktionen in einer Dialogschicht zusammengefaßt werden. Obwohl eine strenge Trennung von Dialog- und Anwendungsschicht in der Praxis schwer zu erreichen ist, erlaubt dieses Konzept eine leichtere Realisierung von konsistenten und benutzerfreundlichen Dialogoberflächen.

Da die gesamte Applikation von der Dialogschicht kontrolliert wird, ist es möglich, Anwendungen „von außen nach innen" zu entwickeln, wobei die spezielle Anwendungsfunktionalität erst nach und nach hinzugefügt wird. Änderungen der Benutzerschnittstelle können leichter vorgenommen werden, ohne daß Anwendungsroutinen davon betroffen sind.

Ein wichtiges Kennzeichen von Systemen mit externer Kontrolle ist die Aufteilung der Benutzerschnittstelle in verfeinerte Dialoganforderungen, die von unterschiedlichen Softwarekomponenten behandelt werden. Ein interaktives System läßt sich danach in verschiedene funktionelle Ebenen unterteilen, die im folgenden dargestellt werden.

Die Ein-/Ausgabe-Ebene ist diejenige, die dem Benutzer am nächsten ist. Sie umfaßt die verschiedensten Ein-/Ausgabetechniken wie Tastatur-, Maus- oder Spracheingabe und Informationsrepräsentation durch Text-, Grafik oder Sprachausgabe.

In der Dialogebene werden Dialogstile und -techniken festgelegt. Je nach Eignung für die Anwendung können hier Kommandosprachen, menüorientierte Dialoge, direkte Manipulation usw. unterstützt werden. Außerdem sind in dieser Ebene Dialogsteuerung, Fehlerbehandlung und Hilfefunktionen integriert.

Die Werkzeugebene umfaßt Werkzeuge, die in die Anwendung eingebunden werden können. Hierbei ist an Datenbanken, Simulationswerkzeuge und Editoren zu denken.

Die Aufgabenebene schließlich beinhaltet sämtliche Anwenderroutinen und Datenstrukturen, die für die spezifische Problemstellung benötigt werden. Nur diese Ebene ist vom Anwender wirklich zu programmieren.

Einen beachtlichen Aufwand erfordert die Projektierung und Parametrierung von Bildern, da eine Fülle von Informationen festgelegt, geordnet und grafisch sinnvoll gestaltet werden muß. Andererseits wiederholen sich die dabei zu erledigenden Arbeiten ständig bei unterschiedlichen Aufgaben. Zusammenhänge und Reihenfolge der dazu erforderlichen Tätigkeiten sind allerdings vielfältig und algorithmisch nicht faßbar. Interessant ist aber die Nutzung von Techniken der Expertensysteme für die Gestaltung bildhafter Oberflächen. Dies führt zu einer besonderen Ausformung des dafür erforderlichen Dialogs zwischen Entwerfer und System.

Es gibt mehrere Möglichkeiten, den Ablauf eines Dialogs zu beschreiben. Zur Veranschaulichung werden oft Flußdiagramme, Strukturgramme, Graphen oder ähnliche Methoden verwendet. Diese Beschreibungsformen haben allerdings den Nachteil, daß sie nur sehr schwer automatisch zu erfassen und in rechnerinterne Darstellungen umzuwandeln sind.

Eine besonders leistungsfähige Strategie ist Dialogbeschreibung durch Regeln. Die Menge der formulierten Regeln nutzt eine globale Datenbasis. Diese kann eine wie auch immer geartete Menge von Informationen sein, die von allen Regeln gelesen und verändert werden kann. Die Regeln operieren auf der gemeinsamen Datenbasis. Jede Regel hat eine Vorbedingung, die je nach Zustand der Datenbasis erfüllt oder nicht erfüllt sein kann. Ist diese erfüllt, so wird die Regel angewendet, d.h., der zweite Teil (Aktionsteil) der Regel ändert die Datenbasis. Eine Kontrollinstanz entscheidet, welche Regel als nächste anzuwenden ist.

Im Unterschied zur konventionellen prozeduralen Programmierung gibt es keine lokalen Daten oder Regeln. Die Datenbasis kann von allen Regeln gleichberechtigt abgefragt oder verändert werden. Kommunikation zwischen den Regeln erfolgt über die globale Datenbasis, keine Regel kann eine andere direkt aufrufen.

Diese Repräsentationsform von Wissen und Problemlösestrategien wird im Bereich der Künstlichen Intelligenz (z.B. im Expertensystem) häufig verwendet und hat den Vorteil eines stark modularen Aufbaus.

Übertragen auf Benutzerschnittstellen, ist die globale Datenbasis mit dem System- oder Dialogzustand gleichzusetzen. Alle im Dialog verwendeten Objekte haben bestimmte Attribute, Zustände oder Positionen, die von den Regeln erfragt und modifiziert werden können. In den Regeln ist das Wissen über den gewünschten Dialogablauf enthalten. Jede Anwendung einer Regel bedeutet die Durchführung eines weiteren Dialogschritts.

In Fenstersystemen werden sämtliche Benutzeraktionen, aber auch interne Ereignisse, der Anwendung in Form von Ereignissen mitgeteilt. Diese sequentiell eintreffenden Ereignisse werden dafür verwendet, alle Regeln, deren Ereignisteil mit dem Ereignis übereinstimmt, zur Ausführung zu bringen. Dann wird die Bedingung überprüft und der Aktionsteil kommt zur Anwendung, falls diese erfüllt ist. Beispiel einer solchen ereignisgesteuerten Regel:

Falls Knopf „Hilfe" vom Benutzer gedrückt wurde und wenn Hilfe-Fenster noch nicht geöffnet ist,
dann öffne das Hilfe-Fenster und gib Hilfe-Information aus.

Die verschiedenen Teile der Regel wurden hier umgangssprachlich formuliert. Die Regelsyntax, die vom Dialogcompiler gefordert wird, ist stark dieser Ausdrucksweise angenähert und daher leicht verständlich.

Regeln lassen sich hinzufügen oder löschen, ohne daß andere Regeln davon betroffen sind. Die Regeln sind in ihrer Syntax und Semantik der natürlichen Sprache angenähert und können relativ leicht verstanden werden.

Die Leistungsfähigkeit soll am Beispiel ikonischer Benutzeroberflächen einer Lackierstraße (Bilder 18 bis 20) für Automobile am Beispiel eines Mehr-Herstellersystems (Bild 21) und am Beispiel der Programmierung von speicherprogrammierbaren Steuerungen (Bilder 22 und 23) gezeigt werden.

Im ersten Beispiel wird deutlich, daß die gesamte Straße mit ikonischen Benutzeroberflächen in allen Betriebsarten gefahren wird. Infolge der Eingriffsmöglichkeiten über Lichtgriffel kann man Situationen schnell erkennen und Korrekturen des Prozeßablaufs (Parameteränderungen) schnell bewirken. Im Störungsfall läßt sich über die Auflösungsänderung der Bilder schnell die Ursache lokalisieren.

Das zweite Beispiel zeigt, daß Benutzeroberflächen dieser Art auch über Herstellungsgrenzen hinaus wirksam werden können, wenn die erforderliche Kommunikation erschlossen wird.

Das dritte Beispiel nutzt Fenstersysteme für die Programmerstellung.

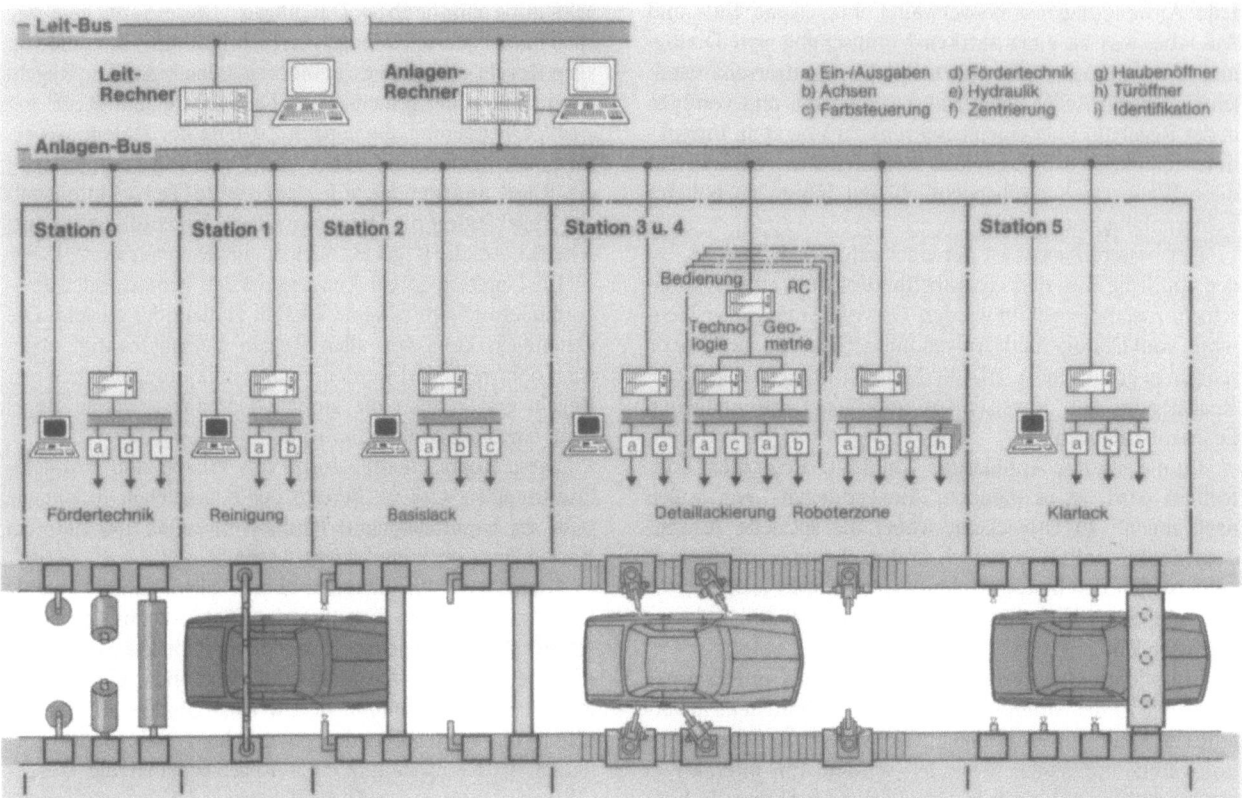

Bild 18. Konfiguration einer Lackierstraße

Bild 19. Typisches Bild der Benutzeroberfläche einer Lackierstraße

4.3 Audiolinguale Bedienoberfläche

Neben ikonischen gewinnen auch audiolinguale Bedienoberflächen Bedeutung. Oft ist die freie Beweglichkeit von Werkern vorteilhaft. In solchen Fällen kann ein auf Sprache basierendes Automatisierungssystem eingesetzt werden, bei dem der Werker lediglich einen Funktionskopfhörer und ein Funktionsmikrofon tragen muß. Auf diese Weise läßt sich zum Beispiel ein Sprachein-/ausgabesystem für die Montageendkontrolle in einem Pkw-Werk realisieren.

Bei der Aufgabenstellung des Spracherkennungssystems hat man sich dabei für eine Bedienoberfläche entschieden, die im großen und ganzen dem bisherigen Produktionsablauf entspricht. Dieser Forderung kommt ein werkergeführtes Spracherkennungssystem am nächsten. Durch besondere einprogrammierte Steuerworte wie „START", „STOP" oder „KORREKTUR" werden vom System Sonderfunktionen aktiviert, die entsprechende Vorgänge einleiten. Zur Aufarbeitung der anfallenden Datensätze ist eine Datenbank angeschlossen.

Bei der Konfiguration des Systems wurde darauf Wert gelegt, daß viele Kontrollplätze untereinander vernetzt werden können. Der Wegfall der bisherigen Prüfprotokolle und das damit verbundene Ausfüllen von Listen (papierloses Arbeiten) erlaubt es dem Werker, Augen und Hände für andere Tätigkeiten frei zu haben. Durch den Anschluß einer Datenbank hat man die Möglichkeit, große Datenmengen zu speichern, mit Suchmenüs schnell Daten bestimmter Art zu finden und ein Protokoll zu erstellen (Bild 24).

5 Benutzeroberflächen im vernetzten System

Die Wirkung von Benutzeroberflächen im vernetzten System soll an zwei Beispielen, nämlich der
- zentralen Programmverwaltung in einem CIM-System und der
- werkstattorientierten Programmierung in einem DNC-System

beschrieben werden.

Beim ersten Beispiel sei ein Produktionsbetrieb so vernetzt, daß an mehreren Teilnetzen Produktionssysteme mit verteilter, in Stationen gegliederter Automatisierung angeschlossen seien, jedes Teilnetz eine Kopfstation für den ganzen Betrieb habe und die Kopfstationen des Betriebs über ein weiteres Teilnetz zusammengefaßt seien, an dem an zentraler Stelle unter anderem eine Programmverwaltungs-Da-

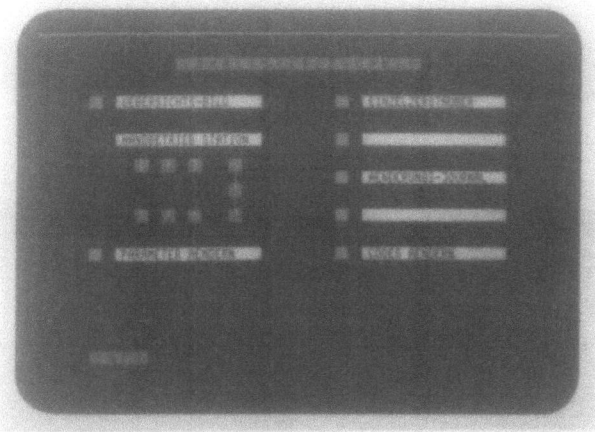
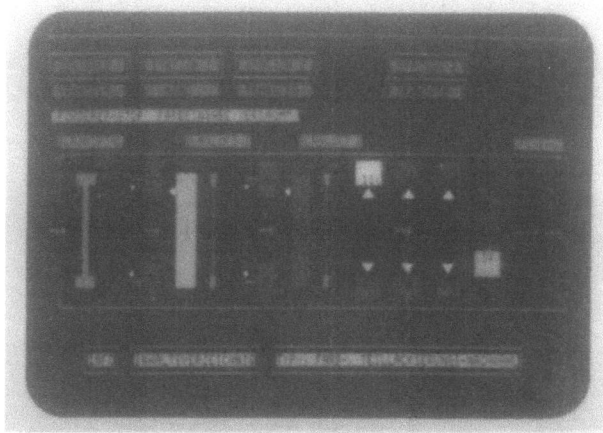

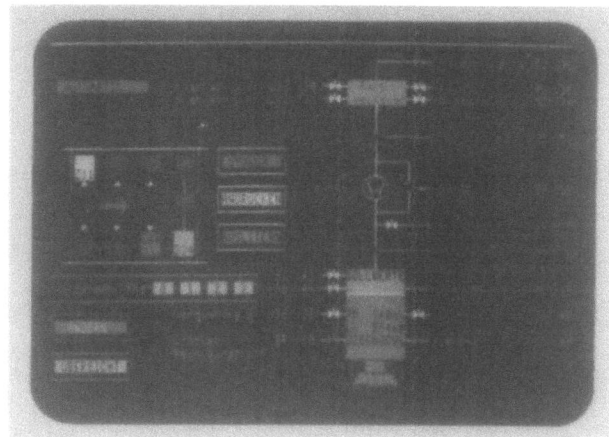

Bild 20. Lupeneffekt

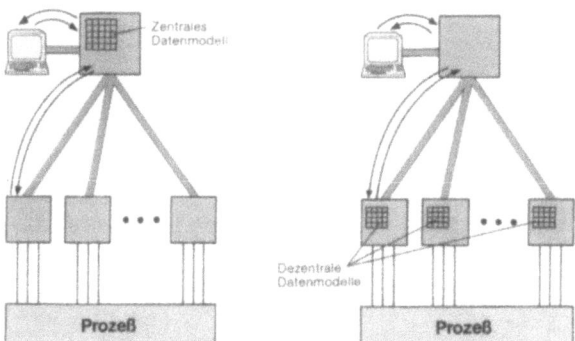

Bild 21. Herstellergrenzen übergreifende Bedienoberfläche

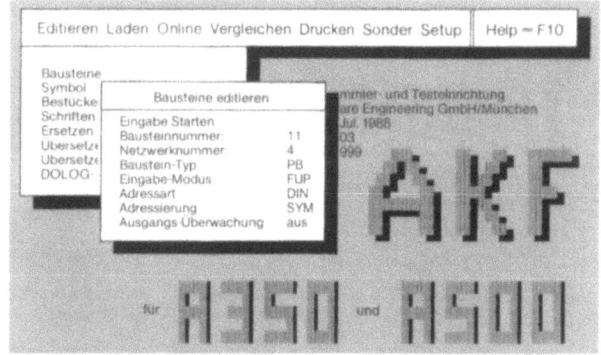

Bild 23. Typische Fenster einer SPS-Programmierung

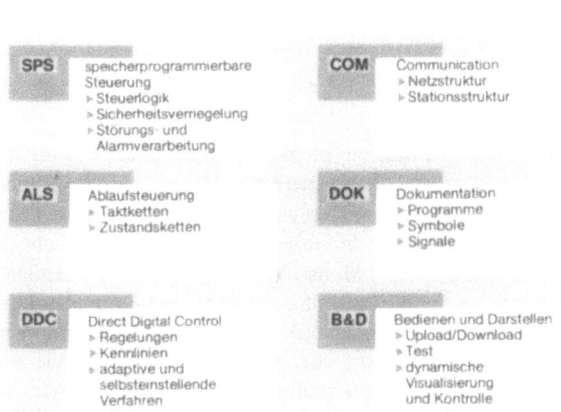

Bild 22. Benutzeroberfläche der SPS-Programmierung

tenbank aller in den einzelnen Stationen des Gesamtnetzes speicherbaren Programme angeschlossen ist (Bild 25).

Die Benutzeroberfläche jeder angeschlossenen Station leistet dabei den Abruf von Programmen aus der zentralen Verwaltung, die Pflege von Programmen vor Ort und die Archivierung von Vor-Ort-Programmen in der zentralen Verwaltung. Die zentrale Verwaltung leistet die Archivierung und Pflege von Programmen und deren Übertragung in Vor-Ort-Stationen.

Beim zweiten Beispiel (Bild 26) stehen dem NC-Programmierer Werkzeug- und Spannmittel-Datenbänke zur Verfügung, die sowohl in der Programmierstelle der Arbeitsvorbereitung als auch von Programmierstellen in der Werkstatt genutzt werden können. Es bietet sich an, alle Programmierarbeiten, die mit dem jeweils gegebenen Daten-

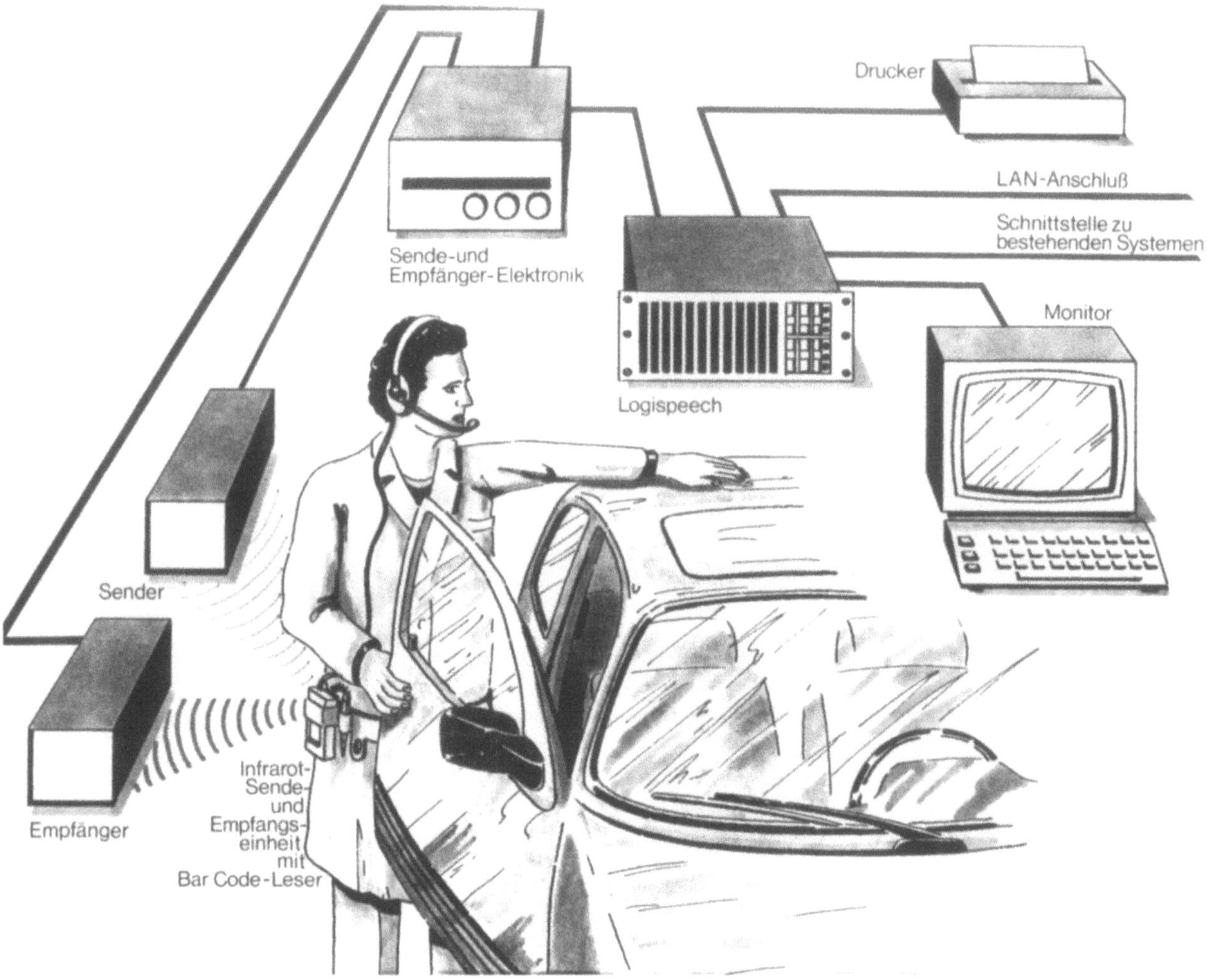

Bild 24. Sprachdialogsystem zur Qualitätssicherung

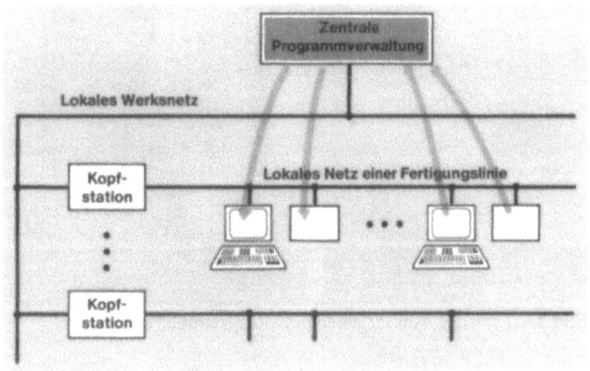

Bild 25. Zentrale Programmverwaltung in einem hierarchischen Netz

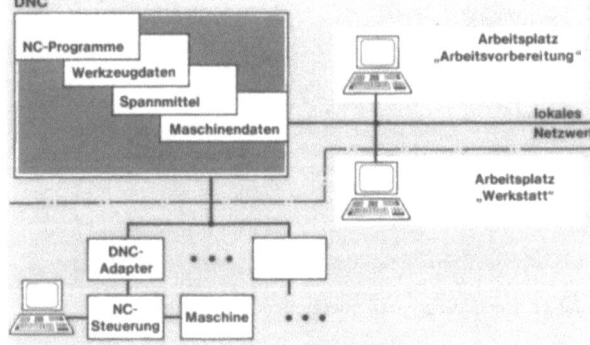

Bild 26. Werkstattorientierte Programmierung in einem DNC-System

bestand erledigt werden können, in die Werkstatt zu verlagern und nur noch innovative Programme in der Arbeitsvorbereitung zu bearbeiten.

6 Partizipation

An den beschriebenen modernen Benutzeroberflächen laufen weit mehr Informationen als bei konventionellen Systemen zusammen. Sie werden überdies erheblich stärker aufbereitet und machen nicht nur Einzelfakten zugänglich, sondern Zusammenhänge deutlich. Besonderes Augenmerk läßt sich dabei auf die Herausstellung der eigentlichen Produktionsaufgabe an der jeweiligen Benutzeroberfläche legen. Der agierende Mensch hat dadurch umfassenderen Eindruck in die ihm gestellte Aufgabe und kann sein fachliches Know-how umfassender als bisher zur Geltung bringen. Die Partizipation von einzelnen Menschen wie von Teams kann dadurch wirkungsvoller und motivierender gestaltet werden.

Die aus der Anfangszeit der Automatisierung kommende und dabei übliche (nur mögliche) geringe Vor-Ort-Automatisierung mit zeitlicher, örtlicher und sachlicher Entkopplung der an zentraler Stelle durchgeführten vorauslaufenden, faktisch unflexiblen Datenvorbereitung stufte den Werker gegenüber dem nicht automatisierten Handbetrieb auf sehr niedrige Partizipation herunter. Diese Unterforderung der für Qualität und Durchsatz oft entscheidenden Fachleute und deren gleichzeitige Überforderung mit unnötigen Bedienbarrieren, d.h. an der Benutzerschnittstelle zusammenhanglos auftretenden Signalen, kann mit den neuen Benutzeroberflächen überwunden werden.

Dem Organisationsfachmann stehen damit neue Wege für die Verteilung von Kompetenz und Verantwortung offen. Meistern und Facharbeitern können ihren Fähigkeiten und Erfahrungen entsprechende Bedienplätze angeboten werden. Diese wichtige Steigerung der Partizipation der beteiligten Menschen kann auf allen betrieblichen Ebenen erreicht werden.

CIB: Verbindung von CIM und Büroautomatisierung

H.-J. Bullinger und J. Niemeier, Stuttgart

Inhalt. Auf einer Schiene wird in den Unternehmen die Computerunterstützung in der Produktion im Rahmen von „CIM" integriert, auf dem anderen Gleis entsteht „Bürokommuniktion", die Computerunterstützung von Büroprozessen. Ob und wie Bürokommunikation und CIM integriert werden können und welche Vor- und Nachteile diese Vernetzung mit sich bringt, ist Inhalt dieses Beitrages.

1 Computerintegrierte Informationsverarbeitung als Reaktion auf die geänderten Anforderungen an die Unternehmen

Was an Computerunterstützung ist heute und in naher Zukunft machbar, was davon ist brauchbar? Diese Frage wird heute von Verantwortlichen in vielen Unternehmen gestellt. Die Unternehmen stehen heute in einem komplexen Beziehungsgeflecht untereinander und zum Markt. Neben anderen Einflußfaktoren war sicherlich ein Wandel vom Käufer- zum Verkäufermarkt und die immer stärker zunehmende Internationalisierung des Marktes mit entsprechend steigendem Konkurrenzdruck bestimmend. Einfache „Wenn ..., dann-Beziehungen" können schon längst keine Markt-Kunden-Beziehungen mehr entscheidungsorientiert abbilden – zu vielschichtig sind die Abhängigkeiten und Verbindungen. Um so wichtiger ist es, im Sinne eines „Chancenmanagements" frühzeitig, und zwar ausgehend von einer Betrachtung der Marktanforderungen, zu Unternehmenszielen zu gelangen, deren Erreichung den Unternehmenserfolg versprechen.

Im folgenden Bild soll am Beispiel eines Produktionsbetriebs beispielhaft dargestellt werden, was ein Kunde heute von einem Unternehmen erwartet und welche Anforderungen daraus für den Prozeß der betrieblichen Leistungserstellung selbst resultieren.

Wie ein beispielhaftes Zielsystem aussieht, aus dem planerische Vorgaben zum Aufbau computerintegrierter Informationssysteme führen könnte, zeigt Bild 2. Die Bereichsziele sind dabei, wie der Name auch schon andeutet, recht eindeutig bestimmten Unternehmensbereichen (z.B. Konstruktion, Fertigung, Vertrieb) zugeordnet. Bei den Globalzielen handelt es sich um allgemeingültige Ziele, von deren Realisierung üblicherweise mehrere Funktionsbereiche betroffen sind. So muß z.B. zur Erhöhung der Termintreue der ganze Ablauf von der Angebotserstellung bis hin zur Auslieferung des Produkts beim Kunden betrachtet werden.

Wenn heute beispielsweise in einer Werkzeugmaschinenfabrik Bürokommunikation mit der Zielsetzung eingeführt wird, ein Angebot in der Hälfte der Zeit im Vergleich zu den Wettbewerbern zu erstellen, dann geht es um die Realisierung von Wettbewerbsvorteilen. In den Unternehmen besteht hierzu ein hoher individueller Gestaltungsspielraum. Durch ein „Chancenmanagement" mit zukunftsorientierten Bewertungsmaßstäben kann durch den Einsatz von Informations- und Kommunikationstechniken sowohl mehr Effektivität als auch Wirtschaftlichkeit im Sinne einer höheren Effizienz erreicht werden. Das rasante technische Entwicklungstempo erfordert aber zwingend zweckmäßige organisatorische Vorbereitungen, geistige Flexibilität sowie Denktraining und eine den Arbeitsprozessen gemäße Ausbildung von Führungs-, Fach-, Sach- und Unterstützungskräften. Es geht um eine Verbesserung der Entscheidungsgrundlage und eine bedarfs- und situationsbezogene Informationsverarbeitung.

2 Stellenwert der computerintegrierten Informationsverarbeitung

Zunehmend setzt sich die Erkenntnis durch, daß der computerintegrierten Informationsverarbeitung in den Unternehmen strategische Bedeutung zukommt. Dies wird auch für

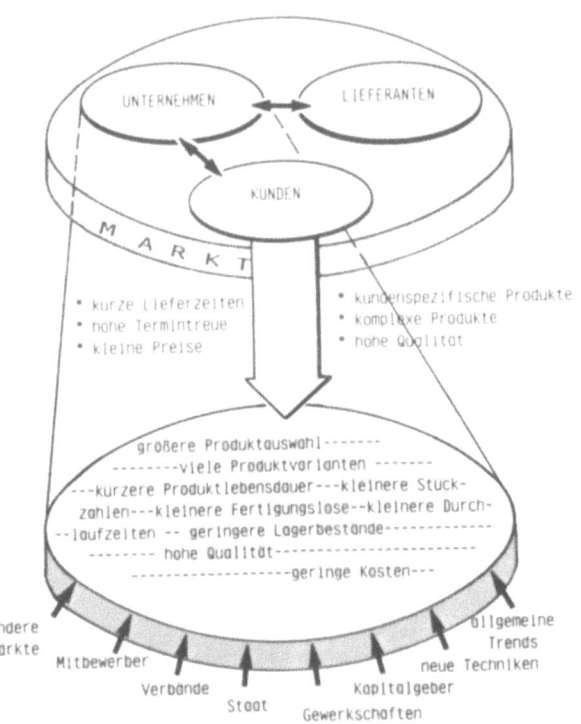

Bild 1. Beispielhafte Anforderungen an Unternehmen und an die Leistungserstellung innerhalb des Unternehmens

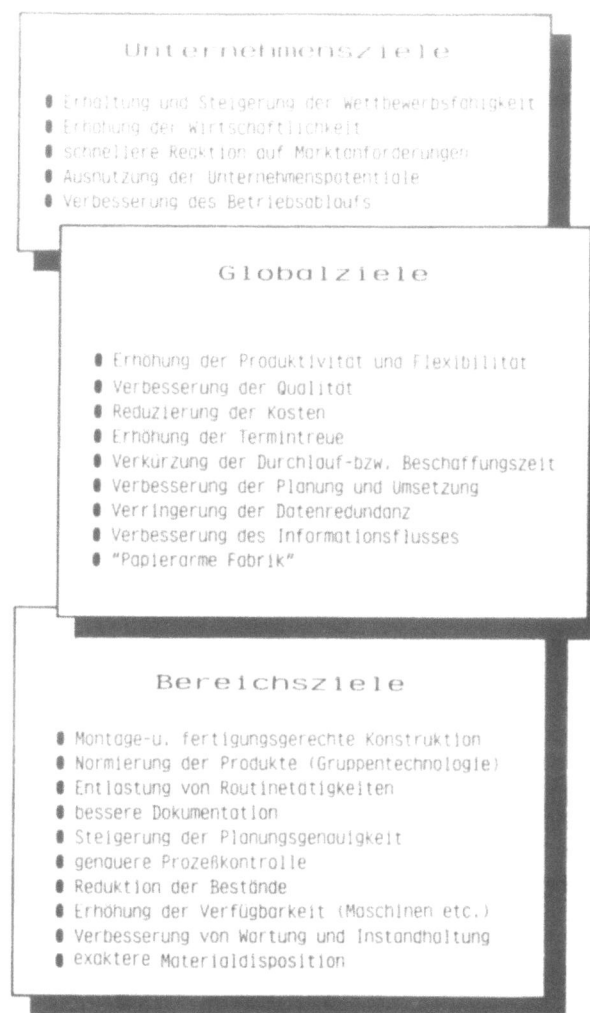

Bild 2. Beispielhaftes Zielsystem für den Aufbau computerintegrierter Informationssysteme

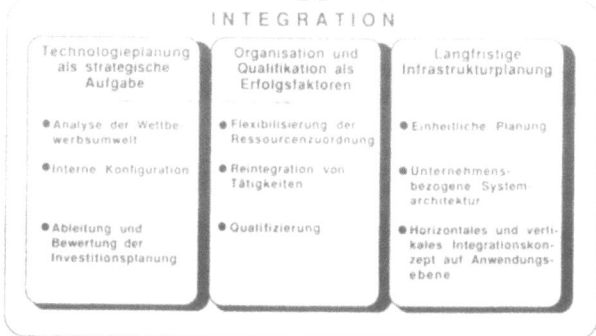

Bild 3. Reaktion des Unternehmens auf geänderte Wettbewerbsanforderungen

Teilkomponenten computerintegrierter Informationssysteme in Anspruch genommen. Weit diskutiert ist dieser Gedanke für die computerintegrierte Fertigung (CIM). Der VDI mißt in dem Entwurf zur Richtlinie VDI 5001 (1987) auch der Bürokommunikation unternehmungsstrategische Bedeutung bei [1]. Dabei wird argumentiert, daß computerintegrierte Informationsverarbeitung
- neue Beziehungen zu Produkten und Märkten schafft,
- die Durchsetzung neuer Unternehmungsstrategien und die Wahrnehmung neuer Wettbewerbschancen erlaubt sowie
- Organisation und Führungsaufgaben verändert.

Es wird starker Handlungsbedarf für ein entsprechendes Management computerintegrierter Informationsverarbeitung gesehen. Hätte sich vor Jahren das Schlagwort „Bürokommunikation" nicht so festgesetzt, gäbe es jetzt eine klassische Analogie zu „CIM", nämlich „CIO" – Computer Integrated Office. Nach wie vor erfolgt die Planung der Informationstechnologie allerdings zweigleisig: Die Unternehmensstrategie kann weder CIM noch CIO heißen, sondern muß „CIB" – Computer Integrated Business – lauten: Eine isolierte Planung beider Bereiche würde tatsächlich zwei Welten schaffen, die später nur sehr schwer zusammengeführt werden könnten [7].

CIB umfaßt dabei den integrierten Rechnereinsatz für die gesamte Leistungserstellung und Auftragsabwicklung einer Unternehmung. Als Reaktion auf veränderte Unternehmungszielsetzungen entdeckt man in der Literatur und bei durchgeführten CIM- oder Bürorationalisierungsprojekten zunehmend Ansatzpunkte, welche die bereichsübergreifende Verbindung der bestehenden bzw. geplanten Informationssysteme sinnvoll erscheinen lassen (Bild 3).

2.1 Technologieplanung wird zunehmend als strategische Aufgabe erkannt

Sowohl im CIM-Bereich als auch auf dem Feld der Büroautomation wird in Theorie und Praxis, und zwar in dieser Reihenfolge, zunehmend erkannt, daß die Technologieplanung ein langfristiger Strategieansatz für Unternehmungen in sich ändernden Wettbewerbsumwelten darstellt. Die Forderung lautet, daß alle Investitionen, sei es in der Forschung und Entwicklung, im Vertrieb oder in der Organisation, auf die kritischen Erfolgsfaktoren im zukünftigen Wettbewerb ausgerichtet werden müssen. Daher sind alle Investitionen in Informations- und Kommunikationstechnik aus der Wettbewerbsumwelt der Unternehmung abzuleiten, zu gewichten und zu bewerten [3, 9].

2.2 Organisation und Qualifikation der Mitarbeiter sind entscheidend für den Erfolg einer technischen Lösung

In der Vergangenheit wurde häufig versucht, die Arbeit im technischen und administrativen Büro durch starke, ausgeprägte Arbeitsteilung in Verbindung mit einer speziellen (Technik-)Unterstützung rationeller zu gestalten und Kosten einzusparen. Den Vorteilen von Arbeitsteilung und Spezialisierung steht jedoch eine Reihe von Nachteilen gegenüber. Auf diesem Weg entstanden zeitintensive Koordinations- und Kommunikationsaufgaben, hohe Durchlauf- und Liegezeiten für Informationen und Doppelarbeiten. Viele Informationen müssen heute mehrmals erfaßt, gespeichert, aufbereitet und übertragen werden. Aufgrund des günstigen Preis-Leistungsverhältnisses muß heute aber Rechnerleistung nicht mehr zentralisiert werden, wodurch sich die Chance eröffnet, Arbeitsaufgaben zu reintegrieren und durch das Aufheben überzogener Arbeitsteilung auch die Arbeitsinhalte zu verändern. Damit kann den Mitarbeitern wieder mehr Verantwortung und ein höherer Anteil am Gesamtvorgang zugewiesen werden.

2.3 Die langfristige Infrastrukturplanung nimmt neben der technisch-organisatorischen Anwendungsplanung einen immer wichtigeren Stellenwert ein

Das Zusammenwachsen und die dadurch bedingte Erhöhung des Integrationsgrades der fertigungstechnischen und betriebswirtschaftlichen Subsysteme erfordern neben der gemeinsamen organisatorischen Gestaltungsaufgabe eine einheitliche Planung der technischen Infrastruktur. Es bedarf der Entwicklung einer von der Anwendungsebene losgelösten Systemarchitektur, welche eine flexible Gestaltung eines Integrationskonzeptes auf Anwendungsebene ermöglicht. Die Planung horizontaler Systemkomponenten innerhalb einer Rechnerebene stellt unter Integrationsgesichtspunkten das geringere Problem dar. Erst bei der Planung der vertikalen Rechnerintegration wird man sich der Tragweite und des technischen Problemniveaus des integrierten Ansatzes bewußt. Was in den Unternehmen passieren wird, wenn einmal das ISDN als überbetriebliche Kommunikationsinfrastruktur existiert, darüber ist man sich noch lange nicht im klaren. So, wie es früher entscheidend war, daß ein Unternehmen an einem Meer, einem Eisenbahn- oder einem Autobahnknotenpunkt lag, so entscheidend wird künftig eine Infrastruktur sein, was die Verkabelung und die Service-Unterstützung im Informationsbereich angeht.

3 Gesamtspektrum an computerintegrierter Informationsverarbeitung

Das Gesamtspektrum der betrieblichen Informationssysteme liefert eine erste Definition des Computer Integrated Business (CIB)-Konzepts. Generell sind dabei folgende Arten von technischen Informations- und Kommunikationssystemen als Rationalisierungssysteme von Bedeutung.

3.1 Technische Informations- und Kommunikationssysteme

Hierbei handelt es sich in erster Linie um Systeme, die auf der Fertigungsebene im Einsatz sind, z. B. CAM-Systeme zur Steuerung und Überwachung der Fertigungs-, Handhabungs-, Transport- und Lagereinrichtungen sowie CAQ-Systeme mit den Aufgaben Prüfplanung, Prüfprogrammierung und Qualitätsanalyse. Auf der Planungsebene werden CAP-Systeme zur Fertigungs- und Montageplanung und zur NC-Programmierung sowie CAD- und CAE-Systeme zur Unterstützung beim Konstruktionsprozeß und beim Produktentwurf eingesetzt.

3.2 Betriebswirtschaftliche Informations- und Kommunikationssysteme

Zentrales Element der betriebswirtschaftlichen Informations- und Kommunikationssysteme ist das Produktionsplanungs- und -steuerungs(PPS-)System einer Unternehmung. Auf der Planungsebene werden von ihm Aufgaben der Primärbedarfsplanung, der Materialdisposition, der Termin- und Kapazitätsplanung und der Auftragsüberwachung wahrgenommen. Im Fertigungsbereich umfassen PPS-Systeme die Betriebsdatenerfassung und die Fertigungssteuerung einschließlich der Kontrolle von Mengen, Zeit und Kosten. Auf der administrativen Ebene eines Betriebes sind die kaufmännischen Informationssysteme „Kostenrechnung", „Finanzbuchhaltung" und „Lohn und Gehalt" angesiedelt. Auf der Ebene der Informationssysteme im engeren Sinne sind die Managementinformationssysteme (MIS), die Entscheidungsunterstützungssysteme (EUS) und die wissensbasierten Entscheidungsunterstützungssysteme positioniert.

3.3 Büroautomationssysteme

Informationssysteme zur Unterstützung von Büroprozessen setzen sich aus Dokumentverarbeitungssystemen zur Text- und Grafikerstellung, Electronic-Mail-Systemen und aus diversen Unterstützungssystemen wie Kalendermanagement, Dictionaries, Kalkulationsprogramme und Projektmanagementsysteme zusammen. Die Hauptaufgabe dieser Systeme zielt auf die Unterstützung von Dokumentverarbeitungs-, Kommunikations-, Planungs- und Informationsfunktionen im Bürobereich. Dabei steht der „Werkzeugcharakter" dieser Systeme im Vordergrund, d. h., Anwendungen können nicht bis ins Detail vorstrukturiert werden und machen deshalb den qualifizierten Mitarbeiter erforderlich, welcher die zur Verfügung stehenden Werkzeuge aufgabengerecht kombiniert und einsetzt.

4 Integrationsstufen zur Realisierung eines Computer Integrated Business

Die bisherigen Ausführungen haben gezeigt, daß die Informations- und Kommunikationssysteme eines Unternehmens zukünftig selbstverständlicher Bestandteil der Unternehmensstrategie sein werden. Die Planung und Gestaltung eines unternehmensindividuellen CIB-Systems wird zunehmend als Managementaufgabe erkannt und erfordert grundsätzliche Überlegungen zur langfristigen Unternehmensstrategie, Organisationsstruktur, Führungskonzeption und Personalentwicklung. Die Realisierung des unternehmensspezifischen CIB-Systems vollzieht sich in mehreren Stufen, die aus organisatorischen und qualifikatorischen Gründen mehr oder weniger alle durchlaufen werden müssen. Im wesentlichen handelt es sich um vier Integrationsstufen, die nachfolgend skizziert sind. Der Entwicklungspfad geht von sogenannten „Stand-alone"-Informationssystemen über bereichsintegrierte und bereichsübergreifende Lösungen bis hin zu unternehmensweiten Informationssystemen. Die meisten Praxisbeispiele findet man heute noch überwiegend auf der Integrationsstufe 1 und 2. Alle vier Integrationsstufen sollen im folgenden näher untersucht werden.

4.1 Integrationsstufe 1: Bereichsisolierte (Stand-alone-) Informationssysteme

Bei Systemen zur Lösung von administrativ-dispositiven Aufgaben finden auf dieser Stufe in erster Linie isolierte Datenverarbeitungssysteme für dedizierte Aufgabenstellungen wie Finanzbuchhaltung, Auftragsbearbeitung, Textverarbeitung, Finanzplanung u.a. Anwendung. Im Konstruktions- und Fertigungsbereich sind das aufgabenspezifische Systeme wie CAD-Systeme, Roboter, NC-Maschinen usw., die nicht in ein übergeordnetes Informationssystem integriert sind. Während es sich bei kleinen und mittleren Unternehmen primär um Einplatzsysteme handelt, findet man bei größeren Unternehmen in der Regel ausbaubare Mehrplatzsysteme. Durch den Einsatz dieser isolierten, arbeitsplatzorientierten Technologien kommt es im lokalen Umfeld zu einer Verbesserung der Input-Output-Relationen, zu verkürzten Bearbeitungszeiten und zu einer qualitativen Verbesserung der Arbeitsergebnisse. Die Vorteile der Einführung von „Stand-alone"-Systemen sind darin zu sehen, daß die bestehende Organisationsstruktur nur unwesentlich beeinflußt wird und klare Wirtschaftlichkeitsaussagen über die Investitionen gemacht werden können. Auf der anderen Seite können jedoch durch die vorhandenen

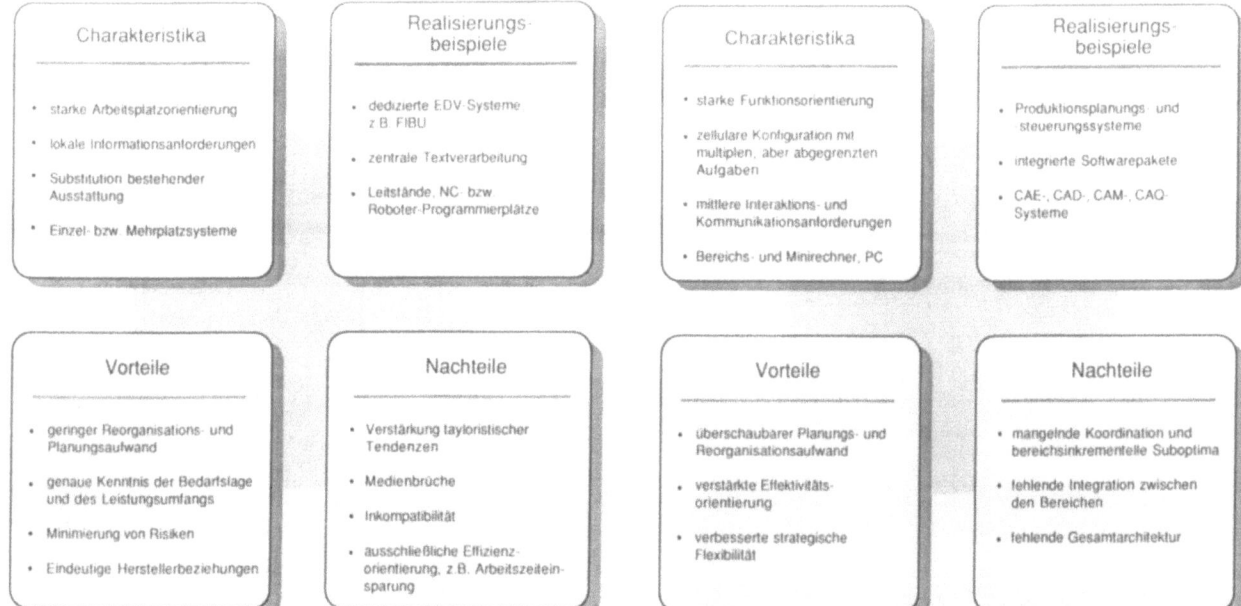

Bild 4. Charakteristika bereichsisolierter Informationssysteme

Bild 5. Charakteristika bereichsintegrierter Informationssysteme

Medienbrüche zwischen den einzelnen Technologien die mit einem übergeordneten Informationsverbund erzielbaren Synergieeffekte nicht realisiert werden. Die Charakteristika bereichsisolierter Informationssysteme sind zusammenfassend in Bild 4 dargestellt.

4.2 Integrationsstufe 2: Bereichsintegrierte Informationssysteme (CAx-Konzepte)

Die zweite Stufe der Integration von Informations- und Kommunikationssystemen stellt die bereichsintegrierte Lösung dar (Bild 5). Auf der betriebswirtschaftlichen Seite sind dieser Integrationsstufe die integrierten Produktionsplanungs- und -steuerungs(PPS-)Systeme zuzuordnen. Diese Integrationsstufe ist das Einsatzfeld der allseits bekannten integrierten Softwarepakete, welche verschiedene Bürofunktionalitäten in einem Programmpaket bieten. Eine organisatorische und systemtechnische Integration zwischen der betriebswirtschaftlich-planerischen Funktion und den Konstruktions- und Fertigungsabläufen, d. h. zwischen PPS und CAx-Systemen, ist höchstens rudimentär vorhanden. Auch finden integrierte, bereichsübergreifende Büroautomationssysteme wie Projektierungssysteme auf Basis verteilter Informationssysteme noch keine Anwendung. Im Fertigungsbereich können hier z. B. flexible Fertigungssysteme, computergestützte Fertigungs- und Montageinseln und flexible Transferstraßen zum Einsatz kommen.

Bei Unternehmen dieser Integrationsstufe existiert eine starke Ausprägung der bereichsorientierten Arbeitsteilung und eine hohe Funktionsorientierung der Organisationsabläufe. Die bereichsintegrierten Systeme der Stufe 2 haben gegenüber der Integrationsstufe 1 den Vorteil der höheren Flexibilität und der verbesserten Transparenz der Unternehmensabläufe. Die erzielten bereichsinkrementellen Suboptima entsprechen jedoch nicht dem unternehmungsweiten Gesamtoptimum, da, wie bei der Integrationsstufe 1, die potentiell vorhandenen Synergieeffekte eines unternehmensweiten Informationsverbundes nicht realisiert werden können. Die technische Infrastruktur der Integrationsstufe 2 bilden fast ausschließlich bereichsisolierte Zentralrechnerkonzepte.

4.3 Integrationsstufe 3: Bereichsübergreifende Informationssysteme (CAx/CAx-Konzepte)

Auf dieser dritten Integrationsstufe werden die „Automationsinseln" der vorhergehenden Stufe durch Rechnernetze verbunden. Die wesentliche Konsequenz dieser Integrationsstufe ergibt sich aus der Tatsache, daß Abteilungen aus unterschiedlichen betrieblichen Funktionsbereichen durch den erforderlichen Wandel stark beeinflußt werden, wobei häufig selbst organisatorische Aufbaustrukturen verändert werden müssen. Integrationsstufe 3 stellt die Verkettung verschiedener Insellösungen (z. B. die CAD/CAM-Koppelung) eine gemeinsame Grunddatenverwaltung (z. B. über eine automatische Generierung von Stücklisten und Übergabe der Datenstrukturen an ein PPS-System) oder eine Verbindung von Arbeitsplanerstellung mit NC-Programmierung dar.

Auf dieser Integrationsstufe ist eine starke Beeinflussung der organisatorischen Strukturen durch den Technikeinsatz zu beobachten. Zielsetzung des Technikeinsatzes ist eindeutig, eine stärkere Wettbewerbsorientierung zu ermöglichen, die strukturelle Flexibilität der Unternehmung zu verbessern und Synergien zwischen den Bereichen auszunutzen. Damit verbunden ist ein wesentlich höherer Reorganisations- und Planungsaufwand. Ebenfalls verstärkt tritt nun das Ausfallrisiko technischer Teilsysteme auf. Die Charakteristika bereichsübergreifender Informationssysteme sind zusammenfassend in Bild 6 dargestellt.

4.4 Integrationsstufe 4: Unternehmensweite Informationssysteme (CIB-Konzepte)

Computer Integrated Business (CIB) basiert auf einer Verknüpfung von Ansätzen aus den Bereichen CIM (Computerintegrierte Fertigung), Büroautomation sowie den klassischen betrieblichen DV-Systemen und weist eine relativ große Schnittmenge mit dem Bereich der Logistiksysteme auf (vgl. [11]). Basistechnologie der Integrationsstufe 4 bilden bereichsübergreifende, transparente Informationsnetzwerke. Der integrative Charakter von Informations- und Kommunikationstechnologien, entstanden über

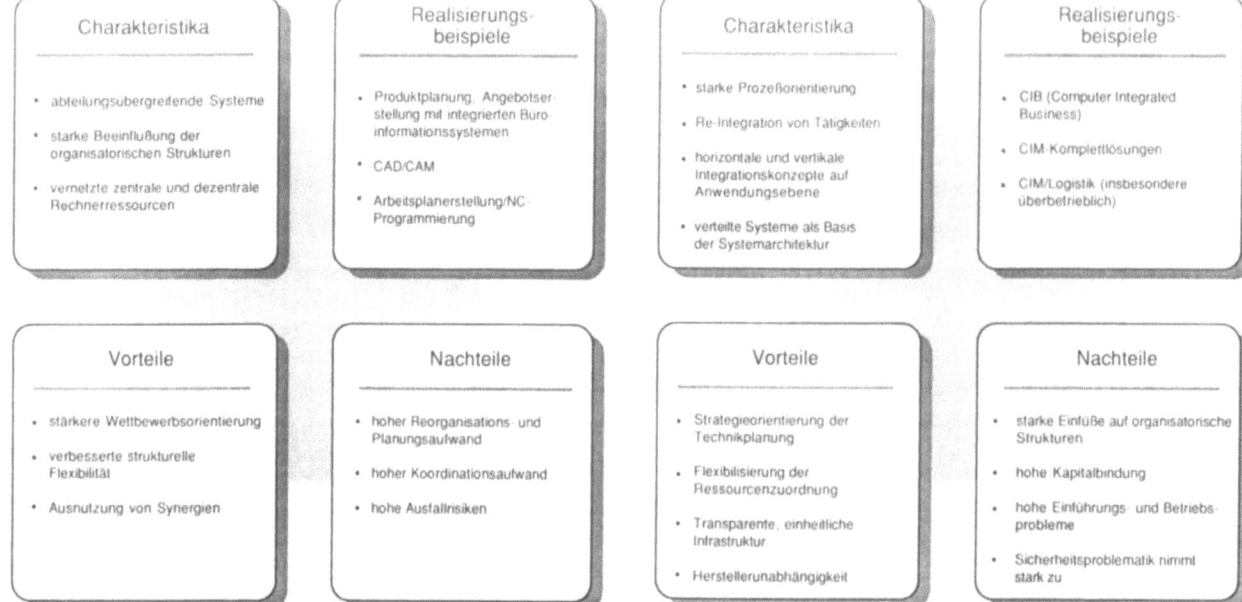

Bild 6. Charakteristika bereichsübergreifender Informationssysteme

Bild 7. Charakteristika unternehmensweiter Informationssysteme

die Möglichkeiten einer Verknüpfung von Datenverarbeitung, Bürowerkzeugen und Kommunikationstechniken, ermöglicht es, durchgängige, flächendeckende Informationsinfrastrukturen aufzubauen, welche alle hierarchischen Ebenen eines Unternehmens prozeßorientiert überlagern. Integrationspotentiale auf der Stufe 4 ergeben sich aus einer Verknüpfung von technischen Informations- und Kommunikationssystemen (CAM, CAQ-, CAP-, CAD- und CAE-Systemen), betriebswirtschaftlichen Informations- und Kommunikationssystemen (PPS-, MIS- und Entscheidungsunterstützungssystemen) und Büroautomationssystemen (Dokumentverarbeitungssystemen zur Text- und Graphikerstellung, Electronic-Mail-Systemen, diversen Unterstützungswerkzeugen wie Kalkulationsprogrammen, Projektmanagementsystemen, Kalendermanagement, Dictionaries).

Prozeßketten wie die Auftragsabwicklung haben oft eine zentrale Stellung innerhalb des Unternehmens, da sie die meisten Abteilungen berühren und von der Planung über die Fertigung bis hin zum Betrieb von Anlagen reichen. Die Angebotserstellung auf der Basis eines unternehmensweiten Informations- und Kommunikationssystems, das sowohl Konstruktion und Kalkulation auf der organisatorischen Seite als auch CAD-System und PPS auf der technischen Seite integriert, kann beispielsweise zu einer wesentlichen Beschleunigung und qualitativen Verbesserung des Angebotswesens führen. Dieses bedingt eine tiefgreifende Veränderung der Organisation gegenüber den vorangegangenen Integrationsstufen. Die Zusammenführung von Unternehmensfunktionen und der Übergang von arbeitsteilig organisierten Arbeitsvorgängen zu prozeßorientierten Abläufen erfordern technologisch orientierte Verfahrensketten auf der Basis bereichsübergreifender Datenbasen. Auf dieser Integrationsstufe ist bei der Planung und Gestaltung eine starke Prozeßorientierung erforderlich, welche bis hin zur Reintegration von Tätigkeiten führen kann. Den Vorteilen der erhöhten Unternehmensflexibilität, größerer Kundennähe und einer Reduzierung der Durchlaufzeit stehen die Nachteile einer erhöhten Technologiekomplexität, einer hohen Kapitalbindung und sich dynamisch verändernden Organisations- und Koordinationsstrukturen mit den damit zusammenhängenden Risiken gegenüber (Bild 7).

Während ein Unternehmen sich seitens der Technikelieferanten eine stärkere Unabhängigkeit schaffen kann, besteht auf der anderen Seite die Gefahr, daß es durch überbetriebliche Kommunikationsnetze stärker in die Informationsverarbeitung der Großabnehmer eingebunden wird. Der Austausch von CAD-Daten, die Einplanung von Aufträgen direkt in den Rechner des Zulieferers oder elektronische Bestellsysteme sind erste Ansätze für Entwicklungstendenzen in diese Richtung. Ob in einer solchen Situation sich gerade auch mittelständische Unternehmen die erforderliche Selbständigkeit und Flexibilität erhalten können, ob es gelingt, anstelle abhängiger Unternehmen in der Informationskette beispielsweise sogenannte „virtuelle Unternehmen" aufzubauen, worunter ein flexibler Verbund weiterhin voll selbständiger Unternehmungen zur Erfüllung auch komplexer Kundenwünsche verstanden wird, ist eine wesentliche Herausforderung an das Management in den nächsten Jahren.

5 Herausforderungen an das Management

Ein Rückblick auf die vorgestellten Entwicklungsstufen zeigt, daß Computer Integrated Business (CIB)-Systeme für jedes Unternehmen individuell entwickelt werden müssen und nicht einfach Lösungen von einem Unternehmen auf ein anderes übertragen werden können. Neben der Orientierung an generellen Technikstandards oder auch an Quasistandards, wie Industriestandards häufig genannt werden, ist es erforderlich, daß im Unternehmen auch eine Reihe interne Standards gesetzt wird. Auf welche Bereiche diese sich beziehen, soll abschließend herausgearbeitet werden.

Nicht alles, was technisch schick ist, ist auch effektiv und effizient. Der Weg hin zu CIB-Systemen ist vorgezeichnet, das Management muß ihn allerdings noch gehen. Und spätestens hier wird deutlich, daß auf diesem Weg noch eine Menge Stolpersteine liegen:

- In jedem Unternehmen wird geplant — auch der Einsatz von Informations- und Kommunikationstechnologien. Nur wird dieser im einen Unternehmen mehr implizit und informal, im anderen mehr explizit und formal geplant. Die Kernfrage kann deshalb nicht lauten, ob der

Einsatz von Informations- und Kommunikationstechnologien geplant werden soll, sondern nur, wie gut geplant werden kann. Die dazu angebotenen Methoden bleiben häufig esoterisch und sind oft nur für Eingeweihte verständlich. Dadurch tritt die Gefahr einer technisch unangemessenen Lösung, insbesondere sogar in Richtung einer Übertechnisierung, auf.
- Selbst bei sich ständig verbessernden Preis-Leistungsverhältnissen im Technikbereich wird die Kapitalbindung zunehmen. Die Wirtschaftlichkeitsrechnung kann sich nicht mehr ausschließlich an vordergründigen ökonomischen Kennzahlen orientieren [4]. Geht man davon aus, daß der Umgang mit Informationen eine Rolle bei der Erringung von Wettbewerbvorteilen für das Unternehmen spielt, dann sind vor allem wettbewerbsorientierte Planungsansätze dringend erforderlich [5, 6].
- Insbesondere fehlen durchgängige Planungs- und Gestaltungswerkzeuge, welche eine Verknüpfung von der Unternehmungsstrategie über die organisatorische Planung bis hin zum technischen Konzept ermöglichen [2, 8]. Die technischen Potentiale eröffnen hohe organisatorische Gestaltungsspielräume, welche bislang kaum ausgeschöpft wurden. Organisationsstrukturen und -abläufe werden in der Regel erst dann durchdacht, wenn beispielsweise das Softwarepaket eine Anpassung erforderlich macht.
- Es werden weitaus größere Einführungs- und Betriebsprobleme auf die Unternehmen zukommen. Bei einer fehlenden organisatorischen Resonanz, sei es durch mangelnde Mitarbeiterqualifikation, sei es durch ein unangemessenes Organisationskonzept, besteht die Gefahr, daß CIB-Systeme zu teuren Investitionsruinen werden.
- Fragen der Betriebssicherheit, d.h. der Verfügbarkeit, der Zuverlässigkeit und der Wartbarkeit aller technischen Komponenten, und Fragen der Informationssicherheit, d.h. der Vertraulichkeit, der Integrität, der Überprüfbarkeit und der Identifizierbarkeit, muß zukünftig wesentlich mehr Aufmerksamkeit gewidmet werden. Sicher will niemand mit einem CIB-System in seinem Unternehmen auch ein Trojanisches Pferd implementieren.

Literatur

1. Bullinger, H.-J.: Die strategische Bedeutung der Bürokommunikation. In: VDI-Ber. Nr. 663. Düsseldorf: VDI-Verlag 1987, S. 25–63
2. Bullinger, H.-J.; Niemeier, J.: Analyse und Gestaltungsmethoden im Bürobereich. In: Computerintegrierter Arbeitsplatz im Büro (Hrsg.: M. Paul). Berlin 1987, S. 36–63
3. Bullinger, H.-J.; Niemeier, J.; Huber, H.: Computer Integrated Business(CIB)-Systeme. Entwicklungspfade für eine Integration von CIM- und Büroautomations-Konzepten. In: CIM-Management (1987) H. 3, S. 12–19
4. Fröschle, H.-P.; Niemeier, J.: Assessment of benefits of information technology in the office: A concept for economic evaluation and case study. IN EURINFO '88. Concepts for increased competiveness (Hrsg.: Bullinger, H.-J.; Protonotorios, E.N.; Bouwhuis, D.; Reim, F.), S. 190–197
5. Fröschle, H.-P.; Niemeier, J.; Schäfer, M.: Wettbewerbsorientierte Technologie-Planung: Vorgehensweise und Fallbeispiel. In: FhG Ber. 2-88, S. 44–48
6. Fröschle, H.-P.; Niemeier, J.; Schäfer, M.: Wettbewerbsorientierung ist Leitstern für Technikplanung. In: Computerwoche v. 20. Mai 1988, S. 41, 43; 27. Mai 1988, S. 52; 3. Juni 1988, S. 40–42
7. Niemeier, J.: Computer Integrated Business. Erfahrungen aus Experimenten mit Integrationsansätzen. In: Office Management (1988) H. 5, S. 6–12
8. Niemeier, J.: Methoden zur Planung und Gestaltung von Bürokommunikationssystemen. In: Handbuch der modernen Datenverarbeitung 136 (1987) S. 19–40
9. Niemeier, J.; Huber, H.: CIM und Bürokommunikation: Planung gesamtbetrieblich integrierter Informationssysteme. In: FhG Ber. 2-88, S. 35–43
10. VDI: Management der Bürokommunikation. Richtline VDI 5001 (Gründruck). Düsseldorf 1987
11. Wojda, F.; Friedrich, G.: CIM, Logistik und Büroautomation integrieren! In: Office Management (1988) H. 5, S. 24–30

Erfahrungen auf dem Weg zu CIM

H. Stübig, Ingolstadt

Inhalt. Vorgetragen wird der Stand der internen Diskussion bei Audi im Hinblick auf die Fortentwicklung bestehender CIM-Bausteine und ihre Integration zu einem Gesamtkonzept. Die Audi-Vorstellungen zu CIM machen an den Werkgrenzen nicht halt, sondern beziehen die Lieferverflechtungen des Konzernverbunds sowie die Beziehungen zu Lieferanten und Logistikdienstleistern mit ein.

1 CIM ist mehr als eine Vision

Kein dem freien Wettbewerb ausgesetztes Unternehmen kann darauf verzichten, sich bietende Chancen zur Produktivitätsverbesserung zu prüfen und gegebenenfalls zu nutzen. Die Audi AG hat sich daher der CIM-Diskussion gestellt. Dabei konnte man feststellen, daß sich die Mitarbeiter dem CIM innewohnenden Gedankengut schon länger verbunden fühlen und nicht erst seit dieser Begriff in aller Munde ist.

Inwieweit der mit CIM angestrebte Integrations- bzw. Vernetzungsgrad in einer Fabrik erreicht werden kann, ist heute kaum abschätzbar. Daß CIM aber *mehr* ist als eine Vision bzw. eine erstrebenswerte, aber stets in der Ferne bleibende Utopie, kann aus den bisher gemachten Erfahrungen für Audi behauptet – ja belegt – werden. Dennoch ist man nicht so vermessen, für sich in Anspruch zu nehmen, alle bereits heute denkbaren Möglichkeiten ausgeschöpft zu haben.

Andererseits zielt der CIM-Ansatz über die Fabrikgrenzen hinaus: Man denkt aufgrund der Logistikkonzeption auch an die laufend zu verbessernden Informationsbeziehungen zu anderen Unternehmen, speziell zu Lieferanten und logistischen Dienstleistern.

Bei Audi gibt es bisher noch keine unternehmensweit einheitliche Vorstellung bzw. Definition von CIM. Die vielen Auffassungen zu den Möglichkeiten, Voraussetzungen, zum Wünschenswerten bzw. Notwendigen haben jedoch dazu geführt, daß CIM-Gedanken forciert vorangetrieben werden. Im freien Wettbewerb der Ideen haben sich Gemeinsamkeiten herausgestellt, die bei anstehenden Projekten einfließen.

Die Aktivitäten auf diesem Gebiet laufen natürlich in enger Abstimmung mit der VW AG. Im September 1985 erging ein Auftrag an ein Beratungsbüro, eine CIM-Grundsatzuntersuchung durchzuführen. Die wesentlichen Ergebnisse waren:
– Analyse verfügbarer Informationen zu CIM,
– Entwicklung eines allgemeingültigen funktionellen Referenzmodells,
– Definition der Informationsflüsse und Schnittstellen.

Der Untersuchung folgten mehrere CIM-Klausurtagungen, Workshops und intensive Kontakte zu wissenschaftlichen Instituten.

Seit Ende 1987 läuft eine Untersuchung zu einer Netzwerkstrategie mit der Zielrichtung einer „Szenarien"-Untersuchung, die auch als Basis für den CIM-Rahmen bei Audi dienen kann.

Zerlegt man den Begriff CIM in seine Bestandteile
– C Computer,
– I Integrated und
– M Manufacturing,
so sind die Audi-Auffassungen zu diesem Thema leichter zu beschreiben und zu übermitteln.

Computer sind bei einem Unternehmen dieser Größenordnung weit verbreitet, und doch darf ihre Anwendung nie Selbstzweck sein. Der Rechner muß immer Mittel zum Zweck sein – im Regelfall ein sehr effizientes. Von den etwa 130 Mio. DM DV-Kosten pro Jahr entfallen etwa 70 Mio. DM auf Hardware. Dahinter stehen ungefähr 2000 Bildschirmarbeitsplätze.

Die Software für die Computer wird teils von den eigenen 100 Systemspezialisten erstellt, teils aus dem Konzern übernommen – gerade für CIM-Anwendungen –, teilweise extern gekauft bzw. mit externem Personal entwickelt.

Die Hard- und Softwarebeschaffung wird bei Audi zentral abgewickelt. So wird die nötige Kontinuität ermöglicht sowie die Durchsetzung strategischer Eckpunkte in der Beherrschung der Informationstechnik. Die Fachabteilungen sind – sofern sie spezifischer Nutzer sind – in die Bewertungsphase vor der Entscheidung eingebunden.

Mit der Beschränkung auf wenige leistungsfähige und zukunftsorientierte Hardware-Hersteller ist die Wartungsproblematik durch Stationierung von Technikern des Herstellers an Ort und Stelle lösbar und ein schnelles Eingreifen bei Ausfällen gewährleistet.

Dem Gedanken der *Integration* fühlt man sich in besonderer Weise verbunden. Diesem verdankt unter anderem die Audi-Logistik ihre organisatorische Geburtsstunde. In CIM kann eine konsequente Fortentwicklung gesehen werden. Allerdings muß vor der Integration die Kommunikation stehen. Kommunikation ist nicht selbstverständlich; organisatorische Barrieren wirken häufig hinderlich. Hier bleibt noch eine Menge zu tun – und dies als Voraussetzung für das weitere Fortschreiten von CIM.

Die Erkenntnis, daß ein Unternehmen ein komplexes Gebilde aus einer großen Zahl unterschiedlicher, miteinander vernetzter und interagierender Systeme ist, muß sich weiter durchsetzen und darf nicht erst im Konflikt- bzw. Problemfall schlagartig bewußt werden. Die Integration dieser Untersysteme kann nicht vom Computer vollzogen werden, wichtiger sind gegenseitiges Verständnis und eine auf enge Zusammenarbeit abgestimmte Ablauforganisation. Die Computerintegration kann dann der Abschluß, die technische Umsetzung, der vorangegangenen Abstimmungs- und Planungsprozesse sein.

Angesichts der Komplexität der VW- und Audi-Organisation und aller Produkte – vor allem aber auch im Hinblick auf die Veränderungsgeschwindigkeit – ist der erreichte Stand der Hardware- bzw. Softwareintegration bereits gut vorangekommen. Eine volle Integration ist vorerst nicht möglich. Allein die Entwicklung eines umfassenden Konzepts als Voraussetzung für diese Integration würde so viel Zeit in Anspruch nehmen, daß bei Abschluß der Konzepterstellung die abzubildende Situation – sei es in ihrer realen Form oder als Planung – bereits gravierend überholt wäre.

Daraus ist der Schluß zu ziehen, daß die CIM-Konzeption nur Rahmencharakter haben kann. Dieser Rahmen muß bei der Entwicklung einzelner CIM-Bausteine beachtet werden, er läßt aber Raum für notwendige Individualitäten und neue Erkenntnisse.

Für eine zukunftsgerichtete CIM-Entwicklung müssen die Gesetzmäßigkeiten herausgestellt werden, die die Entwicklungsrichtung der zu integrierenden Bereiche
– Produktionsabschnitte,
– Funktionsbereiche und
– externe Lieferanten, Logistikdienstleister und Entwickler
bestimmen. Eine statische Abbildung und Verknüpfung würde schnell an der Realität – als jeweils momentanem Abbild dynamischer Prozesse – scheitern.

So wie mit Logistik nicht erst die logistischen Aufgaben bzw. Funktionen entstanden, sondern letztere mit einer neuen Organisation effektiver und umfassender, d.h. ganzheitlicher wahrgenommen werden konnten, bieten sich durch CIM neue Chancen. Audi sieht sie in
– der Überwindung des Taylorismus,
– der Ganzheitsbetrachtung und
– dem fortschreitenden Systemdenken
sowohl in der Planung als auch später – im Sinne einer Vernetzung – durch Nutzung neuer Möglichkeiten der Hard- und Softwareentwicklung bei der Realisierung von Projekten bzw. bei der Anpassung bestehender Abläufe.

Audi ist primär ein entwickelndes und produzierendes Unternehmen; der Vertrieb der Produkte ist eine gemeinsame Aufgabe von Audi und der Konzernvertriebsgesellschaft V.A.G. Daher haben Entwicklung und Produktion einen hohen Stellenwert. Durch Investitionen in Höhe von mehreren 100 Mio. DM pro Jahr werden nicht nur die Produkte, sondern auch die Produktionseinrichtungen laufend den neuesten technischen Erkenntnissen und den Erfordernissen des Marktes angepaßt.

Mit bis zu zwei Mrd. DM muß man heute bei der Entwicklung eines neuen Modells rechnen – je nach Nutzungsmöglichkeit bestehender Soft- und Hardware des Vorgängermodells. Bei Investitionen in die Produktionstechnologie werden heute CIM-Erfordernisse voll berücksichtigt. Der Rohbau im Werk Ingolstadt ist dafür ein gutes Beispiel.

Im Süden des Werkgeländes erfolgt der Aufbau der Karosseriezelle, im Norden wird die Zelle durch den Anbau von Türen, Front- und Heckklappe komplettiert.

Betrachtet man beispielhaft den Rohbau-Nord, so sind dort
– der Transport von Karosserien auf FTS (150 Stück),
– die Zuführung der Anbauteile mit den Pufferplätzen (Regalstaplern) und Fördertechnik (Elektrohängebahn) sowie
– die Steuerungstechnik
voll automatisiert und miteinander integriert – wenn auch noch als Insellösung im Sinne von CIM, die jedoch später in ein Gesamtkonzept eingehen können.

Der eigentliche Anbau der Teile erfolgt wie die Abwicklung verbleibender Schweiß-, Löt-, Schleif- und Richtarbeiten in entkoppelten Stationen, sprich Boxen.

Der Hauptgrund für die realisierte Lösung lag in ihrer hohen Flexibilität. Der Aufwand bei Umstellungen, sei es durch
– neue Fahrzeugtypen oder
– geänderte Streckenführungen,
ist damit gering. Dieses flexible Arbeitssystem bietet darüber hinaus günstige Voraussetzungen für weitere Automatisierungsvorhaben von Montagevorgängen.

2 CIM als Beitrag zur Erfüllung der Unternehmensziele

Das oberste Ziel eines jeden Unternehmens liegt in der langfristigen Sicherung seiner Existenz und Wirtschaftlichkeit. Dieses Ziel ist in der weltweiten Wettbewerbssituation laufend gefährdet, da diese ständigen Veränderungen unterworfen ist. Dazu zählen
– die wachsende Unsicherheit auf den Märkten, eine Feststellung, die sich nicht nur auf die Absatzmärkte bezieht, sondern gleichermaßen auf die Aktienmärkte (19. Okt. 1987 mit seinem crashartigen Kursverfall), Finanzmärkte (Dritte-Welt-Schulden), Devisenmärkte (Dollarkursschwankungen) und Rohstoffmärkte (Krisensituationen in Schlüsselländern);
– neue Wettbewerber aus den früheren Schwellenländern oder „New Industrialized Countries (NIC)", zu denen sie heute geworden sind. Sie verbinden High-tech mit hoher Produktivität und gelangen so zu niedrigeren Herstellkosten;
– die Beschleunigung des Entwicklungstempos und des Durchdringungsgrades der Informationstechnologie;
– der weitgehende Ersatz des quantitativen Wachstums durch qualitatives Wachstum angesichts der demoskopischen Entwicklung, der feststellbaren Marktsättigung und der gestiegenen Realeinkommen;
– die Vollendung des Binnenmarktes in der Europäischen Gemeinschaft 1992. Dadurch entsteht die Chance, in größeren Produktions- und Absatzvolumina zu denken – aber auch der Zwang, mit neuen Konkurrenzverhältnissen zu rechnen;
– die Liberalisierung auf dem Transportmarkt, die dort neue Maßstäbe setzt und die Speditionen wie Transportunternehmen dazu bringen wird, ihr Leistungsangebot zu differenzieren und sich beschleunigt in Richtung „Logistische Dienstleister" zu entwickeln. Dieser wird neben seinen traditionellen Aufgaben auch solche aus dem Bereich
  • Disposition,
  • Endmontage von Baugruppen,
  • Kommissionierung,
  • Mengen und Identkontrolle übernehmen;
– der steigende Druck zur Erhöhung der Produktivität, der zu weltweiten Beschaffungsmärkten mit laufender Umschichtung führt.

Auch bei diesen Internationalisierungstendenzen hält man bei Audi an der Philosophie des JIT-Abrufs fest, was vermehrte Chancen für externe logistische Dienstleister und eine Herausforderung für die Lieferanten bedeutet.

Aus diesen Schwerpunkten der Veränderungen im Wettbewerb ergeben sich Zwänge für eine evolutionäre Unternehmensstrategie. Dazu gehört

– die *konsequente Orientierung am Absatzmarkt* und somit am Kunden, wobei es für alle Veränderungen wichtig ist, zu ermitteln, ob es sich um eine Trendänderung oder eine kurzlebige modische Erscheinung handelt. Gewinnträchtige Nischen müssen laufend erkannt und besetzt, dabei jedoch Verzettelungen vermieden werden.

Audi hat sich mit seinem Angebot für die „gehobene Mittelklasse" entschieden. Die damit angesprochenen Kunden haben recht individuelle Wünsche hinsichtlich *ihres* Fahrzeugs, die das Angebot mit seinen großen Differenzierungsmöglichkeiten befriedigt. Dazu zählen
– eine reichhaltige Grundausstattung mit zahlreichen Wahlmöglichkeiten und
– eine große Palette von Zusatzausstattungen.

Eine weitere allgemeine Forderung an eine erfolgreiche Unternehmensstrategie liegt in der
– Steigerung der Qualität des Produkts und des Services als wichtigen Wettbewerbsfaktoren, aber nur in dem Ausmaß, das der Kunde erkennen kann und bereit ist zu bezahlen.

Neben Produktivität und Innovation gehört eine Spitzenqualität zu den erklärten strategischen Grundsätzen von Audi. Zum Lieferservice gehört, daß man nicht nur prinzipiell lieferfähig ist, sondern daß
– der vom Kunden bestellte Wagen innerhalb einer angemessenen Frist ausgeliefert werden kann;
– der Wagen zum zugesagten Termin dem Kunden tatsächlich zur Verfügung steht;
– für Sonderfälle auch Sondermaßnahmen möglich sind.

Ein weiterer Schwerpunkt der Unternehmensstrategie liegt in der
– Steigerung der Flexibilität – sowohl hinsichtlich Qualität (Modell-Mix) als auch Quantität (Stückzahlvariation).

Zur Steigerung der Flexibilität ist die Investitionspolitik dahingehend ausgerichtet, daß Audi verstärkt Akzente in Richtung „Modellunabhängigkeit" setzt. Dieser strategische Ansatz beinhaltet, daß auf den Produktionseinrichtungen nicht nur die heutige Produktpalette gefahren werden kann, sondern bei minimalem Anpassungsaufwand auch für künftige Modelle vorgesorgt ist. So werden konsequent alle Hemmnisse beseitigt, die das Material am Fließen hindern – und das soweit stromauf wie möglich, d.h. zu den Lieferanten und deren Vorlieferanten. Die geforderte schnelle Reaktion auf sich verändernde Marktanforderungen kann und darf nicht durch zusätzliche Kosten in Form von Vorratshaltung erfolgen.

Eine weitere strategische Forderung bezieht sich auf
– die Schnelligkeit in der Umsetzung von Vorhaben – speziell der Produkt- und Prozeßinnovation. Künftig wird nur derjenige die ständig steigenden Entwicklungskosten einspielen und einen nachhaltigen Gewinn am Markt erzielen, der schnell die verlangten Produkte in guter Qualität anbieten kann. Damit wird die Größe „Zeit" möglicherweise zu *dem* entscheidenden Wettbewerbsfaktor. Die Konzentration der eigenen Kräfte wird immer wichtiger.

Aus diesen Forderungen an eine künftige Unternehmensstrategie ergibt sich die Erwartungshaltung gegenüber CIM. Daß die „Information" ein wichtiger Produktionsfaktor geworden ist, diese Erkenntnis ist inzwischen Allgemeingut. Durch CIM sollen die Informationen aktuell, lückenlos und eindeutig überall dort verfügbar gemacht werden, wo sie benötigt werden. Wie dieser Vorgang abgewickelt wird, d.h. mit welchem Bus-System oder ob überhaupt mit einem Bus-System, ist dabei nur von sekundärer Bedeutung und mehr eine technisch-wirtschaftliche Frage. Wichtiger ist, daß durch die angestrebte Integration die heute noch weitgehend

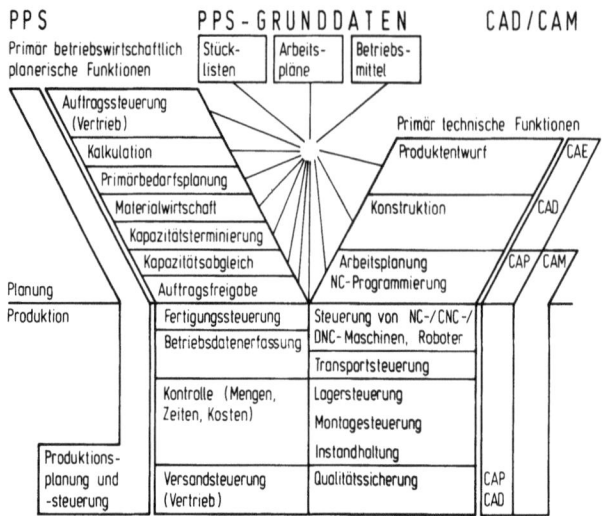

Bild 1. PPS-Grundlagen (Quelle: Scheer)

sequentiell abgewickelten Funktionen zunehmend parallel ablaufen können mit ständigem Austausch relevanter Zwischenergebnisse. Das betrifft zunächst die technische Planungsphase im bekannten CIM-Y (Bild 1) von A.-W. Scheer mit den CIM-Funktionen
– Produktentwurf (CAE),
– Konstruktion (CAD),
– Fertigungsplanerstellung (CAP),
– Anlagenprogrammierung und
– Werkzeugerstellung.

3 CIM-Bausteine aus den Bereichen Produktionsentwicklung und Produktionsvorbereitung

In den der Produktion vorangehenden Phasen der Entwicklung, Planung und Produktionsvorbereitung ist bei Audi bereits ein erfreulicher Stand beim Einsatz von CAD und CAM erreicht worden (Bilder 2 und 3).

In den beiden Werken sind ungefähr 300 CAD-Arbeitsplätze eingerichtet, und zwar etwa
– 170 für die Entwicklung und Konstruktion von Teilen bzw. Zusammenbauten,
– 110 für die Betriebsmittelkonstruktion, Lay-out-Planung und NC-Programmierung sowie
– 20 für Qualitätssicherungsaufgaben/Maßblatterstellung.

Der rechnerunterstützte Entwicklungsprozeß setzt mit dem Styling auf. Aus der festgelegten Geometrie werden daraus in mehreren Stufen das Modell und die gesamte Karosseriekonstruktion abgeleitet (Bild 4).

Der Konstrukteur stellt seine freigegebenen Konstruktionen in das *K*onstruktions*d*aten*v*erwaltungs*s*ystem (KVS). Der von diesem System belegte Speicherplatz ist im Zeitraum 1986 bis 1988 von etwa 300 MByte auf ungefähr 800 MByte angewachsen – diese Zahlen stehen stellvertretend für die Dynamik des CAD-Durchdringungsprozesses. Die Audi-Modelle der 90er-Jahre werden
– neben den Blech- und Kunststoffteilen für die Karosserie
– auch Kabelbäume sowie die Schalttafel und die Inneneinrichtung
enthalten, die mit CAD erstellt wurden.

Auf das Konstruktionsdatenverwaltungssystem greifen
– der Methodenplaner zur Festlegung der Arbeitsfolgen,
– der Betriebsmittelkonstrukteur zur Simulation der Aufnahmeeinrichtungen, Funktionalität des Robotereinsatzes und Festlegung der Betriebsmittel sowie

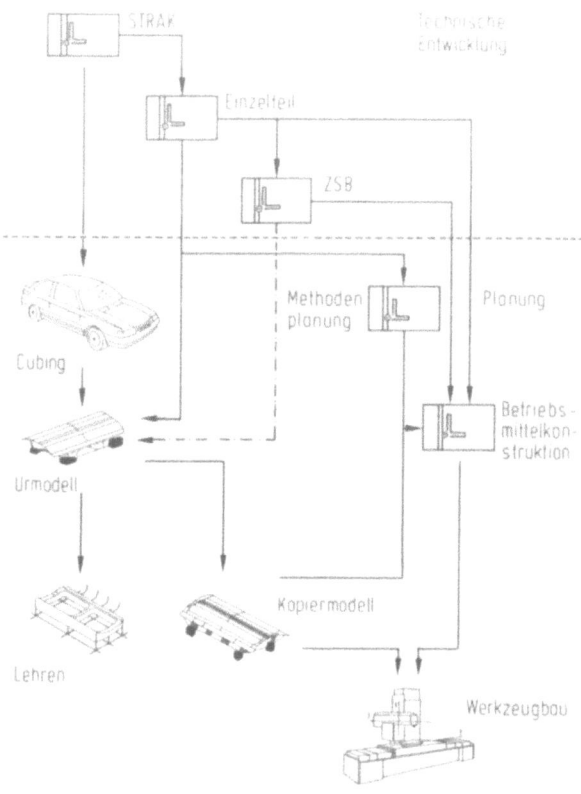

Bild 2. Konventioneller Projektablauf

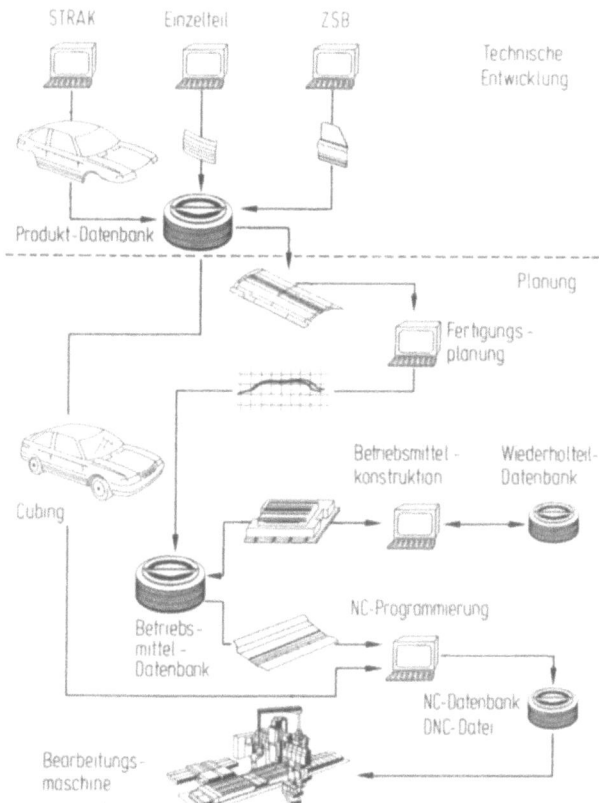

Bild 3. CAD/CAM-Projektablauf

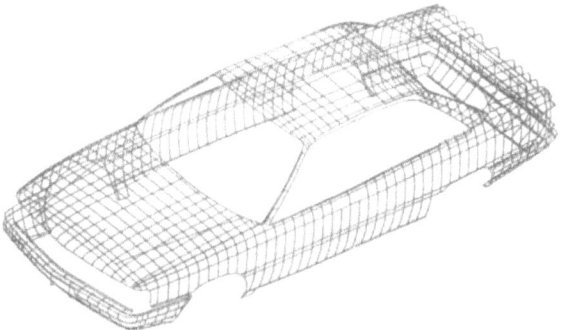

Bild 4. CAD-Flächenbeschreibung der Karosse

Bild 5. Informationsfluß bei der Entwicklung eines Fahrzeugs

eingeschaltet wurden. Der direkte Zugriff in das Konstruktionsdatenverwaltungssystem ist für diese Unternehmen noch nicht möglich, d.h. noch werden Datenträger zwischengeschaltet, aber dieser Zugriff ist in Vorbereitung.

Die Methodenpläne werden bereits zu 100% mittels CAD erstellt. Für den Umformprozeß der zu bearbeitenden Teile können

– das Rohteil,
– das Fertigteil,
– die Spannmittel und
– die Werkzeuge

gemeinsam in einer Zeichnung abgebildet werden. Hierfür findet das System CATIA Anwendung. Die aktuellen Probleme liegen

– in der Zusammenfassung logischer Strukturen und
– in der Einarbeitung von Toleranzen.

Ein Zahlenbeispiel steht für die Mächtigkeit der anfallenden Datenvolumen für NC-Programmierung. Verwendet wurde dafür das System EUCLID (Analoges gilt für CATIA):
Werkstück: Türaußenteil für das Coupé.

– 3,6 Mio. Zahlentripel zur Festlegung der XYZ-Koordinaten bei einer maximal zulässigen Abweichung vom Sollmaß von 0,02 mm;
– sechs Operationen für die Verwendung von Ziehwerkzeugen (zwölfmal Oberteil, zwölfmal Unterteil);
– zwei Operationen für Falzwerkzeuge (viermal Oberteil, viermal Unterteil);
– Fertigteillehren (linke und rechte Seite);
– Meisterwerklehren (linke und rechte Seite);

– der NC-Programmierer für seine Aufgaben
zu (Bild 5).

Neben den internen Zugriffsmöglichkeiten bestehen auch externe Schnittstellen zu solchen Lieferanten wie Bosch, Hella und Flachglas, die in den Entwicklungsprozeß

- Meßdaten für Rohling und
- Fertigteil von Fertigform.

Dies ergibt 783 Einzelprogramme mit 3,6 Mio. NC-Sätzen. Konventionell hätte das 540000 m Lochstreifen mit einem Gewicht von 1,2 t Papier ausgemacht.

Durch konsequentes Verfolgen des kurz skizzierten Weges im Vorfeld der Produktion kann von CIM im Hinblick auf die Größe „Zeit" ein entscheidender Beitrag geleistet werden. Im Werkzeugbau konnte jährlich eine 20%ige Durchlaufzeitverkürzung realisiert werden. Zu erwarten ist, daß diese Entwicklung anhält und vorerst in Richtung 50%-Verkürzung – bezogen auf den Ausgangswert – tendiert.

Ebenso wichtig – wenn auch wesentlich schwieriger zu realisieren – ist, die CIM-Struktur im eigentlichen Prozeß der Leistungserstellung zu verwirklichen. Im Verlauf dieses Prozesses entstehen an zahlreichen Stellen Daten, deren permanente Schwankungen den aktuellen dynamischen Fertigungsablauf widerspiegeln. Hier geht es um eine schrittweise Verknüpfung der teilweise bereits hochintegrierten Funktionsblöcke.

Mit steigendem Integrationsgrad sind wesentliche Beiträge zur Verwirklichung der angestrebten Qualität des Produkts zu erwarten. Die Datenintegration ermöglicht ein schnelles Reagieren auf Abweichungen. Hinzu kommen besser abgestimmte technische Änderungen – sei es am Produkt, sei es im Prozeß.

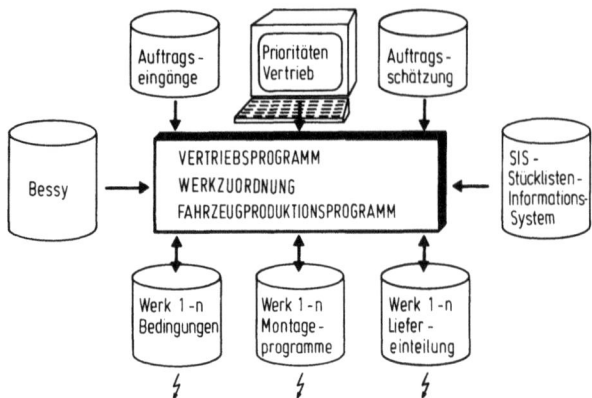

Bild 6. Informationsverbund auf Konzernebene

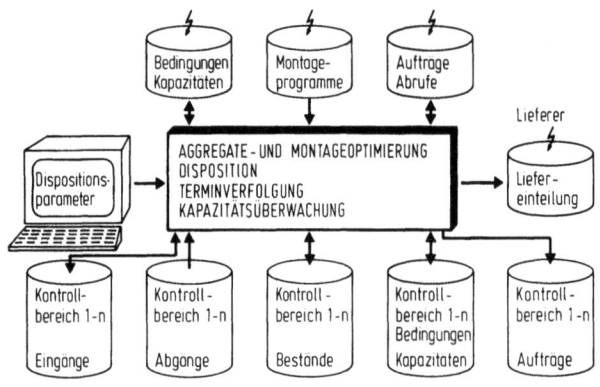

Bild 7. Informationsverbund auf Werkebene

4 CIM-Bausteine aus dem Bereich der Logistik

Der CIM-Gedanke, durch Datenintegration und ablauforientierte Tätigkeitsintegration Rationalisierungsreserven zu erschließen, wird bei Audi beispielhaft in der Logistik praktiziert. Dort gelingt zunehmend die Verknüpfung der Systeme der Fertigungssteuerung mit denen der Disposition, Materialwirtschaft und Betriebsdatenerfassung. Logistiksysteme sind natürliche Bausteine von CIM aufgrund des Querschnittcharakters der Logistik.

Seit dem Beginn der 80er Jahre beschäftigt man sich bei Audi intensiv mit dem Logistikkonzept; seine wesentlichen Merkmale sind:
- Ganzheitsbetrachtung der logistischen Kette vom Lieferanten zum Kunden,
- Systemdenken,
- Parallelität der Optimierung von Material- und Informationsfluß,
- organisatorische Zusammenfassung der logistischen Kernfunktionen und
- Kundenorientierung.

Die Gesamtoptimierung der logistischen Kette führte zu einer Betrachtung, in der das Unternehmen als organisatorische Einheit vieler Module verstanden wird, die durch die Logistik verbunden und weitgehend gesteuert werden. Logistik hat damit eine wesentliche Funktion im Schnittstellenmanagement übernommen. Dieses wurde auf der Informationsebene möglich durch eine Rechnerintegration, die mehrere Hierarchien verbindet. Man unterscheidet
- Konzernebene (Wolfsburg);
- Werkebene (Ingolstadt, Neckarsulm);
- Satellitenebene (Lager, WE, Fertigungssteuerung).

Auf dem Konzernrechner (Bild 6)
- wird das Produktionsprogramm gebildet,
- erfolgt die Zuordnung der Produktionsanteile für die Werke,
- werden die geplanten Produktionsprogramme in ihren Teilebedarf aufgelöst,
- werden die Bedarfsprognosen für den geschätzten Kaufteilebedarf erstellt und den Lieferanten zur Orientierung zugeschickt, zunehmend per Teleprocessing (TP) oder Datenfernübertragung (DFü).

Über den Konzernrechner wird die Verknüpfung der Logistiksysteme mit denen anderer Funktionsbereiche vorgenommen. Dazu zählen
- die technische Entwicklung durch Übernahme
  - der Stückliste,
  - der Farbkombinationstafel,
  - des Teileverwendungsnachweises und ähnlichem;

im Gegenzug werden von der Logistik die Einsatztermine zugespielt;
- der Vertrieb in Form der Übernahme
  - der Schätzungen für Fahrzeugeigenschaften,
  - der Kundenaufträge für die Wochenprogrammbildung;

im Gegenzug wird dem Vertrieb pro Fahrzeug der Auftragsstatus im Fertigungsfluß durch die Fabrik laufend überspielt;
- der Einkauf, in dessen System BESSY (Bestelleinkaufssystem) der Bruttobedarf pro Teilenummer eingespielt wird. Dort erfolgt mit Hilfe
  - der Lieferantenkennzeichnung,
  - der Quoteneinteilung bzw. vorgegebener Liefermengen und
  - der frachtgünstigsten Beziehung „Lieferant/Empfängerwerk"

die Zuteilung der Bedarfe auf die Lieferanten. Das Ergebnis wird dem Dispositionssystem der Logistik für die Erstellung der Liefereinteilungen zur Verfügung gestellt.

Auf dem Werkrechner (Bild 7) werden unter anderem
- das Fahrzeug- und Motorenmontageprogramm gebildet,
- die Teilefertigung mit Aufträgen unter Berücksichtigung der Anlagenkapazitäten versorgt,
- die Disposition abgewickelt,

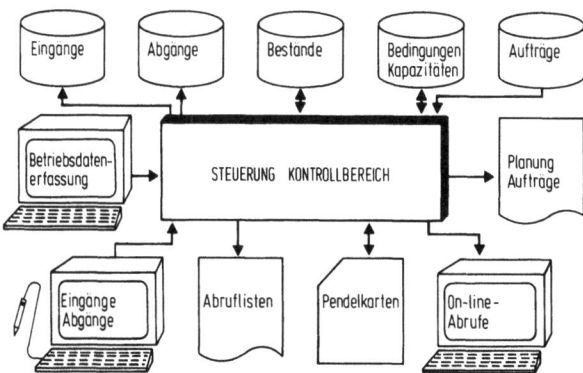

Bild 8. Informationsfluß zur Steuerung der Kontrollbereiche

- die täglichen Lieferantenabrufe aus dem Materialfeindispositionsumfang vorbereitet und
- die Materialflußinformationen aus den einzelnen Kettengliedern im Werk on line erfaßt und den Dispositionen zur Vermeidung potentieller Engpässe transparent gemacht.

Die *Satellitenrechner* sind jeweils einem Kontrollbereich zugeordnet. Die Kontrollbereiche sind die organisatorische Konsequenz des Anspruchs, den Materialfluß lückenlos abzubilden. Kontrollbereiche sind alle Kettenglieder im logistischen System „Werk" (Bild 8). Dazu zählen
- der Wareneingang,
- die Läger bzw. Puffer der Logistik und
- die Produktionsabschnitte im Fahrzeugfluß, der Baugruppenfertigung, der Teilefertigung.

Der Steuerleitstand eines Kontrollbereichs
- erfaßt alle eingehenden und ausgehenden Materialströme,
- ermittelt daraus Bestände,
- vergleicht eingehende Aufträge mit Beständen und bildet damit Nachschubaufträge, zudem
- stellt er die Verbindung zum Werkrechner sicher.

Das aus Forderungen der Logistik entstandene Konzept der Kontrollbereiche wird zur Zeit bei Audi weiter ausgebaut. Man hat dafür den Begriff „Cost-Center" gewählt in Abwandlung des sonst üblichen Begriffs „Profit-Center".

Die Fertigungsbereiche werden wie selbständige Einheiten betrachtet; zahlreiche Funktionen werden dort integriert und unter eine Leitung gestellt. Die Parole lautet: Weg vom Manager – hin zum Unternehmer. Neben der Stärkung des Kostenbewußtseins dient dieses Konzept der Erhöhung der Schlagkraft dieser Cost-Center in Richtung Qualität und Produktivität.

Die angestrebte Integration bleibt jedoch nicht auf der Ebene Cost-Center stehen, sondern wird weitergetragen über die Fertigungsteams bis zum einzelnen Mitarbeiter. So werden die
- Aufgaben der Fertigung,
- Tätigkeiten der Werkinstandhaltung in Form der Wartung, Störungsbeseitigung und Instandhaltung,
- Prüfungen der Qualitätssicherung und
- die Handhabung der Logistik

zusammengeführt. Damit wird einer wesentlichen Forderung von CIM, die in der Überwindung der Taylorschen Arbeitsteilung liegt, voll entsprochen.

Ebenfalls mit einem eigenständigen Satellitenrechner wird die Fahrzeugdurchlaufsteuerung – System MONTIS – abgewickelt. Analog den Kontrollbereichen für die Abbildung des Materialflusses wird die Fabrik in Abschnitte zur Durchlaufsteuerung eingeteilt. Pro Abschnitt erfolgt eine Erfassung jeder Karosse über ihre Produktionskennnummer. Diese Erfassung geschieht vollautomatisch, indem ein an der Karosse befindlicher programmierbarer Datenträger gelesen wird (Speicherkapazität bis 8 KByte). Dort können alle interessierenden Daten des Fahrzeugsatzes bzw. Prozeßdaten aus dem Karossenfluß gespeichert werden.

Über das Montagesteuerungssystem, das einen Fahrzeugauftrag erfaßt, wenn er in das Rohbautagesprogramm eingeplant wurde, und wieder abmeldet, wenn das fertige Fahrzeug dem Vertrieb übergeben wurde, werden viele Funktionen in unter- oder nachgeordneten Bereichen angestoßen. Über sternförmig angebrachte Standleitungen werden zum Beispiel
- etwa 100 Unterbaugruppen im Werk Ingolstadt in Abhängigkeit des Fahrzeugflusses spätmöglichst angestoßen und
- die (externen) Lieferanten für die JIT-Lieferumfänge bedarfsorientiert informiert.

Die Software auf der Steuerungsebene ist weitgehend modular aufgebaut. So sind die verbleibenden Logistikläger zu 100% modularisiert und standardisiert, die Stapelanlagensteuerung aufgrund spezifischer Anforderungen zu 60% bis 80%. Bei letzteren sind 100% wegen unterschiedlicher automatischer Materialflußanbindungen nicht sinnvoll.

5 Weitere Entwicklungsschritte – Zusammenfassung und Ausblick

Zum Ausbau der CIM-Konzeption und ihrer schrittweisen Verwirklichung sieht man bei Audi folgende Ansätze:
- CIM kann nicht als *ein* globales Projekt realisiert werden, sondern nur über viele konkrete Einzelprojekte in einem bestimmten Rahmen.
- Das Rahmenkonzept ist immer wieder auf Übereinstimmung mit der Unternehmensstrategie und den Erfordernissen der Märkte zu überprüfen und gegebenenfalls anzupassen.
- Bei der Entwicklung neuer Systeme ist die CIM-Fähigkeit *ein* wichtiges Kriterium für die Bewertungen, aber nicht zwingende Voraussetzung, wenn die Wirtschaftlichkeit trotz gewisser CIM zuzurechnenden Kostenbestandteile nicht gewährleistet ist. Die Wirtschaftlichkeit der Projekte kommt erfahrungsgemäß weniger aus CIM selbst, als aus der Steigerung des Automationsgrades.
- Die angestrebte Integration wird mehrdimensional vollzogen
  - innerhalb von Einzelfunktionen bzw. Systeminseln,
  - zwischen Systeminseln zur konsequenten Umsetzung des Fließprinzips sowohl für das Material wie auch für die Information (Schaffung von Systemkontinenten) und
  - durch Verknüpfung der Systemkontinente zu einer größeren Systemwelt, die alle Ströme in das Unternehmen und aus dem Unternehmen berücksichtigt.
- Datenintegration allein genügt nicht, sie muß einhergehen mit einer Funktionsintegration – unabhängig vom Organigramm.
- Logistik wird zunehmend zum Schnittstellenmanager der CIM-Gebilde. Sie, die Logistik, gestaltet die Informations- und Materialflüsse und gleicht durch Steuerung das aus, was zum Idealziel der 100-%-Marke – sei es bei der Qualität, der Anlagenverfügbarkeit oder der Integration – jeweils fehlt.
- Das Integrationstempo wird vom Markt bestimmt und nicht vom Fortschritt der Informations- und Automationstechnik.
- Für den Erfolg eines Unternehmens zählen nicht Aktivi-

tät und Kreativität allein, sondern vor allem die Umsetzung. Echte Innovation muß sich in der Realität beweisen. Deshalb steht bei Audi neben dem Sachpromotor als Fachkompetenz der Machtpromotor für wichtige Vorhaben. Dieser kann, wenn die Situation es erfordert, ein Vorstandsmitglied sein.
- Trotz Cost-Center-Philosophie wird man an der zentralen Koordination und Verantwortung der Funktionen Organisation, Systemplanung und Datenverarbeitung festhalten, um so die teilweise divergierenden Bereichsinteressen bei der Entwicklung bereichsübergreifender CIM-Projekte besser ausrichten zu können.
- Die Durchlässigkeit zwischen den Funktionsbereichen als CIM-Voraussetzung ist zu steigern. Dazu zählen
  - Integrationsseminare,
  - Job-Rotation,
  - die räumliche Zusammenfassung von Konstrukteuren und Fertigungsplanern,
  - eine Erweiterung des Zielkatalogs von Bereichsverantwortlichen durch Zielgrößen anderer Funktionsbereiche (z.B. Bestandsvorgaben in Produktionsabschnitten für die Leiter von Cost-Centern).

CIM kann eine Antwort sein, wenn der Standort Bundesrepublik Deutschland in Frage gestellt wird. Mit diesem Konzept lassen sich Nachteile wie hohe Kosten und bürokratische Hemmnisse kompensieren durch die aus der Integration und Systemunterstützung sich bietenden Möglichkeiten in punkto
- Schnelligkeit bei Innovationen,
- Qualität der Produkte und Serviceleistungen sowie
- Differenzierung des Angebots.

Dazu ist es aber notwendig, daß sich die Ausbildungs- und Fortbildungsträger schneller und konsequenter als in der Vergangenheit darauf einstellen, daß mit der Integration und gleichzeitigen Öffnung zum europäischen Binnenmarkt bzw. Weltmarkt die Abläufe komplexer werden und zur Lösung der Probleme neue Lehr- und Lerninhalte bereitgestellt werden müssen.

Planung und Inbetriebnahme einer hochautomatisierten Fabrik am Beispiel einer Getriebefertigung

R. **Hundseder**, Friedrichshafen

Inhalt. Zur Produktion eines 5-Gang-Schaltgetriebes für leichte Nutzfahrzeuge wurde eine hochautomatisierte Fabrik in Friedrichshafen errichtet. Der Autor beschreibt das Produkt- und Bearbeitungsspektrum, die Planungsprämissen und die zeitlichen Vorgaben. Das Fabrik-Layout wird vorgestellt, Material- und Informationsfluß werden erläutert. Weiterhin wird über die Inbetriebnahmephase, die Zuverlässigkeit der Anlagen und das Qualitätssicherungssystem berichtet. Zum Abschluß wird auf Verbesserungsmöglichkeiten eingegangen.

1 Ausgangslage

Die Zahnradfabrik Friedrichshafen AG (kurz: ZF) ist weltweit einer der größten unabhängigen Zulieferer in der Fahrzeugindustrie. Sie entwickelt und produziert Antriebs- und Lenkungssysteme für den Fahrzeugbau, darüber hinaus auch Antriebssysteme für Schiffe und die Luftfahrt. In enger Zusammenarbeit mit vielen Fahrzeugherstellern in Europa und Übersee werden Komponenten der Fahrwerkstechnik entwickelt und hergestellt.

Die ZF steht dabei in starkem Wettbewerb mit konkurrierenden Unternehmen und auch Fahrzeugherstellern, die derartige Komponenten in eigener Regie produzieren.

Die anhaltende Konzentration unter den Nkw-Herstellern führt unter den Produzenten weltweit zur Straffung der Produktionsprogramme bei gleichzeitiger Produktauffächerung, d.h. mehr Fahrzeug- und Einsatzvarianten.

Mit neuen Produkten und Fertigungstechnologien hat die ZF deshalb den Einstieg in die Volumenmärkte gesucht, was gegen starke internationale Konkurrenz auch gelungen ist. So erhielt die ZF vom amerikanischen Automobilhersteller FORD den Auftrag, ein Getriebe für sogenannte "Pick-Ups" (Bild 1) zu liefern. Das sind leichte Nutzkraftwagen, die in den USA sehr beliebt sind. Der Vertrag läuft zunächst über fünf Jahre und sieht die Lieferung von jährlich 133000 Getrieben vor.

Die ZF hat die Realisierung der neuen Fabrik für dieses Projekt unter das Motto

„Entwicklung und Produktion unter Einsatz neuester Technologien zu vorgegebenen Konditionen unter Ausnutzung weltweit günstigster Beschaffungsmöglichkeiten"

gestellt.

2 Produktinformation

Das 5-Gang-Schaltgetriebe mit der Typenbezeichnung 55–42 (Bilder 2 bis 4) wurde speziell für FORD entwickelt. Es werden auch Applikationen für europäische Fahrzeughersteller konzipiert und zum Teil schon realisiert.

Das Getriebe ist für ein Drehmoment bis 540 Nm ausgelegt, voll synchronisiert und hat ein Gewicht von rund 74 kg einschließlich Ölbefüllung. Hierbei wurden die neuesten Erkenntnisse der Produkttechnologie, der Werkstoff- und der Verfahrenstechnik eingebracht.

Einige wesentliche Merkmale aus der Werkstofftechnik sind:
– Gehäuse in Aluminiumdruckguß mit integrierter Kupplungsglocke,

Bild 1. FORD-Pick-up

Bild 2. 5-Gang-Synchrongetriebe 55–42

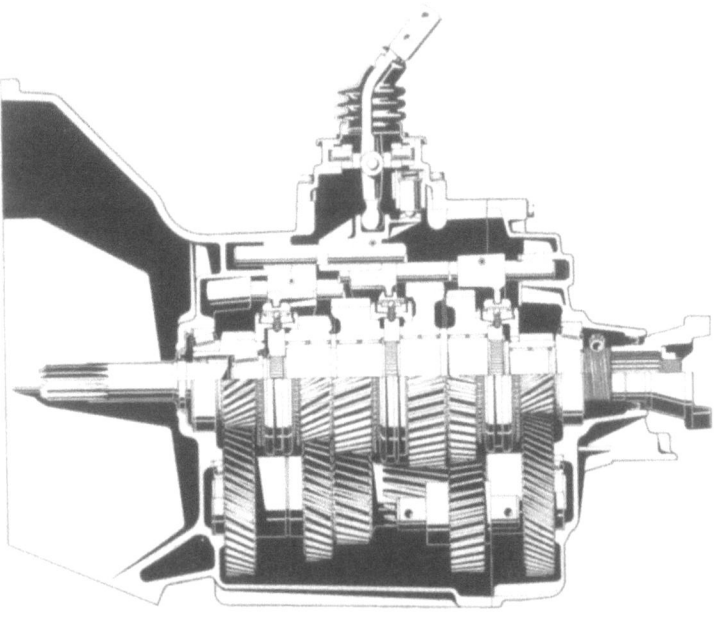

Bild 3. Synchrongetriebe 55–42

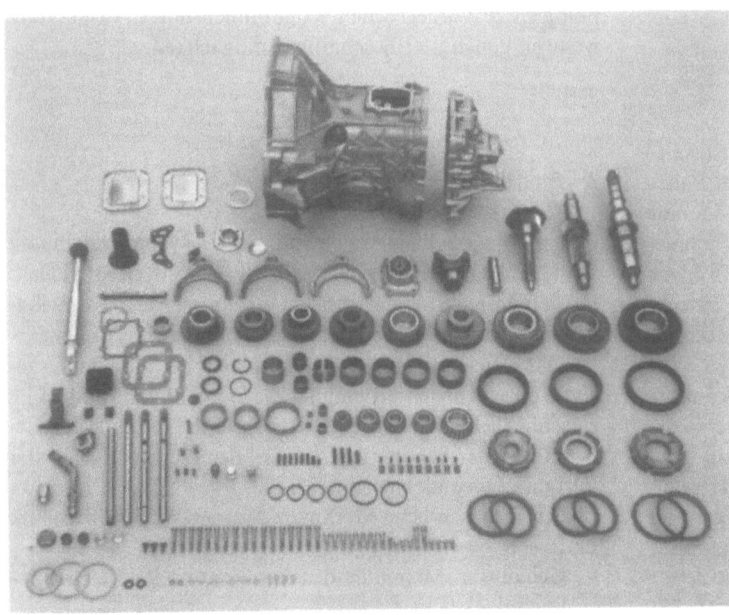

Bild 4. Einzelteile des 55–42

- Schaltgabeln und Schaltgehäuse ebenfalls in Aluminiumdruckguß,
- sämtliche Verzahnungen in Schleifausführung zur Optimierung von Qualität und Geräuschverhalten,
- Synchronteile zum Teil gesintert,
- Rohteile zum Teil als Kaltfließpreßteile ausgeführt.

Hohe Leistungsübertragung bei niedrigstem Stückgewicht war eines der Entwicklungsziele.

3 Planungsprämissen

Bei der Planung wurden folgende wesentliche Ziele gesetzt:
- hohe Verfügbarkeit der Produktionsanlagen,
- Pausendurchlauf der Anlagen durch Werkstückmagazine bzw. -speicherung derselben,
- Umrüstzeiten auf das Minimale senken,
- Materialdurchlaufbeschleunigung zur Erzielung von kurzen Lieferzeiten,
- Produktion ohne Zwischenlager direkt in die Montage.

Neben diesen mehr allgemeinen, jedoch äußerst wichtigen Bedingungen, wurden folgende Planungsprämissen festgelegt:
- 3-Schicht-Betrieb an fünf Arbeitstagen für die Produktion, 2-Schicht-Betrieb an fünf Arbeitstagen für die Montage und Getriebeprüfung,
- der sechste Wochentag wird für die Durchführung der Servicearbeiten an Maschinen/Einrichtungen genutzt,
- angestrebte technische und organisatorische Ausfallrate max. 20%; daraus würde sich eine maximale Verfügbarkeit der Produktionsanlagen von durchschnittlich 80% ergeben.

Nach Sondierung der weltweit kostengünstigsten Beschaffungsmöglichkeiten wurde folgende Fertigungstiefe festgelegt:
- Eigenfertigung sämtlicher Räder, Wellen und Synchronteile,
- Zukauf sämtlicher Schaltteile, Normteile und einbaufertiger Gehäuse von national bzw. international tätigen

Zulieferanten, vor allem aus den Ländern, die auf Dollarbasis fakturieren.
- Montage der Getriebe zu 50% in Friedrichshafen und zu 50% in einer im Jahre 1987 neu errichteten Fabrik in Gainesville, Ga. (USA). Der weitere Ausbau dieses neuen Werkes in den USA ist fest geplant.

4 Technologiekonzept

Zur Entscheidungsfindung bei der Technologiekonzeption wurden verschiedene Fertigungsalternativen einander gegenübergestellt, und zwar bezogen auf die Standorte USA, Brasilien und Deutschland:
- konventionell (manuell)   2- und 3schichtig,
- teilautomatisiert   2- und 3schichtig,
- vollautomatisiert   3schichtig.

Die Auswertung der Kostenanalysen ergab eindeutig, daß die vollautomatisierte, im 3-Schicht-Betrieb genutzte Produktion zu den niedrigsten Stückkosten führt. Sie ergab auch, daß das Projekt unter Berücksichtigung des vom Kunden vorgegebenen Terminrahmens und der qualitativen Personalressourcen nur am Standort Friedrichshafen durchzuführen ist.

Auf der Grundlage dieser Erkenntnisse wurde die Detailplanung durchgeführt. Als Resultat entstanden unter anderem
- 18 teil- und vollautomatisierte, komplexe Fertigungssysteme mit insgesamt 60 Maschinen,
- 24 Einzelmaschinensysteme,
- zwei Montagelinien (für Friedrichshafen und Gainesville je eine Linie), bestehend aus teilautomatisierten Montageplätzen, verbunden mit induktiv geführten Montagefahrzeugen,
- insgesamt fünf prozeßrechnergesteuerte Prüfstände, wovon zwei in Friedrichshafen und drei in Gainesville aufgestellt sind.

Die Fertigungssysteme wurden von der ZF konzipiert und in Zusammenarbeit mit kompetenten Herstellern der Werkzeugmaschinenindustrie entwickelt und realisiert.

Dazu wurde von der ZF in zweijähriger Vorarbeit das Pflichtenheft entwickelt, d.h., es wurden die Daten- und Befehlsstrukturen sowie die Schnittstellen von Fertigungssystemen definiert, wobei man damals noch keine Kenntnis des FORD-Auftrags hatte.

Zur Sicherstellung einer optimalen Nutzung der Fertigungssysteme wurden die dafür auf dem Markt erhältlichen Komponenten integraler Bestandteil der Systeme. Hierzu gehören unter anderem
- automatisches Be- und Entladen,
- automatische Rohteilentnahme mit Magnetgreifersystemen und Sortiereinrichtungen,
- automatischer Werkzeugwechsel und automatische Schneidenvermessung sowie Werkzeugbruchüberwachung,
- Schnellwechseleinrichtung für Wälzfräser und Futterbacken,
- Störungsmeldung an den Maschinen über integrierte Diagnosesysteme,
- Post-, In- und Preprozeßmessung und Qualitätsüberwachung über Qualitätsdatensysteme,
- Einsatz einer neu entwickelten durchgängigen ZF-Transporteinheit, auch nutzbar als Werkstückmagazin.

Die Fertigungssysteme sind modular aufgebaut, bestehend aus
- autarken Einzelmaschinen,

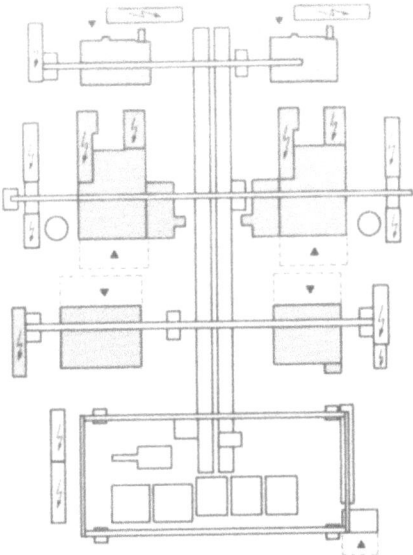

Bild 5. Layout des Fertigungssystems Räder „weich"

Bild 6. Gesamtansicht des Fertigungssystems Räder „weich"

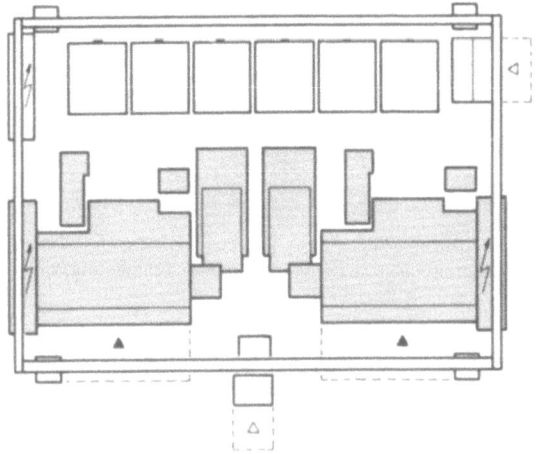

Bild 7. Layout des Fertigungssystems Räder „hart" (Bohrung schleifen)

- autarken Transport- und Handlingsystemen,
- einer übergeordneten Systemsteuerung.

Neben neuen Fertigungskonzepten wurden für die ZF neue Fertigungstechnologien realisiert. Als Beispiele sind zu nennen:
- Zahnflankenschleifen mit CBN-Werkzeugen,
- Zahnflankenschleifen mit Globoid-Schleifschnecken, Abrichten mit diamantbeschichteten Werkzeugen,

Bild 8. Gesamtansicht des Fertigungssystems Räder „hart"

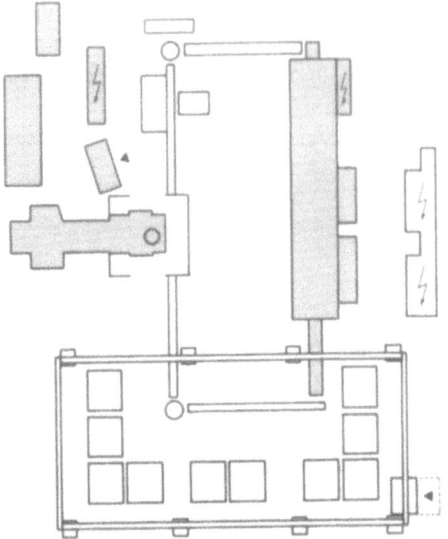

Bild 11. Layout der Laserschweißanlage

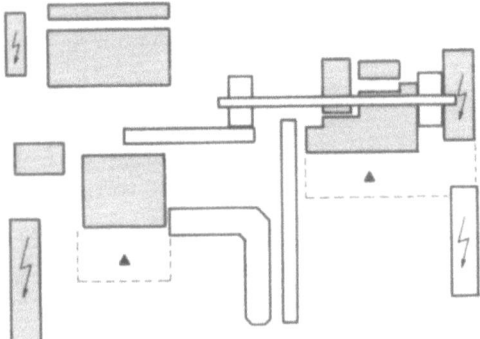

Bild 9. Layout des Fertigungssystems Räder „hart"

Bild 12. Arbeitsraum für die Laserschweißanlage

Bild 10. Gesamtansicht des Fertigungssystems Verzahnungsschleifen

- automatisches Laserstrahlschweißen von Losrädern und Antriebswellen mit Kupplungskörpern,
- maßgesteuertes Molybdänbeschichten von Synchronringen,
- prozeßrechnergesteuerte Wärmebehandlungsanlagen,
- Einsatz induktivgeführter, prozeßrechnergesteuerter Montagefahrzeuge,
- prozeßrechnergesteuerter Getriebeprüfstand mit objektiver Geräusch- und Schaltkraftmessung.

Mit der Anwendung fortschrittlichster Technologien und der sinnvollen Verkettung der einzelnen Bearbeitungsmaschinen wird ein hoher Automatisierungsgrad und eine hohe Produktivität erreicht. Dies sind die Voraussetzungen, um Produkte zu weltmarktfähigen Preisen anbieten und verkaufen zu können. Die Bilder 5 bis 14 zeigen Layouts, Gesamt- und Teilansichten einiger Fertigungsbereiche.

Bild 13. Teilansicht der Getriebemontage

5 Gebäudekonzept

Für das Projekt wurde eine neue Produktionshalle konzipiert, die dem modernsten Stand der Gebäudetechnik entsprechen sollte.

In einer Bauzeit von nur sechs Monaten wurde eine eingeschossige, flachgedeckte, nicht unterkellerte Produktionshalle einschließlich Anbauten für Büros, Haus- und Betriebs-

Bild 14. Getriebeprüfstand

technik, Sozialräume und für die Service-Abteilungen errichtet (Bilder 15 und 16).

Die Halle hat folgende Dimensionen:
Abmessung 72 m × 225 m,
Gesamtfläche 16 500 m²,
umbauter Raum 138 000 m³.

Die *Medienversorgung* der Halle mit Heizung, Druckluft, Sauerstoff, Wasser, Strom usw. erfolgt aus dem vorhandenen Versorgungsnetz des Werkes II über einen unterirdischen Kanal.

Die *Entsorgung* wird ebenfalls über den Versorgungskanal zu den zentralen Entsorgungsanlagen vorgenommen.

Das *Versorgungssystem in der Halle* ist unter der Hallendecke installiert und springt jeweils pro Abnehmer nach unten.

Bild 15. Frontansicht Halle 10

Für die Maschinen der Weichbearbeitung wurde eine zentrale, automatische Späneentsorgungsanlage sowie eine Ölrückgewinnungsanlage installiert. Ferner wurden zentrale automatische Kühlschmierstoffanlagen mit Vakuumabsaugsystemen installiert, die Feststoffe und nicht emulgierte Öle absondern. Die Temperierung der Kühlschmierstoffe erfolgt über eine zentrale Kälteanlage anstelle von Einzelaggregaten.

Als Beleuchtungskörper werden energieoptimale HQL-Lampen mit tageslichtabhängiger Steuerung eingesetzt. Ferner wurde erstmalig die Grundstufe der zentralen Gebäudeleittechnik mit einem Computer-Bus Sinec L1 realisiert.

6 Qualitätssicherungskonzept

Der Kunde FORD fordert die Realisierung sehr differenzierter und für die ZF neuer Qualitätssicherungsmaßnahmen, die in der FORD-Richtlinie Q-101 niedergelegt sind. Grundsatz dieser Richtlinie ist eine Schwerpunktverschiebung innerhalb der Qualitätssicherung, nämlich die Abkehr von „fehlerentdeckenden" zu „fehlervermeidenden" Maßnahmen. In dem Getriebeprojekt wurden unter Anwendung der folgenden Verfahren umfangreiche positive Erfahrungen gesammelt.

6.1 Design-FMEA

Mit dieser Methode wird eine Qualitätssicherung bereits in der Entwicklungsphase erreicht. Sie wird federführend von der Entwicklung mit Unterstützung vieler anderer Bereiche, insbesondere der Qualitätstechnik, durchgeführt.

6.2 Prozeß-FMEA

Die Prozeß-FMEA ist ein wichtiges Instrument, um bereits in der Planungsphase kritische Arbeitsprozesse analysieren und entsprechende Maßnahmen frühzeitig einleiten zu können. Diese Analysen werden serienbegleitend von der Planungsabteilung in Zusammenarbeit mit der Qualitätstechnik durchgeführt.

6.3 Prüfplanung

Für das Getriebeprojekt wurde eine umfangreiche Prüfplanung für ZF-Produktionsteile und Zukaufteile durchgeführt. Hierbei werden in Zusammenarbeit mit Entwicklung, Arbeitsablaufplanung und Qualitätstechnik für jedes Bauteil die funktionswichtigen und fertigungskritischen Merkmale definiert.

Die definierten Maße sind in der laufenden Produktion entsprechend den SPC-Forderungen sowohl in der Eigenproduktion als auch bei den Zulieferanten permanent zu prüfen und zu dokumentieren.

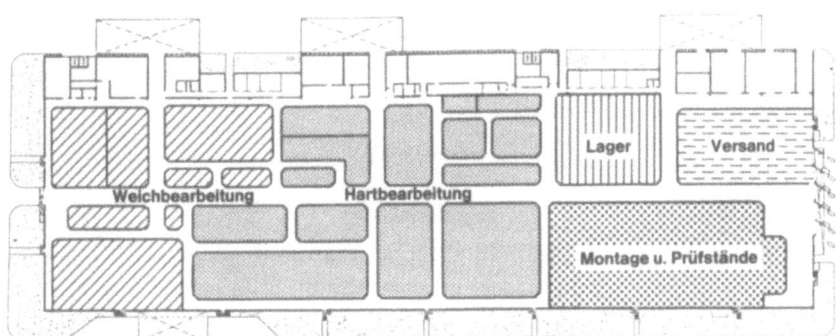

Bild 16. Blocklayout Halle 10

Bild 17. Automatische Meßstation „Räder"

Bild 18. Qualitätsdatensystem an einer Produktionsmaschine

6.4 Fertigung einer 300er Musterserie

Vor Serienbeginn ist eine Musterserie von 300 Getrieben unter Serienbedingungen herzustellen. Die Erfahrungen aus der Musterserie können zu entsprechenden Maßnahmen führen, um Fehler bei der Serienproduktion weitgehend zu vermeiden.

6.5 Maschinenfähigkeitsanalysen

Begleitend zur Produktion der Musterserie, werden intensive Maschinen- und Prozeßfähigkeitsstudien durchgeführt. Hierzu kamen in der ZF erstmalig Qualitätsdatensysteme zur Anwendung.

Aufgrund der statistischen Auswertungen und der Stichprobenergebnisse werden umfangreiche Informationen über die Maschinen- bzw. Prozeßfähigkeit gesammelt. Die sich daraus ergebenden Daten dienen zur Stabilisierung und Verbesserung der Produktionsprozesse.

6.6 SPC – Statistical Process Control

Die installierten Fertigungssysteme sind mit automatischen Meßstationen ausgestattet, die es erlauben, ein prozeßnahes Messen mit rechnergestützten Prozeßüberwachungssystemen auszuführen (Bild 17). Dadurch ist es möglich, Fehlerursachen und Trends unmittelbar an den Produktionsmaschinen zu erkennen. Die Meßdaten und Auswertungen werden dabei direkt am Bildschirm angezeigt (Bild 18).

Damit wird eine aktuelle Beurteilung der ausgeführten Prozesse bzw. deren Beherrschung sowie der Trendverlauf durch die Systembediener, aber auch für den Produktionsleiter und die Qualitätssicherung möglich.

6.7 Getriebeendprüfung

Jedes Getriebe wird nach der Montage auf einem Teillastprüfstand einer umfassenden Prüfung unterzogen. Hierbei werden geprüft:
- Funktion,
- Dichtheit,
- Schleppmoment bei eingelegtem Rückwärtsgang,
- Schaltkraft in allen Gängen,
- Geräusch in allen Gängen für Zug- und Schubseite in einem definierten Drehzahlbereich.

Der Prüfstandsrechner speichert die Meßdaten der geprüften Getriebe.

6.8 Produktaudit

Eine anwendungsbezogene Prüfung der Getriebe erfolgt mit dem Produktaudit. Auf einem festgelegten Fahrkurs werden pro Woche drei Getriebe geprüft, anschließend folgen Demontage und Beurteilung. In dieser Prüfung wird das Getriebe im Fahrzeug im Zusammenwirken aller Komponenten beurteilt.

6.9 Validationstest

Bei Änderungen an einzelnen Bauteilen, die nach Serienstart eingeführt werden sollen, wird eine Nacherprobung im Getriebe mit serienmäßig hergestellten Teilen verlangt. Nach positivem Befund gibt der Kunde die Serie frei.

6.10 CAQ-Konzept

Zur Zeit werden die Ergebnisse der Qualitätsdatensysteme und des Prüfstandsrechners in umfangreichen Datenpaketen gesammelt. Außerdem werden umfassende Informationen über Zukaufteile bzw. über die Zulieferanten aufgenommen. Diese Daten sind jedoch nur von Nutzen, wenn sie für weitere Analysen verwendet werden können.

Um künftig noch aktuellere und umfassendere Informationen über den Qualitätsstand des Produkts verfügbar zu haben, wird an einem umfassenden CAQ-System gearbeitet.

6.11 Zusammenfassung

Das ZF-Qualitätssicherungssystem, das bisher schon Garant für hohes Qualitätsniveau der ZF-Produkte war, wurde um die FORD-Richtlinie Q-101 erweitert. Die positiven Erfahrungen mit der neuen Methode geben Anlaß, dieses System auch in anderen Bereichen zu übernehmen. Damit kann eine noch bessere, konstante Produktqualität ohne Kostensteigerung erreicht werden.

7 Organisationskonzept

7.1 Auftragsabwicklung

Kunde und Hersteller sind durch eine große Entfernung voneinander getrennt. Um die zeitliche und räumliche Distanz ohne Reibungsverluste überbrücken zu können, wurde mit Hilfe der Datenfernübertragung per Satellit ein

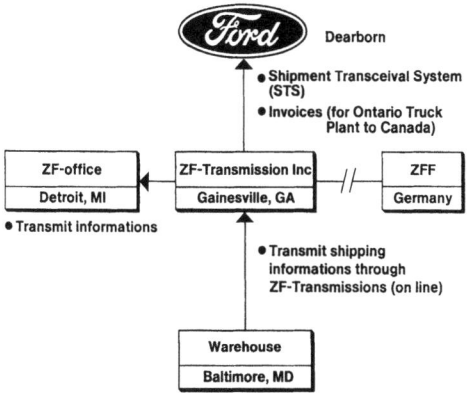

Bild 19. FORD-ZF-Kommunikationssystem

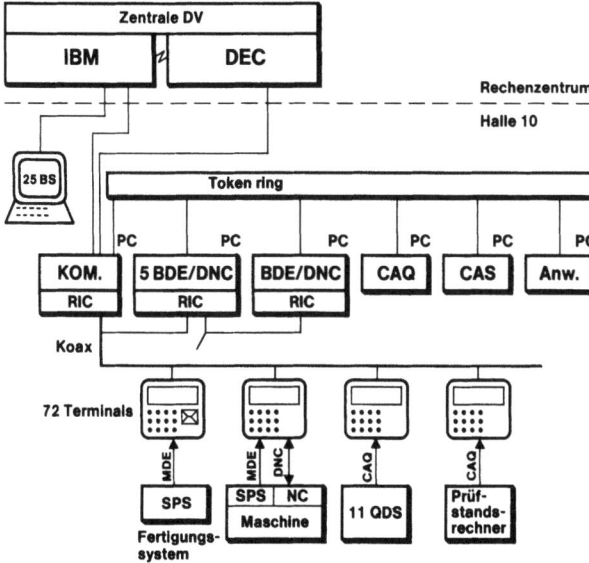

Bild 20. Struktur Betriebsinformationssysteme

Der Getriebeversand ex ZF erfolgt in Spezialkartons, die in Containern mit LkW-, Bahn- und Schifftransport zu einem Warehouse in Baltimore (USA) transportiert werden. FORD holt die Getriebe aus dem amerikanischen Montagewerk der ZF in Gainesville und aus dem Warehouse ab und übernimmt in eigener Regie die Verteilung auf fünf Fahrzeugmontage-Standorte in den USA und in Kanada. Die Belieferung des Montagewerks in Gainesville mit CKD-Sätzen erfolgt auf dem gleichen Transportweg.

7.2 Hallenorganisation

Produktion und Montage werden unterstützt von Steuerungs- und Informationssystemen, die in drei Phasen realisiert werden (Bild 20). In einem ersten Schritt wurde ein neues Produktions-, Planungs- und Steuerungssystem (PPS) implementiert. Das System ist auf drei Steuerkreise für die Zulieferindustrie, die Fertigung und die Montage ausgelegt. In Verbindung mit den Fertigungssystemen werden kurze Durchlaufzeiten erreicht und die Montagelinien ohne Zwischenlager bedient.

In der zweiten, zur Zeit laufenden Phase werden folgende Systeme installiert und in Betrieb genommen (Bild 21):
- BDE Betriebsdatenerfassungssystem,
- MDE Maschinendatenerfassungssystem,
- DNC interaktiver DNC-Betrieb.

In der dritten und letzten Phase sollen folgende Systeme eingeführt werden:
- CAQ Qualitätssicherungssystem (Bild 22),
- CAS Service- und Instandhaltungssystem (Bild 23),
- PPS für den Teilbereich programmabhängige Betriebsmitteldisposition, -bereitstellung und Lagerverwaltung,
- Einführung eines neuen leistungsorientierten Entlohnungssystems auf der Grundlage der BDE-/MDE-Daten.

Die Planungen für diese letzte Phase laufen intensiv, die notwendigen Lastenhefte sind zum Teil erstellt und Anfragenaktionen wurden eingeleitet.

Mit der schrittweisen Vernetzung der einzelnen Informationsbausteine wird ein noch höheres Maß an Flexibilität und Rationalität angestrebt. Der Weg zu einem CIM-Gesamtkonzept ist somit frei (Bild 24).

effektives System zur Datenübermittlung installiert (Bild 19). Der Datenaustausch erfolgt im festgelegten Rhythmus. Die Auftragsabwicklung für beide Montagestandorte wird von Friedrichshafen koordiniert.

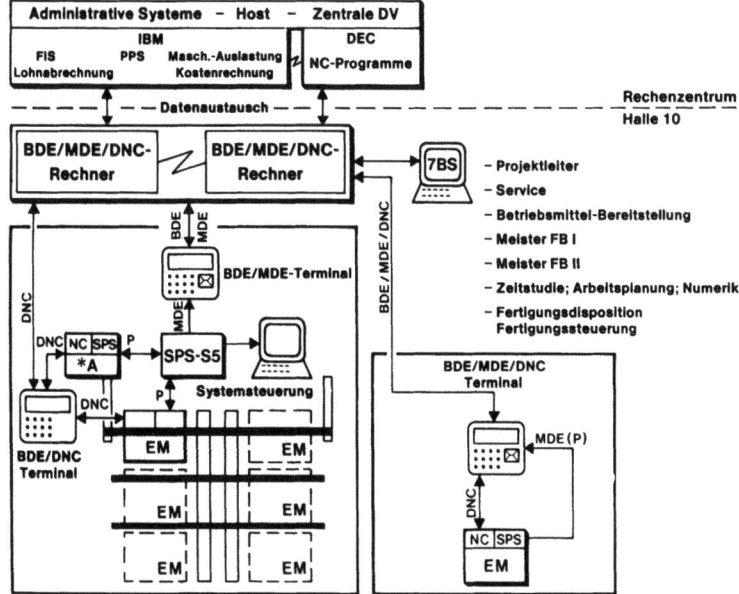

Bild 21. BDE/MDE/DNC-Konzept

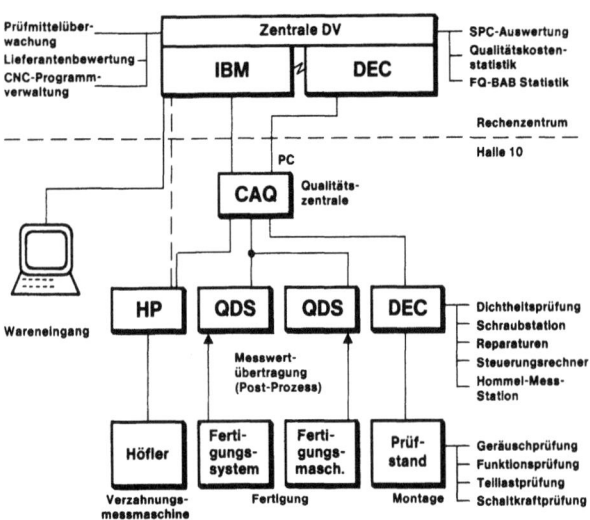

Bild 22. CAQ-Qualitätssicherungssystem

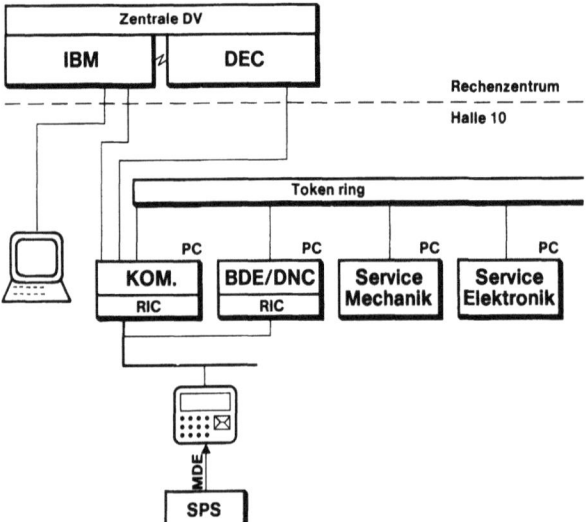

Bild 23. CAS-Servicesystem

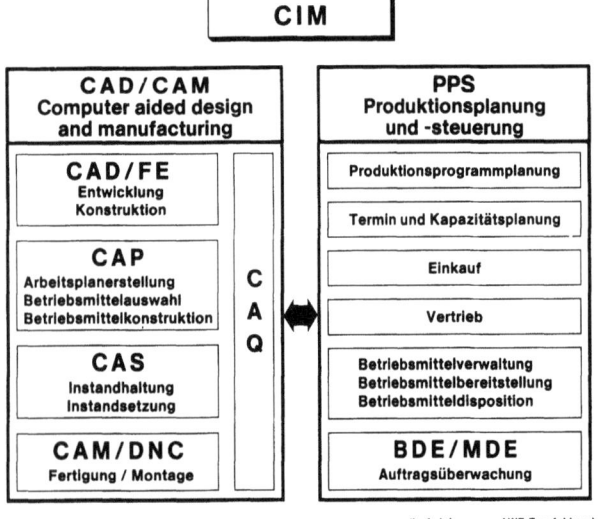

Bild 24. CIM-Bausteine

8 Personalkonzept

Die Produktion und die Montage des neuen Getriebes haben an beiden Standorten Maschinen und Systeme erforder-

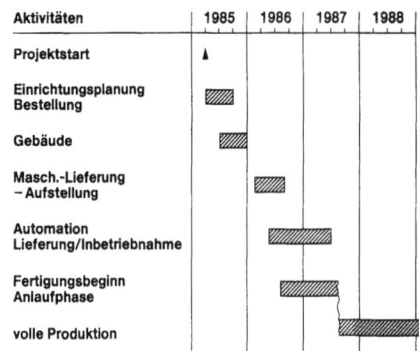

Bild 25. Terminplan

lich gemacht, bei denen der neueste Stand der Technik realisiert wurde. Die Systeme können jedoch nur funktionieren, wenn sie von Mitarbeitern mit hoher Qualifikation und Verantwortung geführt werden.

Durch ein umfangreiches Weiterbildungsprogramm, vor allem für „Systembediener" in den Fachbereichen Elektrotechnik, Technologie, Maschinenbau, Datenverarbeitung und Qualitätssicherung, wurden die Mitarbeiter auf ihren Einsatz vorbereitet. Durch diese intensiven Schulungen werden „handverlesene" fähige Mitarbeiter herangebildet, die in der Lage sind, ihre Aufgabe eigenverantwortlich wahrzunehmen.

Die flexible Fabrik der Zukunft braucht „flexible" Menschen, die damit umgehen können. In der ZF ist man zu dem Schluß gekommen, daß man diesen Weg gehen muß, wenn die ZF weiterhin zu den Spitzenunternehmen zählen will.

9 Zeitplan

Der mit der Auftragserteilung verbundene zeitliche Rahmen war äußerst eng gesetzt (Bild 25):
- Die Ausschreibung von FORD war im Sommer 1984.
- Die Entscheidung und die Auftragserteilung erfolgten Anfang 1985.
- Bis März 1985 dauerte die Vorplanung; zu diesem Zeitpunkt fiel auch die Entscheidung über den Standort.
- Mit der Detailplanung wurde am 2. April 1985 begonnen. Die Maschinen und Automationssysteme wurden im Zeitraum April bis August 1985 bestellt.
- Die Maschinen trafen zwischen Februar und Oktober 1986 ein.
- Die Lieferung der Automation begann im Mai 1986 und endete Anfang 1988.
- Die Inbetriebnahme des ersten Fertigungssystems war im November 1986, die des letzten Systems im Juli 1987 bzw. im April 1988.
- Der Bau der Halle dauerte vom Juni bis zum Dezember 1985.

Der Vertrag sah vor, daß der Job I, d.h. der Zeitpunkt, zu dem in Amerika die Fahrzeuge mit ZF-Getrieben von den Bändern rollen, auf den 3. August 1987 festgesetzt war.

Vom Start der Detailplanung bis zur Auslieferung der Getriebe – wobei der zeitliche Vorlauf von vier Wochen für den Lkw-Bahn-See-Schiff-Lkw-Transport eingerechnet wurde – standen nur $2^{1}/_{4}$ Jahre (= 27 Monate) zur Verfügung.

Man war sich bewußt, daß bei der Bestätigung dieses

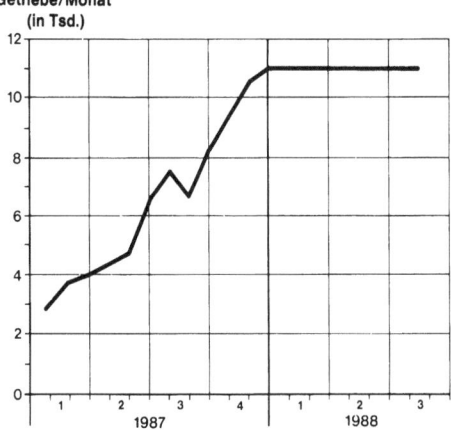

Bild 26. Anlaufplan

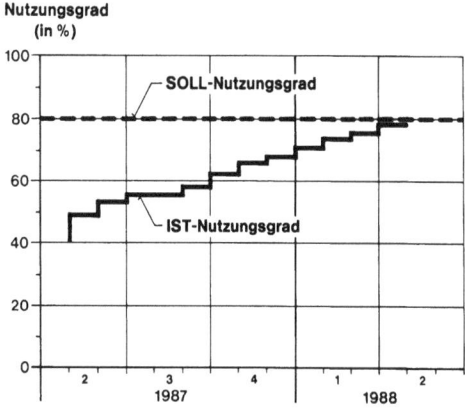

Bild 27. Soll-Nutzungsgrad

Terminrahmens ein hohes Risiko eingegangen wird. In der heutigen Zeit kann man jedoch kein Geschäft ohne Risiko tätigen.

Der Anlauf bzw. das Hochfahren bis auf die Kapazitätsgrenze hat einige Monate mehr Zeit erfordert, als eingeplant war (Bild 26). Im Dezember 1987 wurde erstmals die Kapazitätsgrenze von 11 100 Getrieben pro Monat erreicht.

Seither konnte die Produktion auf diesem Niveau gehalten und stabilisiert werden. 1988 sollen die geforderten 133 000 Getriebe, die – wie schon erwähnt – die Kapazitätsobergrenze darstellen, produziert und geliefert werden. Damit wird ein wesentlicher vertraglich vereinbarter Punkt erfüllt.

10 Bewertung des Projekts

Das Projekt bedeutet für die ZF den Einstieg in die Großserie, in den Volumenmarkt Amerika. Dies war der bisher größte Einzelauftrag in der Geschichte der ZF. Der Vertrag mit FORD ist ein wesentlicher Bestandteil des Vorhabens, auf den bedeutenden US-Markt vorzudringen.

Mit dem Projekt wurden große technologische Fortschritte erzielt. So können die neuen Systeme unter Berücksichtigung wirtschaftlicher Aspekte Schritt für Schritt auch bei der übrigen Produktion Anwendung finden. Das Organisationskonzept und vor allem auch das Qualitätssicherungssystem wird man auch schrittweise in den anderen Fertigungsbereichen einführen.

Bei dem Projekt wurden fast alle Planziele erreicht, die letzten Optimierungsaufgaben gehen ihrem Abschluß entgegen. So konnten 98% aller geplanten Vorgabezeiten realisiert werden.

Bei einzelnen Maschinen und Systemen wurde die erwartete Zuverlässigkeit noch nicht erreicht. Die ZF begegnet diesen Unzulänglichkeiten mit der Durchführung von Störanalysen und daraus abgeleiteten gezielten Maßnahmen zur Schwachstellenbeseitigung.

Die wirtschaftliche Seite des Projekts ergab im Rahmen einer Nachkalkulation im Frühjahr des Jahres, daß die 1985 geplanten Produktionskosten 1988 erreicht und eingehalten werden.

Nach der Anlaufphase weisen die Fertigungssysteme durchschnittliche Nutzungsgrade zwischen 75% und 80% auf, so daß auch in diesem Punkt das gesetzte Ziel erreicht wurde (Bild 27).

11 Erfahrungen und Verbesserungsmöglichkeiten

Wenn man sich fragt, was in einem ähnlich gelagerten Projekt anders oder besser gemacht werden sollte, lassen sich folgende Punkte nennen:

– Die Planungsphase war mit etwa sechs Monaten Zeitaufwand sehr knapp bemessen. Da man bei künftigen Projekten mit Sicherheit nicht mehr Zeit zur Verfügung haben wird, bedeutet dies, planerische Vorleistungen zu erbringen. Die ZF hat diese Vorleistung bei dem realisierten Projekt erbracht und wird sich auf diese Weise auch für die Zukunft rüsten.

– Die Inbetriebnahmephase war für die Produktionsmaschinen und besonders für die Automationssysteme kritisch. Die Vorbereitungen konnten durch Termindruck nicht immer mit der notwendigen Sorgfalt durchgeführt werden. So wurde vor allem auch ein deutlicher Mangel an qualifizierten Software-Spezialisten sowohl auf der Hersteller- als auch auf der Anwenderseite spürbar, der zu zeitlichem Verzug und erheblichen Mehrkosten führte. Die Werkzeugmaschinenindustrie muß das quantitative und qualitative Defizit auf der Softwareseite beseitigen. Hier müssen entsprechende Ausbildungsprogramme entwickelt und umgesetzt werden. Ansätze hierzu sind erkennbar. Die ZF wird in jedem Fall eigenes Fachpersonal heranbilden, um für künftige Aufgaben besser gerüstet zu sein.

– Aus den Erfahrungen mit dem Projekt leitet sich zudem die Empfehlung ab, einer höheren Qualifikation des Bedienungs- und vor allen Dingen auch des Servicepersonals besondere Bedeutung beizumessen. Ohne qualifizierte und motivierte Fachleute kann die modernste Technik nicht betrieben werden. Personalqualifikation, Flexibilität, Motivation und Übernahme von Eigenverantwortung sind die Garanten für das erfolgreiche Umsetzen moderner Technologien. Dies sind sicherlich hohe Ziele, ohne die es jedoch keine Zukunft geben wird.

– Die Planung für die notwendigen Organisationsmaßnahmen muß parallel zur Planung der Technologie und der Produktionseinrichtung laufen. Ohne ein vernünftiges Organisationskonzept lassen sich neue Fertigungskonzepte nicht oder nur mit größten Hindernissen umsetzen. Wenn dazu die eigene Kapazität nicht ausreicht, können dafür externe Fachleute herangezogen werden. Die Konzeption sollte jedoch immer im eigenen Hause entwickelt werden, weil firmenspezifische Belange zu berücksichtigen sind.

Marktakzeptanz bei der Fertigungsflexibilisierung

U. Heisel, Stuttgart

Inhalt. Für die Marktakzeptanz flexibler Fertigungssysteme ist es von Bedeutung, die Zielsetzungen der Anwender und die Anforderungen an die Flexibilität zu kennen. Der Autor beschreibt die Entwicklung und Trends sowie die Vorteile, die sich mit standardisierten Systemen ergeben. Mit den Merkmalen flexibler Fertigungssysteme – technisch wie wirtschaftlich – soll deutlich gemacht werden, welche technischen und organisatorischen Voraussetzungen im Betrieb geschaffen werden müssen und welche Risikofaktoren es gibt. Mit dem Konzept der stufenweisen Realisierung und Integration in den Betrieb durch Standardisierung lassen sich die Risiken mindern.

1 Einleitung

Marktakzeptanz kann allgemein festgestellt werden, wenn ein Produkt oder eine Idee weitverbreitet Anwendung gefunden hat. Das setzt voraus, daß zwischen den Zielsetzungen und Anforderungen der Anwender mit der praktischen Realität ein großes Maß an Übereinstimmung erzielt wurde.

Der Begriff „Fertigungsflexibilisierung" wurde vor etwa 20 Jahren geprägt. Man findet ihn seither in der Literatur als Schlagwort für die Einführung flexibler Fertigungssysteme in die industrielle Produktion. Der Gedanke zur Entwicklung dieser Systeme entstand vor dem Hintergrund einer sich abzeichnenden Veränderung der Marktanforderungen, die bis heute durch kürzere Produktlebenszeiten, der Forderung nach geringeren Lieferzeiten, eine stark zunehmende Variantenvielfalt der Produkte und eine zunehmende Produktkomplexität gekennzeichnet ist (Bild 1).

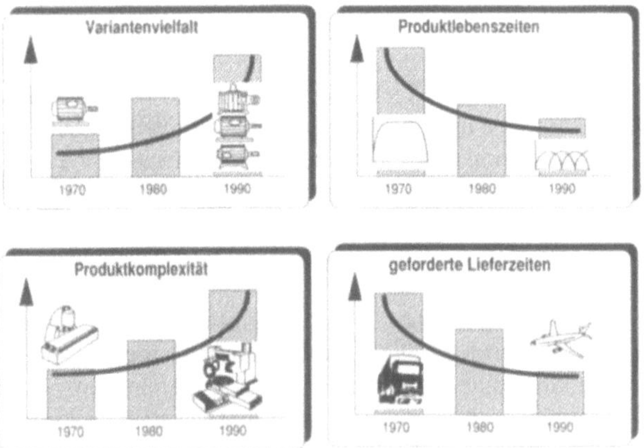

2 Zielsetzungen der Anwender und Anforderungen an die Flexibilität

Mit der Fertigungsflexibilisierung verbinden sich unterschiedliche Erwartungen seitens der Anwender, die von der Perspektive des Betrachters abhängen. Die für die Leitung eines Anwenderunternehmens verantwortlichen Manager interessieren sich für die Möglichkeit, durch Fertigungsflexibilisierung rascher auf Markt- und Konjunkturveränderungen reagieren zu können. Es interessieren vor allem geschäftspolitische Aspekte und Fragen der Kostenentwicklung.

Bild 2 zeigt als ein Beispiel, daß in der Bundesrepublik Deutschland wie auch in Japan und – ohne die Dollarkursschwankungen – in den USA ein kontinuierliches Ansteigen und in den letzten zehn Jahren eine Verdoppelung der Arbeitskosten pro produktiver Stunde zu verzeichnen war. Der Preissteigerungsindex im gleichen Zeitraum beträgt mehr als 40%. Das Interesse gilt daher auch der Tatsache, daß durch die flexibel automatisierte Fertigung wirtschaftliche Vorteile und damit die Sicherung oder eine Verbesserung der Marktposition erzielbar ist.

Der für die Produktion Verantwortliche dagegen, dessen Aufgabe darin besteht, termingerecht mit der geforderten Qualität eine bestimmte Menge von Produkten mit dem kleinstmöglichen Aufwand herzustellen, hat ganz andere Prämissen und verbindet mit der Fertigungsflexibilisierung andere Ziele (Bild 3). Er möchte Fertigungseinrichtungen, die möglichst die Komplettbearbeitung von Werkstückgruppen oder Teilefamilien zulassen. Er wünscht eine Erhö-

Bild 1. Veränderung der Marktanforderungen (Quelle: WZL, Aachen)

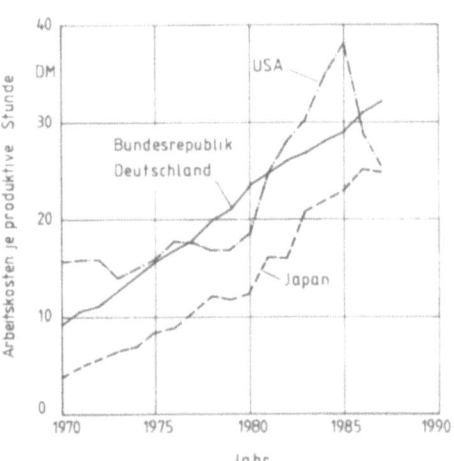

Bild 2. Entwicklung der Arbeitskosten je produktive Stunde (Quelle: Institut der deutschen Wirtschaft)

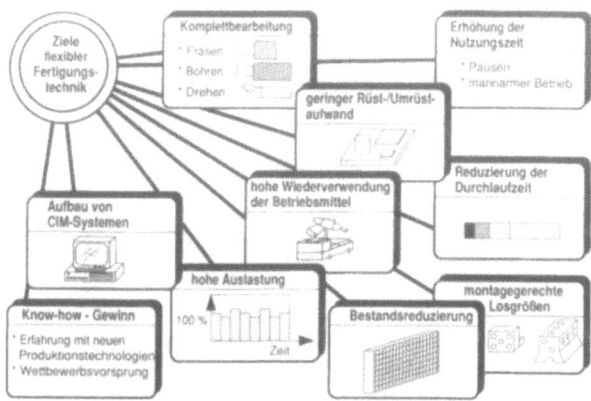

Bild 3. Ziele flexibler Fertigungstechnik (Quelle: Werner und Kolb, Berlin)

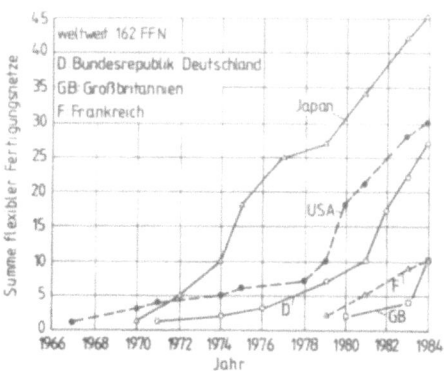

Bild 5. Anfangsentwicklung der Fertigungsflexibilisierung (Quelle: IPK, Berlin)

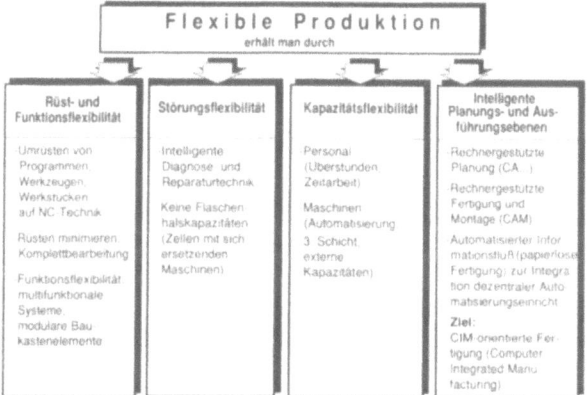

Bild 4. Zielsetzungen der Produktionsflexibilität (Quelle: ISW Stuttgart)

hung der Nutzungszeit und der Auslastung der Bearbeitungsmaschinen, geringeren Rüst- und Umrüstaufwand, ein hohes Maß für die Wiederverwendung der Betriebsmittel bzw. eine Verringerung der Betriebsmittelkosten, die Reduzierung der Durchlaufzeiten und der Lagerbestände, montagegerechte Losgrößen und nicht zuletzt auch Know-how-Gewinn und betriebliche Transparenz durch Anwendung rechnergeführter flexibler Fertigungstechnik.

Auch gibt es weitere Zielvorstellungen wie die des Servicetechnikers, der von der Fertigungsflexibilisierung eine Erhöhung der Betriebssicherheit durch automatisierte Prozeßüberwachung und eine Verbesserung der Störungsdiagnose durch Rechnerunterstützung erwartet. Der für die Qualitätssicherung Zuständige strebt die integrierte prozeßnahe Qualitätskontrolle an, um rasch und gezielt reagieren zu können; er erwartet von der flexibel automatisierten Fertigung eine gleichbleibende Produktionsqualität. Zusammengefaßt lassen sich diese Zielvorstellungen mit dem Begriff Produktionsflexibilität nach den in Bild 4 dargestellten Thesen beschreiben.

Dabei wird jedoch auch deutlich, daß die verschieden gerichteten Interessen und Ziele bei der Definition einer geplanten flexiblen Fertigungsanlage zu unterschiedlichen Prioritäten führen können. Entsprechend differenziert kann auch die Bewertung der Fertigungsflexibilisierung ausfallen.

3 Entwicklung und Trends

In der Anfangsphase der Fertigungsflexibilisierung stand die heute wichtigste Bedingung einer wirtschaftlichen Lösung weniger im Vordergrund, zumal keine Vergleichsmöglichkeiten und Erfahrungen vorlagen. Die seit 1967 installierten ersten Flexiblen Fertigungssysteme (FFS) waren Pilotanlagen, mit deren Einführung der erste Schritt zur „mannlosen Fabrik" getan werden sollte. Es handelte sich um relativ große Anlagen, zu deren Planung, Beschaffung und betrieblicher Einführung große Investitionen und ein erheblicher Aufwand erforderlich waren. Die mit der Einführung verbundenen Risiken wurden als sehr hoch eingeschätzt, so daß eine Verbreitung der Fertigungsflexibilisierung nur in größeren Unternehmen und allgemein sehr zögernd stattfand. Bild 5 zeigt die anfängliche Entwicklung in einigen Industrieländern.

Geht man dieser Entwicklung weiter nach, so stellt man fest, daß in verschiedenen Quellen sehr unterschiedliche Angaben über die Verbreitung flexibler Fertigungseinrichtungen gemacht werden. Die als ein Beispiel in Tabelle 1 wiedergegebenen Zahlen für die in der Bundesrepublik Deutschland 1985 hergestellten bzw. installierten Systeme belegen ganz offensichtlich verschiedene Erhebungen, was unter anderem auch mit verschieden verwendeten Definitionen von FFS zusammenhängt.

Mit der Bezeichnung „Flexible Automatisierung" werden flexible Transferstraßen, flexible Fertigungssysteme und -zellen umschrieben. Auch das Wort „Fertigungsinsel" ist gebräuchlich. Für die Interpretationen der Begriffe „Fertigungszelle, -insel oder -system" existieren seit einiger Zeit Vorschläge zur einheitlichen Definition. Im praktischen Sprachgebrauch zeigt sich aber, daß die einen für den kleinsten Baustein dieser Automatisierung bereits die Einzelmaschine mit automatischer Werkstück- und Werkzeugversorgung ansehen, die anderen jedoch erst bei der Verkettung von mindestens zwei Werkzeugmaschinen mit automatisier-

Tabelle 1. Vergleich der Zahlenangaben über die Verbreitung der Fertigungsflexibilisierung in der Bundesrepublik Deutschland

Unterschiedliche Quellen FFS-Definition	1985 hergestellte Systeme		1985 installierte Systeme	
	nach VDW-Stat.	nach Bosten Consulting	nach ISI/ISF-Studie	nach IPA Stuttgart
flexible Fertigungszellen = automatische Einzelmaschinen	74	120	195	240
flexible Fertigungssysteme = verkettete Mehrmaschinensysteme (ungetaktet bzw. wahlfrei)	25	140	83	50
flexible Transferstraßen (getaktet bzw. gerichtet)	20	150	?	?

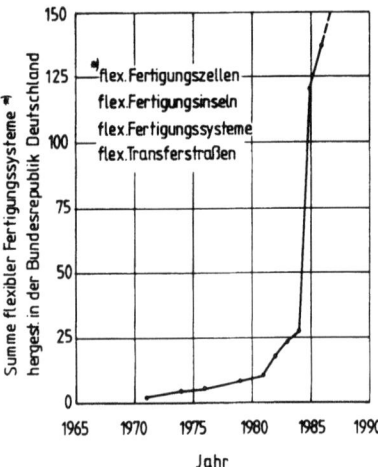

Bild 6. Entwicklung der Fertigungsflexibilisierung in der Bundesrepublik Deutschland

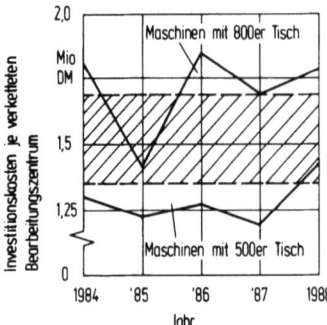

Bild 8. Investitionskosten je verkettetes Bearbeitungszentrum in Abhängigkeit von der Maschinengröße

ter Material- und Informationsflußperipherie zu zählen beginnen.

Seit etwa Mitte der 80er Jahre ist eine stark zunehmende Verbreitung der Fertigungsflexibilisierung festzustellen (Bild 6). Zu dem anfänglichen und nahezu ausschließlichen Anwenderkreis der Großunternehmen (>1000 Mitarbeiter) sind seither viele mittelgroße Unternehmen hinzugekommen, und beinahe jeder zehnte Anwender zählt heute zu kleineren Unternehmen mit weniger als 200 Mitarbeitern (Bild 7).

Die Gründe dafür liegen einmal in den letztendlich positiven Erfahrungen, die in den vergangenen zehn Jahren immer mehr nachprüfbare Fakten und Vorteilsargumente ergaben. So wurde anfänglich dem Einsatz von Rechnern zur flexiblen Steuerung komplexer Fertigungsanlagen, vor allem aber der Funktionstüchtigkeit der erforderlichen Software dazu, große Skepsis entgegengebracht. Die heute verfügbaren Kenntnisse haben diese Skepsis weitgehend zerstreut, und auch die früher hohen Investitionskostenanteile für Hard- und Software einer FFS-Steuerung sind deutlich gesunken. So kommt eine Studie zu dem Ergebnis, daß heute etwa 60% bis 70% des Gesamtinvestitionsvolumens für die Bearbeitungsmaschinen, 15% bis 20% für das Materialflußsystem und der geringste Anteil von etwa 10% bis 15% für das Informationssystem investiert werden müssen.

Nach einer anderen Betrachtung am Beispiel horizontaler Bearbeitungszentren, bei der die Kosten für die Material- und Informationsflußperipherie anteilig den einzelnen verketteten Maschinen hinzugerechnet wurde, sind die nicht preisbereinigten Mittelwerte in den letzten Jahren etwa konstant und lediglich von der Maschinengröße abhängig (Bild 8). Unter Berücksichtigung des Preissteigerungsindex liegt daher tatsächlich eine fallende Tendenz vor.

Den größten Beitrag zur Verbreitung flexibel automatisierter Fertigungstechnik hat die fortschreitende Standardisierung der FFS-Komponenten für das Bearbeitungs-, das Materialfluß- und das Informationssystem erzeugt. Sie steht in Zusammenhang mit dem stark gewachsenen Anbieterkreis, der mit Unterlieferanten und Zukaufteilen arbeitet, die am Markt prinzipiell jedem Wettbewerber zugänglich sind. Beispiele schon längst nicht mehr diskutierter Standardisierungen findet man auch bei Werkzeughaltern und -adaptern, Werkstücktransportpaletten sowie bei Software-Schnittstellen, Datenformaten und -protokollen (MAP).

Vorteil dieser Standardisierungen sind Kostensenkungen auf der Produktionsseite bei den Herstellern, in Konsequenz aber vor allem die Möglichkeit der stufenweisen Ausbaubarkeit flexibler Fertigungsanlagen. Diese Möglichkeit gestattet dem Anwender nicht nur die schrittweise Einführung in den Betrieb, sondern auch die Aufteilung der Investitionen und damit die Reduzierung der unternehmerischen Risiken.

So ist es folgerichtig, wenn heute kleine FFS mit zwei bis drei verketteten Maschinen deutlich vor Großsystemen überwiegen. Bild 9 zeigt die Analyse der Größenverteilung flexibler Fertigungssysteme, nach der mehr als zwei Drittel der Systeme kleinere und damit weniger komplexe und risikobehaftete Anlagen sind. Sie werden auch in Zukunft bei der Fertigungsflexibilisierung – besonders in kleineren und mittleren Unternehmen – die größte Bedeutung haben.

Daneben wird aber auch infolge eines anderen Trends die Bedeutung großer Fertigungssysteme wieder zunehmen. Mit dem breiter werdenden Angebot von Engineeringleistungen und der Bereitschaft zur Generalunternehmerschaft erfahrener FFS-Hersteller existiert nun die relativ kostengünstige Möglichkeit, auch komplexe Großanlagen auf der Basis standardisierter Komponenten zu realisieren. Bild 10

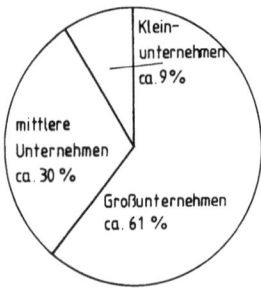

Bild 7. Verteilung der Unternehmensgröße von FFS-Anwendern (Quelle: ISI, Karlsruhe; ISF, München)

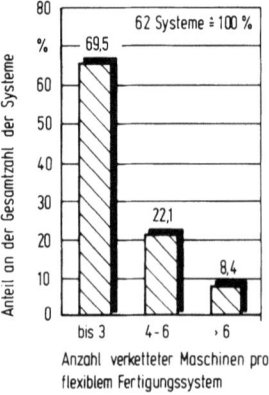

Bild 9. Verteilung der Systemgrößen

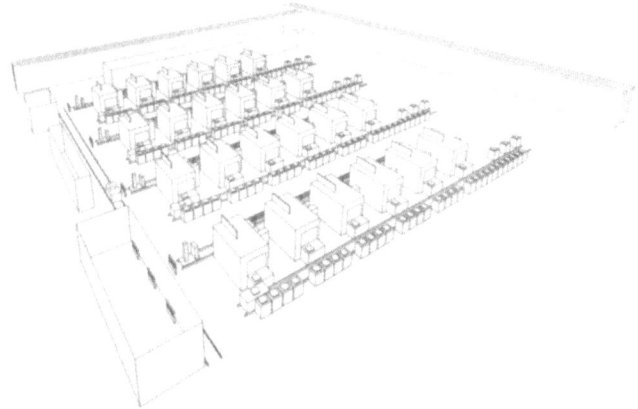

Bild 10. Konsequent strukturiertes Groß-FFS mit Standardkomponenten (Quelle: Werner und Kolb, Berlin)

zeigt als Beispiel eine solche Anlage. Auch hierbei spielt die Komponentenstandardisierung eine wichtige Rolle, deren Bedeutung mit der konsequenten Weiterentwicklung von FFS-Standardkomponenten noch zunehmen wird.

4 Technische Merkmale flexibler Fertigungssysteme

Flexible Fertigungssysteme lassen sich nach dem in Bild 11 dargestellten Schema systematisch einteilen in das Bearbeitungs-, das Materialfluß- und das Informationssystem. Jedes dieser Subsysteme besteht aus Komponenten (Bild 12), die in verschiedener Weise als technische Lösung ausgeführt sein können. Kombinationen der Einzelkomponenten der Subsysteme erlauben die Realisierung problemspezifischer Lösungsvarianten mit Standardkomponenten. Die Auswahl der optimalen Lösung richtet sich nach den Gegebenheiten und den Anforderungen des Anwenders.

Die Bilder 13a bis d zeigen typische Ausführungsbeispiele für Systeme zum Bohren und Fräsen, Drehen, Sägen und Schleifen. Das in Bild 13a gezeigte System besteht aus sich ersetzenden horizontalen Bearbeitungszentren. Bild 13b zeigt ein flexibles Fertigungssystem mit sich ergänzenden Maschinen. Es handelt sich um ein CNC-gesteuertes Rohteillager (Stangenlager), ein Kreissägenzentrum und eine selbstrüstende Drehzelle, die durch Übergabeeinrichtung und Portallader verkettet sind. Die Bilder 13c und d zeigen flexible Zellen zum Drehen und zum Schleifen. Allen gemeinsam ist die rechnergeführte, automatische Werkstückversorgung über Rüstplätze, Speicher, Transport- und Handhabungseinrichtungen und Bereitstellungs-

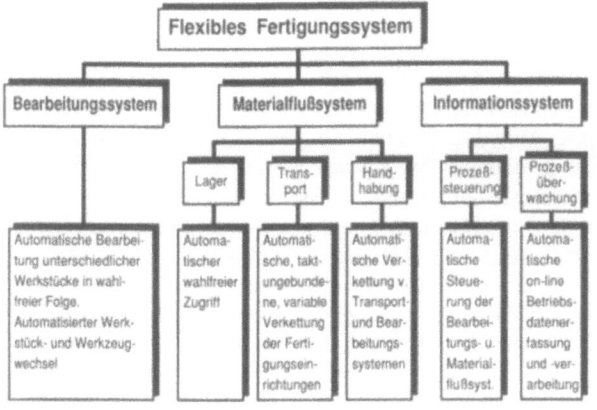

Bild 11. Subsysteme flexibler Fertigungseinrichtungen

Bild 12. Beispielschema für die Komponenten der Subsysteme flexibler Fertigungseinrichtungen (Quelle: Werner und Kolb, Berlin)

plätze. Die Bearbeitungszentren und die Drehzellen verfügen weiter über einen vollautomatischen, wahlfreien Werkzeugwechsel; bei dem Beispiel der Schleifzelle ist eine programmgesteuerte Abrichtvorrichtung integriert.

Besonders bei größeren Anlagen werden zunehmend Großlager — vor allem als Hochregallager — für die Werkstückpufferung vorgesehen (Bild 14). Auch hierbei ist das Kennzeichen der automatische, wahlfreie Zugriff durch Rechnersteuerungen.

Die gebräuchlichsten technischen Lösungen für den Werkstücktransport mit schienengebundenem oder induktiv geführtem Flurförderfahrzeug, mit Portallader oder mit Rollenbahnsystemen sind in den Bildern 15a bis d an Beispielen gezeigt. Kriterien für die Auswahl der geeigneten technischen Lösung sind dabei das Werkstückgewicht, die Handhabbarkeit der Werkstücke, räumliche Bedingungen in der Produktionshalle, zeitliche Kriterien und nicht zuletzt auch Kostenfragen.

Zunehmende Bedeutung bei der Fertigungsflexibilisierung hat das rechnerunterstützte Werkzeugmanagement und in einem weiteren Schritt die automatische Werkzeugversorgung mit zentralem Werkzeuglager und on-line angeschlossener Werkzeugvoreinstellung. Die Bilder 16a und b zeigen beispielhaft zwei bewährte Lösungen mit Einzelwerkzeugaustausch durch Robotcarrier und Kassettenaustausch, der sowohl manuell mit Hubwagen als auch automatisch mit induktiv gesteuertem Flurförderfahrzeug erfolgen kann.

Beispiele für den Werkzeugaustausch im Revolver einer Drehzelle sowie Backenaustausch über Portallader zeigen die Bilder 17a und b. Kennzeichen dieser Lösungen ist die vorausschauende Werkzeugbedarfsplanung, die rechnergeführte Werkzeugbereitstellung sowie die Werkzeugdatenverwaltung und -übertragung. Die Vorteile liegen vor allem in einer starken Reduzierung der Rüst- und Nebenzeiten, in einer erheblichen Werkzeugbestandsverringerung und in

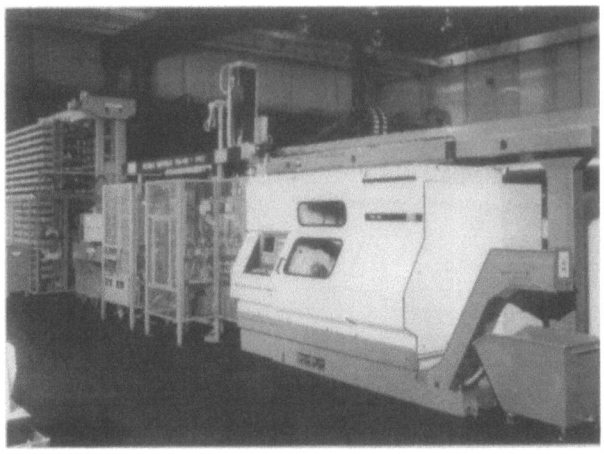

Bild 13 a–d. Beispiele typischer Standardausführungen flexibler Fertigungssysteme und -zellen. **a** Werkstück- und werkzeugseitig verkettete Bearbeitungszentren (Werkbild: Werner und Kolb, Berlin); **b** flexibles Fertigungssystem mit selbstrüstender Drehzelle, Kreissägezentrum und Regallager (Werkbild: Traub, Esslingen; Kasto, Achern); **c** flexible Drehzelle mit automatischer Werkstück- und Werkzeugversorgung (Werkbild: Index, Esslingen); **d** flexible Schleifzelle mit automatischer Werkstückbeladung (Werkbild: Schaudt, Hedelfingen)

Kosteneinsparungen bei der Werkzeuginstandhaltung durch volle Ausnutzung der Werkzeugstandzeiten.

Die Bilder 18a und b zeigen Beispiele einer komfortablen Werkzeugverwaltung mit Reststandzeitanzeige und Tauschwerkzeugliste. Mit der in Bild 19 gezeigten Werkzeugschnellwechseleinrichtung können hauptzeitparallel bis zu acht Werkzeuge gleichzeitig an einem Maschinenwerkzeugmagazin gewechselt werden.

Das Informationssystem der FFS ist hierarchisch aufgebaut. Es besteht in der untersten Ebene aus den CNC-Maschinensteuerungen, in denen die Geometriedaten und die technologischen Daten für den Bearbeitungsprozeß verarbeitet werden. Die Koordination mehrerer CNC-Steuerungen übernimmt die Systemsteuerung bzw. der Zellenrechner mit der Werkstückdaten-, Werkzeugdaten- und NC-Programmverwaltung, Rechnerkopplung, chronologischen Produktionsdatenerfassung und der Auftragseingabe, -prüfung und -verwaltung.

Die Datenein- und -ausgabe erfolgt über ein Bildschirmterminal (Bild 20). Die dialogorientierte Bedienerführung in Verbindung mit der Menütechnik hat sich als äußerst werkstattfreundlich erwiesen. Der Bildschirm gibt auch eine Diagnosemeldung aus.

Der Betrieb eines FFS läßt sich besonders effizient durchführen, wenn dem Betreiber alle wesentlichen Informationen und aktuellen Daten über den Zustand des FFS und seiner Komponenten permanent zur Verfügung stehen. Diese Aufgaben werden von Betriebsdaten-Workstations wahrgenommen. Ausgegeben werden eine chronologische Ereignisliste des aktuellen Systemzustands, die Betriebsdaten der Einzelmaschinen und des Gesamtsystems sowie die auftragsbezogenen Betriebsdaten (Bild 21).

In der Hierarchie des Rechnerverbunds befindet sich oberhalb des Zeilenrechners die Leitrechnerebene. Während es sich beim Zellenrechner um ein Industriegerät handelt, das für den rauhen Einsatz in der Produktionsumgebung entwickelt wurde, finden in der Leitrechnerebene Prozeßdaten-Verarbeitungsanlagen oder Kleinrechner auf der Basis

Bild 14. Rechnergesteuertes Hochregallager für Roh- und Fertigteile (Werkbild: Werner und Kolb, Berlin)

Bild 15a–d. Technische Lösungsvarianten für Werkstücktransportsysteme in FFS. **a** Schienengebundenes Flurförderfahrzeug (Werkbild: Hüller Hille, Ludwigsburg); **b** induktiv geführtes Flurförderfahrzeug (Werkbild: Werner und Kolb, Berlin); **c** Portallader mit fünf Achsen (Werkbild: Werner und Kolb, Berlin); **d** Rollenbahnförderer in Kombination mit induktiv geführtem Flurförderfahrzeug (Werkbild: Hüller Hille, Ludwigsburg)

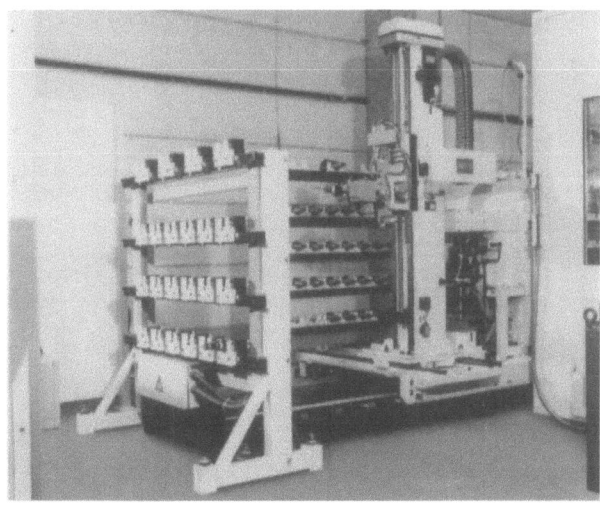

Bild 16a und b. Technische Lösungsvarianten für die automatisierte Werkzeugversorgung. **a** Modular aufgebautes Werkzeuglager mit Robotcarrier und Kopfstation (Werkbild: Werner und Kolb, Berlin); **b** Werkzeugmagazin mit Transportkassetten (Werkbild: Hüller Hille, Ludwigsburg)

von Personal-Computern Verwendung. Diese können aufgrund ihrer Ausrüstung mit Massenspeicher Datenverarbeitungsaufgaben erfüllen.

Generell ist eine aktuelle Betriebsdatenerfassung und -verarbeitung erwünscht. Sie umfaßt die periodische und anfrageorientierte Übernahme der im Zellenrechner anfallenden Betriebsdaten und deren Übertragung in eine Datenbank, die Bereitstellung von Auskunftsfunktionen, sofortige Klartextanzeige von Alarmmeldungen und eine zeitraumorientierte Verdichtung der Betriebsdaten und deren Archivierung auf portablen Datenträgern.

Üblicherweise wird der Leitrechner von Kapazitätster-

Bild 17a und b. Beispiel für den Werkzeug- und Backenwechsel an einer Drehzelle. **a** Werkzeugwechsel am Drehmaschinenrevolver über Portallader (Werkbild: Index, Esslingen); **b** automatischer Backenwechsel in einer Drehzelle (Werkbild: Index, Esslingen)

Bild 18a und b. Werkzeugmanagement (Werkbilder: Werner und Kolb, Berlin). **a** Werkzeugtauschliste am Bildschirm; **b** Reststandzeitanzeige am Bildschirm

 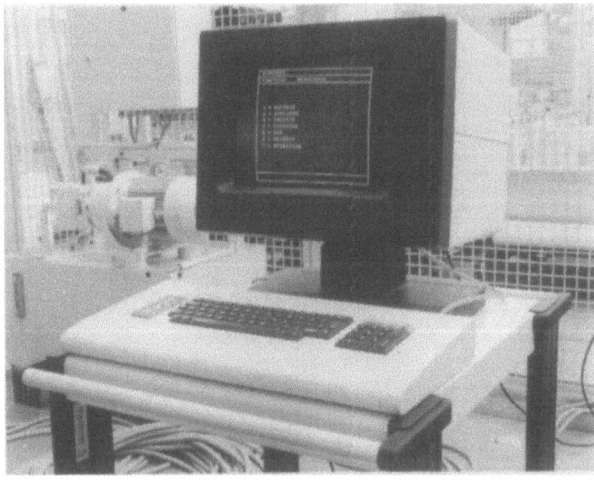

Bild 19. Werkzeugschnellwechselsystem QTC mit Kammkassette (Werkbild: Werner und Kolb, Berlin)

Bild 20. Bildschirmterminal einer Systemsteuerung (Werkbild: Werner und Kolb, Berlin)

minierungssystemen des zentralen Betriebsrechners mit Aufträgen für einen bestimmten Zeitraum versorgt. Der Leitrechner greift innerhalb vorgegebener Schranken optimierend in den Auftragsfluß ein, disponiert die Betriebsmittel sowie Rohteile und gibt periodische Rückmeldungen über erledigte Aufträge, Betriebsdaten und Störungen an den Betriebsrechner.

Die aktuelle Betriebsdatenerfassung und -verwaltung bis in die Leitrechnerebene hinein ist damit Ausgangsbasis für eine integrierte rechnergeführte Fertigungssteuerung. Neben den direkt aus der Leitrechnerebene übertragenen Informationen können auch alle anderen relevanten Betriebsdaten jeweils am Ursprungsort, und zwar zum Zeitpunkt des Geschehens, erfaßt, geprüft und unmittelbar zentral ver-

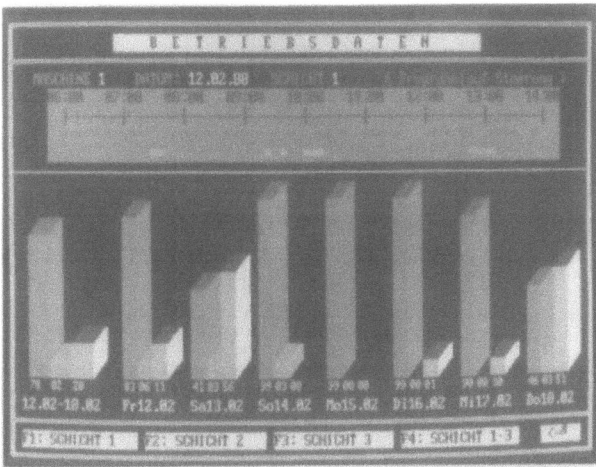

Bild 21. Beispiel für die chronologische Betriebsdatenerfassung (Werkbild: Werner und Kolb, Berlin)

arbeitet werden. Für jede CIM-Konzeption ist das eine wichtige Grundlage und Voraussetzung.

5 Wirtschaftliche Merkmale flexibler Fertigungssysteme

Es ist heute üblich, die Auslegung komplexer flexibler Systeme mit rechnerunterstützten Planungs- und Simulationshilfsmitteln so zu optimieren, daß die wirtschaftlichste Problemlösung gefunden werden kann. Zur Beurteilung dienen Wertanalysen sowie Wirtschaftlichkeits- und Investitionsrechnungen, die sowohl direkte wie auch schwer quantifizierbare Größen berücksichtigen. Eine entsprechende Empfehlung wurde durch den VDMA/ZVEI-Projektkreis „Prozeßwirtschaftlichkeit rechnergestützter Fertigungssysteme" im November 1987 vorgelegt.

Interessant ist in diesem Zusammenhang das Ergebnis einer Studie über die Entscheidungskriterien deutscher und amerikanischer FFS-Anwender: Die finanztechnische Analyse für die FFS-Beschaffung war in nur 21% der Fälle ausschlaggebendes Entscheidungskriterium. In 79% der Fälle basierte die endgültige Investitionsentscheidung auf Intuition. Die relative Unwichtigkeit der finanztechnischen Ergebnisse in der Entscheidungsfindung stützte sich primär auf die Überzeugung, daß die flexible Automatisierung indirekte und strategische Vorteile aufweise, die nicht in die Rechnung einbezogen werden konnten. Die mangelnde Erfahrung im Umgang mit der FFS-Technologie wurde als Hauptrisikofaktor angesehen. Die Investitionen wurden zu 36% dennoch getätigt, weil man sie als notwendig erachtete, um im Geschäft zu bleiben. Während auf amerikanischer Seite keine formellen Methoden zur Risikoberücksichtigung genannt wurden, orientierten sich die deutschen Befragten dieser Studie an faktischen Rechengrößen.

Die wichtigsten Faktoren sind die Verfügbarkeit des flexiblen Fertigungssystems, der Kapitaleinsatz, die Stückkostenreduzierung und die Durchlaufzeitverringerung. Tabelle 2 zeigt ein vergleichendes Beispiel für Bearbeitungszentren als Einzelmaschine, Zelle und System. Erfahrungswerte für die technische Verfügbarkeit, die tatsächliche Nutzung und die durchschnittliche Ausbringung sind in Tabelle 3 wiedergegeben. Man erkennt, daß die realen Werte deutlich besser sind als diejenigen, die üblicherweise einer Wirtschaftlichkeitsrechnung zugrunde gelegt werden.

Untersuchungen bei europäischen Anwendern flexibler Fertigungssysteme bestätigen die Zahlen (Bild 22). Eine

Tabelle 2. Fallbeispiele für Wirtschaftlichkeitsfakten der flexiblen Fertigungseinrichtungen (Quelle: Werner und Kolb, Berlin)

Systemanwender	Anzahl Maschinen im System	Ergebnis	
		Technische Verfügbarkeit	Tatsächliche Nutzung
BMW / München	5	91,1 %	84,8 %
MAN / Sterkrade	4	91,9 %	82,7 %
MÜLLER / Frick	2	94,5 %	86,1 %
SAUER / Neumünster	4	93,1 %	84,8 %
FRITZ-WERNER / Geisenheim	2	94,9 %	87,7 %
ENGEL / St. Valentin	4	94,3 %	87,5 %
Durchschnittswerte		93,3 %	85,6 %

Tabelle 3. Erfahrungswerte für die technische Verfügbarkeit und die tatsächliche Nutzung bei Systemanwendern (Quelle: FIR, Aachen)

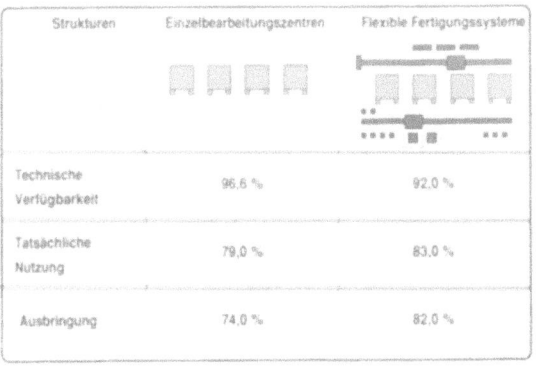

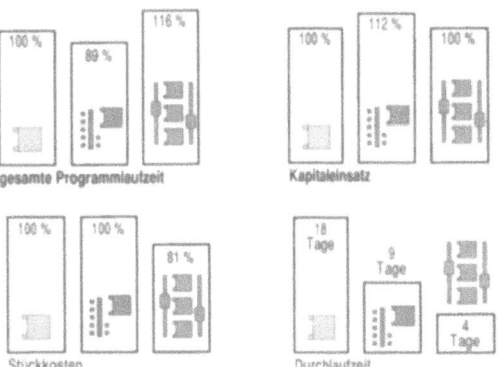

Bild 22. Untersuchungsergebnisse über technische Verfügbarkeit und tatsächliche Nutzung bei Systemanwendern (Quelle: FIR, Aachen)

amerikanische Studie beziffert ergänzend die Steigerung der Produktivität auf 40% bis 70%, die Reduzierung des Materialumlaufs in der Produktion auf 30% bis 60% sowie die Ausschußreduzierung auf 50% bis 80%. Die Vorteile sind eindeutig, wenngleich auch noch nicht immer diskussionslos anerkannt.

So erklärt sich die in Bild 23 dargestellte Entwicklung des Anteils verketteter Maschinen am Beispiel horizontaler Bearbeitungszentren, der nur etwa 10% bis 15% erreicht. Trotz leicht steigender Tendenz ist das Potential für die weitere Entwicklung der Fertigungsflexibilisierung noch groß.

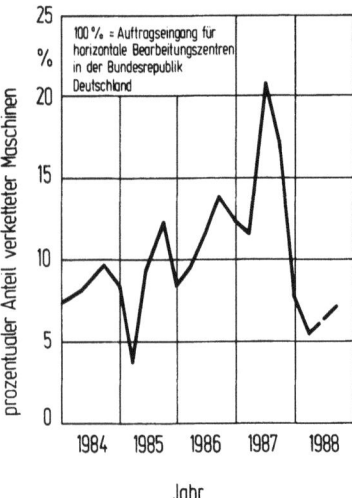

Bild 23. Entwicklung des Anteils verketteter Bearbeitungszentren, bezogen auf den Auftragseingang in der Bundesrepublik Deutschland (Quelle: VDMA, Frankfurt a.M.)

6 Zusammenfassung

Die mit der Fertigungsflexibilisierung verbundenen Anforderungen haben bei den Anwendern unterschiedliche Prioritäten, zielen aber allgemein auf eine Verbesserung der Wirtschaftlichkeit, der Produktivität und der Qualität sowie auf eine Erhöhung der Reaktionsfähigkeit auf Marktveränderungen. Die anfänglich nur sehr zögernde Einführung flexibler Fertigungssysteme erklärt sich mit den vergleichsweise hohen Investitionskosten und Unsicherheiten bezüglich des tatsächlichen Nutzens.

Mit zunehmender Erfahrung über den Einsatz flexibler Fertigungssysteme, einem verhältnismäßig großen Angebot standardisierter FFS-Komponenten und erprobter Software kann heute von der Marktakzeptanz bei der Fertigungsflexibilisierung gesprochen werden. Die Zahl der installierten Systeme hat sich rasant erhöht und allein in der Bundesrepublik Deutschland in den letzten zwei Jahren um mehr als das Fünffache gesteigert. Dennoch weist das Zahlenverhältnis unverketteter Einzelmaschinen zu verketteten Systemen heute noch auf ein großes Potential für die Weiterentwicklung der Fertigungsflexibilisierung hin.

Die vorliegenden Erfahrungen hinsichtlich des wirtschaftlichen und technischen Nutzens des FFS-Einsatzes bestätigen in eindeutiger Weise die Vorteile und dürften in Zukunft weiter dazu beitragen, noch immer bestehende Unsicherheiten zu beseitigen.

Literatur

1. Dolezalek, C.M.: Flexible Fertigungssysteme – Die Zukunft der Technik. wt – Z.f.ind.Fertig. 60 (1970) H. 8, S. 446–451
2. Warnecke, H.-J.; Steinhilper, R.; Schütz, W.: Flexibel automatisierte Teilefertigung in mittelständischen Unternehmen. VDI-Z 124 (1982) H. 17, S. 611–619
3. Warnecke, H.-J.: Stand der flexiblen Fertigung im Maschinenbau. VDMA – Mit Technologie die Zukunft bewältigen. Bd. 2: Datenverarbeitung in der Technik, Flexible Automatisierung in der Produktion. Frankfurt a.M.: Maschinenbau-Verlag 1984
4. Eversheim, W.: Organisatorische Voraussetzungen und Randbedingungen für flexible Fertigung. VDMA, Bd. 2 (wie [3])
5. Hammer, H.: Bausteine und Konzeptionen für flexible Fertigungssysteme (FFS). Techn. Rundschau 77 (1985) H. 21, S. 8–17
6. Holz, B.; Gaebler, W.: Flexible Fertigungssysteme. Ingersoll Ingenieurgesellschaft mbH. Berlin: Springer 1985
7. Pritschow, G.: Die flexible Fertigungszelle. Fertig. techn. Koll. '85 Stuttgart. Berlin: Springer 1985. S. 48–57
8. Spur, G.: Flexible Fertigungssysteme: zukünftige Entwicklung aus der Sicht der Wissenschaft. Techn. Rundschau 77 (1985) H. 30/31, S. 8–13
9. Steinhilper, R.: Erfahrungen mit flexiblen Fertigungssystemen. VDI-Z 127 (1985) H. 15/16, S. 583–589
10. Tuffentsammer, K.: Die automatisierten Fertigungssysteme. tz f. Metallbearb. 79 (1985) H. 8, S. 48–52
11. Warnecke, H.-J.: Flexible Fertigungssysteme – Einsatzperspektiven in der Bundesrepublik Deutschland. Fortschrittl. Betriebsführ. u. Industr. Engng. 34 (1985) H. 6, S. 269–276
12. Behrendt, W.K.; u.a.: Flexibel numerisch gesteuerte CNC-Fertigungssysteme. Kontakt & Studium, Maschinentechnik, Bd. 221 Sindelfingen: Expert Verlag 1986
13. Fix-Sterz, J.; Lay, G.; Schulz-Wild, R.: Flexible Fertigungssysteme und Fertigungszellen. VDI-Z 128 (1986) H. 11, S. 369–379
14. Hammer, H.: Erfahrungsbericht über Verfügbarkeit, Betriebsverhalten und Einsatzbedingungen von flexiblen Fertigungssystemen. Firmenschr. Werner und Kolb Werkzeugmaschinen GmbH, Berlin 1986
15. Hammer, H.: Rechnerintegrierte Fertigung durch hierarchisches Rechnerverbundnetz. Wie [14]
16. Kief, H.B.: Flexible Fertigungssysteme 86/87. Michelstadt: NC-Handbuch-Verlag 1986
17. Milberg, J.: Der Materialfluß in der flexiblen Produktion. Technica 35 (1986) H. 3, S. 15–22
18. Tuffentsammer, K.: Zentrum, Zelle, Insel oder System? Technica 35 (1986) H. 19, S. 21–28
19. Kriegbaum, H.: Auftragsbestand stützt die Produktion. wt Werkstattstechnik 77 (1987) H. 10, S. 530
20. Malle, K.: Werkzeugmaschinenhersteller als Systemanbieter. VDI-Z 129 (1987) H. 12, S. 8–12
21. Malle, K.: Alles wird komplexer. Wie [20], S. 26–37
22. VDMA/ZVEI: So beurteilen Sie Investitionen in rechnerunterstützten Fertigungssystemen. Frankfurt a.M.: Maschinenbau-Verlag 1987

Expertensysteme in der Produktionstechnik

H. Weule, Karlsruhe

Inhalt. Ausgehend von einer allgemeinen Definition von Expertensystemen, werden Voraussetzungen für die Anwendbarkeit von Expertensystemen, ihre Einsatzfelder in der Produktionstechnik und daraus resultierende Systemarten erläutert. Den Schwerpunkt bilden Diagnoseexpertensysteme, deren Aufbau und Anwendung näher betrachtet werden. Basierend auf den Ergebnissen einer Umfrage und eigenen Erfahrungen auf diesem Gebiet, werden Kriterien genannt, die für die erfolgreiche bzw. nicht erfolgreiche Einführung in der Produktionstechnik relevant sind.

1 Einleitung

Die Wettbewerbsfähigkeit sowie Rentabilität industrieller Unternehmen wird durch gezielte Anwendung rationeller und neuer Produktionstechniken zur wirtschaftlichen Herstellung von Produkten bestimmt. Zunehmender Konkurrenzkampf auf dem Weltmarkt, verbunden mit steigenden Personal-, Material- und Energiekosten, machen es erforderlich, vorhandenes Potential in den einzelnen Produktionsbereichen effektiver zu nutzen und zusätzlich die Produktionsqualität zu steigern.

Diese Gründe erzwingen eine rasche Entwicklung auf dem Gebiet der Produktionstechnik und sorgen für eine intensive Forschung auf diesem Sektor. Dabei fließen Erkenntnisse und neueste Entwicklungen angrenzender Wissensgebiete mit ein. Eine besondere Rolle kommt hier der elektronischen Datenverarbeitung und Informatik zur Lösung zukünftiger Probleme zu.

Eine sehr interessante und vielversprechende Möglichkeit bieten dabei Expertensysteme, die jetzt schon verwendbare Ergebnisse der Forschung auf dem Gebiet der künstlichen Intelligenz, auch kurz „KI" genannt, darstellen. Expertensysteme sollen Betriebe in die Lage versetzen, das Wissen einzelner, z.B. in Ruhestand gehender Mitarbeiter zu sichern, auf das Wissen mehrerer Experten gleichzeitig zuzugreifen und dieses Wissen auch weniger qualifizierten Mitarbeitern zur Verfügung zu stellen.

Die Konzentration und Verfügbarmachung von „Knowhow" ermöglicht eine Vereinfachung von organisatorischen Abläufen in der Produktion und bewirkt eine Steigerung der Produktqualität. Diese Vorteile ermöglichen es dem Experten, durch die Reduzierung von Routinetätigkeiten einen größeren Freiraum für kreative Tätigkeiten zu gewinnen.

1.1 Allgemeine Definition: Was ist ein Expertensystem?

Seit Beginn des Computerzeitalters machte sich der Mensch die Fähigkeiten des Computers zunutze und übertrug ihm die Aufgabe, Routineaufgaben zu lösen und zu bearbeiten. Hierbei handelt es sich in der Regel um gut algorithmierbare Abläufe.

Andere Bereiche entzogen sich jedoch lange der Computerbearbeitung. Hierzu zählen besonders die Bereiche, in denen für die Lösungsfindung Erfahrungswissen und intelligentes Verhalten notwendig sind. Hier konnten bisher nur „Experten" eine Lösung ermitteln. Expertensysteme stellen sich die Aufgabe, das Verhalten von Experten nachzuahmen und in den vorgenannten Bereichen ebenfalls eine Lösung zu präsentieren.

Aber was versteht man eigentlich konkret unter Expertensystemen? Um diese Frage beantworten und erläutern zu können, folgen zwei Definitionen, die die Spannweite der Begriffsbildung „Expertensystem" deutlich machen:

Definition 1 (nach Feigenbaum [1]):

Ein Expertensystem ist ein intelligentes Computerprogramm, das Wissen und Inferenzverfahren benutzt, um Probleme zu lösen, die immerhin so schwierig sind, daß ihre Lösung ein beträchtliches menschliches Fachwissen erfordert.

Definition 2 (nach Puppe [1])

Expertensysteme sind Computerprogramme, die Fähigkeiten von Experten simulieren sollen. Dazu gehören:
– ein Problem verstehen und lösen,
– die Lösung erklären,
– Wissen erwerben und strukturieren,
– seine Kompetenz einschätzen,
– Randgebiete überblicken.

Diese Definitionen stehen für zwei unterschiedliche Einschätzungen und Sichtweisen über die Fähigkeiten von Expertensystemen.

Geht Definition 1 lediglich davon aus, ein Problem zu lösen, das bisher von Experten bewältigt wurde, so geht Definition 2 erheblich weiter. Hier werden neben der eigentlichen Problemlösung noch Betrachtungen über das Verhalten und die Kompetenz des Expertensystems angestellt. Steht Definition 1 eher für einen pragmatischen, bereits realisierten Ansatz, so vertritt Definition 2 eher einen theoretischen Ansatz.

Hinter Definition 2 verbergen sich erhebliche juristische Probleme, wenn man an das „Einschätzen der Kompetenz" dieser Systeme denkt. Prognosen [3] gehen davon aus, daß Wissen in Form von Expertensystemen als Produkt gehandelt werden wird. Wer aber haftet, wenn ein Expertensystem einen schwerwiegenden Fehler „begeht"?

Diese Problematik wird sofort erkennbar an einem Beispiel aus dem Bereich der Produktentwicklung. Hier sind

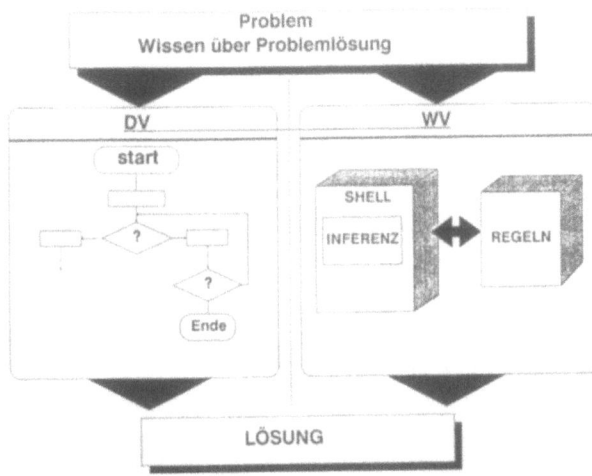

Bild 1. Datenverarbeitung versus Wissensverarbeitung

Expertensysteme für die Auswahl von Werkstoffen oder zur Unterstützung der Konstruktion vorstellbar. Durch die Auswahl eines falschen Werkstoffs oder die fehlerhafte Konstruktion eines Produkts können folgenschwere Unfälle verursacht werden. Hier wird deutlich, daß letztendlich die Kompetenz der Entscheidung über die Ausführung einer vom Expertensystem gefundenen Lösung beim Menschen liegen muß.

1.2 Wissensverarbeitung

In Bild 1 werden die Problemlösungskonzepte der klassischen Datenverarbeitung und der „Wissensverarbeitung" einander gegenübergestellt.

Die klassische Datenverarbeitung findet hauptsächlich für algorithmierbare, in Prozeduren ausdrückbare Probleme zu deren Lösung Verwendung. Das Wissen, genauer das Problemlösungswissen und Faktenwissen, wird dabei vom Programmierer in den Programmcode implementiert. Aber nicht nur Berechnungen, sondern auch Entscheidungen müssen, abhängig von bestimmten Systemzuständen, getroffen werden. Hier könnte man von der Abbildung von Regeln im Programmcode sprechen. Wollte man große Mengen von Fachwissen auf diese Art implementieren, wäre die notwendige Änderbarkeit des Wissens nur schwer realisierbar. Der Programmablauf müßte dazu geändert werden.

Die Wissensverarbeitung bedient sich anderer Mechanismen. Anders als in der klassischen DV, versucht man den Ablauf des Programms nicht in den Programmcode zu implementieren. Man bedient sich eines Mechanismus, der durch Interpretation von Regeln den Verlauf und das Verhalten des Programms steuert. Somit können solche Programme in eine unabhängige Inferenzkomponente (Schlußfolgerungskomponente) und die Regelbasis, die den Verlauf des Programms beinhaltet, unterteilt werden. Durch Änderung der Regelbasis kann ein völlig anderer Programmverlauf erreicht werden. Bei dem zu implementierenden Wissen handelt es sich vornehmlich um heuristisches, auf Erfahrung beruhendes Wissen, das nicht mehr durch Algorithmen ausdrückbar ist. Dieses Programmkonzept wird meist durch die Programmiersprachen LISP und PROLOG verwirklicht.

Man geht jedoch immer mehr dazu über, fertige Shells, d.h. problemspezifische Programmsysteme, die eine Problemlösungskomponente und eine „leere" Wissensbasis zur Verfügung stellen, zu benutzen. Diese Shells enthalten die beschriebene Funktionalität und stellen zum Aufbau der Wissensbasis eine spezielle Syntax zur Verfügung. Der Nachteil dieser Systeme besteht jedoch darin, daß sie nur ein enges Spektrum eines ausgewählten Problemgebiets abbilden können. Etwa 20% der Expertensysteme werden unter Verwendung von Shells aufgebaut. Der Trend ist jedoch steigend, da der Aufwand geringer ist als bei vollständiger Programmierung in einer der genannten Programmiersprachen.

1.3 Arten von Expertensystemen

Nach Mertens [8] können folgende Expertensystemtypen unterschieden werden:
- *Selektionssysteme* dienen der Auswahl von Elementen aus einer meist großen Zahl von Alternativen.
- *Diagnosesysteme* klassifizieren Fälle, oft auf der Grundlage einer Reduktion umfangreichen Datenmaterials und gegebenenfalls unter Berücksichtigung unsicheren Wissens.
- *Konfigurationssysteme* stellen auf der Basis von Selektionsvorgängen unter Berücksichtigung von Schnittstellen, Unverträglichkeiten und Benutzerwünschen komplexere Gebilde zusammen.
- *Planungssysteme* übernehmen ähnliche Aufgaben wie Selektions- und Konfigurationssysteme, berücksichtigen aber die zeitliche Reihenfolge.
- *Expertisesysteme* formulieren unter Benutzung der Diagnosedaten Situationsberichte und eventuell Therapien.
- *Entscheidungssysteme* übernehmen Entscheidungen innerhalb gewisser Grenzen automatisch.
- *Beratungssysteme* geben im Dialog mit dem Menschen eine fallspezifische Handlungsempfehlung.
- *Hilfssysteme* leisten im Mensch-Maschinen-Dialog aktive Hilfe.
- *Unterrichtssysteme* sind eine Weiterentwicklung des computerunterstützten Unterrichts um Elemente der KI.
- *Zugangssysteme* stellen Hüllen zu konventionellen Entscheidungs- und Planungshilfen dar.
- *Intelligente Checklisten* dienen bei Entscheidungsprozessen als Gedächtnisstütze und der Vollständigkeitssicherung.

Prinzipiell kristallisieren sich zwei Problemlösungstypen bzw. zwei Klassen von zu lösenden Aufgaben in diesen Bereichen heraus. Dies sind
- Analyseprobleme,
- Syntheseprobleme.

Im folgenden sollen diese Problemlösungstypen stellvertretend an zwei typischen, in der Technik häufig vorkommenden Problemen erläutert werden.

Die technische Diagnose ist ein klassisches Analyseproblem. Diagnosesysteme werden vor allem im Instandhaltungsbereich eingesetzt. Hier bedeutet Analyse die Auswahl eines einzigen Elements aus einer bekannten, festgelegten Menge von Elementen anhand von Symptomen und Randbedingungen. Übertragen auf die technische Diagnose, bedeutet dies, daß der Instandhalter ein fehlerhaftes Bauteil aus der Menge aller Anlagenteile zu identifizieren versucht, das seiner Meinung nach für eine Maschinenstörung oder einen Produktfehler verantwortlich ist. Diese Problematik läßt sich durch einen konvergierenden Lösungsraum darstellen (Bild 2).

Eine ganz andere Art der Problemlösung stellen Planungsaufgaben dar. Hierbei steht das Syntheseproblem im Vordergrund. Ausgehend von einer Planungsaufgabe, versucht der Planer, aus einer Menge von Elementen durch Synthese ein neues System zu generieren. Dabei zerlegt er seine Planungsaufgabe in Teilplanungsschritte. In jedem Teilplanungsschritt werden mögliche Alternativen generiert.

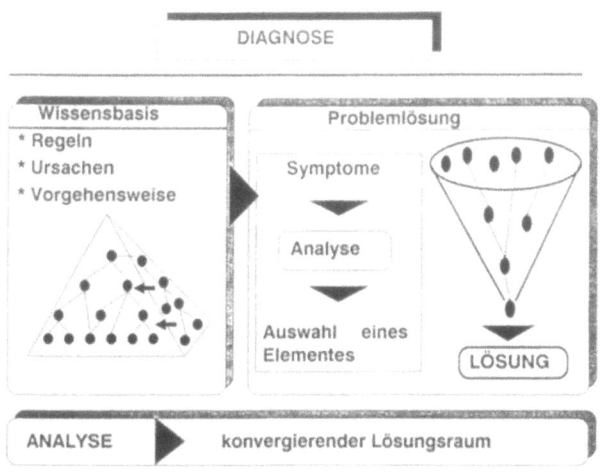

Bild 2. Diagnose als Analyseproblem

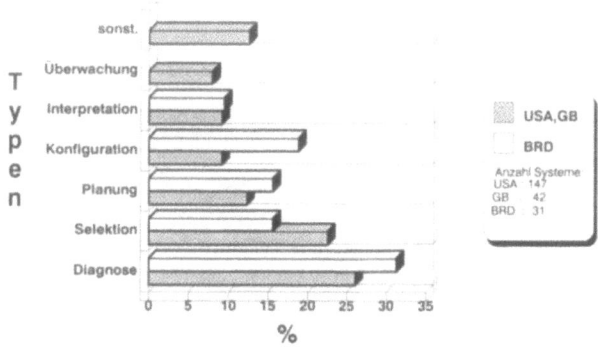

Bild 4. Einführungsgrad nach Problemtyp (Quelle: FhG-IAO; Stand 1987/88)

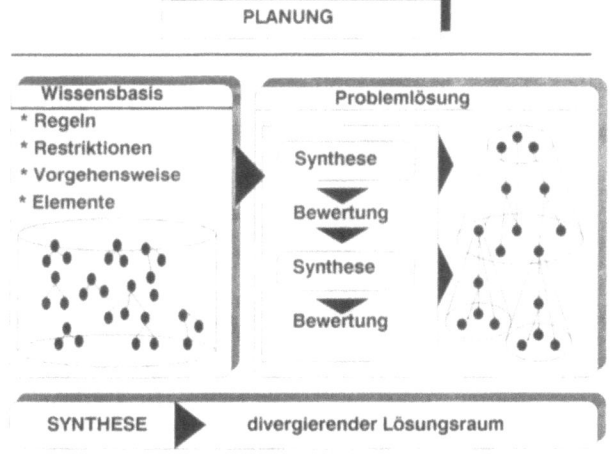

Bild 3. Planung als Syntheseproblem

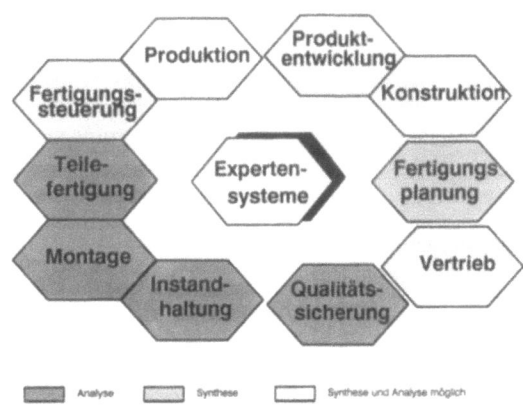

Bild 5. Expertensysteme in der Produktionstechnik

Zielvorgaben und Restriktionen scheiden Alternativen aus. Die verbleibenden werden im folgenden Teilplanungsschritt weiter verfolgt und neue Teillösungen daraus synthetisiert.

Bei der Anwendung der Synthese von Teilsystemen mit anschließender Bewertung entsteht ein zyklisch divergierender Lösungsraum (Bild 3).

Man erkennt, daß die Planung eine weitaus komplexere Aufgabe ist als die Diagnose. Dies spiegelt sich auch bei der Entwicklung und der Einführung dieser Systeme wieder (Bild 4). So ist festzustellen, daß gerade im Bereich der Diagnose Expertensysteme einen stärkeren Zugang in die Produktionstechnik gefunden haben. Historisch gesehen wurden die ersten KI-Ergebnisse im Bereich der medizinischen Diagnostik erzielt. Bald darauf erkannte man auch die Verwendbarkeit dieser Systeme in der technischen Diagnose, speziell im Instandhaltungsbereich und der Qualitätssicherung.

Aufgrund der erwähnten Komplexität der Problemlösung im Bereich der Planung war es schwierig, eine Rechnerunterstützung zu realisieren. Die Wichtigkeit der Planungsunterstützung ist erkannt, das Angebot an Hilfsmitteln ist jedoch noch begrenzt. Viele Shells sind im Bereich der Forschung in Angriff genommen. (Aus diesen Gründen wird im Kapitel 2 der Bereich der technischen Diagnose vertieft betrachtet.)

1.4 Anwendungsfelder in der Produktionstechnik

Die Nutzung von technischen Expertensystemen ist in verschiedenen Bereichen einer rechnerintegrierten Fertigung bzw. eines Unternehmens denkbar. So können Expertensysteme für die Interpretation, die Diagnose, die Vorhersage und die Planung Anwendung finden.

Im Bereich der Konstruktion und des Entwurfs werden vor allem Selektionssysteme, Konfigurationssysteme und Interpretationssysteme eingesetzt. Im Bereich der Fertigungsplanung können Planungs- und Selektionssysteme verwendet werden. Die Fertigungssteuerung wird besonders durch Überwachungs- und Planungssysteme unterstützt, Montageaufgaben durch Selektionssysteme. Das Anwendungsgebiet der Diagnosesysteme liegt besonders im Bereich der Instandhaltung, gefolgt von Qualitätssicherung und Kundenservice [4].

Expertensysteme bilden offensichtlich zukünftig im gesamten Bereich der Produktionstechnik ein mögliches Hilfsmittel zur Unterstützung der bereichsspezifischen Problemlösung. Bild 5 zeigt diese Bereiche. Zusätzlich werden die Problembereiche hervorgehoben, die besonders durch eine Unterstützung im Bereich der Analyse eine Hilfestellung erfahren können. Diese analysierenden Expertensysteme haben aufgrund ihrer einfacheren programmtechnischen Lösung bereits stärkeren Eingang in die Produktionstechnik gefunden und werden anhand des Beispiels der technischen Diagnose in Kapitel 2 vertieft betrachtet werden.

1.5 Voraussetzungen für eine sinnvolle Anwendung

Die Eignung eines Anwendungsgebiets entscheidet über den Erfolg eines Expertensystems. Dabei muß das Wissen durch
- Gesetzmäßigkeiten,

- Eigenschaften,
- logische Beziehungen,
- Erfahrungswissen,
- Regeln und
- Randbedingungen, unter denen sie gültig sind, ausdrückbar sein [5].

Weiterhin zeichnen sich diese Gebiete dadurch aus, daß Fachleute, also Experten, eine wichtige Rolle bei Problemlösungen spielen. Das Wissensgebiet muß zudem überschaubar und eingrenzbar sein.

Diese Voraussetzungen sind unbedingt zu erfüllen. Man kann jedoch weitere nennen, die besonders für den Aufbau und den Betrieb solcher Systeme wichtig sind. So ist es unerläßlich, daß die Experten für Interviews, bei der Systementwicklung und den Tests zur Verfügung stehen. Damit diese Systeme gepflegt werden können, d.h. neues Wissen eingebracht und vorhandenes aktualisiert werden kann, muß der spätere Wissenspfleger während des Systemaufbaus in die Struktur der Wissensbasis eingewiesen werden.

2 Technische Diagnose

Wie schon deutlich wurde, stellt die technische Diagnose ein typisches Analyseproblem dar. In diesem Bereich fanden sich mit die ersten Anwendungen und Umsetzungen der KI-Forschung.

2.1 Charakter der technischen Diagnose

Die Problematik der technischen Diagnose besteht darin, in technischen Systemen Defekte möglichst schnell zu identifizieren. Die zunehmende Komplexität und Verkettung von Maschinen und Anlagen bewirkt, daß der Defekt einer einzigen Komponente hohe Stillstandskosten verursacht. Oftmals sind diese Anlagen mit Prozeßleitsystemen ausgerüstet. Diese Systeme sind in der Lage, bereits detaillierte Defekte anzuzeigen. Doch trotz all dieser Prozeßüberwachungseinrichtungen können Produktfehler ohne Detektion eines Defekts oder einer Abweichung durch das Prozeßleitsystem auftreten, deren Ursache schnell behoben werden muß. Aufgrund des Zusammenwirkens mehrerer Prozeßschritte, die für sich genommen gut kontrollierbar sind, können infolge ungünstiger Parameterkonstellationen über die verketteten Anlagenteile hinweg Produktfehler auftreten. Zusätzlich treten Defekte auf, die von unterlagerten, nicht sensorisch überwachten Maschinenteilen verursacht werden. Dies hat einerseits technische Gründe, da nicht für jede Prozeßgröße ein Sensor existiert, und andererseits wirtschaftliche Gründe, da diese Zusatzeinrichtungen meist kostenintensiv sind und ihrerseits defektanfällig sein können.

Ist trotz der erwähnten Einrichtungen ein Diagnosebedarf und Wissen über die Identifizierung und die Behebung der auftretenden Defekte vorhanden, so eignet sich diese Anlage für Expertensysteme.

Zum Aufbau eines Expertensystems versucht man, das Vorgehen des Experten bei der Problemlösung aufzunehmen und in einem Computerprogramm abzubilden. Prinzipiell läßt sich folgende Vorgangsweise bei Experten beobachten (Bild 6): In einem ersten Schritt klassifiziert der Experte den aufgetretenen Fehler. Er versucht, ihn in eine Reihe ihm bekannter, typischer Fehlerbilder einzuordnen. Ist der aufgetretene Fehler bekannt, „generiert" der Experte Verdächtigungen auf mögliche Ursachenbereiche, d.h., daß für bestimmte Fehler nur ganz bestimmte Maschinen verantwortlich sein können. Abhängig von der Fehlerbildausprägung und Randbedingungen (Symptomen) fällt der Ver-

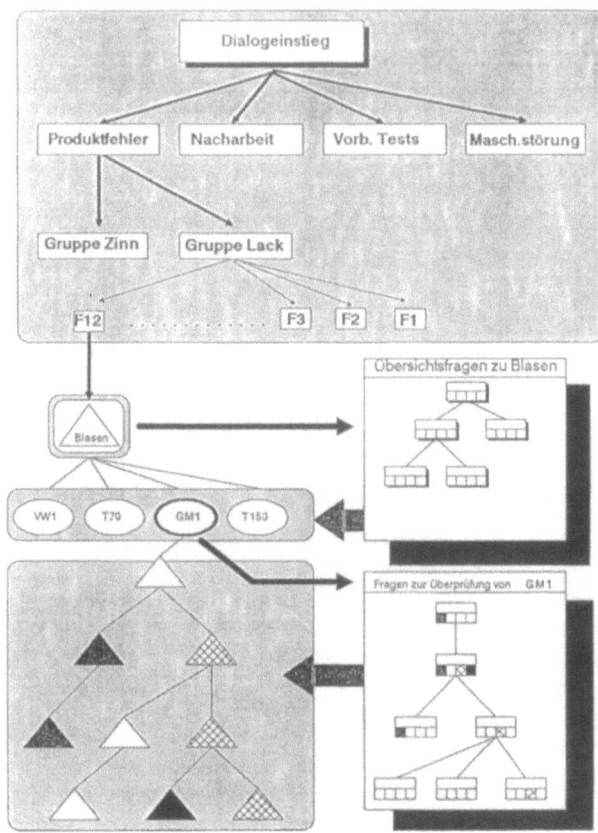

Bild 6. Vorgehensweise bei der technischen Diagnose

dacht über die in Betracht kommenden Maschinen unterschiedlich stark aus. So spielen beispielsweise der Entdeckungsort, die Häufigkeit des Fehlers und die betroffenen Lose eine wichtige Rolle für die „Verdachtsgenerierung".

Im nächsten Schritt folgt die Verdachtsüberprüfung. Hierbei wird das Symptomprofil der ausgewählten Maschine genauer betrachtet. Da eine Maschine meist mehrere Produktfehler verursachen kann, gibt es Maschinenteile und Funktionen, die eine besonders große Ursachenrelevanz bezüglich eines Fehlerbildes besitzen. Durch systematisches Verdächtigen, Überprüfen und Ausschließen kann die Ursache gefunden werden. Führt die Suche in der ausgewählten Maschine nicht zum Erfolg, wird der beschriebene Vorgang in der zunächst wahrscheinlichen Maschine wiederholt.

Zum Aufbau eines Expertensystems ist es erforderlich, die beschriebene Systematik der Vorgangsweise, gekoppelt mit dem Erfahrungswissen der Experten, in ein Computerprogramm umzusetzen. Wie bereits erwähnt, bedient man sich dazu sogenannter Shells, die einen einfachen und effektiven Aufbau ermöglichen, oder der komplizierten, allerdings auf das Problem optimal angepaßten KI-Programmierung.

2.2 Aufbau von Diagnoseexpertensystemen

Wie aus Bild 7 hervorgeht, kann man die Entwicklung von Expertensystemen in drei Phasen unterteilen: In einem ersten Schritt nimmt man das Wissen der Experten auf. Um sinnvolle Fragen stellen und die gegebenen Antworten beurteilen zu können, ist es für den Wissensingenieur unerläßlich, sich Fachwissen über das betreffende Gebiet anzueignen. Im folgenden Schritt strukturiert der Wissensingenieur das aufgenommene Wissen. Das bedeutet, daß er zugehörige Wissensteile ordnet. Anschließend übersetzt er das strukturierte Wissen in die Syntax der gewählten Shell, wo-

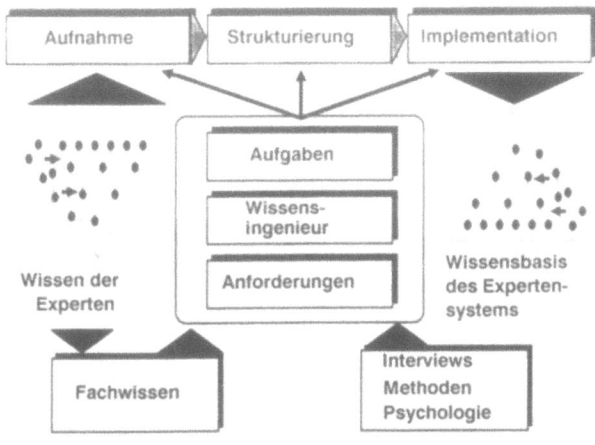

Bild 7. Phasen zum Aufbau eines Diagnoseexpertensystems

mit der dritte Schritt, die Implementation in die Wissensbasis des Expertensystems, abgeschlossen ist.

Es ist leicht vorstellbar, daß diese Vorgänge mit vielen Problemen behaftet sind. So stellt die Wissensaufnahme eine enorme Hürde während des Aufbaus dar. Zentrale Bedeutung kommt dabei der Tatsache zu, die Akzeptanz der Experten zu erhöhen – und welcher Experte gibt schon gern seine Fähigkeiten preis, durch die er sich auszeichnet? Diese Experten müssen davon überzeugt werden, daß das Expertensystem keine Konkurrenz, sondern ein Hilfsmittel, das allein auf den Anwenderkreis zugeschnitten ist, darstellt. Mit Hilfe dieser Systeme können im Fehlerfall Streßmomente abgebaut und Zeit gewonnen werden. Jüngere Mitarbeiter sind in der Lage, Probleme leichter, ohne zusätzliche Inanspruchnahme der Experten, zu lösen. Diese Vorteile werden jedoch nur dann angenommen und erkannt, wenn das Expertensystem die Bedürfnisse des Anwenders berücksichtigt. Für eine erfolgreiche Anwendung muß der Wissensingenieur auch einen Aufwand akzeptieren, der durch spezielle Forderungen des Anwenderkreises bewirkt wird.

Ist die Hürde der Motivationsgewinnung genommen, läßt sich für das bereits aufgenommene Wissen ein früher Prototyp erstellen. Hiermit kann dem Experten gezeigt werden, wie das zukünftige System arbeitet und wie das aufgenommene Wissen verarbeitet wurde. Damit erhöht der Experte die Möglichkeit, frühzeitig zu erkennen, in welcher Art und Weise er sein Wissen äußern muß und wo er in der Auslegung des Systems Einfluß nehmen kann.

Die Erfahrung zeigt jedoch, daß Experten häufig nur in einem konkreten Fehlerfall ihr Wissen aktivieren können, da nur in diesem Fall ein Symptomprofil und damit die notwendigen Assoziationen vorliegen. Dies ist ein Grund für den aufwendigen und langwierigen Befragungsprozeß.

Das aufgenommene Wissen muß anschließend vom Wissensingenieur dokumentiert werden. Die Art der Dokumentation spielt ebenfalls eine wichtige Rolle. Sie beeinflußt die Möglichkeiten der Strukturierung und Testbarkeit des Wissens. Gerade die Testbarkeit spielt eine große Rolle, da es naturgemäß Verständnisprobleme zwischen dem Experten und dem Wissensingenieur gibt. So kann der Experte letztendlich fehlerhaft aufgenommenes Wissen identifizieren und korrigieren. Dazu muß das Wissen in einer übersichtlichen Struktur dokumentiert sein.

2.3 Kritische Betrachtung

Betrachtet man den Entwicklungsprozeß von Expertensystemen, so fällt besonders der Prozeß der Wissensaquisition auf. Wie im vorhergehenden Kapitel bereits erläutert, handelt es sich um einen sehr aufwendigen Vorgang. Sowohl die Entwicklungsmannschaft (Wissensingenieure) als auch die Experten müssen einen großen Aufwand in den Erfolg des Expertensystems investieren.

So vergehen nicht selten Zeiträume von mehr als sechs Monaten, um einerseits die Motivation der Experten zur Mitarbeit zu gewinnen und andererseits die Aneignung von genügend Fachwissen durch die Entwicklungsmannschaft zu gewährleisten. Der anschließende Wissensaufnahmeprozeß gestaltet sich weiterhin sehr schwierig, da Experten oftmals nur selten zur Verfügung stehen. Es ist eines der Charakteristika von Experten, bei Problemsituationen unabkömmlich zu sein. Oft hängt es nur von ihrem Können und der Geschwindigkeit der Problemlösung ab, bis eine defekte Anlage die Produktion wieder aufnehmen kann. Dadurch kommt es zu keiner kontinuierlichen Wissensaufnahme.

Sind abgeschlossene Wissensteile implementiert, sollte der Experte bereits diese Wissensteile testen. Weitere Tests finden in späteren Projektstadien parallel zur Wissensaufnahme und Implementation statt. Eigene Erfahrungen haben gezeigt, daß gerade diese Testphase sehr große Zeitverzögerungen bewirkt. Hat man nämlich die Akzeptanz der Experten gewonnen und sie davon überzeugt, auf ihre Bedürfnisse eingegangen zu sein, müssen die geforderten Änderungen im Rahmen des Möglichen durchgeführt werden.

Befragt man die Experten, wo genau die größte Hilfestellung erwartet wird, so stellt man sehr schnell fest, daß etwa 80% des implementierten Wissens relativ trivial ist, trivial im Sinne der Experten. Diese fordern naturgemäß die Hilfestellung bei schwierigen Fällen. Aus diesem Grund ist das Wissen ständig zu aktualisieren, mit der Folge, daß eine Wissensbasis nie vollständig sein wird.

Diese Pflege muß von einem Wissenspfleger durchgeführt werden. Nach der Aufbauphase fällt ihm die Aufgabe zu, neu aufgetretenes Wissen in die Struktur der Wissensbasis zu integrieren. Somit fallen auch nach Projektabschluß für den Betreiber ständig Pflegekosten an, will er nicht Gefahr laufen, ein veraltetes Expertensystem zu betreiben, das auf kurze Sicht nicht mehr benutzt werden würde.

Alle diese Gründe spielen eine wichtige Rolle für die Einführung von Expertensystemen in der Industrie und erweitern den notwendigen Entwicklungsaufwand.

3 Einführungsstand in der Industrie

Gerade in letzter Zeit beschäftigen sich vermehrt Studien mit dem Einführungsstand von Expertensystemen in der Industrie. Studien von Mertens [8, 11], Steinberger [7], Fähnrich [4] und eigene Untersuchungen zeigen die in Bild 8 wiedergegebenen Ergebnisse. Der Autor beschränkt sich in diesem Beitrag jedoch vor allem auf den Stand in der deutschen Industrie.

3.1 Diskrepanz zwischen Forschung und Anwendung

Die in Bild 8 gezeigten Untersuchungen zeigen den Stand der Einführung für den Zeitraum 1986 bis 1988. Dabei betrug die Anzahl der untersuchten Systeme in einem Fall 200 [8]. Andere Untersuchungen beschränkten sich auf die Produktionstechnik und stießen auf weitaus weniger Systeme [7].

Übereinstimmend ergab sich folgendes Bild: Sehr viele Systeme befinden sich im Aufbau. Von den wenigsten Systemen war mit Sicherheit zu sagen, daß sie sich in Anwendung

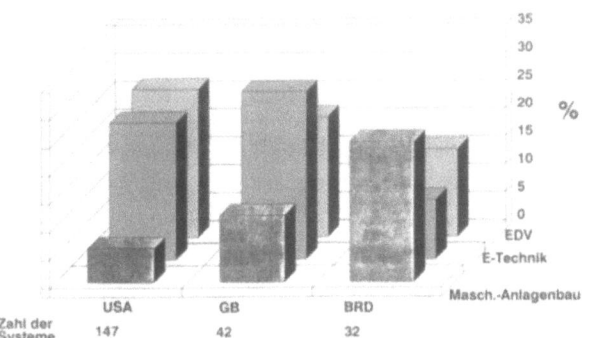

Bild 8. Einführungsstand in der Bundesrepublik Deutschland (Quelle: FhG-IAO; Stand 1987/88)

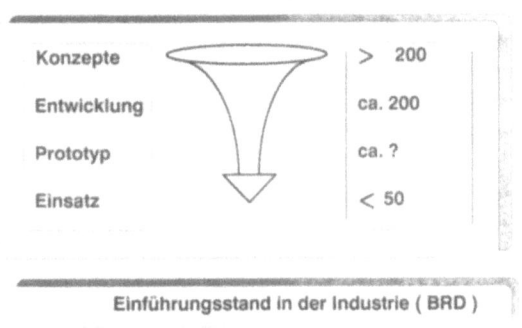

Bild 9. Einführungsstand in der Produktionstechnik

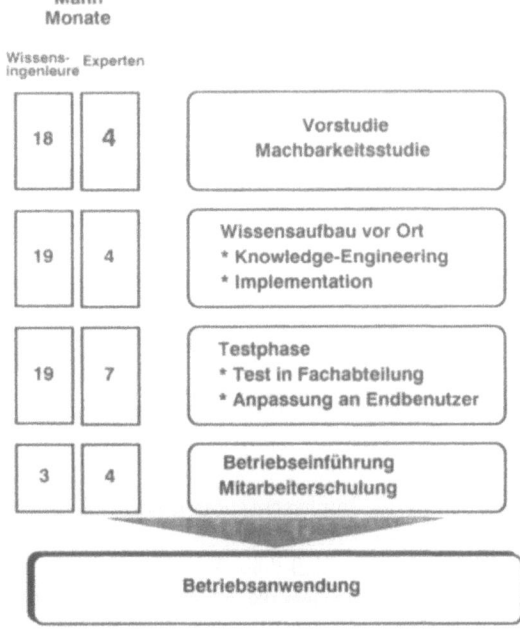

Bild 10. Zeitlicher Rahmen beim Aufbau eines Expertensystems

befinden. Mit Bestimmtheit beläuft sich die Anzahl der lauffähigen Systeme unter 30 (Bild 9).

Nach Schätzungen von Fachleuten wird für die nächsten Jahre auf dem deutschen Markt mit einem erheblichen Wachstum für Expertensystemeinführungen zu rechnen sein. Der Produktionsfaktor Wissen ist als solcher erkannt, die Mittel, ihn besser nutzbar zu machen, stehen zur Verfügung. Die Vielzahl von bereits vorhandenen Werkzeugen für den Aufbau dieser Systeme steht allerdings im Gegensatz zur Anzahl der Einführungen. Die Gründe dafür lassen sich aus Beispielen von Expertensystemeinführungen ableiten.

Meist handelt es sich bei den Expertensystemanwendern um größere Unternehmen, die gleichzeitig auch Entwickler sind. Zum einen können sie die Kapazitäten für die Entwicklung solcher Systeme aufbringen, zum anderen läuft man nicht Gefahr, wichtiges Firmenwissen Dritten preiszugeben.

Weiterhin besteht die Möglichkeit, Systeme zu entwickeln, die mehrfach im gleichen Haus verwendet werden können. Infolge der Trennung von Entwickler und Anwender können jedoch entscheidende Fehler begangen werden, die dann zu dem bisher geschilderten Einführungsbild führen. So kann nach einer ungenauen Klärung der Problematik versucht werden, auf einem ungeeigneten Gebiet ein Expertensystem einzuführen.

Wahrscheinliche Gründe für die Nichtbenutzung von Expertensystemen liegen in der fehlenden Endbenutzerakzeptanz, in der schlechten Pflegbarkeit von größeren Systemen und in der mangelnden Integration in die bereits vorhandene Hardware- und Softwarestruktur der Unternehmen.

3.2 Erläuterungen eines ausgewählten Beispiels

Versucht man, konkrete Daten und Angaben über die Leistungsfähigkeit und den Aufbauprozeß solcher Systeme in Erfahrung zu bringen, so lassen diese sich schlecht durch eine Umfrage ermitteln. Zum einen handelt es sich um Daten, die wettbewerbsrelevant sein können, zum anderen gibt man ungern Entwicklungs- und Einführungsprobleme zu. So kann man nur mit eigenen Erfahrungen die Aussagen anderer auf diesem Gebiet vernünftig beurteilen.

Am Institut für Werkzeugmaschinen und Betriebstechnik der Universität Karlsruhe beschäftigt man sich seit 1983 mit wissensbasierten Systemen. Hierbei liegen die Schwerpunkte auf Diagnosesystemen und der Planung. Speziell soll hier ein Diagnoseexpertensystem erläutert werden, das dem Industriepartner Anfang 1988 übergeben wurde. Dieses System wird im Bereich der technischen Diagnose von verketteten Maschinen eingesetzt.

Trotz der Ausrüstung mit einem Prozeßleitsystem treten durch Anlagenteile, Parameterfehleinstellungen und Bedienerfehler Produktfehler und Maschinenstörungen auf. Aufgabe war es nun, ein Expertensystem aufzubauen, das eine schnelle Fehlersuche und -behebung ermöglicht. In einem ersten Schritt (Bild 10) wurde in einer Machbarkeitsstudie entschieden, ob sich diese Aufgabe sinnvoll durch ein Expertensystem unterstützen läßt. Hierbei wurden die bereits erläuterten Punkte untersucht, welche die Einführung solcher Systeme als sinnvoll erscheinen lassen, wie

– Vorhandensein von Experten,
– Vorhandensein von Expertenwissen,
– Überschaubarkeit des Wissens,
– Lösbarkeit der Aufgabe.

Daraufhin wurde begonnen, großflächig Expertenwissen aufzunehmen. Problematisch war zu diesem Zeitpunkt die Motivation. Auftraggebende Abteilung und Anwenderabteilung waren nicht identisch. Aus diesem Grund fiel es schwer, dem Anwender die Sinnfälligkeit und die Vorteile eines solchen Systems glaubhaft zu versichern. Die anfängliche Konzeption und die verwendete Sprache im Dialog entsprachen nicht den Vorstellungen der Anwender.

Gerade der Einstieg in ein Diagnoseexpertensystem muß aber in extremem Maße auf den Anwenderpersonenkreis zugeschnitten sein. Kurze, prägnante Fehlerbildbeschreibungen sorgen dafür, daß der Anwender in kurzer Zeit den Einstieg in das System findet. Nach Klärung dieser Probleme konnte der Anwenderkreis zu einer intensiven Mitarbeit motiviert werden. Die anfänglich zögernde Wissensabgabe kehrte sich ins Gegenteil um. Experten wurden abgestellt, die den Mitarbeitern des Instituts zur Wissensbefragung zur Verfügung standen.

Sehr bald wurde ein Prototyp erstellt. Hieran konnten die Experten sehen, in welcher Art und Weise ihr Wissen verarbeitet wurde. In dieser Phase galt es, die nächsten Probleme zu bewältigen. Die Experten, hochmotiviert, äußerten immer neue Ideen, die sie im Expertensystem verwirklicht sehen wollten. Teilweise konnten diese Ideen berücksichtigt werden, teilweise wurden durch die verwendete Hard- und Software Grenzen gesetzt. Diese Nichterfüllbarkeit von zum Teil sinnvollen Forderungen war argumentativ schwierig durchzusetzen.

Nach und nach wurde das aufgenommene Wissen implementiert. Erste Tests ergaben jedoch große Lücken in der Wissensbasis. Grund dafür war, daß häufig Symptommangel für Fehlerbilder bestand. Die bis zu diesem Zeitpunkt entwickelten Wissensdokumentationsblätter, welche die Beziehung zwischen Fehlerbildern, Symptomen und Ursachen aufnahmen, wiesen auf der Symptomseite große Lücken auf. Die übliche Interviewtechnik erbrachte nur wenige ursachenunterscheidende Symptome. Dieses Problem wurde durch die Entwicklung von neuen Dokumentations- und Wissensaufnahmemitteln entscheidend verbessert.

Die Entwicklung dieser Formblätter ging aus dem Versuch hervor, ein Maschinenfunktionsmodell zu entwickeln. Ausgehend von betrieblichen Unterlagen und Maschinenkonstruktionsplänen, versuchten die Wissensingenieure, ein Modell für das theoretische Verhalten der Maschinen zu entwickeln. Über Wirkzusammenhänge der einzelnen Maschinenteile, Versorgungseinrichtungen und Funktionen konnte theoretisch ein Zusammenhang zwischen Funktionsabweichung und verursachtem Fehlerbild hergeleitet werden. Diese Relationen wurden in einer Matrix angeordnet.

Durch eine Gewichtung der Relation beurteilte der Experte die Ursachenrelevanz dieser Relation. Es entstanden daraus folgende Formblätter:
- *Maschinengewichtungsblatt* (Bild 11)
  Ursachenrelation zwischen Fehlerbild und Maschinen,
- *Maschinenteil-Gewichtungsblatt* (Bild 12)
  Ursachenrelation zwischen Maschinenteil, Maschinenfunktion und Fehlerbild,
und für den Instandhalterbereich
- *Defekt-Wirkungsblatt* (Bild 13)
  Beziehung zwischen Bauteildefekt und Wirkungskette. Diese Betrachtung erfolgt fehlerbildunabhängig.

Durch Schaffung dieser Instrumentarien war der Experte in der Lage, sein Wissen schnell und ohne Interview abzugeben. Lediglich bei Unklarheiten und Rückfragen war die Hilfe des Wissensingenieurs notwendig.

Weitere Tests der Wissensbasis durch verschiedene Experten ergaben, daß unabhängig vom Bediener unterschiedliche „Einstiege" in das Expertensystem gefordert wurden. Jeder der Experten, vom Maschineneinrichter bis zum Instandhalter, sollte unabhängig vom anderen einen eigenen Dialogeinstieg erhalten. Dies bedeutet einen „Quereinstieg" in einen bestimmten Wissensbasisteil, der das entsprechende Benutzerwissen enthielt. Mit der Realisierung dieser Quereinstiege war ein Instrument geschaffen, Benutzer unterschiedlichsten Wissensniveaus einen eigenen Einstieg zu ge-

Maschinengewichtungsblatt

Ursachenrelevanz 1 = fast nie 2 = manchmal 3 = häufig 4 = sehr häufig 5 = immer	Maschine 1	Maschine 2	Maschine 3	Maschine 4	Maschine 5	Maschine 6	Maschine 7
Produktfehler 1	1						
Produktfehler 2			2				
Produktfehler 3					5		
Produktfehler 4					2		
Produktfehler 5					3		
Produktfehler 6							

Bild 11. Hilfsmittel Maschinengewichtungsblatt

Maschinenteil-Gewichtungsblatt

Maschine 10

Ursachenrelevanz 1 = fast nie 2 = manchmal 3 = häufig 4 = sehr häufig 5 = immer	Maschinen- funktion 1	Maschinen- funktion 2	Maschinen- funktion 3	Maschinen- funktion 4	Maschinen- funktion 5	Maschinen- funktion 6	Maschinen- funktion 7
Produktfehler 1							
Produktfehler 3							
Produktfehler 5							
Produktfehler 10							
Produktfehler 15							
Produktfehler 16							

Bild 12. Hilfsmittel Maschinenteil-Gewichtungsblatt

Defekt–Wirkungsblatt

Defekt / Wirkung	Welle blockiert	Keine Spannung an Punkt 11	...
Produkttemp. zu hoch	●		
Taktzeit zu lange		●	
...			

Relationen sind unabhängig von Fehlerbildern

Bild 13. Hilfsmittel Defekt-Wirkungsblatt

währen. Diese benutzerangepaßten Schnittstellen (Bild 14) steigerten die Akzeptanz durch Dialogverkürzung bedeutend. Dies war jedoch nur möglich, da in der verwendeten Diagnoseshell die Fragestrukturierung von der Diagnosestruktur getrennt ist.

Die Erfahrung aus anderen Projekten, daß die Pflegbarkeit von Expertensystemen in entscheidendem Maße für den Lebenszyklus dieser Systeme verantwortlich ist, gab Veranlassung, frühzeitig den späteren Wissenspfleger am Aufbau der Wissensstrukturen zu beteiligen. Somit konnte diese Person die Wissensbasisstrukturen kennenlernen und die Vorgangsweise beim Aufbau übernehmen. Problematisch und zugleich hilfreich war eine Änderung der Anlage während des Wissensbasisaufbaus. Hierdurch lernte der spätere Wissenspfleger, partiell veraltete Wissensteile durch neu aufgetretene Wissensteile zu ersetzen.

Im Projektverlauf konnte ein wichtiger Nebeneffekt beim Aufbau der Wissensbasis beobachtet werden. Die Befragung bewirkte bei einem großen Teil der betroffenen Belegschaft einen bewußteren Umgang mit der Anlage, wodurch eine Reduzierung von Produktfehlern und Mehrkosten registriert werden konnte.

Andere Mitarbeiter der Belegschaft lehnten das Expertensystem aus der Angst heraus, den Arbeitsplatz zu verlieren, ab. Im vorliegenden Fall wurde dieser Effekt infolge einer vorangegangenen Rationalisierung in diesem Bereich noch verstärkt. Welchem Arbeitnehmer wäre es zu verdenken, unter solchen Randbedingungen diesem neuen System nicht kritisch gegenüberzustehen?

Die technischen Daten dieses Systems lauten:
- momentane Regelanzahl ≈ 5000
- Anzahl der Diagnosen und Diagnoseschritte ≈ 2000
- Anzahl Endursachen ≈ 600
- Umfang der Wissensbasis (in MB) ≈ 3
- Rechner: AT-kompatibel mit 8 MB Speicher
- verwendete Shell: MED 2
- Datenkopplung zum überlagerten Prozeßleitsystem
- Aufbaudauer etwa $2^{1}/_{2}$ Jahre
- Aufwand etwa 5 bis 6 Mannjahre
- Informationsquellen: Experten, betriebliche Unterlagen, Maschinenkonstruktionspläne und Schaltpläne.

Der größte Aufwand beim Aufbau des Systems ergab sich bei der Wissensakquisition, der Wissensdokumentation und dem Test der Wissensbasis. Aufgrund der Tatsache, daß das Wissen bei den beschriebenen Verarbeitungsschritten durch Interpretation und Mißverständnisse verfälscht wird, müssen die Experten einen intensiven Test vornehmen. Die Komplexität der implementierten Wissensbasis erschwerte diesen Prozeß erheblich. Die anfängliche Testmethode bestand darin, jeden „Ast" der Wissensbasis zu durchlaufen. Hierbei läuft das Expertensystem im Dialog oft „ins Leere" und findet keine Enddiagnose. Die Akzeptanz, auf diese Art zu testen, sank nach kurzer Zeit rapide. Daraufhin entwickelte man sogenannte „sinnvolle" Tests.

Dem Experten wurde dazu die zu einem Fehlerbild gehörende Menge an Fragen und möglichen Antworten vorgelegt. Ausgehend von einem angenommenen Fehlerbild und einer angenommenen Fehlerursache kreuzte der Experte die seiner Meinung nach gültigen Antworten an, die das Symptomprofil der betreffenden Fehlersituation repräsentieren. Danach wurden diese Antworten im Expertensystemdialog eingegeben. Wurde die angenommene Endursache im Expertensystem gefunden, war der Test erfolgreich. Diese Art des Tests war mit Formblättern leicht formalisierbar und konnte vom Experten allein durchgeführt werden.

Die Kopplung des Expertensystems mit dem überlagerten Prozeßleitsystem erlaubt die Übertragung von Maschinenparametern und anderen meßbaren und diagnoserelevanten Größen in das Expertensystem. Diese Größen werden im darauffolgenden Dialog nicht mehr erfragt. Dadurch ließ sich der Dialog auf ein Minimum reduzieren; in Extremfällen reichten die übertragenen Daten vollständig für eine Diagnosefindung ohne Dialog aus.

Zusammenfassend kann festgehalten werden, daß der Aufbau eines solchen Systems sehr personalintensiv ist. Ziel muß es sein, die kritische Aufbauphase durch entwurfsunterstützende Werkzeuge zu vereinfachen.

4 Bilanz, Bewertung, Forderung

Zieht man eine Bilanz aus den Umfrageergebnissen und eigenen Erfahrungen, so stellt sich heraus, daß der Wissensaufnahmeprozeß und der Test der Wissensbasen Engpässe bilden. Durch die zeitliche und personelle Intensität dieser Aufbauschritte stellt sich die Frage, ob solche Systeme wirtschaftlich arbeiten können. Für viele mittelständische Unternehmen sind die positiven Wirkungen solcher Systeme sehr interessant. Allein der Aufwand, der finanziell vielleicht oft nicht tragbar ist, hindert noch viele Unternehmen, das Firmen-Know-how noch intensiver und effektiver nutzen zu können.

Der Aufbau solcher Systeme ist entscheidend zu vereinfachen. Dazu müssen Wissensaufnahmemittel geschaffen werden, die es dem Experten ermöglichen, ohne den Wissensingenieur auszukommen. Diese Hilfsmittel können – papiergestützt – in Form von Formularen Hilfe bieten. Ziel muß es jedoch sein, rechnergestützt Wissen zu erfassen. Überall, wo diagnoserelevantes Wissen auftritt, sollte es erfaßt und dokumentiert werden. Dieser Bereich erstreckt sich von der Produktentwicklung bis zum Instandhalterbereich.

Ein Beispiel für Wissensaufnahmeformulare wurde bereits im Beispiel erläutert (s. Bilder 11 bis 13). Diese Hilfsmittel erfüllen die Forderungen, daß der Experte selbständig sein Wissen abgeben kann, daß das Wissen gleichzeitig dokumentiert wird und testbar ist. Lediglich die Umsetzung in die shellspezifische Syntax erfordert einen Wissensingenieur.

Bei rechnergestützter Wissenserfassung und Strukturierung wäre es vorstellbar, daß der größte Teil der Wissensbasis in einem Vorgang in eine shellspezifische Syntax automatisch übersetzt wird. Der benutzerspezifische Dialog und

Bild 14. Benutzerangepaßte Verwendungsmöglichkeit der Wissensbasis

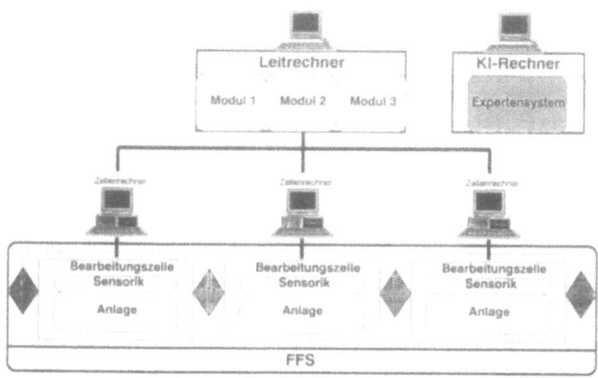

Bild 15. KI als Insellösung

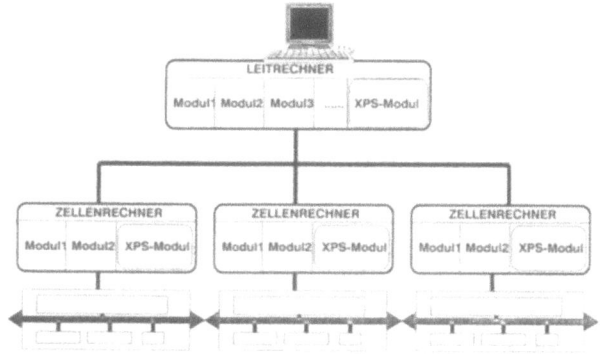

Bild 16. Integration von Expertensystemen

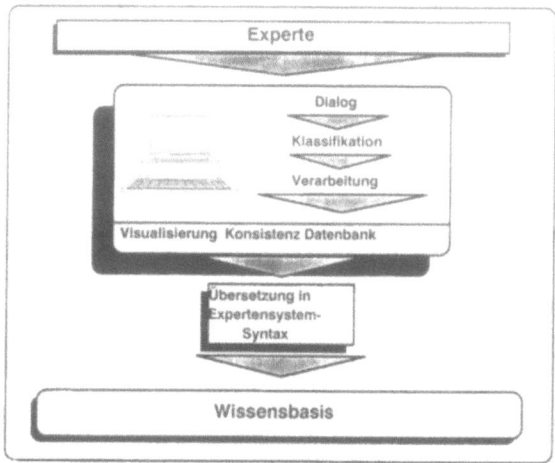

Bild 17. Rechnergestützter Wissenserwerb

die benutzerangepaßten Schnittstellen müssen allerdings nachträglich implementiert werden (Bild 14). Gerade durch diese Anpassung an den Endbenutzer kann die Akzeptanz verbessert werden.

Oft bereitet auch die verwendete Hard- und Software Probleme, da sie nicht in die vorhandenen Strukturen passen. Eine Datenkopplung, wie sie im Beispiel erläutert wurde, läßt sich sicherlich nicht überall realisieren, die damit verbundenen positiven Effekte lassen sich nicht nutzen. Eine solche „Insellösung" (Bild 15) wird ein Fremdkörper in der vorhandenen DV-Struktur bleiben. Deshalb muß es eine Forderung sein, zukünftig Systeme auf „gängiger", kostengünstiger Hard- und Software zu entwickeln, um eine Integration dieser Systeme zu erreichen (Bild 16).

Werden solche Systeme heute noch mit Universitätsinstituten und Forschungsabteilungen aufgebaut, muß es in Zukunft dem Experten und einem firmeninternen Wissenspfleger weitgehend ermöglicht werden, diese Systeme allein aufzubauen (Bild 17).

Der heutige Stand erfordert es noch, daß nach Aufbau dieser Systeme ständig ein Wissenspfleger das System pflegen muß. Aus diesem Grund muß es eine Forderung an die Forschung sein, den Aufbauprozeß dieser Systeme stark zu vereinfachen. Diese Ziele werden sowohl von der Informatik als auch von produktionstechnisch orientierten Lehrstühlen wie den WGP-Instituten verfolgt.

Literatur

1. Harmon, P.; King, D.: Expertensysteme in der Praxis. München: R. Oldenbourg 1987
2. Puppe, F.: Expertensysteme. Informatik-Spektrum 9 (1986) H. 1, S. 1–13
3. N.N.: Chancen und Risiken des Einsatzes von Expertensystemen. Enquetekomm. „Technikfolgeabschätzung" d. Dt. Bundestages, Bonn 1987
4. Fähnrich, K.-P.: Einsatz von wissensbasierten Systemen in der Produktion. kommtech 88, Band III. Essen 1988
5. Lutz, E.: Praktische Hinweise zur betrieblichen Einführung von Expertensystemen. Tag.bd. VDI-ADB, AWF: Expertensysteme in der betrieblichen Praxis. Bad Soden 1988
6. Bartl, R.; Weule, H.: Entwicklung einsatzfähiger Diagnose-Expertensysteme. Techn. Rundschau 79 (1987) H. 41, S. 184–193
7. Steinberger, G.: 80 Expertensysteme für die Produktion. MEGA 3 (1988) H. 3, S. 54–58
8. Mertens, P.: Betriebliche Expertensysteme in deutschsprachigen Ländern. Inst. f. Math. Masch. u. Datenverarb. Friedr. Alex. Univ. Erlangen, Nürnberg 1986
9. Levi, P.: Technische Expertensysteme: Stand und Technik. FZI aktuell 3 (1987) H. 1, S. 28–31
10. Spur, G.: Expertensysteme in der Produktionstechnik. ZwF 81 (1986) H. 3, S. 131–134
11. Warnecke, G.; Mertens, P.: Praktische Anwendung künstlicher Intelligenz durch Expertensysteme. wt 76 (1986) H. 9, S. 547 bis 551
12. Nedeß, Chr.; Friedewald, A.; Plog, J.: Expertensysteme – Erfahrung ergänzt das CIM-Konzept. VDI-Z 128 (1986) H. 19, S. 729–733
13. Weck, M.; Kiratli, G.: Einsatz von Expertensystemen zur Bedienung komplexer Produktionssysteme. HGF-Kurzber. Ind.-Anz. 109 (1987) H. 3/4, S. 38–39
14. Puppe, F.: Erfahrungen aus drei Anwendungsprojekten mit MED1. Informatik-Fachber. 112, Wissensbasierte Systeme, GI-Kongreß, Hamburg-Harburg 1985, S. 235–245
15. Savory, S.E.: Künstliche Intelligenz und Expertensysteme. München: Oldenbourg 1985
16. Soltysiak, R.: Praktische Anwendung von Expertensystemen in der Prozeßleittechnik. Automat. techn. Praxis atp 30 (1988) H. 5, S. 247–251

Systemverknüpfung von Technologie und Werkstoffentwicklung am Beispiel der Blechumformung

K. Lange und L. Brückner, Stuttgart

Inhalt. Bei den Stahlwerkstoffen führten Werkstoffentwicklungen zu Stählen höherer Festigkeit und verbesserter Umformbarkeit, woraus für die Dickblechtechnologie und Feinschneidtechnik neue Möglichkeiten resultieren. Bei Aluminium führte die Entwicklung zu zwei Al-Legierungen für Karosserieteile. Die gegenüber Stahl schlechteren Umformeigenschaften von Al-Blechen erfordern eine Abstimmung der Prozeßbedingungen auf den Werkstoff, wobei die Oberflächenstruktur – bedingt durch die Tribologie – von Bedeutung ist.

1 Einleitung

Die derzeitige Entwicklung in der Blechumformung ist geprägt durch hohe Anforderungen an die Qualität und Herstellungssicherheit von Blechformteilen. Die zunehmend komplexer werdenden Werkstücke setzen ein hohes Verständnis für den Umformprozeß sowie Werkstoffe mit ausreichender Umformbarkeit voraus. Die verschiedenen Parameter, die für das Ergebnis einer Umformung verantwortlich sind (Bild 1), hängen in vielfältiger Weise voneinander ab und können nicht voneinander unabhängig betrachtet werden. Für die Blechumformung sind als wichtige Einflußgrößen die Eigenschaften des Werkstoffs und die optimale Werkzeugauslegung zu nennen.

Das ständig zunehmende Anwendungsspektrum von Blechwerkstoffen ist nicht zuletzt auf die gezielten Entwicklungen hinsichtlich der Kaltumformbarkeit und der Festigkeit in den letzten drei Jahrzehnten zurückzuführen. Neue Verfahren bei der Stahlherstellung und der Weiterverarbeitung im Walzwerk führten zu Verbesserungen bestehender Werkstoffe hinsichtlich der Verarbeitungseigenschaften und der Gleichmäßigkeit der Werkstoffeigenschaften über große Lieferzeiträume [1]. Weiterhin wurden die Voraussetzungen für Stahlbleche mit unterschiedlichen Eigenschaftskombinationen geschaffen.

Neu formulierte Werkstoffkenngrößen wie der Verfestigungsexponent n und die senkrechte Anisotropie r, die die Blechverarbeitungseigenschaften besser beschreiben, erleichtern die Werkstoffauswahl für den jeweiligen Umformprozeß und verstärken die Tendenz zur Entwicklung von Werkstoffen „nach Maß". Die Berücksichtigung der Werkstoffeigenschaften bei der Auslegung der Werkzeuge und der Vorgangsbedingungen sind Voraussetzung für optimale Bedingungen im Hinblick auf eine wirtschaftliche Fertigung. Im folgenden werden am Beispiel von Stahl- und Aluminiumblechwerkstoffen die Zusammenhänge zwischen der Technologie des Umformprozesses und der Werkstoffentwicklung dargestellt.

2 Entwicklung der Blechherstellung durch Walzen

Der Anfang der Eisen-Feinblechherstellung durch Walzen begann mit der Errichtung des ersten Blechwalzwerkes 1728 in Hanbury (England) [2]. Die lebhafte Nachfrage nach Blechen führte 1773 zum ersten deutschen Blechwalzwerk auf dem Rasselstein in Neuwied, womit die Entwicklung von warmgewalztem Flacherzeugnis auf technischer Grundlage begann [3]. Die Einführung des Flußstahls, der den Schweißstahl von der Mitte des 19. Jahrhunderts an in kurzer Zeit fast verdrängte (Bild 2), erlaubte die Herstellung von Brammen mit größeren Stückgewichten, wodurch Grobbleche größerer Formate herstellbar waren. Mit dem ersten kontinuierlichen Feinblechwalzwerk auf der Rudolfshütte in Teplitz konnten 1892 40 bis 50 m lange Blechstreifen von 1 m Breite auf eine Dicke von 1,5 bis 2,0 mm gewalzt werden.

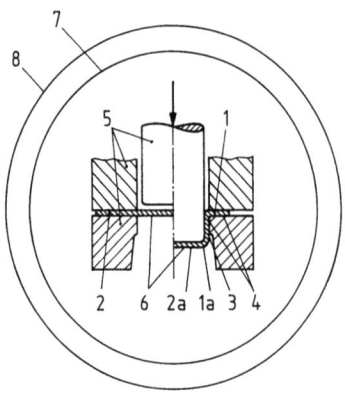

1 Umformzone

2 Werkstück-stoffeigenschaften vor dem Umformen

3 Werkstückeigenschaften nach dem Umformen

4 Wirkfuge zwischen Werkstück und Werkzeug

5 Umformwerkzeug

6 Oberflächenreaktion zwischen Werkstück und umgebender Atmosphäre

7 Werkzeugmaschine

8 Betrieb

Bild 1. System einer Betrachtung von Umformproblemen (nach Backofen, Gebhardt, Kienzle, Lange und Schey)

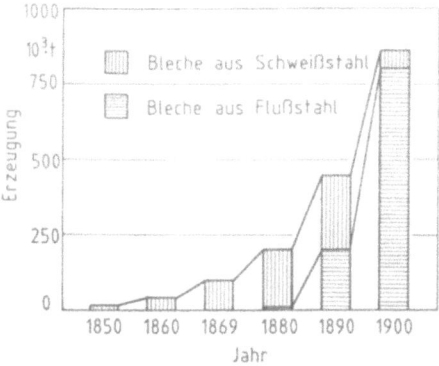

Bild 2. Entwicklung der Flußstahlerzeugung für Bleche (nach [3])

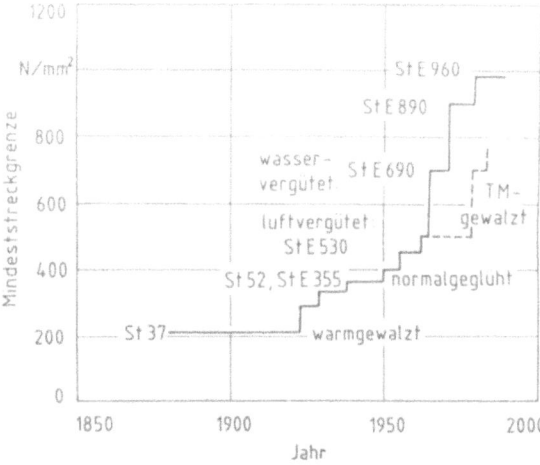

Bild 4. Zeitliche Entwicklung der Mindeststreckgrenzen schweißbarer Baustähle [6]

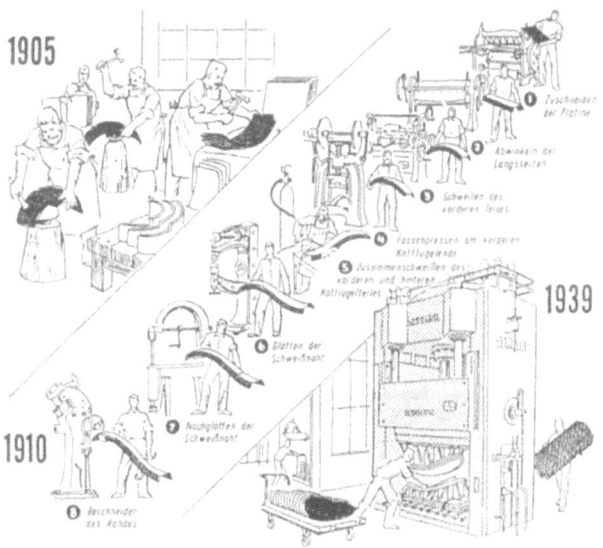

Bild 3. Entwicklung der Kotflügelherstellung (Schuler)

Weitere Blechdickenabnahmen, die aufgrund der Abkühlung der Bleche beim Warmwalzen nicht erreichbar waren, wurden durch Kaltwalzen von warm vorgewalztem Band realisiert. Dem kaltgewalztem Band gaben dabei engere Maßgrenzen, bessere Oberflächen und gleichmäßigeres Gefüge einen Vorsprung. Die Entstehung der ersten Warmbreitbandstraße Europas 1936 in Dinslaken ist im Zusammenhang mit der Nachfrage nach Blechen größerer Abmessungen für die damals aufkommenden Stahlblechkarosserien im Automobilbau zur Herstellung größerer Tiefziehteile zu sehen [4]. Eng mit dieser Werkstoffentwicklung verknüpft war zum Beispiel auch die Entwicklung der Technologie der Kotflügelherstellung für Personenwagen bis zur Fertigung auf Groß-Tiefziehpressen 1939 (Bild 3).

3 Warmgewalzte Baustähle

Die im Stahlbau bis etwa zu den 30er Jahren verwendeten warmgewalzten Baustähle mit niedriger Festigkeit (z.B. Stahl St 37) wurden für Konstruktionsteile im Fahrzeugbau nur selten verwendet [5]. Mit der Entwicklung des Baustahls St 52 (Bild 4) mit einer höheren Mindeststreckgrenze wurde aber eine durchgreifende Einführung von Mittel- und Grobblechen im Fahrzeugbau weiterhin durch die begrenzte Kaltumformbarkeit und eingeschränkte Schweißbarkeit verhindert.

Weitere Festigkeitssteigerungen bei ausreichender Kaltumformbarkeit konnten — ausgehend vom Stahl St 52-3

— durch geringe Zugaben der Mikrolegierungselemente Niob, Vanadin oder Titan erreicht werden. Zusammen mit einer Normalglühung weisen diese Stähle Streckgrenzen bis 500 N/mm² auf und werden für kaltzuformende Bauteile wie Rahmenlängs- und Querträger verwendet. Als Alternative zum Normalglühen nach dem Walzen können bei diesen Stählen dieselben Stahleigenschaften durch temperaturgeregeltes Walzen (T-Stähle) bereits im Walzzustand eingestellt werden.

Deutliche Verbesserungen der Festigkeit und der Kaltumformbarkeit warmgewalzter Baustähle gelangen mit dem thermomechanischen Walzen (TM-Stähle). Durch eine gesteuerte Temperaturführung und die Einhaltung bestimmter Umformbedingungen werden in einer Warmbreitbandstraße die Einflußgrößen Temperatur im Wärmeofen, Umformgrad beim Fertigwalzen, Endwalz- und Haspeltemperatur gezielt eingestellt [7]. Mit dem Einbringen von Mikrolegierungselementen, die durch das TM-Walzen besonders zur Wirkung kommen, werden feinverteilte Karbonitridausscheidungsteilchen und ein sehr feinkörniges Gefüge erzeugt. Die Eigenschaften von TM-Stählen haben in den vergangenen Jahren zu einem eindeutigen Trend zugunsten dieser Warmbandqualität für komplizierte Bauteile im Lkw- und Pkw-Bereich geführt (Bild 5). Neben höheren Festigkeiten dieser Werkstoffe, die deutliche Gewichts- und Werkstoffeinsparungen ermöglichen, kann eine oftmals notwendige Warmumformung bei schwierigen Preßteilen vermieden werden [7].

Unter Ausnutzung bainitischer Grundgefüge sind bei TM-Stählen Mindeststreckgrenzen von 700 N/mm² möglich [6]. Bei hohen Festigkeiten und trotzdem guter Kaltumformbarkeit können bei der Anwendung dieser Stähle für Rahmenlängsträger schwerer Lkw (Bild 6) neben spürbaren Gewichtsminderungen Bauteile, die bisher im vergüteten Zustand waren, ersetzt werden [7, 8].

4 Verfahrensentwicklungen der Werkstoffherstellung

Die bisher beschriebenen Werkstoffentwicklungen bei Stahlwerkstoffen sind vor allem mit der Einführung moderner Hochofen-, Stahlherstellungs- und Walzwerktechnologien verbunden. Ein grundlegender Wandel bei den Stahlherstellungsverfahren vollzog sich von etwa 1960 an bei der Ablösung des Thomas-Verfahrens und später auch des Siemens-Martin-Verfahrens durch das Sauerstoffaufblas- oder

Bild 5a und b. Beispiele für Bauteile von Lkw-Rahmen aus TM-Stählen. **a** Getriebequerträger; **b** Koppelmaulträger ([5], Thyssen)

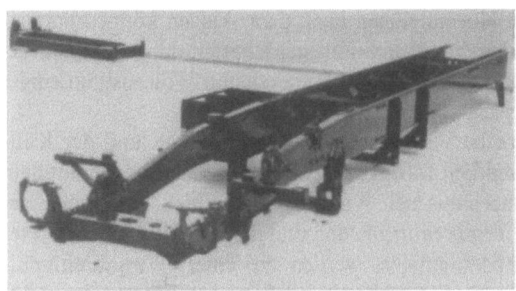

Bild 6. Längsträger eines Lkw-Rahmens, der aus bainitischem Sonderbaustahl gefertigt werden kann (Thyssen)

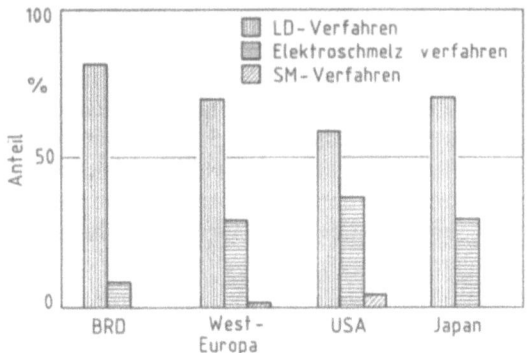

Bild 7. Anteilige Arten der Rohstahlerzeugung [10]

LD-Verfahren [9]. Mit einer wassergekühlten Sauerstofflanze wird Sauerstoff in den Konverter eingeführt und reagiert mit den Begleitelementen des Roheisens. Die genauere Einstellung der chemischen Zusammensetzung bei sehr niedrigen Gehalten an schädlichen Begleitelementen und verkürzten Behandlungszeiten verhalfen dem LD-Verfahren zu einer schnellen Verbreitung (Bild 7). Bereits 1986 wurden in der Bundesrepublik Deutschland über 80% des Rohstahls mit dem LD-Verfahren hergestellt, wobei das SM-Verfahren nicht mehr angewendet wird.

Verschiedene Nachbehandlungsverfahren bei der Stahlerzeugung im Konverter, die als Sekundär- oder Pfannenmetallurgie bezeichnet werden, sind hinzugekommen. Mit der Vakuumbehandlung läßt sich zum Beispiel eine Feineinstellung der chemischen Zusammensetzung als Voraussetzung der Mikrolegierungstechnik erreichen [11]. Weitere Vorteile konnten durch die Ablösung des Blockgusses durch den Strangguß in bezug auf eine hohe Gleichmäßigkeit des Gefüges und geringe Streuung der chemischen Zusammensetzung erreicht werden. Dadurch schaffen gleichmäßigere Werkstoffeigenschaften über der Bandlänge Vorteile bei der Verarbeitung und den Eigenschaften des Endprodukts [12].

Die Entwicklungen in den Walzwerken sind neben der Formgebung und Maßnahmen zur Einhaltung enger Toleranzen auch wesentlich von der Möglichkeit zur Einstellung der mechanischen Eigenschaften während des Walzprozesses geprägt. Die Einführung vollautomatischer prozeßrechnergesteuerter Warmbreitbandstraßen schaffte gute Voraussetzungen für die thermomechanische Behandlung zur Abstimmung der Walzbedingungen und zur kostengünstigen Herstellung von warmgewalzten Dual-Phasen-Stählen direkt aus der Walzhitze, bei denen die Walzbedingungen genau einzuhalten sind [13].

Die Einführung von Durchlauf- oder Contiglühanlagen bot weitere Möglichkeiten zur Erzeugung gleichmäßiger mechanischer Eigenschaften von kaltgewalztem Feinblech. Dabei wird durch die genaue Einstellbarkeit der Glühtemperaturen und hohe Abkühlgeschwindigkeiten die Voraussetzung zur wirtschaftlichen Erzeugung von Dual-Phasen-Stählen aus kaltgewalztem Blech geschaffen.

5 Kaltgewalztes Feinblech

Den Hauptanteil des in der Automobilindustrie verarbeiteten kaltgewalzten Feinblechs nehmen die Stähle St 12, St 13 und St 14 ein. Die Entwicklung dieser Zieh- und Tiefziehgüten ist, ausgehend vom Stahl St 37, durch Verringerung des Perlitanteils bei Senkung des Kohlenstoffgehalts gekennzeichnet (Bild 8). Dabei ist neben der niedrigen Streckgrenze und Zugfestigkeit die gute bis sehr gute Umformbarkeit dieser Stähle von großer Bedeutung [15]. Ihr Ursprung liegt in den DIN 1623 und 1932 aufgeführten Stahlblechen St I 23 bis St X 23, worunter Bleche mit geringem Kohlenstoffgehalt unter 3 mm Dicke verstanden werden [16]. Änderungen in der Herstellungstechnik — gemeint ist Strangguß — führten 1961 zu einer Überarbeitung der DIN 1623 mit den bekannten Bezeichnungen. Seitdem wird unter-

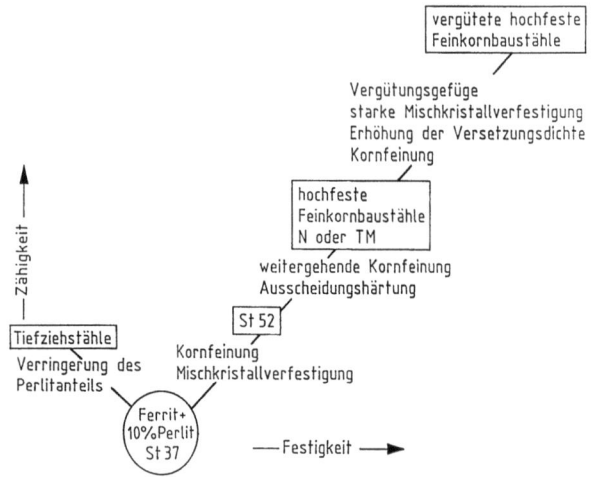

Bild 8. Entwicklung warmgewalzter Stähle für die Kaltumformung [14]

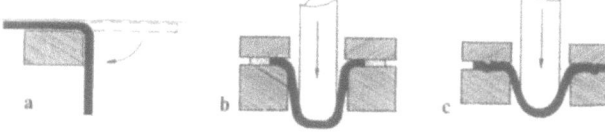

Bild 9a–c. Grundlegende Umformprozesse. **a** Biegen; **b** Tiefziehen; **c** Streckziehen

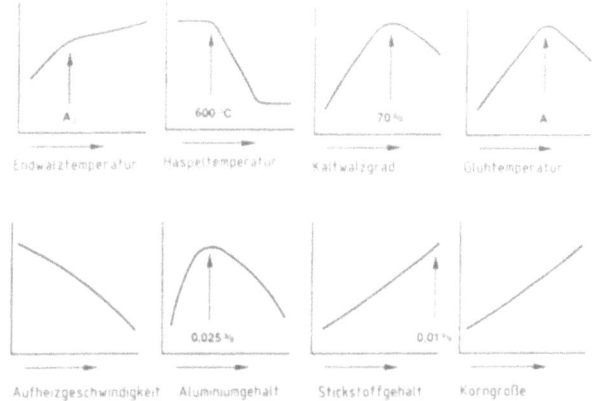

Bild 10. Möglichkeiten zur Beeinflussung des r-Wertes von Kaltband aus Al-beruhigtem Stahl (St 14)

Bild 11. Pkw-Ölwanne aus IF-Stahl (Thyssen)

schieden zwischen dem Grundwerkstoff (z.B. St 13 – Tiefziehgüte) und der Oberflächenart (z.B. O3 für zunderfrei).

Die weitere Entwicklung der Feinblechsorten war durch die Anforderungen der Verbraucher hinsichtlich der Kaltumformbarkeit als wichtigste Eigenschaft und der Oberflächengüte als Grundlage einer guten Lackierbarkeit geprägt. Wesentliche Verbesserungen der Kaltumformbarkeit der weichen Tiefziehstähle wurden ebenfalls durch die neuen Verfahrenstechniken der Stahlherstellung erreicht [17]. Mit der Einführung der Stranggußtechnik konnte ein entscheidender Beitrag geleistet werden, den gestiegenen Anforderungen an die Kaltbandqualität aufgrund komplexer Umformteile und vollautomatischen Pressenstraßen nachzukommen [5].

5.1 Werkstoffkenngrößen zur Beurteilung der Kaltumformbarkeit

Gezielte Werkstoffentwicklungen im Hinblick auf verbesserte Umformbarkeit setzen das Verständnis für die Wechselwirkungen zwischen den Umformbedingungen und den Werkstoffeigenschaften voraus. Die wichtigsten Blechumformverfahren (Bild 9) sind das Tiefziehen, das Streckziehen und das Biegen, wobei beim Karosserietiefziehen unterschiedliche Kombinationen dieser Umformverfahren auftreten [18]. Die Umformeignung wird im wesentlichen mit den mechanischen Kennwerten aus dem Flachzugversuch beurteilt. Im einzelnen werden Streckgrenze, Zugfestigkeit, Bruchdehnung und Brucheinschnürung ermittelt [19]. Weiterhin wird zur Beschreibung der Kaltumformbarkeit der Verfestigungsexponent n herangezogen, mit dem nach der Gleichung $k_f = C \varphi^n$ die Fließkurven von unlegierten und niedriglegierten Stählen und einigen Nichteisenmetallen beschrieben werden können. Aus der Darstellung der Kurve in logarithmischer Form kann aus der Steigung der Verfestigungsexponent n bestimmt werden. Als weiterer wichtiger Kennwert aus dem Zugversuch ist die senkrechte Anisotropie r als Verhältnis des Umformgrades in Breitenrichtung zum Umformgrad in Dickenrichtung definiert.

Die Aussagen der Kennwerte aus dem Zugversuch auf die Tief- und Streckzieheignung sind unterschiedlich. Während das Tiefziehen zylindrischer Teile durch ein niedriges Verhältnis von Streckgrenze zu Zugfestigkeit nur in geringem Maß beeinflußt wird [20], deuten hohe Werte der Bruchdehnung und Brucheinschnürung auf ein großes Formänderungsvermögen hin. Ein hoher Wert des Verfestigungsexponenten drückt aus, in welchem Maß eine gleichmäßige Formänderungsverteilung Beanspruchungsspitzen vermeidet.

Mit steigender senkrechter Anisotropie r wird die Verfahrensgrenze beim Tiefziehen erweitert, wodurch das Grenzziehverhältnis β_{max}, das als maximales Verhältnis von Flanschdurchmesser zu Platinendurchmesser beim axialsymmetrischen Tiefziehen definiert ist, zunimmt. Dabei ist β ein Maß für die erreichbare Napfhöhe bei konstantem Platinendurchmesser. Für die Herstellung von realen Ziehteilen erscheint demnach eine Kombination von hohen n- und r-Werten von Vorteil.

Die Umsetzung der theoretischen Kenntnisse bei der Werkstoffentwicklung ist am Beispiel des r-Wertes von St 14 in Bild 10 dargestellt. Die verschiedenen Einflußmöglichkeiten in den einzelnen Herstellungsstufen erlauben eine gezielte Einstellung der Werkstoffeigenschaften im Hinblick auf eine für den Umformvorgang günstige Eigenschaftskombination [21].

5.2 Entwicklungen bei kaltgewalztem Feinblech

Die weitere Werkstoffentwicklung von kaltgewalztem Feinblech führte in zwei Richtungen:
– zu sehr weichen Sondertiefziehgrößen, die IF-Stähle (interstitial free) genannt werden, und
– zu höherfesten Stählen.

Die für besonders hohe Anforderungen an die Kaltumformbarkeit entwickelten IF-Stähle entstanden auf der Grundlage der Vakuumentkohlung, die die Einstellung sehr geringer Kohlenstoffgehalte erlaubt. Unter vollständiger Abbindung des restlichen Kohlenstoffs durch die Mikrozulegierung von Titan oder Niob erreicht diese Stahlsorte höhere r-Werte als St 14 [12]. Die Anwendung dieser mikrolegierten Sondertiefziehgüten erfolgt aufgrund der höheren Herstellkosten nur bei sehr anspruchsvollen Tiefziehteilen (z.B. einer Kraftfahrzeugölwanne, Bild 11). Bei Alterungs- und Fließfigurenfreiheit weist diese Stahlsorte jedoch nur geringe Festigkeiten auf.

Die seit Anfang der 70er Jahre einsetzenden Bemühungen zu Gewichtseinsparungen im Fahrzeugbau wurden durch die Entwicklung neuer höherfester Feinblechsorten von Seiten der Stahlindustrie entscheidend unterstützt [17]. Neben der Möglichkeit der Blechdickenverminderung, die im Fahrzeugbau zwischen 10% und 20% betragen kann

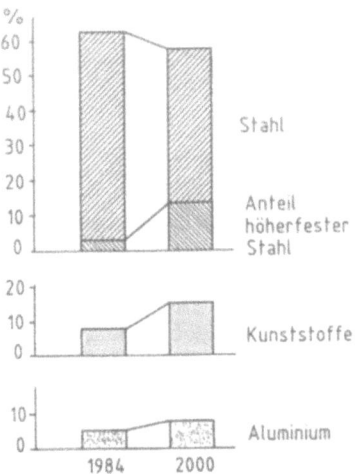

Bild 12. Erwartete Verschiebung der Werkstoffanteile im Pkw-Bau in Europa [23]

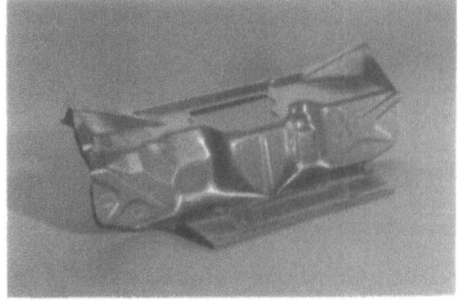

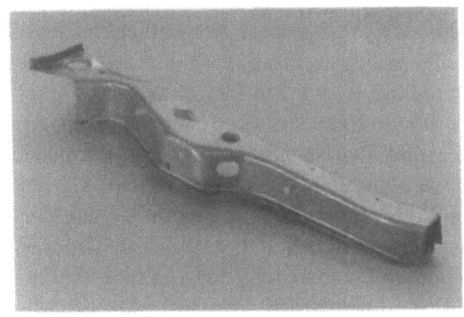

Bild 14a und b. Anwendungsbeispiele für höherfestes Feinblech. **a** Stirnwand phosphorlegierter Stahl, $s_o = 0,8$ mm; **b** Träger, mikrolegierter Stahl, $s_o = 1,0$ mm ([24], Thyssen)

[22], bietet höherfestes Feinblech weiterhin Funktionsverbesserungen wie die Erhöhung der passiven Sicherheit durch erhöhte Energieabsorption [23]. Der Anteil der höherfesten Stähle kann in Europa unter 10% angegeben werden, wobei bestimmte Modelle einzelner Automobilhersteller einen Anteil von über 20% haben. Wenn auch der Stahlanteil im Automobil in der Zukunft noch leicht zurückgehen soll (Bild 12), wird der Trend zur vermehrten Verwendung von höherfestem Feinblech sichtbar.

Die höherfesten Stähle werden nach den verschiedenen Mechanismen der Festigkeitssteigerung unterteilt. Die mikrolegierten Stähle, deren höhere Festigkeiten durch die Ausscheidung feinverteilter Karbonnitridteilchen erzeugt werden, weisen eine ausgeprägte Feinkörnigkeit auf, die den ungünstigen Einfluß der Aushärtung auf die Kaltumformbarkeit ausgleicht. Hierdurch werden Mindeststreckgrenzen bis 500 N/mm² erreicht [7].

Bei den phosphorlegierten Stählen wird die Festigkeitssteigerung durch eine Zugabe von Phosphor erreicht, indem mit Phosphorgehalten von 0,08% Streckgrenzen bis 300 N pro mm² erzielt werden. Bei angehobenem Streckgrenzenniveau weisen die phosphorlegierten Stähle eine gute Umformbarkeit, gekennzeichnet durch hohe n- und r-Werte, auf; sie sind in den mechanischen Eigenschaften St 14 sehr ähnlich [7, 24].

Bei den Dual-Phasen-Stählen sind unter Ausnutzung einer Umwandlungsverfestigung Zugfestigkeiten von 400 bis 1000 N/mm² möglich. Das Dual-Phasen-Gefüge, das aus Ferrit mit etwa 20% inselartig eingelagertem Martensit besteht, wird nach dem Kaltwalzen durch eine Glühung im Zweiphasengebiet und anschließender beschleunigter Abkühlung erzeugt. Die besonderen Eigenschaften sind das hohe Verfestigungsvermögen schon bei kleinen Umformgraden, das sich in einem hohen n-Wert ausdrückt, und ein niedriges Verhältnis der Streckgrenze zur Zugfestigkeit.

Die Anforderungen an die Umformbarkeit stehen bei kaltgewalztem Feinblech mehr im Vordergrund als bei warmgewalzten Stählen [14]. Die Eigenschaften der neueren Feinblechsorten sind in Bild 13 mit den herkömmlichen Tiefziehstählen verglichen. Aus den verschiedenen Eigenschaftskombinationen wird erkennbar, daß je nach Beanspruchung die jeweilige Stahlblechsorte mehr oder weniger gut umformbar ist.

Die mikrolegierten höherfesten Stähle, die aufgrund ihrer niedrigen n- und r-Werte die ungünstigsten Voraussetzungen für schwierige Umformungen mitbringen, eignen sich wegen der hohen Ausgangsstreckgrenzen besonders für tragende und energieabsorbierende Karosserieteile wie Längs- und Querträger (Bild 14) [24]. Die gute Tiefzieheignung der phosphorlegierten Stähle wird durch die verhältnismäßig hohen r- und n-Werte belegt. Aufgrund der dem St 14 sehr ähnlichen mechanischen Eigenschaften bringt dieser Stahltyp gute Voraussetzungen für die Anwendung höherfester Stähle mit [7]. Die Verwendung von Dual-Phasen-Stählen ist aufgrund der starken Verfestigung bei kleinen Umformgraden und der hohen n-Werte bei Ziehteilen mit hohen Streckziehanteilen wie großflächigen Außenhautteilen von Vorteil. Am Beispiel einer Radscheibe aus

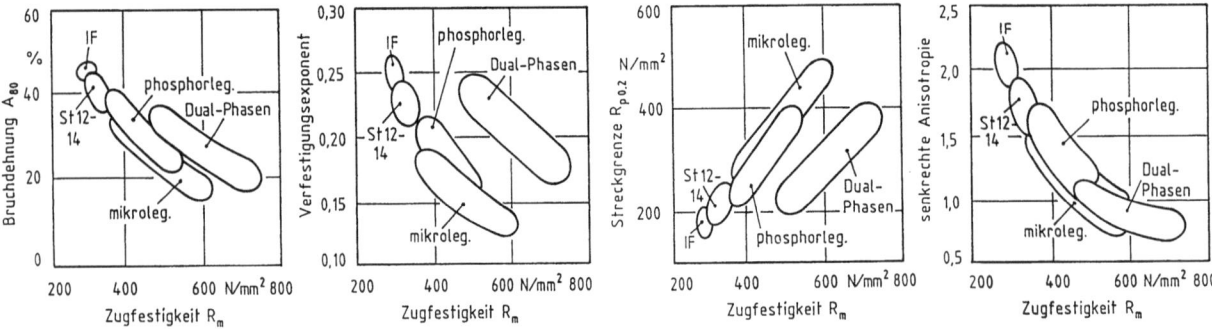

Bild 13. Zusammenhang zwischen Zugfestigkeit und Dehnung. Streckgrenze, r- und n-Wert (nach [25])

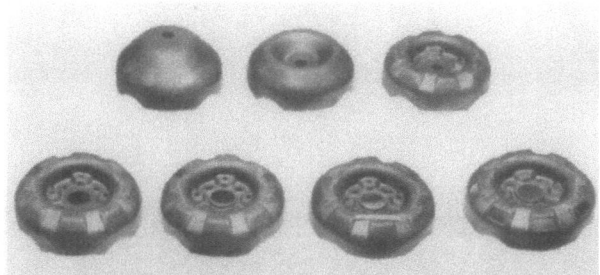

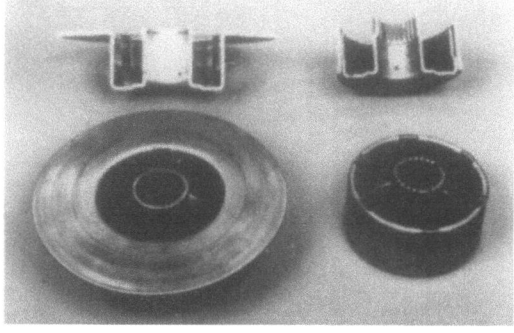

a   **b**

Bild 17a und b. Außenlamellenträger. **a** Vorzug; **b** Fertigteil (Daimler-Benz)

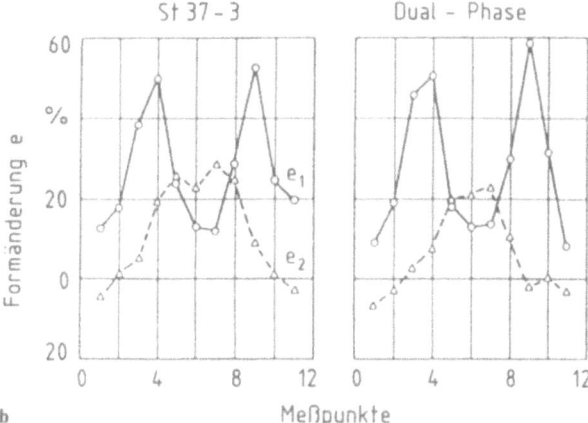

Bild 15a und b. a Fertigungsstufen einer Radscheibe; **b** Vergleich der Formänderungsverteilung in der dritten Fertigungsstufe bei Verwendung eines Dual-Phasen-Stahles und des Serienwerkstoffs St 37 ([14], Hoesch)

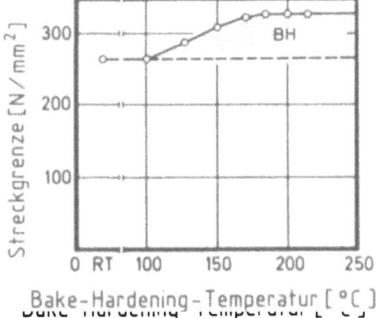

Bild 16. Bake-Hardening-Effekt und Alterungsverhalten bei einer P-legierten Feinblechsorte [14]

einem warmgewalzten Dual-Phasen-Stahl wird die gute Umformbarkeit dieses Werkstoffs durch Vergleich der Formänderungsverteilungen in radialer Richtung der dritten Umformstufe mit der von St 37 deutlich (Bild 15) [14].

Eine weitere Eigenschaft, die bei phosphorlegierten und Dual-Phasen-Stählen auftreten kann, ist der Bake-Hardening-Effekt, der zu einer Streckgrenzensteigerung von bis zu 50 N/mm² nach der Umformung durch eine Wärmebehandlung wie dem Lackeinbrennen führen kann (Bild 16). Diese Bake-Hardening-Stähle bieten die Möglichkeit zu einer Erhöhung der Beulsteifigkeit bei wenig umgeformten Karosserieteilen wie Hauben und Dächern.

Die Forderung nach werkstoffgerechter Verarbeitung stellt sich in besonderem Maße bei der Anwendung höherfester Stähle. Der Verarbeitungserfolg wird nicht nur durch den Blechwerkstoff allein, sondern auch durch die Werkzeugauslegung und die Pressencharakteristik bestimmt [7]. Aufgrund der höheren Festigkeiten dieser Werkstoffe und abnehmender Blechdicke nimmt die Neigung zu Faltenbildung und Ausknicken des Feinbleches beim Tiefziehen zu.

Abhilfe bieten hier höhere Niederhalterkräfte, deren Bereiche eingeschränkt sind und bei zu hohen Werten zum Versagen führen. Ein weiteres Problem bei der Verwendung dünner höherfester Bleche für Tiefziehteile sind die wesentlich stärkeren Rückfederungen. Verschiedene Gegenmaßnahmen wie die Verringerung des Matrizenradius, das Einbringen von Ziehstäben oder das Anheben der Niederhalterkräfte können hier Abhilfe schaffen. Als weitere Möglichkeit werden Auffederungseffekte dadurch vermindert, daß kurz vor Erreichen der vollen Ziehtiefe die Niederhalterkraft stark erhöht wird, wodurch der Werkstoff nicht mehr nachfließen kann und eine vermehrte Streckziehbeanspruchung eintritt [14, 26].

5.3 Dickblechtechnologie

Der zunehmende Einsatz dickwandiger Präzisions-Blechformteile gründet sich auf neue Möglichkeiten zur Herstellung komplexer Bauteilgeometrien in einem Fertigungsdurchlauf bei möglichst einbaufertigem Zustand [27]. Neben den Anforderungen an den Werkstoff wie hohes Formänderungsvermögen, gleichmäßige Werkstoffeigenschaften und optimales Gefüge sind als Eigenschaften der Dickblechumformung kürzere Bearbeitungszeiten, hohe Bauteilfestigkeiten durch die Umformung und gute Werkstoffausnutzung zu nennen.

Am Beispiel des Außenlamellenträgers wird die Kosteneinsparung durch die Verwendung von Blech deutlich (Bild 17). Bei dem bisher aus geschmiedeten Rohteilen gefertigten Bauteil blieben nur 36% des eingebrachten Werkstoffs im Fertigteil. Mit dem Blechformteil ließ sich der Werkstoffeinsatz halbieren und zusätzlich die Bearbeitungszeit auf ein Drittel senken [28].

Beim vorliegenden Kupplungskörper konnte erst durch die Verwendung von Blech eine hohe Oberflächengüte erzeugt werden (Bild 18). Beim vorherigen Gußteil wurden im letzten spanenden Arbeitsgang häufig Gußeinschlüsse noch angeschnitten, wodurch das Bauteil unbrauchbar wurde. Ein Vergleich der Herstellungskosten für dieses Bauteil zeigt, daß trotz zehn mal höherer Betriebsmittelkosten der spanlosen Fertigung der Kostenschnittpunkt schon bei etwa 14000 Teilen liegt [29].

5.4 Feinschneidtechnik

Die Entwicklung und vermehrte Anwendung der Feinschneidtechnik wurde durch die Fortschritte in der Werkstofftechnik in hohem Maß beeinflußt. Die Herstellung komplizierter und maßgenauer Blechformteile (Bild 19), deren Schnittflächen ohne Nachbearbeitung als Funktionsflächen nutzbar sind, setzt maßgenaue Blechwerkstoffe mit gleichmäßiger Gefügeausbildung voraus. Hierfür sind die

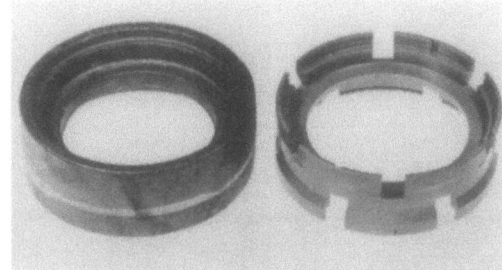

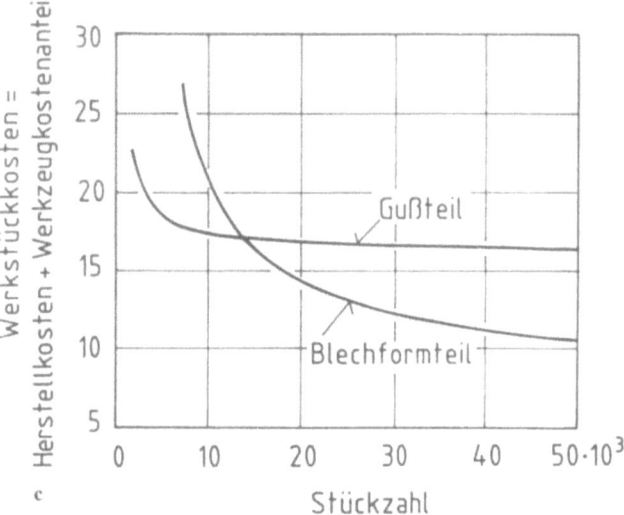

Bild 18a–c. Kupplungsträger. **a** Gußteil; **b** Blechformteil; **c** Kostenvergleich (ZF)

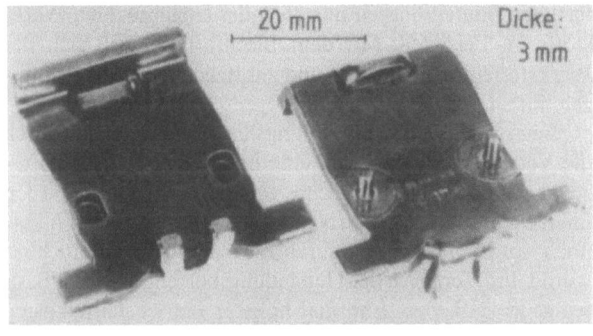

Bild 19a und b. Gurtschloßteil, hergestellt durch **a** Feinschneiden und **b** Umformen. Dicke 3 mm; Werkstoff 42 CrMo 4, Hubzahl 25 bis 27 min^{-1}; Standmengen: Stempel und Schneidplatte 20000 bis 40000, Prägeelemente 75000 bis 500000 (Feintool)

Voraussetzungen verbesserter Werkstoffeigenschaften bei den Stählen, die Einführung des Sauerstoffaufblasverfahrens, die Pfannenmetallurgie und die Stranggußtechnik unter anderem zu nennen [30, 31]. Allgemein kann die Feinschneidtechnik bei Werkstoffen angewendet werden, die ne-

 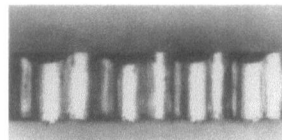

Bild 20a–c. Feinschneidbarkeit hochfester warmgewalzter Stähle zum Kaltumformen im Vergleich zu Stahl St 52.3. **a** St. 52.3; **b** QStE 500 TM (PAS 50); **c** Bainitischer Stahl (PAS 50) (Thyssen)

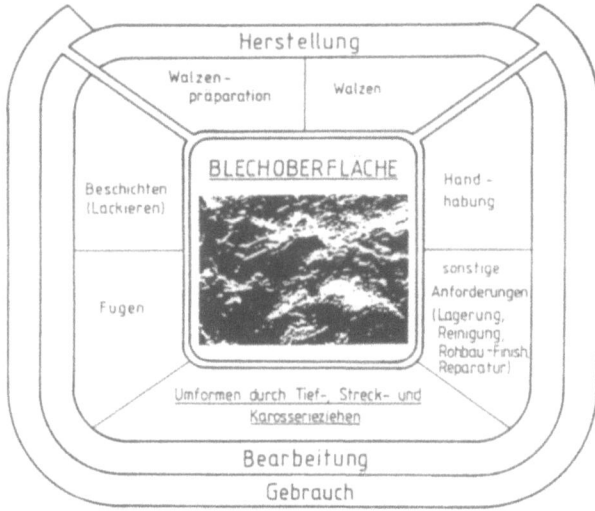

Bild 21. Bedeutung der Oberflächenfeingestalt [34]

ben hohen Festigkeiten eine hohe Duktilität aufweisen. Als bedeutsam ist hier die Entwicklung der mikrolegierten und der Dual-Phasen-Stähle anzuführen. Die gute Feinschneidbarkeit thermomechanisch gewalzter Stähle ist im Vergleich zu Stahl St 52-3 in Bild 20 veranschaulicht [7]. Trotz deutlich höherer Festigkeiten weisen die beiden TM-Stähle relativ geringe bezogene Schneidkräfte auf.

5.5 Oberflächeneinfluß auf die Umformung

Die Bedeutung der Oberflächenfeingestalt wurde erstmalig von Kienzle und Mietzner [32, 33] systematisch für den Umformvorgang untersucht [34]. Die Blechoberfläche, die die Lackierbarkeit und das Fügen beeinflußt, hat im gesamten Produktionsablauf einen wichtigen Stellenwert (Bild 21).

Die Wandlung der Blechoberfläche durch die freie Aufrauhung in Bereichen ohne Werkzeugkontakt wird durch die Anfangsrauheit, die Korngröße und den örtlich größten Umformgrad bestimmt [35]. In den Bereichen mit Werkzeugkontakt entstehen unter Anwesenheit von Schmierstoffen komplexe tribologische Systeme, die bei großflächigen Blechteilen eine ausschlaggebende Wirkung haben. Bei Stahlblechen werden durch höhere Blechrauheiten günstige tribologische Bedingungen vor allem durch feingliedrige und schlanke Rauheitserhebungen geschaffen, wodurch einheitliche Reibungsverhältnisse, die Vermeidung von Werkstoffübertragungen und ein ausreichendes Aufnahmevermögen von Schmierstoff erreicht werden. Zur Einhaltung einer Mindestrauheit zwecks guter Umformbarkeit und eines

Höchstwerts, bedingt durch die Lackierbarkeit, wurde von amerikanischen Automobilherstellern ein Rauheitsbereich der Blechoberfläche von $R_a = 0,63 \ldots 1,25$ μm festgelegt [36].

Die gezielte Einstellung der Oberflächenstruktur erfolgt mit einem Nachwalzgerüst im Kaltwalzwerk. Die Oberflächenbearbeitung der Arbeitswalzen läßt sich durch Funkenerosion und Laserbearbeitung (Lasertex) durchführen, wodurch gleichmäßige und reproduzierbare Blechrauheiten erzielt werden [6].

6 Aluminiumwerkstoffe

Die Verwendung von Aluminiumwerkstoffen für Karosserieteile unter dem Gesichtspunkt der Gewichtseinsparung und Korrosionsbeständigkeit wurde durch Verbesserungen der Werkstoffeigenschaften vor allem im Hinblick auf umformtechnische Anforderungen stark unterstützt. Die bei der Herstellung von unregelmäßigen Ziehteilen aus Stahlblechen erworbenen Erfahrungen sind jedoch auf die prinzipiell weniger gut umformbaren Aluminiumwerkstoffe (Bild 22) nicht auf einfache Weise übertragbar [37]. Die Verwendung von Aluminiumblechen für Stahlblech-Tiefziehteile kann aus mehreren Gründen nicht möglich sein, so daß die Vorgangsbedingungen auf den Werkstoff Aluminium abgestimmt werden müssen.

Die Werkstoffentwicklungen bei Aluminium beziehen sich auf die Einstellung eines optimalen Gefüges, das durch Änderungen der Legierungszusammensetzung und der Variation des Fertigungsverfahrens beeinflußt werden kann [39]. Die traditionellen Legierungsentwicklungen basieren auf einigen wenigen Legierungselementen (Si, Mg, Mn, Cu und Zn), die eine relativ große Löslichkeit im Aluminium-Mischkristall aufweisen und zusammen mit Zusatzlegierungselementen bei optimaler Anpassung zu duktilen Gefügen führen. Auf seiten der Behandlung der Metallschmelze und des Gießens konnten weitere Werkstoffverbesserungen mit Flüssigmetallfiltern, die die Reinheit der Schmelze erhöhen, und mit der Stranggußtechnik zur Sicherung gleichmäßiger Gußstrukturen erreicht werden. Die Kombination von Umformung und Wärmebehandlung als thermomechanische Behandlung ist durch den Zwang zur wirtschaftlichen Fertigung und durch die gewonnenen Kenntnisse über den Zusammenhang zwischen Gefüge und Eigenschaften notwendig geworden.

Für Blechformteile aus Aluminium im Karosseriebau werden die naturharten Werkstoffe Al 99,5 und AlMg-Legierungen sowie die aushärtbaren AlMgSi-Legierungen verwendet [22, 40, 41]. Die naturharten AlMg-Werkstoffe neigen im Zustand „weich" zur Bildung von Fließfiguren, die bei großflächigen Ziehteilen nach dem Lackieren deutlich sichtbar werden können und daher diese Sorte nur für Innenteile verwendbar machen. Bevorzugt wird für schwierige Tiefziehteile der Werkstoff AlMg5Mn, der neben hoher Festigkeit gut umformbar ist (Bild 23). Zur Vermeidung von Fließfiguren kann bei zusätzlichem Aufwand durch Zulegieren von Zn oder eine schwache Kaltvorumformung eine fließfigurenarme (ff) AlMg5Mn-Qualität hergestellt werden [42].

Für Karosserieaußenhautteile wird die fließfigurenfreie, kaltaushärtbare Legierung AlMg0,4Si1,2 verwendet, die im Gegensatz zu den AlMg-Werkstoffen beim Lackeinbrennen nachhärtet und höhere Bauteilfestigkeiten ermöglicht [22].

Die verstärkte Anwendung von Aluminiumblechen wurde schon vor einiger Zeit durch Arbeiten über das Umformverhalten verschiedener Al-Legierungen am Institut für Umformtechnik der Universität Stuttgart unterstützt. Die

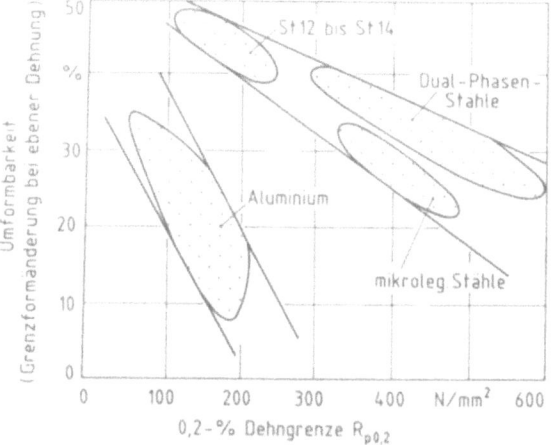

Bild 22. Umformbarkeit und Dehngrenze für Bleche aus Leichtbauwerkstoffen im Vergleich zu konventionellen Tiefziehstählen [38]

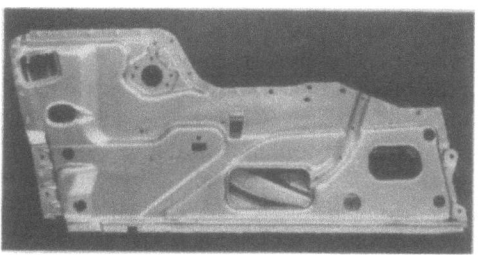

Bild 23. Türinnenteil (VAW)

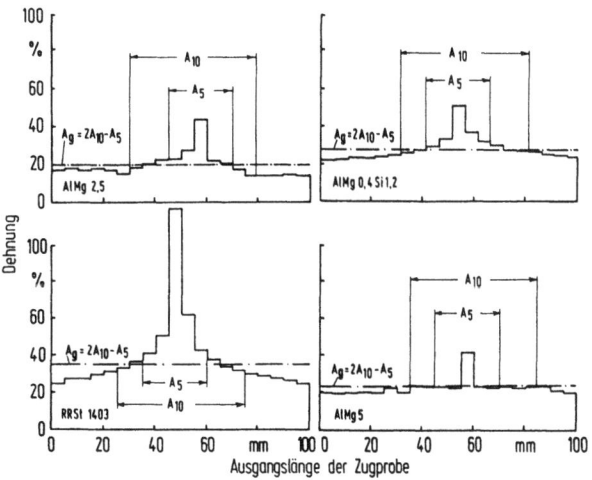

Bild 24. Dehnungsverteilung in einer Zugprobe [37]

Untersuchungen über das Verfestigungsverhalten der Werkstoffe AlMg 2,5, AlMg 5, und AlMgO,4Si1,2 zeigen im Vergleich zu Stahl, daß die Formänderungsverteilungen von bis zum Bruch gedehnten Zugproben unterschiedlich stark ausgeprägt sind (Bild 24) [37]. Das wesentlich gleichmäßigere Verfestigungsverhalten von AlMg 5 gegenüber den restlichen Al-Werkstoffen führt auch zu einer gleichmäßigeren Formänderungsverteilung im Bauteil, wodurch ein Abbau von Spannungs- und Formänderungsspitzen mit einer Erhöhung der Fertigungssicherheit verbunden ist. Mit Hilfe der Formänderungsanalyse können weiterhin die Fertigungsbedingungen wie Werkzeugauslegung und maschinenseitige Parameter im Hinblick auf eine möglichst günstige Formänderungsverteilung bei gleichzeitig niedrigem Kraftbedarf optimiert werden.

Der besondere Einfluß der Oberfläche bei Aluminiumwerkstoffen auf den Ziehvorgang ist gegeben durch die Aus-

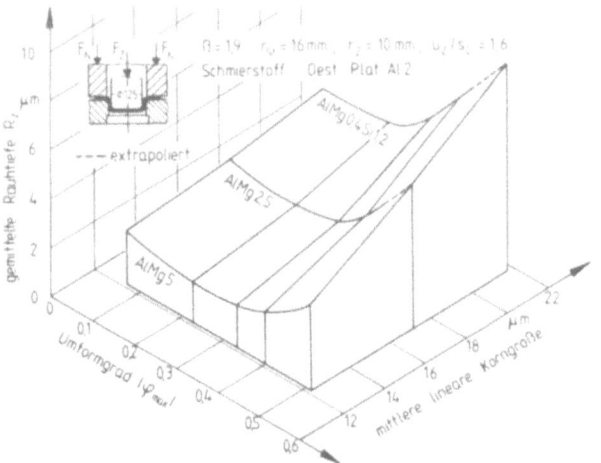

Bild 25. Zusammenhang zwischen Rauhtiefe, Umformgrad und Korngröße in der Zarge kreisrunder Näpfe [43]

wirkungen der Oberflächenfeinstruktur auf die tribologischen Eigenschaften, die Oberflächenwandlung während der freien Umformung und die damit verbundenen unterschiedlichen Voraussetzungen zu Kaltverschweißungen. Bei der gerichteten Oberflächenstruktur der Millfinish-Oberfläche, die mit geschliffenen Arbeitswalzen erzeugt wird und in der Vergangenheit die häufigste Verbreitung fand, wird der Einfluß der Ziehrichtung sehr deutlich. Das stark richtungsabhängige tribologische Verhalten dieser Oberfläche, bei der in Ziehrichtung senkrecht zur Schleifrichtung die Neigung zu Kaltverschweißungen infolge einer besseren Schmierstoffwirkung deutlich geringer ist, führte zu der Forderung nach einer isotropen Oberfläche mit richtungsunabhängigen tribologischen Verhältnissen [43]. Den größten Einfluß auf die Oberflächenbeschaffenheit von Ziehteilen und dadurch auch auf die tribologischen Verhältnisse hat die freie Umformung, die von der Korngröße und der maximalen Formänderung abhängt (Bild 25). Als einzige Möglichkeit zur Optimierung des Ziehvorgangs verbleibt die Wahl der Vorgangsparameter wie Werkzeugauslegung, Niederhalterkraft oder Stempelgeschwindigkeit, bei denen die erzielbaren Gesamtformänderungen durch eine günstige Formänderungsverteilung positiv beeinflußt werden.

Die neuesten Untersuchungen am Institut für Umformtechnik zum Einfluß der Oberflächenfeingestalt auf das tribologische Verhalten von Aluminiumblechen zeigen, daß die Oberflächenstruktur über ein Mindesteinglättungsvermögen und Rauheitsvertiefungen, die abgeschlossene Schmierstoff-Mikrodruckkammern bilden, verfügen sollte. Dadurch kann ein günstiger Reibungszustand während des Ziehvorgangs aufrechterhalten werden, indem durch Einglättung der Schmierstoffkammern Schmierstoff in die Mischreibungsflächen gefördert und frühzeitige Adhäsion verhindert wird. Für die Versuche wurden AlMg5Mn- und AlMg0,4Si1,2-Blechwerkstoffe mit verschiedenen Oberflächenstrukturen, die entsprechend der jeweiligen Walzenpräparation benannt wurden, verwendet (Bild 26). Mit einer optimalen Schmierstoffmenge, die abhängig von der Oberflächenrauheit ist, läßt sich z.B. beim Tiefziehen die kleinste maximale Ziehkraft erreichen. Die in Abhängigkeit vom Normaldruck unterschiedlichen Ziehkraftverläufe belegen den starken Einfluß der Oberflächenfeinstruktur auf das Reibungsverhalten und die Neigung zu Kaltverschweißungen (Bild 27).

Hier zeigt sich die Lasertex-Oberfläche mit gutem Reibungsverhalten bei hohen Flächenpressungen und kleinen Ziehkräften ohne Kaltverschweißungen deutlich überlegen.

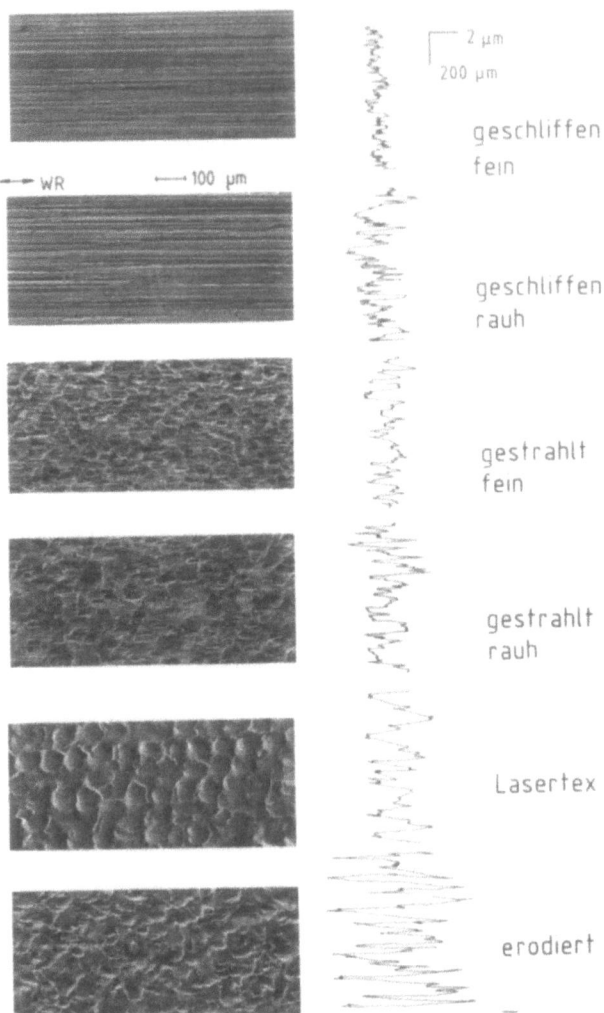

Bild 26. REM-Aufnahmen der Blechausgangsoberflächen mit Profilschrieben [34]

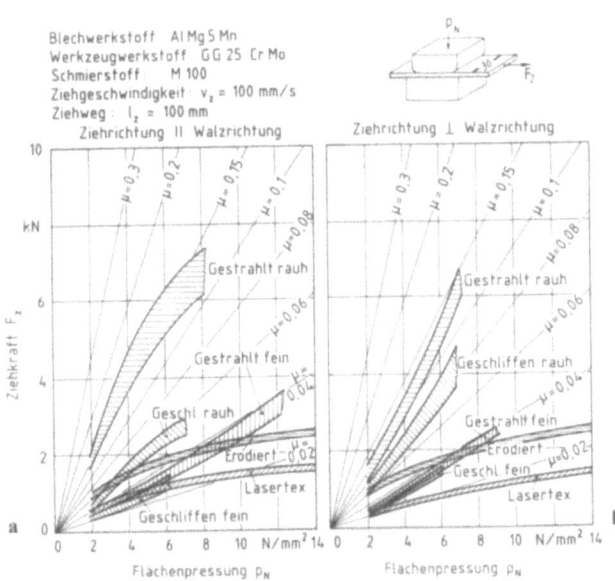

Bild 27a und b. Streifenziehen ohne Umlenkung. Ziehkraft und Reibzahl in Abhängigkeit von der Flächenpressung: Abbruch der Bereiche kennzeichnet Adhäsionsbeginn [34]

Weiterhin werden keine anisotropen Eigenschaften wie bei der Mill-finish-Oberflächenart (geschliffen) beobachtet. Bei der Anwendung dieser Oberflächenart kann die Faltenbildung beim Tiefziehen durch die Anwendung höherer Niederhalterkräfte unterdrückt werden. Zum Beispiel konnte

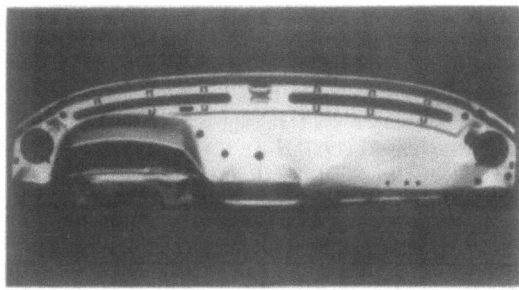

Bild 28. Instrumententräger (Daimler-Benz)

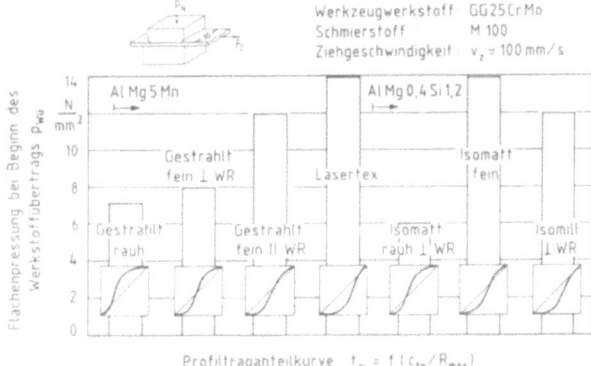

Bild 29. Hinweise aus der Ausgangsmikroprofil-Traganteilkurve auf das Auftreten von Kaltverschweißungen [34]

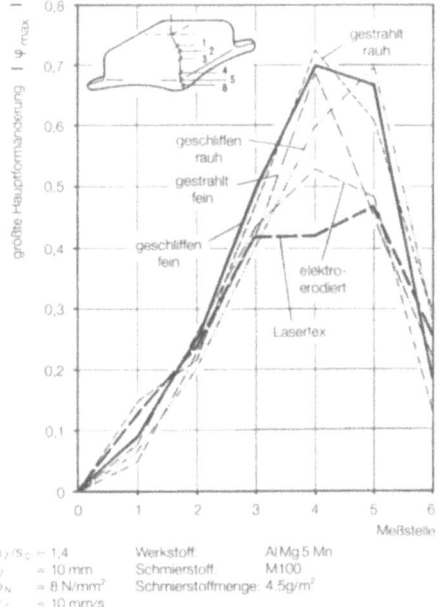

Bild 30. Formänderung und Rauheitsänderung beim Tiefziehen von quadratischen Teilen [34]

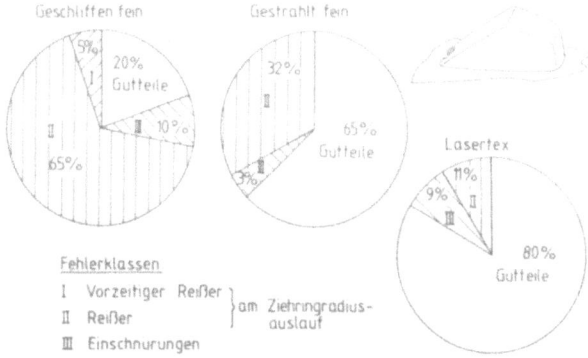

Bild 31. Fertigungssicherheit beim Ziehen von Karosserieteilen bei ausgewählten Oberflächenqualitäten [34]

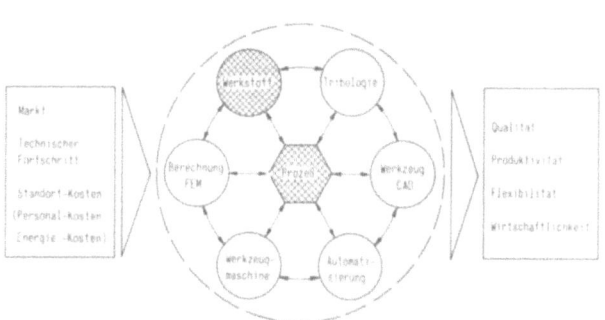

Bild 32. Einbindung von Werkstoff und Technologie im Gesamtzusammenhang

unter Verwendung eines AlMg5Mn-Werkstoffs mit Lasertex-Oberfläche der in Bild 28 gezeigte Instrumententräger faltenfrei hergestellt werden.

Eine Aussage über das Auftreten von Adhäsionserscheinungen kann mit der Profiltraganteilkurve, die Auskunft über die Anzahl von Mikrogleitflächen gibt, gemacht werden (Bild 29). Eine Profiltraganteilkurve mit geringer Steigung deutet auf eine hohe Mikrotragflächenbildung mit kleinen Flächenpressungen hin, wodurch Kaltverschweißungen erst bei höheren Normaldrücken auftreten.

Beim Ziehen von Blechteilen sorgen tribologisch günstige Oberflächen für einen Abbau von hohen lokalen Formänderungen in einschnürungs- und rißgefährdeten Bereichen (Bild 30). Durch die Verwendung von Blechen mit Lasertex-Oberflächen kann eine deutliche Verbesserung der Fertigungssicherheit erzielt werden, wie am Beispiel eines ziehtechnisch schwierigen Tiefziehteils (Pedaltopf) festzustellen ist (Bild 31).

Bei neueren Legierungsentwicklungen bei Karosserieblechen wurde eine Legierung aus dem System Al-Mg-Zn-Cu entwickelt, die bei einer mit Stahl vergleichbaren Festigkeit von 300 N/mm² eine sehr hohe Bruchdehnung von 30% aufweist und erkennen läßt, daß diese Legierung hinsichtlich der Umformbarkeit herkömmlichen Al-Werkstoffen überlegen ist [44]. Diese Legierung wird für eine Fronthaube als Serienbauteil in Japan verwendet. In Europa wurde speziell für Karosserieaußenhautteile die aushärtbare Legierung AlMgSi1,2 entwickelt, die bei guter Umformbarkeit während kurzer Auslagerungszyklen wie dem Lackeinbrennen hohe Festigkeitswerte erreicht [45].

7 Zusammenfassung

Anhand einiger ausgewählter Beispiele wurde die Verknüpfung zwischen der Werkstoffentwicklung und dem Umformprozeß bei der Blechverarbeitung für Stahl- und Aluminiumwerkstoffe gezeigt. Sie ist, wie Bild 32 erkennen läßt, nur ein wenn auch wesentlicher Teilaspekt eines weitere Einflußgrößen wie Werkzeuge und Automatisierung, Werkzeugtechnologie und Rechnereinsatz in Konstruktion und Produktion umfassenden Gesamtsystems der Prozeßentwicklung, das durch eine große Zahl unmittelbarer und mittelbarer Verknüpfungen gekennzeichnet ist. Das System ist auf die Optimierung der Prozesse hinsichtlich Qualität, Produktivität, Flexibilität und Wirtschaftlichkeit ausgerichtet und wird infolge des Zwangs zum technischen Fortschritt, durch Anforderungen des Marktes und aufgrund der Standortbedingungen (Energie- und Lohnkosten) ständig verändert.

Literatur

1. Lange, K.: Blech-Qualitätswerkstoff mit Zukunft. Blech Rohre Profile 25 (1978) H. 10, S. 450–451
2. Lange, K.: Entwicklungsstufen der Umformtechnik. Ind.-Anz. 87 (1965) H. 57, S. 967–970, S. 1327–1332
3. Ochel, W.: Beispiele aus der geschichtlichen Entwicklung der Stahlformgebung. Stahl Eisen 80 (1960) H. 25, S. 1852–1863
4. Lange, K.: Blechbearbeitung. wt-Z. ind. Fertig. 72 (1982) H. 10, S. 237–246
5. Meyer, L.; Fickel, H.-P.; Stender, D.: Hochfestes, gut kaltumformbares Warmbreitband aus mikrolegiertem, thermomechanisch behandeltem Stahl – Entwicklung und Einsatz im Fahrzeugbau. Thyssen Techn. Ber. (1979) Nr. 1, S. 86–93
6. Straßburger, C.: Stahl – auch weiterhin ein moderner Werkstoff. Fertig.techn. Koll. Stuttgart 10./11. Okt. 1985. Berlin: Springer 1985
7. Müschenborn, W.: Moderne hochfeste Stahlbleche unter besonderer Berücksichtigung ihrer Verarbeitungs- und Gebrauchseigenschaften. Seminar „Neuere Entwicklungen in der Blechbearbeitung". Inst. f. Umformtech. Univ. Stuttgart, 19./20. Juni 1982
8. Haumann, W.: Warmgewalztes Flachzeug aus mikrolegierten und perlitarmen Stählen. VDI-Ber. Nr. 428, S. 43–53. Düsseldorf: VDI-Verlag 1981
9. Gemeinfaßliche Darstellung des Eisenhüttenwesens. Hrsg.: Ver. Dt. Eisenhüttenleute, 17. Aufl. Düsseldorf: Verlag Stahleisen 1971
10. Steel Statistical Yearbook 1987. Int. Iron and Steel Inst. Comm. on Statistics. Brussels 1987
11. Massip, A.; Schriever, U.: Warmgewalztes Blech und Band für den Nutzfahrzeugbau. Thyssen Techn. Ber. (1986) Nr. 2, S. 207 bis 222
12. Litzke, H.: Neuere Entwicklungen bei kaltgewalztem Feinblech. VDI-Ber. Nr. 428, S. 137–141. Düsseldorf: VDI-Verlag 1981
13. Vlad, L.M.: Eigenschaften von direkt aus der Walzhitze erzeugten Dual-Phasen-Stählen. Stahl Eisen 102 (1982) H. 22, S. 1101 bis 1106
14. Drewes, E.J.; Lenze, F.-J.: Kaltumformung von Blechen. Hoesch Ber. (1986) H. 1, S. 13–21
15. Kaup, K.; Koenitzer, J.: Stahl – ein Werkstoff von heute und morgen als technologische Herausforderung. Hoesch Ber. (1986) H. 1, S. 5–12
16. Oehler, G.: Das Blech und seine Prüfung. 1. Aufl. Berlin: Springer 1953
17. Litzke, H.; Selige, A.: Fortschritte bei Stählen für Feinblech und Band zum Kaltumformen. Stahl Eisen 106 (1986) H. 13, S. 723–728
18. Lange, K.: Lehrbuch der Umformtechnik. Bd. 3: Blechumformung. Berlin: Springer 1972
19. Lange, K.; Hasek, V.; Blaich, M.: Werkstoffkenngrößen als Kriterium für die Grenzen der Blechumformung. Mater.prüf. 25 (1983) H. 4, S. 113–117
20. Koelzer, H.: Das Verhalten von Tiefziehblechen unter Berücksichtigung der Prüfverfahren. Diss. TH Braunschweig 1949
21. Müschenborn, W.: Die Umformbarkeit von kaltgewalztem Feinblech, ihre Beeinflussung bei der Herstellung und optimale Nutzung bei der Verarbeitung. Seminar „Neuere Entwicklungen in der Blechbearbeitung". Inst. f. Umformtech. Univ. Stuttgart, 24.–26. Juni 1976
22. Jacobi, W.: Entwicklungstendenzen im Karosseriebau unter dem Gesichtspunkt neuer Technologien und Werkstoffe. Werkst. u. Betr. 121 (1988) H. 3, S. 189–193
23. Straßburger, C.: Entwicklungen beim Werkstoffeinsatz im Automobilbau, insbesondere bei Stahlfeinblech für die Karosserie. wt Werkstattstechnik 77 (1987) H. 11, S. 619–623
24. Bleck, W.; Bode, R.; Maid, O.: Kaltgewalztes Feinblech für den Automobilbau. Thyssen Techn. Ber. (1986) Nr. 2, S. 167–176
25. Engl, B.; Drewes, E.J.: Fein- und Feinstblechwerkstoffe. Seminar „Neuere Entwicklungen in der Blechbearbeitung". Inst. f. Umformtech. Univ. Stuttgart, 31. Mai/1. Juni 1988
26. Panknin, W.: Neuere Entwicklungen in der Blechverarbeitung. VDI-Gesell. Produktionstech. (ADB), Arb.kreis Stuttgart, 10. Febr. 1987
27. Niefer, W.: Die Umformtechnik in den 90er Jahren. In: Tag.bd. „Umformtechn. Koll.", Darmstadt 1985. Inst. f. Fertig.forsch. e.V. 1985
28. Schacher, H.-D.: Konstruktive Gestaltung von Blechformteilen für den Fahrzeugbau. Seminar „Neuere Entwicklungen in der Blechbearbeitung". Inst. f. Umformtech. Univ. Stuttgart, 10./11. Juni 1986
29. Lange, K.: Lehrbuch der Umformtechnik. Bd. 3: Blechumformung, 2. Aufl. Berlin: Springer (demnächst)
30. Lange, K.; Balbach, R.: Feinschneiden – neue Entwicklungen in der Anwendungstechnik. Konstruktion 36 (1984) H. 6, S. 211–217
31. Geiger, R.; Balbach, R.: Neue Einsatzbereiche durch erhöhte Präzision. Fertig.techn. Koll. Stuttgart, 10./11. Okt. 1985. Berlin: Springer 1985
32. Kienzle, O.; Mietzner, K.: Grundlagen einer Typologie umgeformter metallischer Oberflächen. Berlin: Springer 1965
33. Kienzle, O.; Mietzner, K.: Atlas umgeformter metallischer Oberflächen. Berlin: Springer 1967
34. Balbach, R.: Untersuchung des Einflusses der Oberflächenfeingestalt und des Werkstückstoffs von Feinblechen aus Aluminiumlegierungen auf das tribologische Verhalten beim Tief- und Streckziehen. Ber. aus d. Inst. f. Umformtech. Univ. Stuttgart, Nr. 97. Berlin: Springer 1988
35. Dannenmann, E.: Oberflächen- und Randzonenbeeinflussung durch Umformen und Schneiden. Techn. Mitt. 73 (1980) H. 11/12, S. 893–901
36. Kurzinformation: Funkenerosive Bearbeitung von Dressierwalzen. Stahl Eisen 102 (1982) H. 22, S. 1128
37. Blaich, M.: Beitrag zum Ziehen von Blechteilen aus Aluminiumlegierungen. Ber. aus d. Inst. f. Umformtech. Univ. Stuttgart Nr. 61. Berlin: Springer 1981
38. Heßler, C.; Schüßler, M.: Auswirkungen des Leichtbaus bei Fahrzeugen auf die Umformtechnik. Werkst. u. Betr. 119 (1986) H. 11, S. 925–933
39. Furrer, P.: Aktuelle Trends bei der Aluminiumlegierungsentwicklung. Alum. 59 (1983) H. 12, S. 913–916
40. Söllner, G.: Aluminiumblechwerkstoffe und deren Verarbeitung zu Formteilen für den Kfz-Bereich. VDI-Z 128 (1986) H. 17, S. 668–672
41. Siegert, K.: Einsatz von Aluminium als Karosserieblech. Alum. 56 (1980) H. 9, S. 596–598
42. Furrer, P.; Rodrigues, P.M.B.: Umformbare Al-Werkstoffe – für jede Anwendung. Z. Werkstofftech. 16 (1985) S. 291–296
43. Mössle, E.: Einfluß der Blechoberfläche beim Ziehen von Blechteilen aus Aluminiumlegierungen. Ber. aus d. Inst. f. Umformtech. Univ. Stuttgart, Nr. 72. Berlin: Springer 1983
44. Uno, T.; Baba, Y.: Neue Aluminiumlegierung für Karosseriebleche. Alum. 63 (1987) H. 12, S. 1243–1246
45. Scharf, G.; Winkhaus, G.: Technische Perspektiven der Aluminiumwerkstoffe. Alum. 63 (1978) H. 7/8, S. 788–808

Materialtransport, Mechanisierung und Automatisierung im Karosseriepreßwerk

K. Siegert, Sindelfingen

Inhalt. Der Autor stellt die prinzipiellen Möglichkeiten der Anbindung von Preßwerken an Karosseriewerke vor, diskutiert die Möglichkeiten, den Eigenfertigungsanteil zu reduzieren, und nennt die Anforderungen sowohl aus wirtschaftlicher als auch aus qualitativer Sicht an Werkzeugtransport und Werkzeugeinbau, Blechanlieferung, Teiletransport zwischen den Pressen, Abstapeln der Teile nach der letzten Presse und Abtransport. Der Preßteilkontrolle wird dabei ebenso ein Augenmerk geschenkt. Zum reproduzierbaren Preßwerkbetrieb werden Möglichkeiten der Mechanisierung und Automatisierung genannt.

1 Einführung

Karosseriepreßwerke stellen in der Automobilindustrie mit Abstand das teuerste Investment eines Karosseriewerkes dar. Einige Zahlen sollen dieses verdeutlichen: Für die Fertigung von 1000 Pkw pro Tag benötigt man je nach Konstruktion des Pkw und je nach Mechanisierungsgrad und Organisation im Preßwerk zwischen 60 und 130 konventionelle Karosseriepressen im Preßkraftbereich von 4000 bis 20000 kN. Derartige Pressen erfordern ein Investment von 3 bis 8 Mio. DM pro Presse.

Zu beachten ist, daß für die Fertigung eines Karosserieteils jeweils mehrere Pressen miteinander „verkettet" werden. So erfordert die Herstellung eines Vorderkotflügels je nach Konstruktion und je nach Werkzeugausführung eine Pressenstraße von vier bis zehn konventionellen Karosseriepressen. Für die Mechanisierung des Teiletransports zwischen den Pressen benötigt man zusätzlich je nach Ausführung zwischen 100 und 800 TDM.

Hieraus ergibt sich je nach Pressenausführung, Mechanisierungsgrad und Organisation für ein Preßwerk, das für die Fertigung von Karosserieteilen für 1000 Pkw pro Tag geeignet ist, ein Gesamtinvestment von 0,5 bis 1,5 Mrd. DM für Gebäude, Krananlagen, Platinenschnittanlagen, Materialtransport, Pressen und Mechanisierungseinrichtungen.

Großteil-Stufenpressen, wie sie in den letzten Jahren in der Pkw-Fertigung eingeführt wurden, haben zwar eine Reduzierung der erforderlichen Investments bewirkt, jedoch sind derartige Investitionen in der Größenordnung von 25 bis 40 Mio. DM pro Presse nur im Fall der Pressenersatzbeschaffung oder der Produktionserweiterung möglich und werden somit erst in einigen Jahren zu einer durchschlagenden Veränderung der Kostensituation im Preßwerk führen.

Ferner ist zu beachten, daß Pressen von der Bestellung bis zur Inbetriebnahme einen Beschaffungszeitraum von mindestens einem Jahr erfordern und dann durchschnittlich etwa 20 Jahre in der Fertigung stehen, bevor sie ersetzt werden. Damit ist auch stets zu prüfen, ob und wie vorhandene Pressen durch Umbau und Mechanisierung des Teiletransports zwischen den Pressen dem neuesten Stand der Technik angepaßt werden können, wobei der jeweils „neueste" Stand der Technik sehr kritisch unter den Gesichtspunkten Qualität der Karosserieteile und Wirtschaftlichkeit der Fertigung zu betrachten ist. Hieraus leiten sich dann unter Beachtung der Anforderungen, die sich aus den Tendenzen des Karosseriebaus für zukünftige Pkw ergeben, die Zielsetzungen für die Preßwerkfertigung von morgen ab.

Im folgenden soll für einige interessant erscheinende Problemkreise auf den Stand und die Tendenzen der Mechanisierung und Automatisierung im Preßwerk eingegangen werden, wobei auch der Materialfluß im Preßwerk, der häufig nicht genug beachtet wird, einbezogen werden soll. Zunächst erscheint es jedoch sinnvoll, auf die Anbindung der Preßwerke an die Karosseriewerke einzugehen, weil sich hieraus wesentliche Anforderungen an das Preßwerk ergeben. Ferner ist zu beachten, daß im Rahmen dieser Ausführung lediglich auf die Punkte eingegangen wird, die für zukünftige Preßwerkinstallationen von Interesse sein könnten.

2 Preßwerkanbindung an den Karosseriebau

In den USA wurden in der Vergangenheit große Zentralpreßwerke gebaut und betrieben, die mehrere Karosseriewerke mit Teilen belieferten. Hierbei wurden jeweils für ein bestimmtes Pkw-Produktionsvolumen die Teile über z. T. mehrere hundert Kilometer zu den Karosseriewerken transportiert. Voraussetzung für diese Art der Fertigung waren Preßteillager im Preßwerk und im Karosseriewerk.

Ferner waren aufwendige Kontrollbetriebsmittel sowohl im Preßwerk als auch in der Eingangskontrolle der Karosseriewerke erforderlich. Wenn die Qualitätskontrolle in den Preßwerken versagte, wurde später im Karosseriewerk entweder die Abpressung als Ausschuß erklärt oder mit Handarbeit auf einen hinreichenden Stand gebracht.

In Europa kennt man das Gegenteil dieser Fertigung: In direkter Anbindung an den Rohbau ist das Preßwerk als Teil des Karosseriewerkes integriert. So ist es möglich, daß vom Rohbau sofort bei Anlauf einer Abpressung auch eine Aussage über die Qualität der Teile aus der Sicht des Weiterverarbeiters erfolgen kann. Man kann soweit gehen, daß die Qualitätskontrolle im Preßwerk von Mitarbeitern des Rohbaus vorgenommen wird. Aus der Sicht der Qualitätssicherung hat sich dieses Konzept bewährt.

Aufgrund des hohen Investments für Preßwerkanlagen sowie bedingt durch relativ lange Beschaffungszeiträume für Preßwerkeinrichtungen (z. B. Pressen) wird dieses Konzept jedoch häufig aufgeweicht, so daß dann doch andere Pkw-Werke mit Preßteilen beliefert werden müssen bzw. Preß-

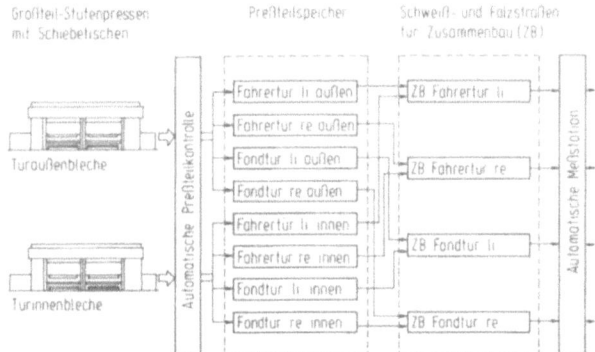

Bild 1. Prinzipielle Darstellung eines direkten Preßwerk-Rohbau-Verbundes [1]

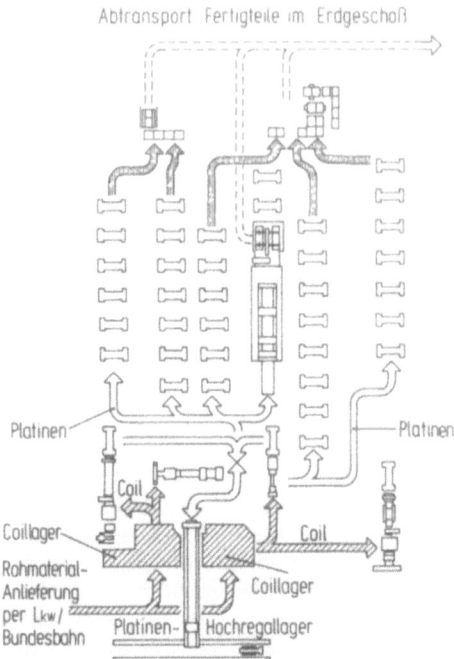

Bild 2. Materialfluß in einem Preßwerk für Pkw-Teile [3]

teile von anderen Werken bezogen werden. Zieht man in Betracht, daß Großteilpressen und Großteil-Stufenpressen einerseits ein beachtliches Investment verkörpern und somit möglichst zu 100% ausgelastet werden sollten und andererseits für ein vorgegebenes begrenztes Werkzeugspektrum ausgelegt sind, so ergibt sich hieraus folgende Vorgehensweise: Jedes Karosseriewerk verfügt in direkter Anbindung über ein eigenes Preßwerk, in dem die wesentlichen, qualitätsbestimmenden Teile (z.B. Seitenwand, Bodenanlage) abgepreßt werden. Die anderen Teile werden zum Teil gegenseitig zugeliefert.

Dieses Konzept wurde in Japan so variiert, daß die gegenseitige Teilezulieferung entfällt. Lediglich die großen und/oder qualitätsbestimmenden Teile werden vollmechanisiert selbst gefertigt. Alle anderen Teile werden von Preßteilzulieferern bezogen. Voraussetzungen hierfür sind funktionierende Qualitätsstrategien und eine einwandfreie Logistik der Teilezulieferung.

Interessant erscheint eine weitere von W. Jacobi in [1] vorgestellte Variante: Mit Großteil-Stufenpressen lassen sich Karosserieteile wie Türen, Motorhauben, Schiebedächer und Vorderkotflügel sehr wirtschaftlich und bei geeigneter Werkzeugausführung und Pressenkonstruktion auch qualitativ einwandfrei herstellen. Da diese Pressen innerhalb von 10 min umrüstbar sind, läßt sich denken, daß sie direkt — lediglich unter Zwischenschaltung von Puffern — an den Rohbau ihre Teile liefern. Es ergeben sich somit relativ geringe Losgrößen pro Abpressung.

Hieraus leitet sich zwingend die Forderung nach einem reproduzierbaren Preßwerkbetrieb ab, d.h., daß sich nach Eingabe der Nummer des Werkzeugsatzes die Presse durch Abruf abgespeicherter Pressendaten automatisch einstellt. Lediglich kleinere Korrekturen sind dann noch durch Eingabe von Hand erforderlich, sofern diese zum Beispiel aufgrund einer Veränderung der Blecheigenschaften und/oder Blechdicke oder Veränderung der Reibungsbedingungen (z.B. bedingt durch eine Veränderung der Schmierstoffart oder -menge) erforderlich sind. Die Eingabe der abgespeicherten Einstelldaten ist jedoch nur dann sinnvoll, wenn auch die Pressen mit hinreichender Genauigkeit reproduzierbar einstellbar sind. Dies ist jedoch bei den heute betriebenen Pressen nur bedingt möglich; man kann jedoch durch Umbau der Pressen zu einer entscheidenden Verbesserung gelangen (vgl. [1, 2]).

Im Rohbau werden bei der in [1] vorgeschlagenen Vorgehensweise dann direkt anschließend an die Preßwerkfertigung, lediglich durch Zwischenschaltung eines Teilepuffers, die Preßteile durch Kleben, Falzen und Schweißen zu Karosserieuntergruppen (z.B. Türen) weiterverarbeitet. Die Vorteile einer derartigen Fertigung sind geringe Material-

bindung sowie Einsparung an Preßteilgestellen, Lagerkapazität und Personal.

Bild 1 zeigt in prinzipieller Darstellung einen derartigen Fertigungsablauf für eine Pkw-Türenfertigung. Hieraus ist ableitbar, daß sehr wohl eine kombinierte Preßwerk-Rohbau-Fertigung von Pkw-Anhängteilen (wie Türen und Motorhauben) möglich ist. Diese Fertigung könnte in einem gesonderten Werk erfolgen, das speziell für diese Teile optimiert werden und auch im Hinblick auf die Fertigung von Ersatzteilen über ein Grundierwerk verfügen könnte. Ein derartiges „Anhängeteilwerk" könnte zentral mehrere Pkw-Karosseriewerke beliefern.

3 Materialfluß im Preßwerk

3.1 Platinentransport

Aus Kostengründen sowie zur Verringerung der Lagerflächen und der Materialbindung sind fast alle Automobilbauer bestrebt, nicht Rechteckplatinen, sondern zu mehr als 95% Coils vom Walzwerk zu beziehen. Auch nimmt mit Zunahme formbedingter und/oder werkstoffbedingter Schwierigkeiten bei der Fertigung der Anteil an Formplatinen zu. Während Hochregallager für Coils aus Kostengründen in Preßwerken bisher sich noch nicht durchgesetzt haben, sind Hochregallager für Platinenstapel heute durchaus üblich.

Bild 2 zeigt für ein Preßwerk mit fünf Pressenstraßen und einer Großteil-Stufenpresse, daß die Coils auf drei Blechzerteilanlagen zu Form- und Rechteckplatinen geschnitten und dann in ein Platinen-Hochregallager gebracht werden. Bei großen Platinenbedarfsmengen dient das Hochregallager als Puffer, um die unterschiedlichen Prozeßgeschwindigkeiten der Coilverarbeitung und der Pressenstraßen auszugleichen (vgl. [3]). Der Transport der Platinenstapel vom Hochregallager zu den Pressenstraßen erfolgt in dem in [3] beschriebenen Preßwerk mit bis zu 8 t Ladungsgewicht wahlweise auf flurgebundenen Förderzeugen oder mit dem Brückenkran.

Bild 3. Einladen von Platinenstapeln auf Spezialpaletten mit Teleskopkran in ein Platinen-Hochregallager (Quelle: Müller-Weingarten)

Bild 4. Transport von Platinenstapeln auf fahrerlosem Transportsystem (Quelle: Müller-Weingarten)

In einem in Kanada 1986 errichteten Preßwerk eines Karosserieteileherstellers werden die Platinenstapel auf speziellen Transportpaletten mit einem Teleskopspezialkran rechnergesteuert in das Hochregallager eingelagert (Bild 3). Von hier werden mit fahrerlosen Transportsystemen (FTS) die Platinen auf den Transportpaletten in die Platinen-Abstapeleinrichtungen (Platinenlader) der jeweiligen Pressenstraßen gefahren (Bild 4). Zum Abladen der Platinenpaletten verfügt das Transportfahrzeug über ein Kettensystem zum Quertransport auf den Platinenabstapler. Um die Stahlpalette vom Platinenstapel zu trennen, fahren im Platinenlader Hubbalken hoch und heben den Platinenstapel an. Die leere Transportpalette, die nun frei ist, fährt automatisch zum Transportwagen zurück [4].

3.2 Werkzeugtransport

Die Werkzeuge werden im Preßwerk oder in einem separaten Werkzeuglager gelagert. Nach der Abpressung im Preßwerk sollten zumindest die Werkzeuge für Außenhautteile eine Werkzeugreinigungsanlage durchlaufen, in der sie von Schmierstoffresten, Abrieb und Spänen gesäubert werden. Hieran anschließend sind sie dann entweder zur vorbeugenden Instandsetzung bzw. Reparatur in den Werkzeugbau zu überführen oder in das Werkzeuglager. Vor dem Einlagern in das Werkzeuglager sind sie gegen Korrosion mit einer Einölung zu schützen. Der Transport der Werkzeuge

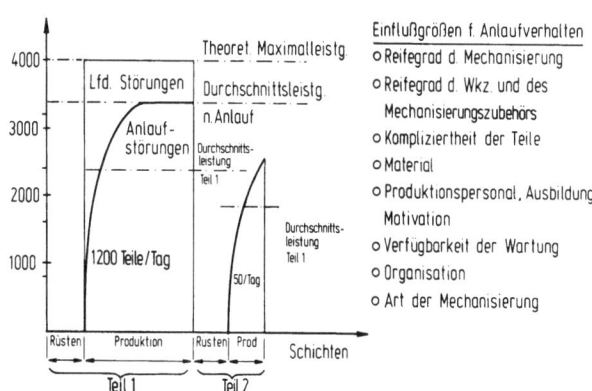

Bild 5. Theoretische Maximalausbringung und die damit verbundenen Einflußgrößen [5]

wird mit einem Kran und Spezialtransportfahrzeugen vorgenommen.

Moderne Pressen verfügen über Werkzeugschiebetische, so daß ein neuer Werkzeugsatz – während die Pressenstraße produziert – bereits auf diesen Schiebetischen abgesetzt und befestigt werden kann. Der Werkzeugwechsel ist dann innerhalb von 10 min möglich, indem der auszubauende Werkzeugsatz an den Pressen automatisch gelöst wird und auf den Schiebetischen in der Regel seitlich zwischen den Pressenständern hindurch herausgefahren wird. Anschließend wird der neue Werkzeugsatz in die Pressen eingefahren und an den Pressenstößeln gespannt.

Problematisch kann dann je nach Werkzeug und Pressenausführung der Anlauf sein. Bei einem reproduzierbaren Preßwerkbetrieb müßte die Presse auf die abgespeicherte optimale Einstellung gehen, so daß nur noch bei Abweichungen von Werkstoffwerten, Blechdicke, Schmierstoffmenge oder -art eine Korrektur erforderlich wäre. Leider ist dies in der Regel noch nicht der Fall.

Aufgrund von unterschiedlicher Parallelität und verschiedener elastischer Formänderung der beiden Schiebetische einer Presse sowie infolge nicht exakter Reproduzierbarkeit der Presseneinstellung ergibt sich zur Zeit noch im Regelfall eine beachtliche Anlaufzeit, bis mit Sollhubzahl produziert werden kann (vgl. Bild 5 und [5]).

Wenn die Unterschiede hinsichtlich Parallelität und elastischem Verhalten so gravierend sind, wie sie für neu aufgestellte Pressen die Bilder 6 und 7 zeigen (vgl. [6]), dann sollte man eventuell zu Pressen mit festen Pressentischen zurückkehren. Erforderlich für einen schnellen Werkzeugwechsel wären dann links und rechts an den Pressentischen andockbare Werkzeugwagen, von denen der einzubauende Werkzeugsatz auf den Pressentisch geschoben wird, während der auszubauende Werkzeugsatz auf die Werkzeugwagen gezogen wird. Um auch hier eine Voreinstellung der Werkzeuge zu ermöglichen, könnte gegebenenfalls die Werkzeugaufspannplatte mitgewechselt werden.

Problematisch für die Ausführung der Werkzeugwagen ist das Werkzeuggewicht von bis zu 40 t pro Werkzeug. Gelingt es, Werkzeugwagen als Luftkissenfahrzeuge für den Preßwerkbetrieb zu entwickeln, so erscheint es möglich, schienenungebundene, programmierbare Werkzeugwechselwagen von der Presse bis zu einem Werkzeuglager bzw. -regal fahren zu lassen. Hiermit würde sich ein völlig neuer Werkzeugtransport im Preßwerk ergeben, der nicht mehr von Hallenkränen abhängig wäre.

Das Institut für Umformtechnik der Universität Stuttgart wird im Rahmen des Aufbaus einer für Versuchszwecke

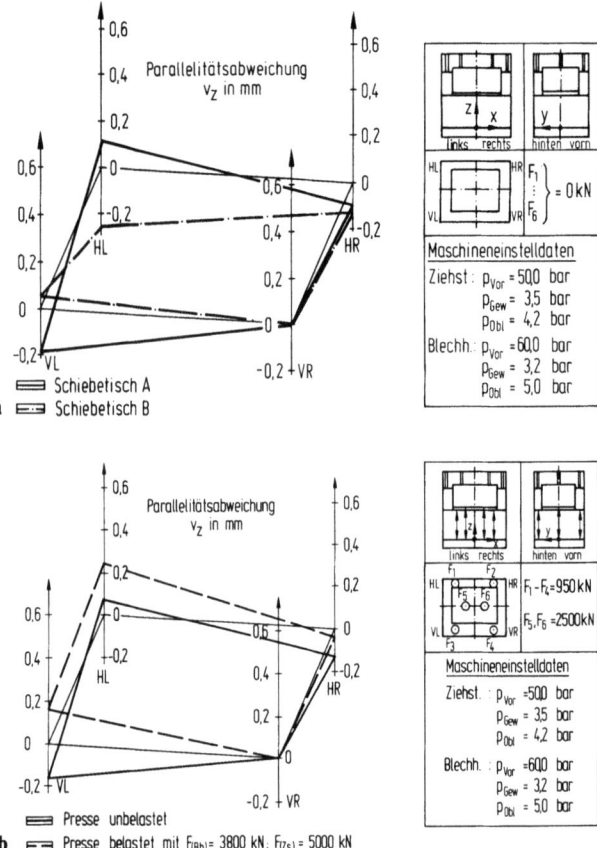

Bild 6a und b. Parallelitätsabweichung zwischen Blechhalterstößel und **a** Schiebetischen A und B bei unbelasteter Presse und **b** Schiebetisch A bei unbelasteter und symmetrisch belasteter Presse [6]

konzipierten Pressenstraße (zunächst zwei hydraulische 4000-kN-Karosseriepressen) programmierbare, schienenungebundene Luftkissen-Werkzeugwagen entwickeln und erproben, so daß über Erfahrungen hiermit in etwa ein bis zwei Jahren berichtet werden kann.

3.3 Preßteilabtransport

Trotz vieler erfolgreich praktizierter Lösungen des Transports von Preßteilen zwischen den Pressen ist das Abstapeln der Preßteile nach der letzten Presse noch keineswegs befriedigend gelöst, so daß meist von Hand abgestapelt wird. Der Vorteil dieser Vorgehensweise ist in einer gleichzeitig mit der manuellen Abstapelung möglichen Preßteilkontrolle zu sehen. Bei einer automatischen Preßteilabstapelung ist auch eine automatische, kontinuierliche Preßteilkontrolle erforderlich, die bei Auftreten von Fehlern, wie Reißen, Abweichung von der Beschneidekontur bei Schnittmesserverschleiß oder -bruch, fehlenden Löchern aufgrund von Lochstempelbruch, Oberflächenunruhen und Falten, die Pressenanlage automatisch stillsetzt (vgl. [7]).

Die Problematik des Abstapelns ist in den Investitionskosten zu sehen. Die angebotenen Lösungen sind in der Regel nicht wirtschaftlich. Verlangt werden hohe Flexibilität der Abstapelanlage, damit unterschiedliche Teile abgestapelt werden können. Ferner ist die geringe Taktzeit (bis zu 20 Teile pro Minute) bei langen Transportwegen (aus dem Werkzeug heraus zu mindestens zwei möglichen Preßteilbehältern und einer Kontrollstation für Stichproben sowie gegebenenfalls zu einem Ausschußbehälter) problematisch. Häufig führt auch die Notwendigkeit einer Änderung

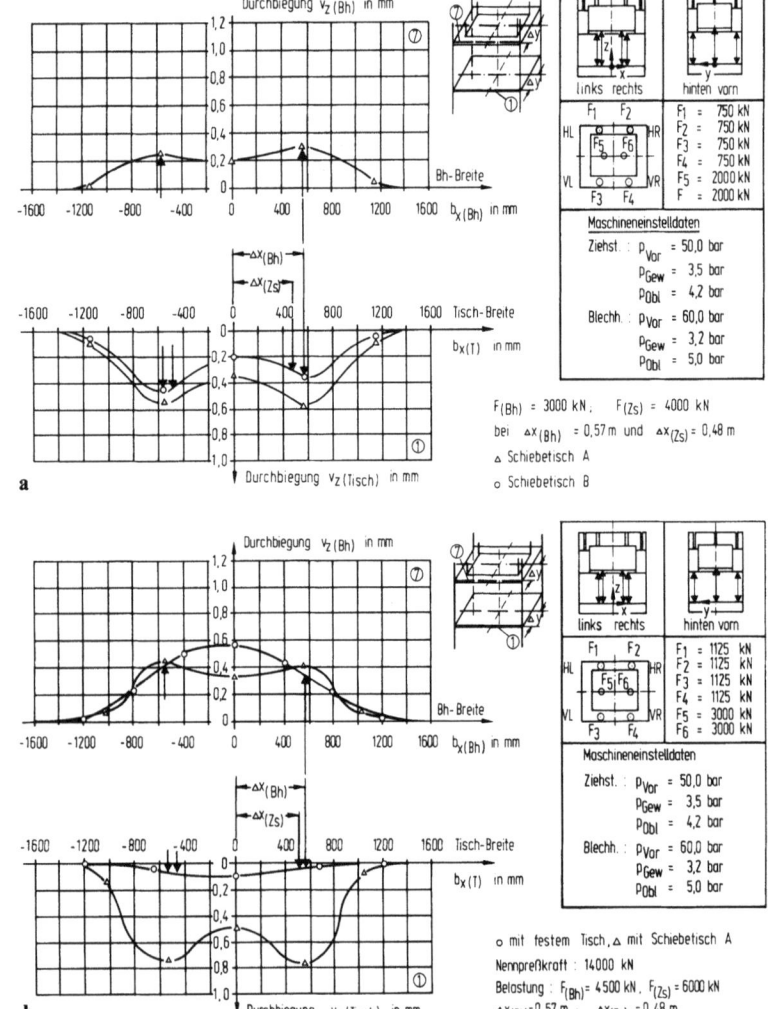

Bild 7a und b. Durchbiegung **a** von Blechhalterstößel und Schiebetischen A und B sowie **b** von Blechhalterstößel, festem Pressentisch und Schiebetisch A [6]

Bild 8. Abstapelanlage an einer Großteil-Stufenpresse (Quelle: L. Schuler)

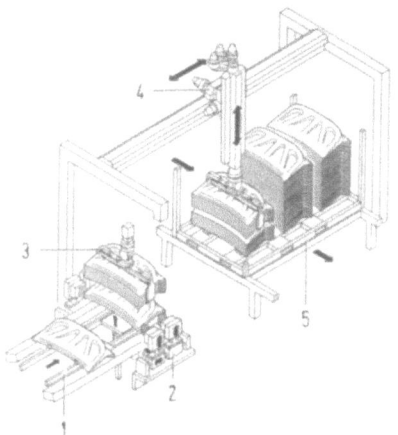

Bild 9. Abstapeln von Preßteilen mit Portalroboter (Quelle: Kuka). *1* Shuttle, *2* Stapelmagazin, *3* Greifer, *4* Portalroboter, *5* Behälter

der Behälter zu einem beachtlichen Investitionsaufwand, der nur gerechtfertigt ist, wenn auch im Rohbau diesen Behältern die Teile automatisch entnommen und der Rohbau-Fertigungsanlage zugeführt werden können.

Einen optimalen Materialfluß zeigt Bild 8: Im Anschluß an die Großteil-Stufenpresse werden je vier Teile mit Hilfe zweier CNC-Feeder in jeweils zwei beidseitig vom Transfersystem angeordnete Behälter gestapelt. Sind die beiden Behälter einer Seite gefüllt, so wird in die auf der anderen Seite stehenden Behälter eingestapelt. Damit ergibt sich kein Pressenstillstand bei Behälterwechsel. Die vollen Behälter werden automatisch in das Untergeschoß abgesenkt und dort weitertransportiert. Dann wird die Anlage mit zwei Leerbehältern beschickt (vgl. Bild 2 und [3]). Da jeweils vier Teile von der Abstapelanlage gleichzeitig aufgenommen werden, ergibt sich für das Abstapeln eine viermal höhere Taktzeit als sie der Preßprozeß aufweist (vgl. [8]).

Eine Lösung, die erst mehrere Teile aufpuffert und diese Teile dann auf einmal von einem Portalroboter aufnimmt und in Preßteilgestelle stapelt, zeigt Bild 9 (vgl. [9]).

3.4 Transport der Preßteile zwischen den Pressen

Abschließend soll nun auf den Transport der Teile zwischen den Pressen eingegangen werden. Hierbei unterscheidet man grundsätzlich zwei Arten:
- Die Pressen werden jeweils im Einzelhub gefahren und steuern hierbei die vor- und nachgeschalteten Mechanisierungseinrichtungen.
- Die Pressen werden im Dauerhub gefahren.

Ob ein Preßteil im Dauer- oder im Einzelhub gefahren werden kann, bestimmt die Form des Teils. Ist das Teil relativ flach (z. B. Pkw-Türbeplankung), kann es im Dauerhub abgepreßt werden. Bei tiefen Teilen (z. B. Ersatzradmulde) erfordert das Ausheben des gezogenen Teils die Stößelstellung im oberen Totpunkt.

Je nach Konstruktion sind etwa 40% bis 60% aller Teile eines Pkw geeignet für eine Produktion im Dauerhub. Dies sind die Teile, die auch auf Großteil-Stufenpressen produzierbar sind.

Beim Einzelhub unterscheidet man den synchronen und den nichtsynchronen Einzelhub. Sind die Pressen einer Straße so durch Mechanisierungen für den Teiletransport (Feeder, Doppelarmroboter usw.) gekoppelt, daß die Stößel der Pressen alle im oberen Totpunkt stehen müssen, damit die Teile den Pressen entnommen und die neuen Teile eingelegt werden können, spricht man von synchronem Einzelhub.

Bei Verkettung über Einarmroboter ist ein versetzter Einzelhub erforderlich. Die Stößel jeder zweiten Presse stehen im oberen Totpunkt, wenn die anderen Pressen einen Arbeitshub ausführen. Auch der versetzte Einzelhub ist somit ein „synchroner Einzelhub".

Ein nichtsynchroner Einzelhub ist gegeben, wenn jede Presse unabhängig von den anderen Pressen einer Straße ihre Stößelbewegung ausführt. Dies ist zum Beispiel der Fall, wenn die Teile aus einer Presse beispielsweise von einem Feeder entnommen und auf ein Förderband gelegt werden. Die Teile werden dann zur nächsten Presse transportiert, dort lagejustiert und von einem anderen Feeder aufgenommen. Dieser legt sie dann in die Presse ein, wenn deren Stößel im oberen Totpunkt steht und zuvor das vorhergehende Teil entnommen worden ist.

Auf mögliche Ausführungen der Mechanisierung des Teiletransports wie Roboter und Feeder-Varianten soll hier nicht eingegangen werden. Vielmehr wird auf die Literatur verwiesen (z.B. auf die Veröffentlichung von E. Harsch [10]).

Völlig unbefriedigend erscheint zur Zeit noch die „Verknüpfung" der Pressensteuerungen mit den Steuerungen der Mechanisierungsgeräte. Hier sollten eindeutig festgelegte Schnittstellen die Voraussetzung für eine kostengünstige und schnelle Inbetriebnahme der Mechanisierungseinrichtungen bieten. Im Idealfall sollte es möglich sein, eine Feedermechanisierung zwischen zwei Pressen zu entfernen und durch eine Robotermechanisierung zu ersetzen, wobei lediglich die Anschlüsse der Steuerungen gewechselt werden.

Für eine Synchronisation der Pressen im Dauerhub ist zunächst antriebsseitig sicherzustellen, daß alle Pressen einer Straße mit gleicher Hubzahl ihre Stößel synchron auf und ab bewegen. Dann kann der Antrieb der Mechanisierungsgeräte in direkter mechanischer Kopplung vom Antrieb der Presse erfolgen. Damit läßt sich sicherstellen, daß zum Beispiel bei Not-Aus durch den Nachlauf des Stößels nicht Mechanisierungseinrichtungen wie „Eiserne Hände" im Werkzeug zusammengedrückt werden und das Werkzeug zerstört wird.

Möchte man die Mechanisierung des Teiletransports in einer synchron im Dauerhub betriebenen Pressenstraße ohne mechanische Kopplung frei programmierbar als Roboter- oder Feedermechanisierung ausführen, so ist sicherzustellen, daß nicht bei Auftreten eines Fehlers in der Steuerung oder bei Not-Aus die Mechanisierung im Werkzeug eingeklemmt wird. Dabei steht nicht so sehr der Schaden an der Mechanisierungseinrichtung im Vordergrund, sondern mehr die Gefahr für das Werkzeug.

Da Werkzeuge für Karosserieteile wie Kotflügel pro Werkzeug zwischen 150 und 350 TDM kosten, also der gesamte Werkzeugsatz für einen Kotflügel mehr als 2 Mio.

DM kosten kann, ist jeweils pro Karosserieteil in der Regel nur ein Werkzeugsatz vorhanden. Wird dieser zerstört, ist die gesamte Pkw-Fertigung gefährdet.

Untersuchungen über eine steuerungstechnische Verknüpfung der im Dauerhub betriebenen Pressen mit Mechanisierungseinrichtungen werden am Produktionstechnischen Zentrum Berlin mit einer Pressenstraße aus drei mechanischen einfachwirkenden 5000-kN-Pressen durchgeführt.

In Ergänzung hierzu sollen am Institut für Umformtechnik der Universität Stuttgart zwei hydraulische 4000-kN-Pressen *ohne* Antriebssynchronisation im Dauerhub betrieben werden. Der Ausgleich soll über einen Teilepuffer für zehn bis 20 Teile erfolgen. Über diesen Puffer soll die Hubzahl der zweiten Presse gesteuert werden. Diese Vorgehensweise erfordert keine Synchronisation der Pressenantriebe und ist geeignet, kleinere Störungen aufzufangen, wodurch sich gegebenenfalls eine höhere Ausbringung erzielen läßt.

Andererseits sind entsprechende Mechanisierungseinrichtungen zwischen den Pressen und dem Puffer sowie der Puffer selbst zu entwickeln. Auch ist der Abstand zwischen den Pressen zu optimieren. Es ist vorgesehen, im Jahre 1989 hiermit zu beginnen, so daß 1990 erste Ergebnisse vorliegen.

Mit diesem Ausblick auf zukünftige Zielsetzungen soll darauf hingewiesen werden, daß noch ein weiter Weg in der Preßwerktechnik gegangen werden muß, um die Zielsetzung „Reproduzierbarer Preßwerkbetrieb" mit hoher Ausbringung einwandfreier Teile Wirklichkeit werden zu lassen. Es erscheint möglich und auch aus wirtschaftlichen Gründen dringend geboten, diese Zielsetzung im Zusammenwirken aller — Preßwerkbetreiber, Pressenhersteller, Werkzeughersteller, Hersteller von Preßwerkeinrichtungen und Forschungsinstituten — anzugehen.

Literatur

1. Jacobi, W.: Development trends in bodywork manufacture, with the focus on new technologies and materials. In: K. Lange (Ed.): Advanced technology of plasticity, Vol. 1. Berlin: Springer 1987
2. Siegert, K.: Ziehen von flachen Karosserieteilen — Verfahren, Maschinen, Werkzeuge. 9. Seminar „Neuere Entwicklungen in der Blechbearbeitung". Forsch.ges. Umformtech. mbH, Stuttgart, 31. Mai u. 1. Juni 1988
3. Zeyfang, D.: Aktuelle Fragen zur Fertigungstechnik in einem Karosserieteilepreßwerk. 3. Umformtechn. Koll. UKD '88. Darmstadt. Inst. f. Fertig.forsch. u. Inst. f. Umformtech., TH Darmstadt, 16. u. 17. März 1988
4. N.N.: Müller-Weingarten baute in Canada ein zukunftsorientiertes Preßwerk. Müller-Weingarten, Esslingen 1988 (unveröff.)
5. Bartl, H.: Produktionskonzepte im Preßwerk. 12. Umformtechn. Koll. Hannover, 18. u. 19. März 1987. HFF-Ber. Nr. 10. Hannov. Forsch.inst. f. Fertig.fragen 1987
6. Hoffmann, H.: Anforderungen an das Genauigkeitsverhalten von Karosseriepressen. HFF-Ber. Nr. 11, Hannov. Forsch.inst. f. Fertig.fragen 1987
7. Niefer, W.: CAD/CAM für Werkzeugkonstruktion, Werkzeugbau, Preßwerk und Zulieferer. Neue Kommunikationstechniken. 18. Umformtechn. Koll. Hannover, 18. u. 19. März 1987. HFF-Ber. Nr. 10. Hannov. Forsch.inst. f. Fertig.fragen 1987
8. Hoffmann, H.; Schneider, F.: Die Großteil-Stufenpresse, Grundlage wirtschaftlicher Fertigungstechnik im Preßwerk. 3. Umformtechn. Koll. UKD '88, Darmstadt. Inst. f. Fertig.-forsch. u. Inst. f. Umformtech., TH Darmstadt, 16. u. 17. März 1988
9. Müller, S.; Kersten, M.: Flexibles Pressenentsorgungs- und Stapelsystem mit Roboter. ZwF 81 (1986) H. 4, S. 190–194
10. Harsch, E.: Entwicklungen in der Feeder-Technik und bei der mechanisierten Entsorgung von Pressenanlagen für Karosserieteile. HFF-Ber. Nr. 11, Hannov. Forsch.inst. f. Fertig.fragen 1987

Hochleistungslaser in der Fertigungstechnik

H. Hügel, Stuttgart

Inhalt. Einführend werden die grundsätzlichen Besonderheiten der Materialbearbeitung mit Lasern, ihr Potential und ihre Vorteile diskutiert. Sodann wird das „thermische Werkzeug Laserstrahl" erläutert. Nach Behandlung der physikalischen Grundlagen folgen die technischen Konzepte, wobei vor allem jene Eigenschaften hervorgehoben werden, die unmittelbaren Einfluß auf die Qualität des Bearbeitungsprozesses haben. Unter diesem Gesichtspunkt werden auch die Strahlführungs- und Strahlformungssysteme einer kritischen Betrachtung unterzogen. Schließlich stellt der Autor technologische und verfahrensspezifische Aspekte der wichtigsten mit Lasern durchführbaren Fertigungsprozesse sowie einige typische Fertigungsbeispiele vor.

1 Der Laser als „thermisches Werkzeug"

Die Bedeutung des Lasers für die industrielle Fertigungstechnik liegt vor allem in seiner außerordentlichen Flexibilität hinsichtlich der verschiedenen Bearbeitungsverfahren, die mit ihm durchführbar sind – Abtragen, Bohren, Schneiden, Schweißen, Härten, Legieren, Beschichten –, wie auch in seiner Eignung, zahlreiche Werkstoffe und die unterschiedlichsten Werkstückkonfigurationen bearbeiten zu können. Diese Besonderheit beruht auf der Art und Weise, wie die für den Bearbeitungsprozeß erforderliche Energie an das Werkstück gebracht und dort eingekoppelt wird.

Mit der Bezeichnung „thermisches Werkzeug" kommt zum Ausdruck, daß die im Bearbeitungsprozeß zu leistende Arbeit in Form von thermischer Energie, d.h. Wärme, wirksam wird. Das trifft für sämtliche Bearbeitungsverfahren zu, die mit den heute im industriellen Einsatz befindlichen CO_2- und Festkörperlasern durchgeführt werden. Auf photochemische Wirkungen des Laserlichts, die beim im UV-Spektralbereich arbeitenden Excimerlaser auftreten, wird im Rahmen dieses Beitrags nicht eingegangen.

Die für das jeweilige Verfahren charakteristische Wechselwirkung zwischen Laserstrahl und Werkstück hängt im wesentlichen von der Intensität der Strahlung ab. Anhand von Bild 1 seien die dabei auftretenden physikalischen Phänomene für den Fall metallischer Werkstoffe qualitativ erörtert:

- Bei Intensitäten bis zu etwa 10^4 W/cm^2 hängt die absorbierte Leistung (Energie) von der Wellenlänge der Laserstrahlung, der Polarisation des Laserlichts, dem Einfallswinkel, den Materialeigenschaften sowie von der Beschaffenheit der Oberfläche (Rauhigkeit, Oxidschicht usw.) ab. Für die hier diskutierten Wellenlängen von 1,06 µm (Nd:YAG) und 10,6 µm (CO_2) bedeutet dies, daß nur etwa 5% bis 30% der auftreffenden Strahlung absorbiert werden, was dann zu einer lokalen Aufheizung des Werkstücks führt. Eine solche Situation ist beim Härten gegeben.
- Wird die Intensität in Bereiche um 10^5 W/cm^2 erhöht, so beginnt eine oberflächennahe Schicht aufzuschmelzen, und es kann zu lokaler Verdampfung kommen. Die Absorption steigt etwas an. Dieser Zustand ist typisch für das Umschmelzen und Wärmeleitungsschweißen.
- Bei Intensitäten von der Größenordnung einiger 10^6 W pro cm^2 bildet sich ein Dampfkanal (Dampfkapillare, „keyhole") aus, dessen Durchmesser etwa dem des fokussierten Laserstrahls entspricht. In diesem Fall, der charakteristisch für das Bohren, Schneiden und Tiefschweißen ist, wird der überwiegende Anteil der einfallenden Strahlung in das Werkstück eingekoppelt. Aufgrund welcher physikalischen Mechanismen dies im einzelnen geschieht, ist derzeit noch ungeklärt und wird kontrovers diskutiert [1–3]. Während die Polarisation einen deutlichen Einfluß zeigt [4], spielen Oberflächenbeschaffenheit, Werkstoffeigenschaften, aber auch die Wellenlänge des Laserstrahls – wenn es einmal gelungen ist, einen Zustand mit ausgebildeter Dampfkapillare zu erzielen – keine wesentliche Rolle mehr. Indirekt allerdings kommt der Wellenlänge auch hier eine Bedeutung zu, als der mit einer gegebenen Fokussieroptik erreichbare Durchmesser des „Brennflecks" ihr direkt proportional ist.
- Bei einer weiteren Steigerung der Intensität zu Werten zwischen 10^7 und 10^8 W/cm^2 wird ein zunehmender Anteil des aus der Kapillare ausströmenden Dampfes und – bei extrem hohen Intensitäten – des oberhalb der Werkstückoberfläche befindlichen Umgebungsgases ionisiert, so daß ein Plasma entsteht. Dieses absorbiert um so mehr Strahlenergie, je höher seine Elektronendichte und je größer die Wellenlänge des einfallenden Laserlichts ist. Unter gewissen Bedingungen kann es schließlich zu einer weitgehenden „Abschirmung" des Werkstücks durch das Plasma kommen [5], was sich nachteilig auf die Qualität des Bearbeitungsprozesses auswirken kann [6]. Effizient durchgeführte Bearbei-

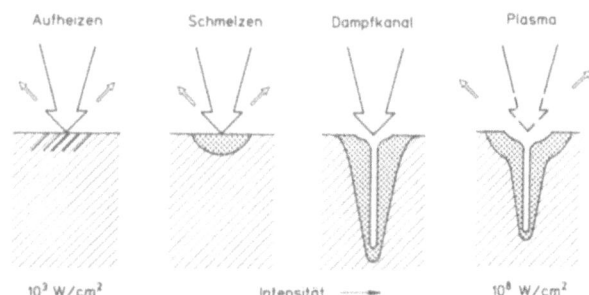

Bild 1. Wechselwirkungsprozesse Strahl/Werkstück

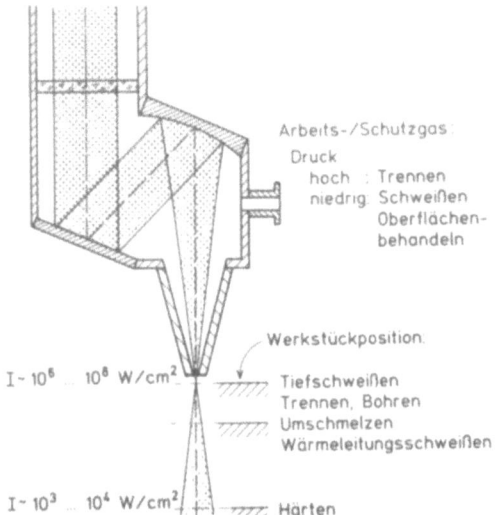

Bild 2. Verfahrensflexibilität der Bearbeitung mit CO_2-Lasern

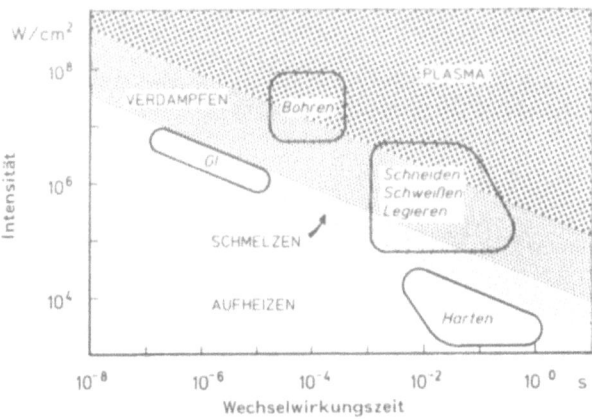

Bild 3. Parameterbereiche der Verfahren

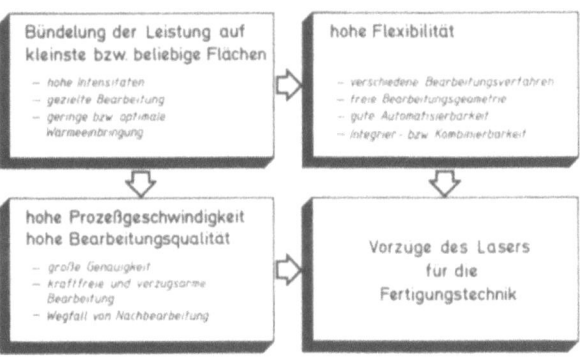

Bild 4. Charakteristische Merkmale der Materialbearbeitung mit Lasern

tungsprozesse halten durch Maßnahmen wie das Pulsen der Laserleistung oder geeignete Schutzgasführung die Auswirkungen gering bzw. unterbinden das Entstehen des absorbierenden Plasmas.

Diese Ausführungen machen deutlich, daß die Verfahrensflexibilität des Lasers letztlich darauf beruht, die Intensität des Strahls in weiten Bereichen variieren und dadurch die für den Bearbeitungsablauf relevanten physikalischen Vorgänge erzielen zu können.

Wie die praktische Realisierung aussieht, zeigt Bild 2: Mittels fokussierender optischer Elemente wie Linsen oder Spiegelsysteme wird der Laserstrahl auf die für den entsprechenden Prozeß erforderliche Energieflußdichte gebündelt. Die Wahl des Arbeitsgases bzw. des Drucks, mit dem dieses auf die Bearbeitungszone geblasen wird, erbringt nun eine weitere Möglichkeit, unterschiedliche Verfahren zu gestalten.

So unterscheiden sich das Schweißen (gemeint ist hier wie im folgenden das *Tief*schweißen, bei dem die für die Lasermaterialbearbeitung typischen Merkmale zur Geltung gelangen) und das Trennen im Prinzip lediglich durch die Höhe des Gasdrucks. Beim Trennen muß er hoch sein, weil mit dem Impuls des Gasstrahls die Schmelze ausgetrieben werden soll. Beim Schweißen hingegen kommt der Gasströmung eine präventive Aufgabe zu, die im Verhindern von Oxidationsprozessen und des absorbierenden Plasmas sowie im Schutz der Optik vor Spritzern und Dämpfen liegt – eine Wechselwirkung mit der Schmelze ist nicht erwünscht, der Druck ist deshalb niedrig.

Eine weitere, die einzelnen Verfahren kennzeichnende Größe ist die Energiedichte [J/cm²] in der Bearbeitungszone; sie ist gegeben durch das Produkt aus Intensität und Wechselwirkungszeit des Strahls mit dem Werkstück. Mit diesen beiden Parametern lassen sich somit die prinzipiellen Voraussetzungen für die Durchführung des jeweiligen Prozesses festlegen und Anforderungen an den Laser ableiten. Neben typischen Parameterbereichen einiger Verfahren zeigt Bild 3 in etwas vereinfachender Weise auch die Bereiche, in denen die diskutierten Wechselwirkungsphänomene auftreten.

Die Wechselwirkungszeit ergibt sich aus der Relativbewegung, mit welcher der Laserstrahl bzw. sein „Brennfleck" auf dem Werkstück bewegt wird, oder/und der zeitlichen Gestaltung der Laserleistung. Numerisch gesteuerte Führungseinrichtungen und die Möglichkeiten, welche moderne Laser hinsichtlich ihrer Betriebsweise bieten (kontinuierliche, gepulste oder modulierte Leistungsabgabe) erschließen weite Parameterbereiche.

Optische Elemente führen den Laserstrahl in einfacher Weise vom Ort seiner Erzeugung zur Bearbeitungsstelle, wobei Stellen erreicht werden können, die mechanischen Werkzeugen nicht zugänglich sind. Hieraus resultiert – zusammen mit dem vorstehend Gesagten – die nahezu unbegrenzte Geometrievielfalt der Werkstücke, die mit dem Laser bearbeitbar sind.

Diese hochpräzis gezielte, berührungslose und dadurch kraftfreie Energieeinbringung an der zu bearbeitenden Stelle hat zur Folge, daß neben einer hohen Prozeßgeschwindigkeit auch eine hohe Bearbeitungsqualität erreicht wird. Die dabei wichtigsten Merkmale sind in Bild 4 zusammen mit einigen die Einbindung des Lasers in die Produktion betreffenden Aspekten stichwortartig dargestellt.

Den offenkundigen Vorzügen der Lasermaterialbearbeitung stehen indessen noch relativ hohe Kosten gegenüber, die überwiegend durch Investitionen bestimmt werden. Die Verwendung des Lasers wird sich deshalb im Vergleich zu konkurrierenden klassischen Verfahren überall dort anbieten, wo die erwünschte Bearbeitung anders nicht möglich ist (neue Gestaltungsmöglichkeiten, unkonventionelle Materialkombinationen, präzisere Herstellung usw.), oder wo sich aus dem durch die Laserbearbeitung veränderten Ablauf des gesamten Produktionsprozesses wirtschaftliche Vorteile ergeben.

Im Gegensatz zum Sprachgebrauch der Physik, wo der Begriff „Laser" auf das Gerät zur Erzeugung der Strahlung beschränkt ist, wird er in der Fertigungstechnik häufig auch für eine komplette Bearbeitungsmaschine angewandt. Eine solche besteht, wie Bild 5 nur sehr vereinfachend zeigen kann, aus mehreren Komponenten, die erst in ihrem gesam-

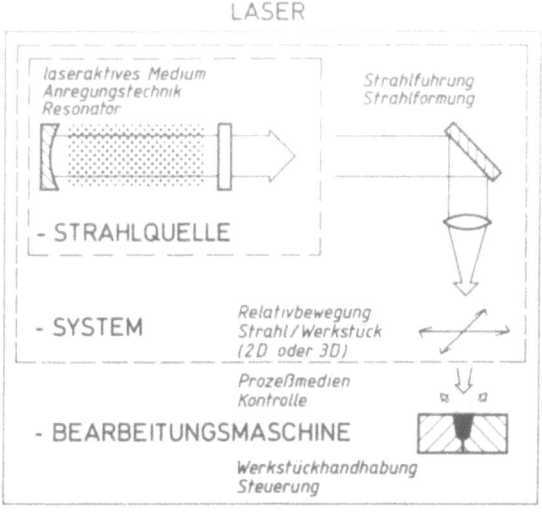

Bild 5. Prinzip und Komponenten einer Laser-Bearbeitungsmaschine

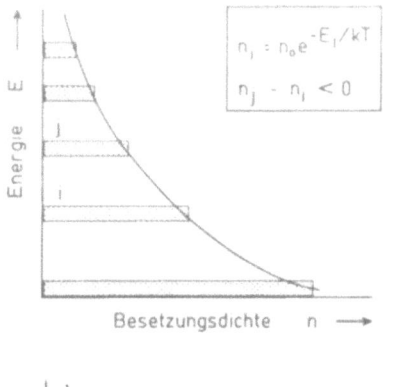

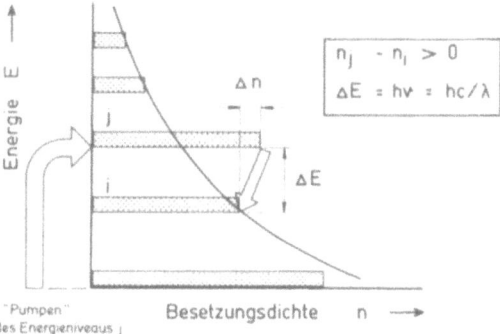

Bild 6. Erzeugung eines invertierten Energiezustands

ten Zusammenwirken eine für die industrielle Fertigung verwendbare Einrichtung ergeben.

Aus der grafischen Darstellung wird unter anderem unmittelbar ersichtlich, daß für die Qualität des Bearbeitungsprozesses nicht nur die Eigenschaften des Strahls beim Austritt aus der Laserstrahlquelle, sondern auch die Einflüsse der optischen Elemente des Strahlführungs- und Strahlformungssystems sowie diejenigen der Bahnführungseinrichtungen von Bedeutung sind. Und gleichermaßen wichtig ist das Verstehen der in der Bearbeitungszone auftretenden Effekte und – daraus abgeleitet – das optimale Gestalten der Prozeßführung wie auch deren Kontrolle.

Im begrenzten Rahmen dieses Beitrags können nicht alle Elemente und Aspekte der Lasermaterialbearbeitung in gleicher Weise behandelt werden. Im Vordergrund steht der Themenkreis der Strahlquelle und ihrer Eigenschaften. Die Aufgabenbereiche der Prozeßführung und -kontrolle, der Werkstückhandhabung und Steuerung sind stark am jeweiligen Werkstück und seinem gesamten Produktionsverlauf orientiert. Statt hierauf vertieft einzugehen, werden zur Verdeutlichung des fertigungstechnischen Potentials der Lasermaterialbearbeitung Beispiele aus der industriellen Produktion vorgestellt.

2 Die Laserstrahlquelle

2.1 Grundlagen

Voraussetzung für die Erzielung des Laser-Effekts (Laser ist ein Kunstwort aus der Zusammenfassung der Anfangsbuchstaben von light amplification by stimulated emission of radiation) ist die Überführung eines dafür geeigneten Mediums von einem Zustand des thermodynamischen Gleichgewichts in einen laseraktiven Zustand. Die physikalischen Prinzipien und Vorgänge seien anhand von Bild 6 erläutert.

Materie kann Energie in vielfältiger Form speichern, so beispielsweise Moleküle als Schwingungs- und Rotationsenergie oder Atome und Ionen als elektronische Energie. Ihr Betrag, der nur ganz bestimmte – gequantelte – Werte annehmen kann, hängt von der atomaren bzw. molekularen Struktur des betreffenden Stoffes ab. Dies wird grafisch – so auch in Bild 6 geschehen – im sogenannten Termschema ausgedrückt. Der Zustand eines Mediums läßt sich also beschreiben durch die Anzahl der Teilchen, die sich im statistischen Mittel in den jeweiligen Energieniveaus befinden.

Im Fall des thermodynamischen Gleichgewichts befinden sich in höheren Niveaus immer weniger Teilchen als in den niedrigeren. Gelingt es jedoch, durch gezielte Energiezufuhr in ein bestimmtes Niveau – man bezeichnet diesen Vorgang als Anregen oder „Pumpen" – dessen Besetzungsdichte größer als die des darunterliegenden zu machen, so hat man eine Inversion erzielt, und das Medium ist laseraktiv.

In diesem Zustand kann es die Strahlungsintensität einer elektromagnetischen Welle der Frequenz ν bzw. der Wellenlänge λ durch Abgabe der Energiedifferenz ΔE verstärken. Dies geschieht über den Prozeß der stimulierten Emission, bei dem die mit dem laseraktiven Medium wechselwirkenden Photonen dieses zwingen, seine in der Inversion gespeicherte Energie an das Strahlungsfeld abzugeben. Die resultierende Strahlung – das Laserlicht – ist monochrom und kohärent, d.h. die elektromagnetischen Wellenzüge haben die gleiche Frequenz und Phasenlage.

Diese anschauliche Betrachtungsweise zeigt weiterhin, daß zwei wichtige Eigenschaften der Laserstrahlquelle durch das laseraktive Medium bestimmt werden, nämlich die Wellenlänge und der Quantenwirkungsgrad. Während die Wellenlänge sich aus dem Energiebestand der beiden am Laserprozeß beteiligten Niveaus ergibt, hängt der Quantenwirkungsgrad auch noch von deren Lage in bezug zum Grundzustand ab. Definiert als Quotient aus der Energiedifferenz ΔE und der Anregungs- bzw. Pumpenergie, stellt er einen theoretischen Grenzwert dar, dem sich anzunähern, das Bemühen der Entwickler von Strahlquellen sein muß.

Die prinzipielle technische Umsetzung dieser physikalischen Vorgänge läßt sich aus Bild 5 ersehen: Das mittels einer geeigneten Anregungstechnik erzeugte laseraktive Medium ist seitlich durch zwei Spiegel, die den Resonator bilden, begrenzt. Sie haben die Aufgabe, den in Richtung der optischen Achse sich verstärkenden Wellenzug zu reflektieren, bis dessen Verstärkung hinreichend hoch ist, um die Verluste wettzumachen. Ist dies der Fall, so „schwingt der

Laser an", d.h., durch den teildurchlässigen Spiegel wird Strahlung abgegeben.

Um den Laserbetrieb aufrechtzuerhalten, ist indessen nicht nur für die Zufuhr der Anregungsenergie, sondern auch für eine effiziente Abfuhr der Verlustenergie zu sorgen, die in Form von Wärme im laseraktiven Medium freigesetzt wird. Geschähe dies nicht, so würde dessen Temperatur ansteigen und die Inversion abgebaut. Eine gute Laserstrahlquelle zeichnet sich also durch optimale Anregung *und* Kühlung aus.

Generell gilt, daß die Eigenschaften einer Laserstrahlquelle wie Wellenlänge, Leistung, Wirkungsgrad, Betriebsweise, Strahlqualität und Kompaktheit durch die jeweiligen Merkmale von laseraktivem Medium, Anregungs- und Kühltechnik sowie Resonatorkonzept bzw. durch deren interaktives Zusammenwirken bestimmt werden.

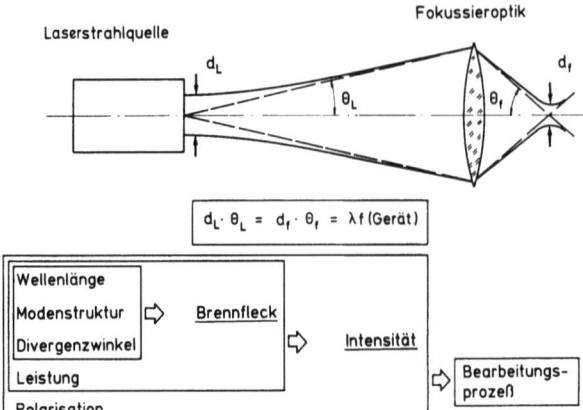

Bild 7. Charakteristische Eigenschaften eines Laserstrahls

2.2 Anforderungen an die Strahlquelle

Zahlreiche Anforderungen an die Laserbearbeitungsmaschine lassen sich zurückführen auf Eigenschaften, die primär von der Strahlquelle zu verlangen sind:
- Die Effizienz und Prozeßsicherheit eines Verfahrens ist nur gewährleistet, wenn die dafür erforderlichen Eigenschaften des Laserstrahls jederzeit und reproduzierbar gegeben sind.
- Die Verfahrensflexibilität verlangt unter anderem, daß Betrag und zeitlicher Verlauf der Laserleistung der spezifischen Aufgabe anpaßbar sind. So ist beispielsweise für das Ausschneiden feiner Konturen in Ecken- und Stegbereichen eine Reduktion der Leistung erforderlich, um dort die Wärmeeinbringung und damit die Gefügeänderung gering zu halten. Eine rechnergesteuert variierbare Betriebsweise kann diese Anforderung erfüllen.
- Aspekte der Wirtschaftlichkeit hängen unmittelbar von der Art der Strahlquelle und dem dabei realisierten technischen Konzept ab. Denn dieses bestimmt nicht nur die Investitionskosten, sondern durch den Verbrauch von Betriebsmitteln und/oder den Verschleiß von Komponenten auch die Betriebskosten.

Die für die Materialbearbeitung wichtigen Eigenschaften des Laserstrahls seien anhand von Bild 7 diskutiert, wobei vorausgesetzt ist, daß bei gegebener Leistung eine möglichst hohe Intensität am Werkstück und eine gute Energiekopplung vorrangige Zielsetzungen sind.

Mit Ausnahme der *Wellenlänge*, die nur durch das laseraktive Medium festgelegt ist, hängen alle anderen aufgeführten Größen von der technischen Gestaltung der Strahlquelle ab. Der erzielbare Brennfleckdurchmesser d_f eines mit einer bestimmten Optik (Brennweite, Abstand zur Strahlquelle) fokussierten Strahls ist entsprechend der angeführten Beziehung zum einen direkt proportional der Wellenlänge und zum anderen proportional dem Produkt $d_L \cdot \theta_L$, welches mit der Strahlquelle festgelegt ist.

Modenstruktur und *Divergenzwinkel* hängen unmittelbar zusammen. Sie ergeben sich aus der geometrischen Gestaltung des Resonators und sind kennzeichnend für die Feldverteilung in der elektromagnetischen Welle sowie für die Ausbreitung des Laserstrahls. In einem *stabilen* Resonator (Krümmungsradien der Spiegel und ihr Abstand sind so gewählt, daß ein geometrischer Strahl beim Auftreffen auf die Spiegel immer in den Resonatorraum reflektiert wird) bilden sich sogenannte Gauß-Moden aus, die gekennzeichnet sind durch ganz bestimmte Intensitäts- und Phasenverteilungen über dem Querschnitt. So folgt beispielsweise beim Grundmode oder TEM_{00}-Mode (transversal elektromagnetisch) die Intensitätsverteilung einer Gaußschen Kurve, während die Phase konstant ist.

Bei Moden höherer Ordnung $TEM_{m,n}$ treten in den zueinander senkrechten Koordinaten m bzw. n Phasensprünge um jeweils 180° auf, denen entsprechende flachere Intensitätsverteilungen mit $m+1$ bzw. $n+1$ Maxima zugeordnet sind.

Der für die Ausbreitung des Laserstrahls charakteristische Öffnungs- oder Divergenzwinkel θ_L (in mrad) hängt von der Modenstruktur in der Weise ab, daß er mit steigender Modenordnung größer wird. Das Produkt aus dem Durchmesser der „Strahltaille" d_L und dem Divergenzwinkel θ_L wird Strahlparameter genannt und kennzeichnet die Strahlqualität, wobei hohe Strahlqualität gleichbedeutend mit einem niedrigen Wert des Produkts ist.

Da diese Eigenschaften bei der Propagation des Strahls – auch durch abbildende Optiken – erhalten bleiben (was die in Bild 7 gezeigte Beziehung beinhaltet), wäre ein Laserstrahl im Grundmode ideal: Mit ihm ließe sich bei vergleichbarem Durchmesser d_L der „Strahltaille" der kleinste Brennfleck und – bei festgelegter Leistung – die höchste Intensität erzielen. Wenn indessen die meisten Hochleistungslaser Moden höherer Ordnung aufweisen, dann kann dies in dem Umstand liegen, daß sich die für den TEM_{00}-Mode erforderliche Resonatorkonfiguration technisch nicht realisieren läßt oder daß bewußt ein höherer Mode angestrebt wird, um die thermische Belastung in der Mitte des Auskoppelspiegels nicht zu hoch werden zu lassen. Die Ausbreitung und Fokussierung Gaußscher Strahlen ist analytisch beschreibbar [7].

Beim *instabilen* Resonator (der Strahl verläßt nach einigen Reflexionen den Resonatorraum), der sich als technische Alternative und Lösung bei den vorstehend erwähnten Problemen anbietet [8, 9], ist die Beschreibung der Intensitätsverteilung im Fokusbereich nur durch eine numerische Berechnung zu erhalten.

Nicht mit der Bezeichnung des Resonatorkonzepts sollten mechanische Eigenschaften des Resonators verwechselt werden, die für die Konstanz der Strahleigenschaften verantwortlich sind. So verlangt die *Langzeitstabilität*, daß durch thermische oder mechanische Beeinträchtigungen auch über längere Zeit (Monate) keine Änderungen des Modes auftreten sollten. Außerordentlich wichtig – insbesondere dort, wo lange Strahlwege vorhanden sind – ist zudem die *Richtungsstabilität* des Laserstrahls.

Das *Leistungsniveau* der Strahlquelle wird sich nach den Anforderungen des mit ihm durchzuführenden Bearbeitungsprozesses richten. Es ist unmittelbar einleuchtend, daß für das Schneiden von Dünnblechen weniger Leistung benötigt wird als für das Härten großer Zylinder von Dieselmotoren, für feinwerktechnische Schweißungen im Bereich der Elektrotechnik und Elektronik weniger als für solche im Aggregatebau. Inzwischen liegen hinreichend viele Erfahrungen über den Leistungsbedarf der einzelnen Verfahren in Abhängigkeit vom Werkstoff und den Prozeßdaten (Geschwindigkeit, Materialdicke) vor, die eine richtige Wahl des Lasertyps und der Leistungsklasse ermöglichen. Für die Prozeßqualität wichtig ist eine hohe *Leistungskonstanz* sowohl im Kurz- als auch im Langzeitbereich. Was die *Betriebsweise* der Laserstrahlquelle anbelangt, so hat diese sich ebenfalls an den Erfordernissen der Aufgaben zu orientieren.

Unter *Polarisation* des Laserstrahls wird die Orientierung der elektrischen Feldstärke der Welle zur Ausbreitungsrichtung des Strahls verstanden. Linear polarisiert ist ein Strahl, bei dem beide Vektoren in einer Ebene liegen, zirkular polarisiert, wenn der Feldstärkevektor mit der Frequenz $2\pi\nu$ um den Richtungsvektor rotiert. Für die Bearbeitung ist dies insofern wichtig, als die Absorption der Laserstrahlung durch metallische Werkstoffe auch von der Polarisation abhängt. Sie ist höher, wenn die Vorschubrichtung in der Polarisationsebene liegt. Um eine richtungsunabhängige Prozeßqualität zu erzielen, kann es daher erforderlich sein, die aus der Strahlquelle kommende lineare Polarisation durch geeignete Einrichtungen im Strahlengang in eine zirkulare umzuwandeln.

2.3 In der Fertigungstechnik eingesetzte Laserstrahlquellen

2.3.1 Der CO_2-Laser

Die Bedeutung als „Industrielaser" mit weiter Verbreitung und vielfältigen Einsatzfeldern verdankt der CO_2-Laser Merkmalen wie hohem Wirkungsgrad, relativ einfachen technischen Realisierungsmöglichkeiten und Skalierbarkeit.

Der Laserübergang findet zwischen zwei Schwingungszuständen des CO_2-Moleküls statt. Die Anregung erfolgt durch Stöße mit Elektronen und durch Stöße mit auf die gleiche Weise angeregten N_2-Molekülen. Da Stickstoff die Eigenschaft hat, Schwingungsenergie besonders gut speichern zu können, enthält ein typisches Lasergasgemisch drei- bis fünfmal so viel N_2 wie CO_2. Der überwiegende Anteil jedoch ist Helium. Dieses leichte Gas wird benötigt, um durch Stöße mit CO_2 den nicht abgestrahlten Bruchteil der Anregungsenergie abzuführen und so die Inversion aufrechtzuerhalten.

Die für die Stoßanregung der Moleküle erforderlichen Elektronen werden in einer Glimmentladung erzeugt. Die Auswahl des Entladungskonzepts orientiert sich an Zielsetzungen wie sie in Abschnitt 2.2 angesprochen sind, und es werden im allgemeinen Eigenschaften wie
- effiziente Anregung (hoher Wirkungsgrad, geringe Gasverunreinigung),
- hohe Leistungsdichte (Kompaktheit) und
- große Homogenität (hohe Strahlqualität)

im Vordergrund von Entwicklungsmaßnahmen stehen. Von der Vielzahl möglicher Entladungstechniken sind heute die Gleichstrom- und die Hochfrequenzentladung von Bedeutung. Sie sind in Bild 8 mit ihren wesentlichen Merkmalen dargestellt und seien kurz besprochen.

Während bei der Gleichstromentladung die Energieeinkopplung über metallische Elektroden erfolgt, kann sie bei der Hochfrequenzentladung kapazitiv über ein dielektrisches Material (Glas, Keramik) vorgenommen werden. Da bei der letztgenannten Technik kein Kontakt zwischen Metall und Laserplasma besteht, tritt eine wesentlich gerin-

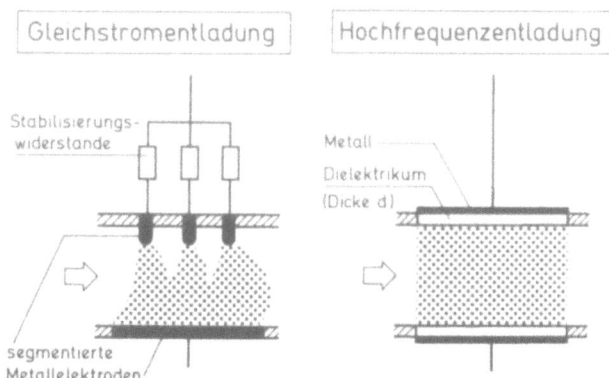

Bild 8. Anregungstechniken für CO_2-Hochleistungslaser

gere Degradation des Gases auf. Der Gasaustausch kann auf ein Mindestmaß gesenkt werden, und zudem entfällt das Reinigen der Elektroden.

Gleichstromentladungen neigen dazu, sich in Gebieten niedrigerer Dichte (z.B. in stromabgelegenen Bereichen der Entladung oder an umströmten Kanten und Ecken) zu kontrahieren und schließlich, wenn gewisse Werte der Leistungsdichte überschritten werden, in Lichtbogenentladungen umzuschlagen. Für die Stabilisierung ist es deshalb erforderlich, segmentierte Elektroden zu verwenden und die jeweiligen Teilströme durch Vorwiderstände zu begrenzen. Auch turbulente Strömungen wirken diesen Effekten entgegen, doch können sie gleichzeitig unerwünschte Ablenkungen des Laserstrahls verursachen.

Bei Hochfrequenzentladungen dagegen geschieht die Stabilisierung als Folge des Entstehens eines kapazitiven Spannungsabfalls im Dielektrikum. Durch die Wahl der Materialdicke kann so in einfachster Weise ein gewünschter Grad an Homogenität erreicht werden. Diese Homogenität bleibt bei sehr hohen Leistungsdichten und auch bei Variation der Leistung sowie im Pulsbetrieb erhalten. Im Hinblick auf die Anforderung an moderne Hochleistungslaser nach einem wahlweise kontinuierlichen oder gepulsten Betrieb bzw. einer Leistungsvariation in möglichst weiten Bereichen verdient diese Tatsache besondere Beachtung: Denn die gleichbleibende Homogenität des laseraktiven Mediums läßt eine unveränderte Strahlqualität (Modenstruktur, Divergenz) zu und gewährleistet damit die Qualität des Bearbeitungsprozesses.

Den physikalischen Vorzügen der Hochfrequenzentladung stehen heute noch die hohen Kosten für ihre Energieversorgung gegenüber: Der HF-Generator selbst ist teuer, und sein Wirkungsgrad liegt nur bei 60% bis 70%. In wirtschaftlicher Hinsicht ist die Gleichstromentladung von Vorteil.

Die Kühlung des durch Volumeneffekte im Entladungsbzw. Resonatorraum aufgeheizten Gasgemischs kann durch Diffusion oder Konvektion erfolgen. Im ersten Fall geschieht der Transport der Verlustleistung durch Wärmeleitung zu den gekühlten Wandungen des Entladungsgefäßes hin. Man kann zeigen, daß bei Einhaltung einer maximal zulässigen Temperatur des laseraktiven Mediums die erzielbare Leistung nur von der Länge des Entladungsrohrs, nicht aber von seinem Radius abhängt. Aus diesem Grund waren bei den in der Frühphase des industriellen Einsatzes üblichen diffusionsgekühlten Lasern Entladungslängen von bis zu 10 m keine Seltenheit.

In modernen Strömungslasern erfolgt eine kontinuierliche Umwälzung des Gases im geschlossenen Kreislauf. Das Medium wird konvektiv aus dem Entladungsraum ge-

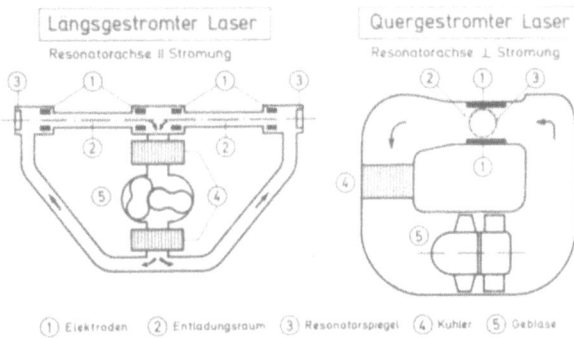

Bild 9. Technische Konzepte von CO_2-Hochleistungslasern

Bild 10. Längsgeströmter CO_2-Laser mit Hochfrequenzanregung, $P_L = 1,5$ kW (Quelle: Trumpf)

führt und seine Kühlung findet erst beim Durchströmen eines Kühlers statt. Bei dieser Kühlmethode ist die erzielbare Leistung umgekehrt proportional zur Aufenthaltsdauer des Gases in der Entladung, so daß durch eine geeignete Wahl von Entladungslänge und Gasgeschwindigkeit viele technische Gestaltungsmöglichkeiten denkbar sind. Dennoch lassen sich alle heute gebauten Hochleistungslaser einem der beiden in Bild 9 gezeigten Grundprinzipien zuordnen.

Der *längsgeströmte Laser*, manchmal auch als „fast axial flow laser" bezeichnet, bei dem Strömungsrichtung und Resonatorachse parallel zueinander sind, hat sich historisch aus den bereits erwähnten diffusionsgekühlten Rohrlasern entwickelt. Bei den zunächst (bis Ende 1985) mit Gleichstrom angeregten Geräten war das elektrische Feld ebenfalls in Längsrichtung orientiert, während es bei den modernen hochfrequenzangeregten Lasern senkrecht zur Strömungsrichtung steht. Die Elektroden sind hier einfache Halbschalen, die von außen auf die Quarzrohre geklemmt werden. Der langen, schlanken Geometrie des laseraktiven Mediums angepaßt, gelangen im allgemeinen stabile Resonatoren zur Anwendung. Da bei diesem Konzept hohe Druckverluste auftreten, benötigt man zur Gasumwälzung entweder Drehkolben- oder Radialverdichter.

Eine Leistungsskalierung erfolgt durch die Anordnung mehrerer Segmente, die optisch über Umlenkspiegel in Reihe, strömungsmäßig aber parallel geschaltet werden. Auf dem Markt erhältlich sind Systeme zwischen 0,5 und 5 kW Laserleistung – Bild 10 zeigt einen hochfrequenzangeregten 1,5-kW-Laser –, während Laborgeräte auch im 25-kW-Bereich existieren.

Der *quergeströmte Laser*, auch „transverse flow laser" genannt, ist aus der Zielsetzung heraus entstanden, hohe Leistungsdichten großvolumig umzusetzen. Hier sind die Richtungen von Strömung, optischer Achse und elektrischem Feld senkrecht zueinander. Entsprechend seiner in Strömungsrichtung sehr viel kürzeren Entladungslänge hat er im Hinblick auf die Erzielung hoher Leistungen ein deutlich höheres Potential als der längsgeströmte Laser [8]. Inwieweit dieses ausgenutzt wird, hängt im wesentlichen von den verwendeten Konzepten der Entladungstechnik und des Resonators ab. Da hier geringere Druckverluste kompensiert werden müssen, genügt der Einsatz eines Axial- oder eines Querstromgebläses. Letzteres ist der Geometrie des quergeströmten Konzepts viel besser angepaßt, so daß sich damit sehr kompakte Geräte bauen lassen. Die Leistungsskalierung erfolgt durch modulare Bauweise, wobei die Leistung eines einzelnen Moduls typischerweise 3 bis 5 kW beträgt. Solche Geräte sind bis zu Leistungen von 24 kW kommerziell erhältlich.

Während der Entladungswirkungsgrad (Strahlleistung/ elektrische Leistung) bei den meisten der heute hergestellten CO_2-Hochleistungslasern immerhin 20% erreichen kann, beträgt ihr Gesamtwirkungsgrad – Leistungsaufwand für die Gasumwälzung, Kühlung, Energieaufbereitung usw. miteingerechnet – im allgemeinen 6% bis 10%. Einen Richtwert für die Höhe der Investitionskosten gibt (1988) die Zahl von rund 150 000 DM je kW Strahlleistung; darin sind nur die Kosten der Strahlquelle enthalten.

2.3.2 Der Nd:YAG-Laser

Der Nd:YAG-Laser ist der für die industrielle Materialbearbeitung – und hier besonders in der Feinwerktechnik – wichtigste Vertreter der großen Familie der Festkörperlaser. Seine Vorteile gegenüber dem CO_2-Laser sind die um den Faktor 10 kürzere Wellenlänge, seine außerordentliche Kompaktheit und die Tatsache, daß seine Strahlung mittels flexibler Glasfasern übertragbar ist. Nachteilig fällt ins Gewicht, daß seine Leistung mit etwa 1 kW begrenzt ist, eine Leistungsvariation immer mit einer Veränderung der Strahlqualität einhergeht und der Wirkungsgrad mit etwa 3% bis 4% geringer ist.

Das laseraktive Medium stellen N̲eodym-Ionen dar, die in einen aus Y̲ttrium-A̲luminium-G̲ranat bestehenden Wirtskristall eingebettet sind. Die Anregung erfolgt durch Absorption des Lichts von gepulst oder kontinuierlich betreibbaren Lampen (deren Lebensdauer trotz intensiver Wasserkühlung begrenzt ist). Der Laserübergang findet zwischen elektronischen Energiezuständen statt.

Heute verwendete Kristalle sind zylinderförmig mit einem Durchmesser von 5 bis 10 mm und einer Länge bis etwa 150 mm. Um einen möglichst hohen Anteil des Pumplichts einzukoppeln, werden Anordnungen von Kristall und stabförmigen Lampen benutzt, wie sie Bild 11 schematisch wiedergibt: Der Laserstab befindet sich in der gemeinsamen Brennlinie zweier elliptischer Zylinder, während in der jeweils anderen eine Lampe angeordnet ist. Auf diese Weise gelangt das Anregungslicht teils direkt, teils über Reflexionen von der polierten Gold- oder Aluminiumbeschichtung des Reflektors auf den Kristall.

Überwiegend kommen stabile Resonatoren zum Einsatz, die aufgrund der kurzen Baulängen der Laser Strahlen mit hoher Modenordnung liefern. Die Spiegelanordnung kann dabei sowohl wie in Bild 11 erfolgen als auch mit direkt auf die geschliffenen Endflächen des Kristalls aufgedampften Verspiegelungen.

Durch die Aufheizung des Laserstabs und die Kühlung nur an seiner Mantelfläche ergibt sich nicht nur eine Begrenzung der je Längeneinheit erzielbaren Laserleistung, son-

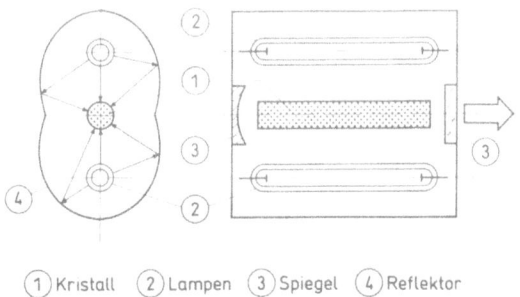

Bild 11. Schema eines Festkörperlasers

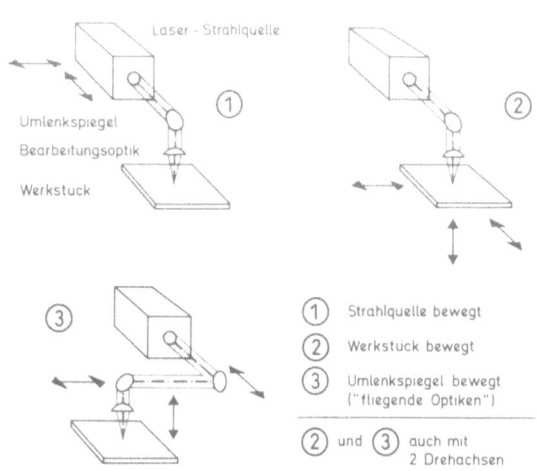

Bild 12. Relativbewegung Strahl/Werkstück

dern es stellt sich auch ein die Strahlqualität mindernder Effekt ein: Der ungleichförmig erwärmte Stab wirkt wie eine „thermische Linse", deren Brennweite um so kürzer ist, je höher die Pumpleistung wird. Dies hat zur Folge, daß der Strahlparameter $d_L \cdot \theta_L$ mit steigender Leistung größer, die Strahlqualität also schlechter wird.

Industriell einsetzbare Nd:YAG-Laser gibt es heute für den

- *kontinuierlichen Betrieb* im Leistungsbereich zwischen 50 und 1200 W (wobei zur Realisierung der höheren Leistungen mehrere Stäbe optisch hintereinandergeschaltet werden) und
- *Impulsbetrieb* mit *mittleren* Leistungen, die ebenfalls bis in den kW-Bereich reichen und bei Pulsrepetitionsraten bis zu 500 Hz Impulsdaten von 1 bis 200 J und 0,1 bis 20 ms entsprechen.

3 Strahlführung und -formung, Relativbewegung Strahl/Werkstück

Von der Strahlquelle kommend, muß der Laserstrahl über eine Anzahl feststehender oder bewegter Spiegel (auf den Sonderfall der Strahlführung in Glasfasern wird später eingegangen) in die Bearbeitungsstation geführt, dort mittels einer Bearbeitungsoptik auf die erforderliche Intensität gebracht und mit einer festgelegten Geschwindigkeit entlang der Bearbeitungsbahn bewegt werden. Diese Themenkreise stehen in unmittelbarem Zusammenhang, da einige der einzusetzenden technischen bzw. optischen Elemente mehrere Aufgaben gleichzeitig erfüllen können.

So wird zum Beispiel ein unter 45° in den Strahlengang eingebrachter Spiegel nicht nur eine 90°-Umlenkung hervorrufen, sondern bei gleichzeitiger Bewegung des Spiegels in Richtung des einfallenden Strahls auch eine seitliche Bewegung desselben bewirken; des weiteren kann durch azimutale Spiegeldrehung eine Rotation des Strahls erzielt werden. Aus einer Kombination derartiger Manipulationen und der gleichzeitigen Bewegung von Werkstück bzw. Strahlquelle läßt sich ein für die jeweilige Aufgabe optimales technisches Konzept gestalten.

Für die Planung und Auslegung des *Strahlführungssystems* bzw. der Bearbeitungsstation sind neben der Werkstückgröße und -form (eben oder räumlich) vor allem auch produktionstechnische Gesichtspunkte wie erforderliche Genauigkeit, Werkstückhandhabung und -fluß, Automatisierbarkeit und Mehrstationenbetrieb (d.h., eine Strahlquelle beschickt über sogenannte Strahlweichen mehrere Bearbeitungsstationen in Folge) zu berücksichtigen. Einige Möglichkeiten der Realisierung sind in Bild 12 schematisch dargestellt, während die folgenden Aufnahmen Beispiele aus der Praxis wiedergeben.

Eine klassische Anlage zum Schneiden ebener Teile, insbesondere von Schildern und Blechen für die Klimatechnik,

Bild 13. Laserstrahlquelle auf Führungsmaschine (Quelle: Messer Griesheim)

Bild 14. 5-Achsen-Portalmaschine (Quelle: Trumpf)

zeigt Bild 13. Mit diesem Konzept lassen sich sehr große Bearbeitungsflächen überdecken. Für das Schneiden dreidimensionaler Konturen, wie sie vor allem im Automobilbau auftreten, haben sich in jüngster Zeit sogenannte 5-Achsen-Portalmaschinen (Bild 14) bewährt. Dabei wird die räumliche Bewegung mittels dreier Linearachsen – zwei davon durch „fliegende Optiken" und eine durch die Bewegung des Werkstücks – und zweier Drehachsen bewerkstelligt.

Bild 15. Robotergeführte Strahlführung und Bearbeitungsoptik

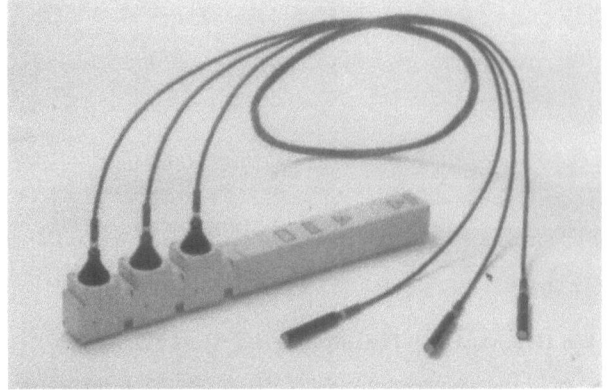

Bild 17. Strahlführung mittels flexibler Glasfasern (Quelle: Haas)

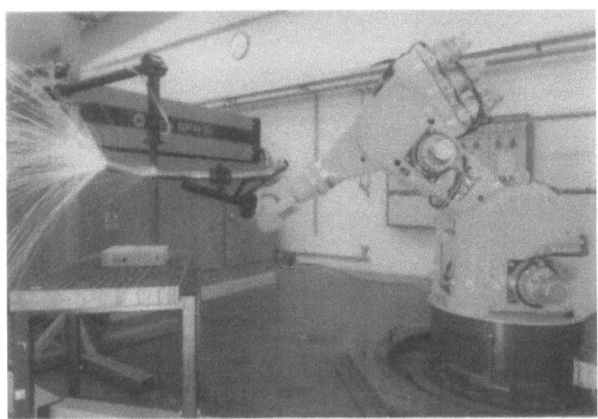

Bild 16. Robotergeführtes Werkstück (Quelle: KUKA)

Dem Vorteil eines solchen Konzepts, seiner sehr hohen Genauigkeit, stehen sein Preis, seine Größe und unter Umständen seine eingeschränkte Zugänglichkeit gegenüber. Deshalb wird intensiv die Anordnung untersucht, einem sehr viel billigeren Industrieroboter die Bearbeitungsoptik „in die Hand" zu geben und die räumliche Bearbeitungsbahn abzufahren. Bild 15 zeigt eine der vielen Ausführungsmöglichkeiten. Als nachteilig muß die begrenzte Genauigkeit des Roboters angeführt werden und die Tatsache, daß das Mitführen des Strahlführungssystems eine Reduzierung des Arbeitsbereichs zur Folge hat.

Diese Problemkreise sind Gegenstand zahlreicher Entwicklungsarbeiten, denen unterschiedliche Realisierungskonzepte zugrunde liegen. Für die Bearbeitung leichter Werkstücke bietet sich schließlich eine Kombination Laser/Roboter an, bei welcher das Teil unter dem feststehenden Laserstrahl durchgeführt wird (Bild 16). Derartige Anordnungen werden häufig zum Beschneiden von Rohren und Auspuffteilen verwendet.

Die vorstehenden Ausführungen und Bilder lassen erkennen, daß der Strahl auf seinem Weg zum Werkstück hin zahlreiche Spiegel passiert und zum Teil große Entfernungen zurücklegt. Daher sind hohe Anforderungen an die Genauigkeit der mechanischen Bewegungseinrichtungen, Spiegelführungen und -halterungen zu stellen, um den Strahl reproduzierbar auf die Bearbeitungsoptik – unabhängig von deren Position – gerichtet zu halten.

Berücksichtigt muß ferner werden, daß trotz hoher optischer Qualität der Spiegel (im allgemeinen Kupfer oder Wolfram) deren Absorption etwa 1% der einfallenden Leistung beträgt. Um eine Degradation ihrer Oberfläche durch eingebrannte Staubteilchen oder Öltröpfchen zu vermeiden, kann es empfehlenswert sein, den Laserstrahl und die optischen Komponenten abzukapseln und das Strahlführungssystem mit trockener Luft oder Stickstoff leicht zu fluten.

Die bei der Führung des Laserstrahls über große Entfernungen auftretende Vergrößerung seines Durchmessers entsprechend dem Divergenzwinkel θ_L (vgl. Bild 7) erfordert besondere Beachtung im Hinblick auf eine von der Position der Bearbeitungsoptik unabhängige Prozeßqualität. Für eine Optik mit vorgegebener Brennweite f ist der erzielbare Brennfleckdurchmesser $d_f \approx f/D$, wobei D den Durchmesser des Strahls auf der Optik bezeichnet. Damit wird deutlich, daß d_f in Positionen nahe der Strahlquelle groß und in entfernteren kleiner wird und die Intensität entsprechend P_L/d_f^2 variiert!

Hinzu kommt, daß sich gleichzeitig auch der Abstand des Brennflecks von der Optik ändert. Um die daraus resultierenden nachteiligen Effekte auf das Bearbeitungsergebnis gering zu halten, muß die Divergenz des Laserstrahls herabgesetzt werden. Dies kann mit Hilfe von Teleskopen geschehen, deren optimierte Auslegung zu nahezu konstanten Verhältnissen im Fokusbereich – selbst bei Verfahrbereichen der Bearbeitungsoptik über mehrere Meter hinwegführt [10].

Während die Führung eines Laserstrahls mit der Wellenlänge von 10,6 μm (CO_2) nur in freier Propagation und durch Umlenkungen mit Spiegeln erfolgen kann, bietet sich bei 1,06 μm (Nd:YAG) auch die Möglichkeit, den Strahl durch Glasfasern zu übertragen. Zwar wird seine Phasen- und Intensitätsverteilung dabei erheblich verändert – hin zu geringerer Strahlqualität –, doch eröffnet sich bei Verwendung der einfachen und flexiblen Kabel eine Vielfalt produktionstechnisch interessanter Gestaltungsvarianten. So können mehrere 100 W durch bis zu 20 m lange Kabel geleitet werden, wobei die Leistungsverluste um 15% liegen.

Bei dem in Bild 17 gezeigten Beispiel ist neben der Strahlübertragung durch Glasfasern eine weitere Technik zur besseren Ausrüstung der Strahlquelle realisiert: Mittels zweier teildurchlässiger Spiegel wird jeweils ein Teil der Leistung ausgekoppelt und in ein gesondertes Kabel gespeist, wodurch drei Bearbeitungsstellen gleichzeitig beaufschlagt werden können.

Diese Methode der Strahlführung läßt sich heute weiterhin für die im UV-Spektralbereich arbeitenden Excimerlaser sowie für den Kohlenmonoxidlaser (etwa 5 μm) anwenden. An Materialien, welche die verlustarme Leitung von CO_2-Laserlicht gestatten, wird aus verständlichen Gründen intensiv gearbeitet.

Zur *Strahlformung*, was in den meisten Fällen eine Fokussierung des Laserstrahls bedeutet, eignen sich sowohl transmittierende als auch reflektierende optische Elemente (Bild 18). Noch vor wenigen Jahren wurden zum Schneiden,

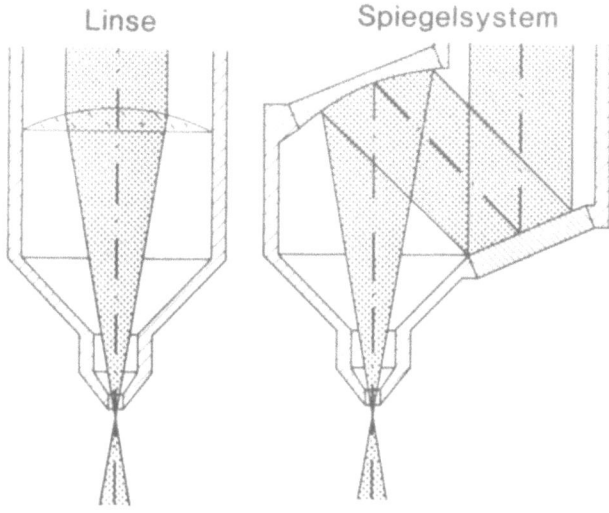

Bild 18. Strahlfokussierung durch Linse oder Spiegelsystem

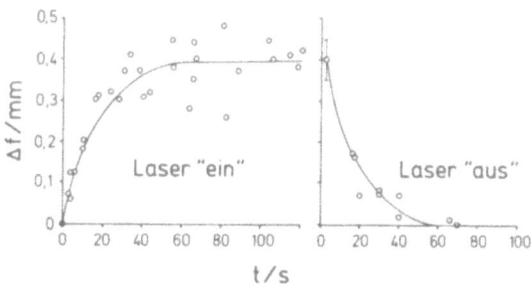

Bild 19. Brennweitenverkürzung einer Linse durch thermische Belastung

bei dem beste Fokuseigenschaften gefordert werden, nur Linsen verwendet, weil Spiegel nicht mit hinreichender optischer Qualität gefertigt werden konnten.

Mit heutigen luftgelagerten Diamantdrehmaschinen lassen sich jedoch Metallspiegel höchster Genauigkeit herstellen. Sie bieten überdies den großen Vorteil, eine intensive Wasserkühlung anwenden zu können, weshalb sie sich unter der thermischen Beanspruchung durch den Laserstrahl weniger deformieren und ihrerseits eine geringere Beeinflussung des Strahls verursachen [11]. So wurden mit der in Bild 18 gezeigten Optik Aluminium-, Kupfer- und Messingbleche mit hoher Geschwindigkeit und guter Qualität geschnitten [12].

Im Gegensatz dazu führt bei Linsen die Absorption und die daraus resultierende Deformation zu einer erheblichen Veränderung ihrer optischen Eigenschaften. In Bild 19 ist die gemessene Brennweitenveränderung einer ZnSe-Linse mit $f = 125$ mm während einer Beaufschlagung mit 1,25-kW-Laserleistung dargestellt; eine Veränderung um 0,4 mm kann sich bei Präzisionsbearbeitungen durchaus auf die Qualität auswirken. Es ist zu erwarten, daß sich metallische Optiken weiter durchsetzen.

4 Verfahren der Materialbearbeitung

Zur Verdeutlichung des Anwendungspotentials des Lasers seien aus der Fülle möglicher Verfahren jene drei herausgegriffen und kurz behandelt, die typisch für den Einsatz von CO_2-Hochleistungslasern sind: das Schneiden, Schweißen und Härten. Dabei soll weniger die Erörterung spezifischer Prozeßmerkmale als das Aufzeigen von Beispielen aus der Produktion im Vordergrund stehen.

Die mit einem Laser vorgegebener Leistung erreichbare Bearbeitungsgeschwindigkeit steht in unmittelbarem Zusammenhang mit der Größe des zu „bearbeitenden" Volumens und läßt sich in qualitativer Weise für alle drei Verfahren gleichermaßen abschätzen. Aus der Energiebilanz der Bearbeitungszone folgt

$$P_L \sim dbv f(\text{Werkstoff, Prozeß}),$$

worin d und b deren Tiefe bzw. Breite bezeichnen, v die Geschwindigkeit ist, mit der sich der Strahl relativ zum Werkstück bewegt, und im Ausdruck f (Werkstoff, Prozeß) Werkstoffeigenschaften und die entsprechend dem betrachteten Prozeß relevanten Energien berücksichtigt sind. Hieraus ergibt sich dann für das Schneiden, wo b ungefähr dem Fokusdurchmesser entspricht, der auch in der Praxis beobachtete Zusammenhang $v \sim P_L/d$. Beim Schweißen, wo $d \cdot b$ näherungsweise für den Nahtquerschnitt F steht, trifft dann $F \sim P_L/v$ zu, eine gleichfalls experimentell bestätigte lineare Abhängigkeit von der „Streckenenergie". Nicht anders ist die Situation beim Härten, wo F den gehärteten Querschnitt kennzeichnet. Es sei betont, daß die zahlreichen existierenden theoretischen Modelle zur „exakten" Beschreibung dieser Vorgänge letztlich von der gleichen Basis ausgehen und für eine gezielte Vorhersage zu erwartender Prozeßdaten derzeit noch nicht ausreichend abgesichert sind.

4.1 Laserschneiden

Das Verfahrensprinzip beruht darin, daß der fokussierte Laserstrahl auf das Werkstück trifft, dort den Werkstoff lokal und scharf begrenzt aufschmilzt und ihn teilweise oder ganz verdampft. Durch den Impuls des aus einer Düse austretenden Gasstrahls (vgl. Bild 2) wird er entfernt und hinterläßt infolge der Relativbewegung Strahl/Werkstück die Schnittfuge.

Je nachdem, ob der Fugenwerkstoff überwiegend als Flüssigkeit, Dampf oder Oxidationsprodukt entfernt wird, ist ein Unterscheiden von Schmelz-, Sublimier- oder Brennschneiden üblich. Entsprechenderweise gelangen dann inerte oder oxidierende Gase zum Einsatz, was natürlich auch unterschiedliche physikalische Vorgänge in der Schnittfuge zur Folge hat. Gerade dies ist aber der Grund, warum sich so unterschiedliche Werkstoffe – organische und anorganische, metallische und biologische – schneiden lassen und sich darüber hinaus für die meisten ein besonders effizientes Verfahren ableiten läßt. Für das Schneiden von Metallen ist vor allem das Brennschneiden mit Sauerstoff von Bedeutung. Eine praxisnahe Abhandlung zu neueren Aspekten findet sich in [13].

Einen Orientierungsrahmen für erzielbare Schneidgeschwindigkeiten einiger Werkstoffe in Abhängigkeit von der Laserleistung und der Werkstückdichte gibt Bild 20 wieder. Die eingezeichneten Bereiche berücksichtigen die Auswirkungen unterschiedlicher Strahlquellen, Führungssysteme und Bearbeitungsoptiken sowie die Werkstoffeigenschaften; so hängt bei Stahl die Schneidgeschwindigkeit deutlich von der Legierung ab. Es ist jedoch darauf hinzuweisen, daß diese und ähnliche Darstellungen im allgemeinen eine wesentliche Aussage nicht beinhalten, nämlich eine Angabe zur *Qualität* des Bearbeitungsprozesses.

Als Kriterien zur Beurteilung eines Schneidergebnisses werden Merkmale wie
- Gratfreiheit (Bartbildung an der Unterseite der Schnittfuge),
- Maßhaltigkeit,

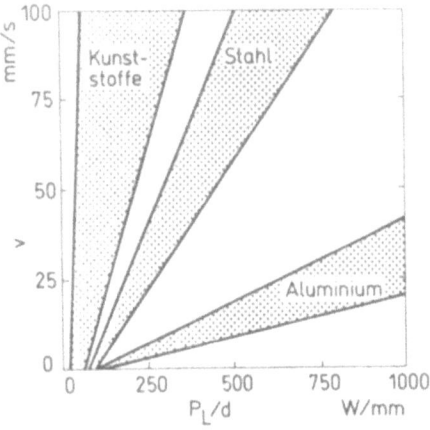

Bild 20. Erzielbare Schneidgeschwindigkeiten

Material:	gehärteter Bandstahl
Durchmesser:	100 mm
Dicke:	1 mm
Vorschub:	42,5 mm/s
Schnittlänge:	3 m
Stückzeit:	70 s

Bild 22. Lasergeschnittene Ventilplatte (Quelle: Laser-Work)

Bild 21. Laserschneiden: metallische Werkstücke (Quelle: Rofin-Sinar)

- Form der Schnittkanten (rechtwinklig zur Oberfläche, Parallelität der Fuge),
- Rauhtiefe (bei Stahlblechen lassen sich im Blechdickenbereich von 3 bis 10 mm Werte zwischen 10 und 400 μm erreichen),
- Wärmeeinflußzone (Aufhärtung bzw. Änderung der Legierung kann in diesen einige Zehntel mm breiten Zonen auftreten) und
- Oxidfreiheit (wichtig im Hinblick auf direktes Verschweißen der geschnittenen Teile oder auf die Haftung von Lack)

herangezogen. Da die Qualität eines Schnittes nicht unabhängig von der Schneidgeschwindigkeit zu erreichen ist, gilt es in der Praxis, für den konkreten Anwendungsfall des zu schneidenden Werkstücks optimale Prozeßparameter anzuwenden. Entsprechende Maßnahmen, die eine Geschwindigkeitsoptimierung erlauben, sind beispielsweise

- Variationen der Fokuslage relativ zur Werkstückoberfläche,
- Druck und Zusammensetzung des Gasstrahls,
- Gestaltung der Schneiddüse sowie Veränderung ihres Abstands und
- Betriebsweise des Lasers (kontinuierlich oder gepulst).

Einen Eindruck von der mit dem Laserschneiden zugänglichen Formvielfalt metallischer Werkstücke soll Bild 21 vermitteln. Das in Bild 22 gezeigte Beispiel ist typisch für Fälle, wo neben produktionstechnischen Vorteilen auch Funktions- bzw. Qualitätsmerkmale den Ausschlag für die Lasermaterialbearbeitung gegeben haben: Die konventionelle Herstellung durch Stanzen (mit den erforderlichen Nachbearbeitungen durch Richten, Fräsen und Schleifen) konnte die Bildung von Haarrissen nicht vermeiden, so daß

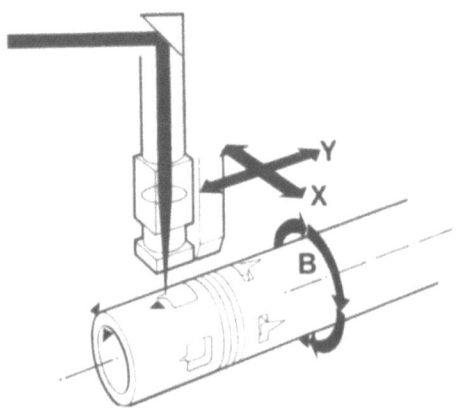

Bild 23. Lasergeschnittene Öffnungen an Steuerschiebern (Quelle: Laser-Work)

bei Dauerbelastung Brüche eintreten konnten – die lasergeschnittenen Kanten haben dieses Problem nicht mehr.

Eine drastische Reduktion der Bearbeitungszeit ergab sich durch das Laserschneiden der Öffnungen in Steuerschiebern (Bild 23): Gegenüber der früheren Bearbeitung, die mit Senkerodieren drei Stunden dauerte, konnte sie auf zwölf Minuten abgekürzt werden; hinzu kommen Vorteile der größeren Flexibilität, da die Herstellung von Formelektroden wegfällt.

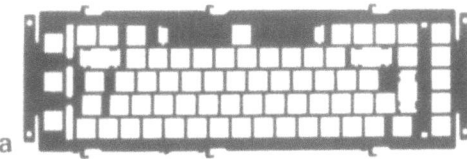

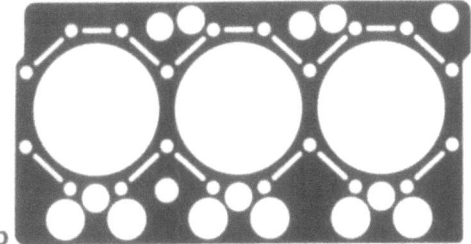

Bild 24a und b. Lasergeschnittene Teile. **a** Tastaturträger für Schreibmaschine; **b** Zylinderkopfdichtung (Quelle: Trumpf)

Anwendungsbeispiele aus der Vorserienfertigung, für welche die Vorzüge der Lasermaterialbearbeitung in besonderem Maße zum Tragen kommen, gibt Bild 24 wieder. Bei dem Tastaturträger aus St 12.03 standen die hohen Anforderungen (<0,05 mm) an Positions- und Konturgenauigkeit der Außenform im Vordergrund (die Aussparungen wurden gestanzt). Für die aus einem sehr weichen Material zu fertigende Zylinderkopfdichtung mußten alle Konturen lasergeschnitten werden, da nur so das Blech nicht zerkratzt und verbogen wurde.

Ein weiteres Feld für das Laserschneiden beginnt sich im Bereich der Fertigung von Schneid- und Formwerkzeugen aus lasergeschnittenen Teilen abzuzeichnen [14].

4.2 Laserschweißen (Tiefschweißen)

Ähnlich wie beim Schneiden beruht das Verfahrensprinzip darauf, daß sich durch die lokale Einbringung der Strahlleistung eine Dampfkapillare ausbildet, die längs der zu verschweißenden Fuge bewegt wird. Der Dampfdruck wirkt dem hydrostatischen Druck der umgebenden Schmelze entgegen und verhindert das Schließen der Kapillare. Die Form der resultierenden Nahtgeometrie wird durch Energieeinkopplungsphänomene, Wärmeübergangs- und Wärmeleiteffekte sowie durch fluiddynamische Prozesse im Schmelzbad bestimmt. Erzielbare Verhältnisse von Nahttiefe zu -breite liegen im Bereich zwischen 2:1 bis 6:1. Prozeßgeschwindigkeit und Bearbeitungsergebnis sind auch hier unmittelbar miteinander gekoppelt. Bestimmende Größen sind dabei insbesondere die
- Intensität (Einkoppelmechanismen),
- Laserleistung bzw. Streckenenergie (erzielbarer Nahtquerschnitt),
- Prozeßgasführung (Vermeidung des abschirmenden Plasmas),
- Fokusform und -lage (Einkoppelmechanismus),
- Werkstoffbeschaffenheit (Schmelzvolumen, Schweißfehler) und
- Nahtvorbereitung (Nahtgeometrie).

Diese Zusammenhänge und charakteristische Qualitätsmerkmale wie das Aufhärten in der Wärmeeinflußzone oder die Porenbildung sind in [6] ausführlich behandelt.

Im Hinblick auf eine industrielle Umsetzung des Schweißens mit Hochleistungslaser spielt der Automobil- und Aggregatebau eine Vorreiterrolle; die folgenden Beispiele entstammen diesem Bereich. Das Laserschweißen der in Bild 25 gezeigten Tassenstößel wird seit 1984 in der Serienfertigung

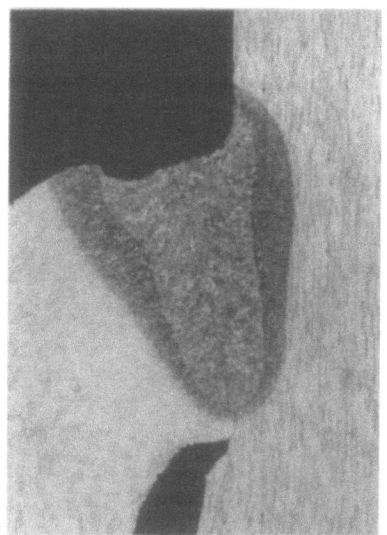

Bild 25. Laserschweißen: ZB-Tassenstößel (Quelle: Daimler-Benz)

Bild 26. Schweißen von Getriebeteilen (Quelle: ZF)

angewandt [15]. Für das öldichte Fügen der beiden aus einem Tiefziehwerkstoff bestehenden Teile wurden zunächst auch noch das Hochtemperaturlöten und das Elektronenstrahlschweißen in Betracht gezogen. Gegenüber dem letztgenannten Verfahren brachte die Laserbearbeitung die entscheidenden Vorteile des Wegfallens einer Vakuumkammer und des Schweißens im Zwei-Stationen-Betrieb; das Löten war aus Qualitätsgründen ausgeschieden. Auf der mit einem 1,5-kW-Laser ausgerüsteten Anlage werden im Zweischichtbetrieb 8000 Tassenstößel pro Tag geschweißt.

Bild 26 zeigt einen Blick in die Bearbeitungsstation einer kürzlich für die Serienproduktion erstellten Anlage, auf der

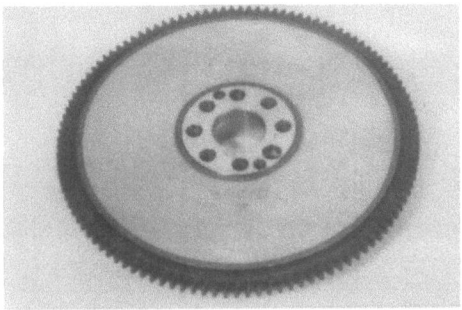

Bild 27. Schweißen eines hydraulischen Zweimassen-Schwungrads für Pkw (Quelle: Leybold)

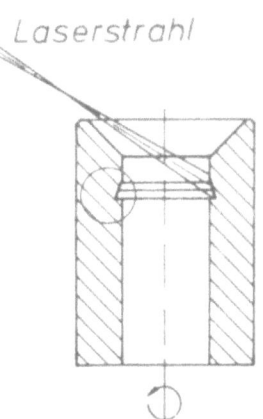

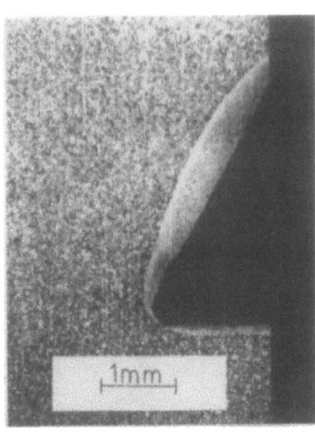

Bild 29. Laserhärten einer Nut (Quelle: Bosch)

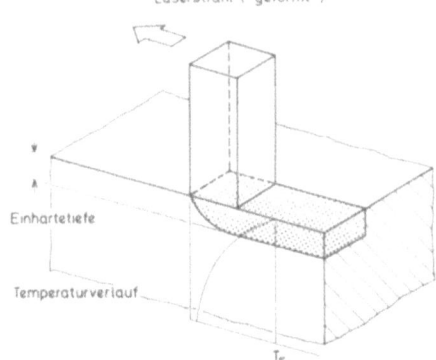

Bild 28. Prinzip des Laserhärtens

Getriebeteile verschweißt werden. Die Schweißungen an der Nabe und am Zahnkranz des in Bild 27 wiedergegebenen Zweimassen-Schwungrads werden mit einem 5-kW-Laser vorgenommen [16]. Aus Gründen der Qualitätsanforderung wie Rundlauf und Planschlag konnten konventionelle Schweißverfahren nicht in Erwägung gezogen werden. Die Entscheidung zugunsten des Laserstrahlschweißens im Vergleich zum Elektronenstrahlschweißen fiel durch Argumente wie Entfallen der Vakuumkammer, höhere Flexibilität hinsichtlich Werkstückgröße und -konfiguration, Mehrstationenbetrieb und – sehr bemerkenswert, weil dies häufig zu berücksichtigen ist – die Tolerierbarkeit von Öl- und Fettresten beim Schweißvorgang.

4.3 Laserhärten

Das Prinzip des Laserhärtens ist in Bild 28 dargestellt. Im Gegensatz zu den bisher diskutierten Verfahren wird hier eine Intensitätsverteilung des Strahls verlangt, die räumlich möglichst gleichförmig sein sollte, was mit oszillierenden oder integrierenden Spiegeln zu bewerkstelligen ist. Der so geformte Strahl wird über die Werkstückoberfläche geführt, wobei seine Energie in einer sehr dünnen Schicht (von der Größenordnung der Wellenlänge) absorbiert wird.

Um den geringen Absorptionsgrad zu verbessern, werden häufig Maßnahmen wie das Aufrauhen oder Beschichten der Oberfläche und das Einstrahlen unter einem großen Winkel (Ausnützung der Tatsache, daß die Absorption von parallel zur Einfallsebene polarisiertem Laserlicht bei etwa 85° ein Maximum hat) ergriffen. Die eingekoppelte Energie führt zur Erwärmung einer Materialschicht oberhalb der Austenitisierungstemperatur, deren Dicke – im wesentlichen abhängig von der Intensität und der Geschwindigkeit – bis zu 1,5 mm betragen kann. Dabei geht der Kohlenstoff in Lösung und kann die der Gefügeumwandlung zugrundeliegenden Diffusionsvorgänge ausführen.

Durch die hohen Abkühlraten von über 1000 Grad/s infolge der Wärmeableitung in das Werkstück ist eine externe Abschreckung durch äußere Kühlmittel (Öl, Wasser) nicht erforderlich. Da nur so viel Energie zugeführt wird wie zur Umwandlung notwendig, ist die thermische Belastung des Werkstücks und damit dessen Verzug deutlich geringer als bei anderen Verfahren.

Das Laserhärten kann auf Gußeisen und Stähle unterschiedlicher Legierungen angewandt werden, bei denen der Kohlenstoffgehalt zwischen 0,3% und 6,67% liegt. Die Härtegeometrien unterliegen dabei praktisch keinen Einschränkungen. Zu achten ist jedoch auf Bereiche, wo sich Härtespuren überlappen oder Werkstückrändern nähern. Während es im ersten Fall zu einer Härteabnahme im Überlappungsbereich durch den Anlaßeffekt kommt, bildet sich bei Annäherung der „Wärmequellen" an eine Kante zufolge veränderter Wärmeleitungsvorgänge ein geometrisch anderer Härteverlauf aus. Eine ausführliche Darstellung der physikalischen, materialkundlichen und verfahrenstechnischen Aspekte ist in [17] zu finden.

Die Bilder 29 und 30 geben eine Vorstellung vom Bereich der Bauteilgrößen, die laserhärtbar sind, wobei beide Beispiele die gute Zugänglichkeit dieses Verfahrens demonstrieren. Die Nut wurde mit einem 500-W- und die Laufbuchsen mit einem 5-kW-Laser bearbeitet. In Bild 30 ist deutlich zu erkennen, welche unterschiedlichen und der Aufgabe am besten angepaßten Härtebahnen gelegt werden können.

Um die Wirtschaftlichkeit des Laserhärtens weiter zu steigern, ist man unter anderem bemüht, die Oberflächentemperatur möglichst hoch, d.h. knapp unterhalb der Schmelzgrenze, zu führen und den Prozeß zu automatisieren. Bild 31 zeigt den Aufschrieb von Temperatur und Laserleistung eines Experiments, bei dem die gemessene Oberflächentemperatur als Regelgröße benützt wird [18].

5 Zusammenfassung

Für Anwendungen in der industriellen Fertigung stehen heute ausgereifte und verläßlich arbeitende Hochleistungslaser zur Verfügung. Strahlführungs- und Strahlformungssysteme unter Verwendung mit hoher Präzision hergestellter optischer Elemente erlauben die Konzeption und den Bau unterschiedlichster, dem jeweiligen Fertigungsprozeß optimal angepaßter Bearbeitungsstationen. Numerische Steuerungen und Kontrollen gestatten unter Einbeziehung eines vertieften Verständnisses der Wechselwirkungsvorgänge zwischen Laserstrahl und Werkstück eine effiziente Prozeßführung. Die Hersteller von Laserstrahlquellen und Anla-

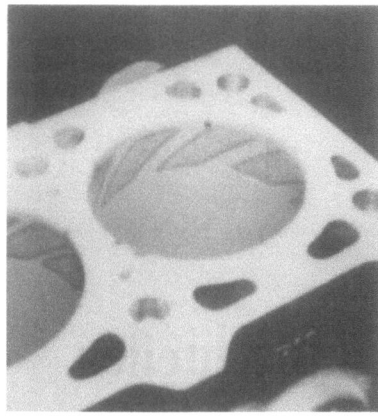

Bild 30. Lasergehärtete Laufbuchsen von Dieselmotoren (Quelle: MAN)

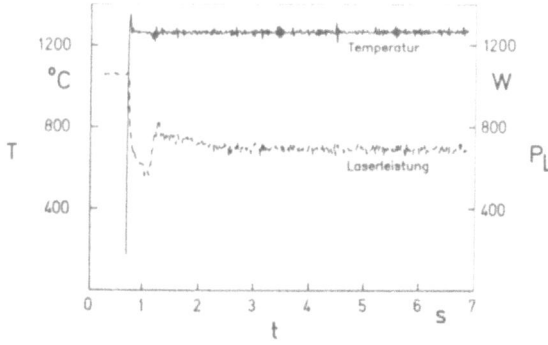

Bild 31. Temperaturgeregeltes Laserhärten

gen, die Betreiber von industriellen Labors und Forschungseinrichtungen sind gemeinsam bemüht, das Innovations- und Wirtschaftlichkeitspotential der Lasermaterialbearbeitung zusammen mit den Anwendern weiter auszubauen und zu nutzen.

Literatur

1. Beyer, E.; Bakowsky, L.; u.a.: Formation and influence of laser induced plasma during CO_2-laser welding. In: Optoelektronik in der Technik. Berlin: Springer 1984, S. 367–372
2. Schellhorn, M.: Transientes Absorptionsverhalten von Metallen in der Startphase des Laserschweißprozesses. Optoelektron. Mag. 4 (1988) H 2, S. 156–159
3. Beck, M.: Modellierung des Tiefschweißeffekts beim Laserschweißen. IFSW 88-9. Stud.arb. Univ. Stuttgart 1988
4. Olsen, F.O.: Investigations in optimizing the laser cutting process. Lasers in materials processing. Amer. Soc. f. Met. (1983) pp. 64–80
5. Mazumder, J.; Rockstroh, T.J.; Krier, H.: Spectroscopic studies of plasma during cw laser gas heating in flowing argon. J. Appl. Phys. 62 (1987) No. 12, pp. 4712–4718
6. Cleemann, L.; Beyer, E. (Hrsg.): Schweißen mit CO_2-Hochleistungslasern. Düsseldorf: VDI-Verlag 1987
7. Ripper, G.; Herziger, H.: Fokussierung von Laserstrahlung am Beispiel des CO_2-Lasers. Feinwerktech. + Meßtech. 92 (1984) H. 6, S. 297–302
8. Hügel, H.: Hochleistungs-Gaslaser. Laser u. Optoelektron. 17 (1985) H. 1, S. 21–27
9. Weber, H.: Laserresonatoren und Strahlqualität. Laser u. Optoelektron. 20 (1988) H. 2, S. 60–66
10. Zoske, U.; Giesen, A.: Optimization of the beam parameters of focussing optics. Proc. LIM-5. Stuttgart, 13.–15. Sept. 1988
11. Giesen, A.; Borik, S.; u.a.: Vermessung fokussierender Systeme für Hochleistungs-CO_2-Laser. In: Optoelektronik in der Technik. Berlin: Springer 1987, S. 483–487
12. Edler, R: Theoretische und experimentelle Untersuchungen zum Laserschneiden von Aluminium. IFSW 88-8. Dipl.arb. Univ. Stuttgart 1988
13. Weick, J.M.; Storz, W.: Neue Aspekte zum Trennen von Metallen mit CO_2-Lasern. Laser u. Optoelektron. 20 (1988) H. 2, S. 48–51
14. Nakagawa, T.: Attempts on the manufacturing of die and mold by laser beam cutting. ILCT Int. Sympos. Tokio, 28.5.1987
15. Burger, D.: Laseranwendungen im Automobil- und Motorenbau. MTZ 49 (1988) H. 3, S. 91–94
16. Schanz, K.: Laserstrahl-Schweißen von Torsionsschwingungsdämpfern. Laser u. Optoelektron. 20 (1988) H. 2, S. 78–81
17. Amende, W.: Härten von Werkstoffen und Bauteilen des Maschinenbaus mit dem Hochleistungslaser. Düsseldorf: VDI-Verlag 1985
18. Dausinger, F.; Rudlaff, T.: Steigerung der Effizienz des Laserhärtens. Proc. ECLAT '88, Bad Nauheim, 13.–14. Okt. 1988

Flexibel automatisierte Produktion von Blechteilen

H. Klingel, Ditzingen

Inhalt. Der Werkstoff Blech bietet bei der Realisierung von CIM-Konzepten interessante Möglichkeiten. Anhand ausgeführter Beispiele wird die Prozeßkette von der Konstruktion bis zur rechnergestützten Qualitätssicherung beschrieben. Dabei werden Neuentwicklungen auf dem Gebiet des Stanzens, der Lasertechnik und beim Abkanten vorgestellt. Bei der Beschreibung der Rechnerintegration liegt der Schwerpunkt auf der Diagnose durch Expertensysteme und der Darstellung neuartiger Bedienoberflächen.

1 Einleitung

1978 wurde das keltische Fürstengrab in Hochdorf in der Nähe von Stuttgart entdeckt. Bild 1 zeigt einen Fund, eine Sitzbank, welche zu wesentlichen Teilen aus Blech besteht. Schwäbische Firmen können sich also, wenn man so will, auf eine zweieinhalbtausendjährige Tradition berufen.

Was ist heute aus dem Werkstoff Blech geworden? Ist er weitgehend der Kunststofftechnologie zum Opfer gefallen oder hat er sich behauptet?

Blech ist heute aktueller und moderner als je zuvor. Der Werkstoff bzw. das Halbfabrikat Blech ist formbar und fügbar; seine Recycling-Eigenschaften sind bemerkenswert. Für die flexible Verarbeitung ist er geradezu ideal. Mit Blech lassen sich die Forderungen nach kurzen Innovationszyklen und Variantenvielfalt der Produkte hervorragend erfüllen.

Die Bilder 2 und 3 zeigen typische Anwendungen des Werkstoffs. Neben dem Spielzeug aus Blech findet man die Orgelpfeife aus der Renaissance, neben der Skulptur aus Blechabfällen ein modern gestyltes Automobil, neben Elektronikchassisteilen das Büromöbel aus Blech und neben dem Steuerteil für das automatische Getriebe eines Pkw ein lasergeschweißtes Strukturteil einer Werkzeugmaschine. Die Reihe könnte um viele Beispiele ergänzt werden. Ohne Zweifel hat das Automobil bzw. die Fertigungstechnik zu seiner Herstellung deutliche Spuren hinterlassen. Gerade beim Automobil werden die Eigenschaften des Blechs, seine Form- und Fügbarkeit, zu einem harmonischen Ganzen genutzt.

Die Fertigungstechnik für diesen Werkstoff wurde in den vergangenen Jahrzehnten zu einer hohen, wenn nicht sogar zur höchsten Reife entwickelt. Es ist kaum vorstellbar, wo noch zusätzlicher Raum für Verbesserungen bestehen könnte. Vom Automobil als Vertreter der Produkte, die in hohen Stückzahlen produziert werden, nun zurück zur Fertigung kleiner und mittlerer Lose: Der Beitrag beschäftigt sich mit den Entwicklungen in den vier Bereichen
- Flexibilisierung der Stanztechnologie,
- Integration der Lasertechnik beim Trennen und Schweißen,
- Weiterentwicklung der Biegetechnik und
- Nutzung von Rechnern in der flexibel automatisierten Blechteileproduktion.

2 Stanztechnologie

Bis 1979 war die Bearbeitung von ebenen Blechplatinen im wesentlichen der Stanz- und Nibbeltechnik vorbehalten. Die

Bild 2. Spielzeug aus Blech

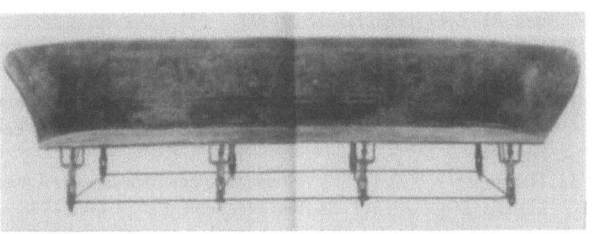

Bild 1. Keltische Sitzbank aus Blech (etwa 500 v.Chr.)

Bild 3. Rohkarosserie des Mercedes 190 (Daimler-Benz)

Maschinen besaßen eine Werkstückführung, welche die Blechplatine relativ zur stationären Stanzstation bewegte. Die Werkzeuge selbst waren entweder in Revolvermagazinen aufgenommen oder wurden aus Magazinen mittels entsprechender Handhabungsgeräte in eine starre Stanzaufnahme eingewechselt. Bleche bis zu einer Dicke von 13 mm wurden auf diese Weise bearbeitet, wobei für Konturbearbeitungen runde Stempel zum Einsatz kamen. Das Bild änderte sich, als 1979 die ersten Maschinen angeboten wurden, bei denen die Stanztechnologie um das thermische Schneiden mit dem Laser- oder Plasmastrahl ergänzt wurde.

Das Plasmatrennverfahren war in der Lage, Teile aus Stahl, Aluminium oder Edelstahl mit hohen Geschwindigkeiten zu schneiden. Ein 12 mm dickes Blech kann mit dem Plasmastrahl mit einer Geschwindigkeit von 2,8 m/min geschnitten werden. Nachteile dieses Verfahrens sind die nicht rechtwinkligen Schnittkanten und eine Formgenauigkeit in der Größenordnung von ±0,5 mm. Trotzdem behauptet dieses Verfahren auch heute noch seinen Platz, und zwar überall dort, wo es auf hohe Produktivität bei eingeschränkter Formgenauigkeit ankommt.

Ähnlich wie der Plasmastrahl, ersetzte der Laser die Nibbelbearbeitung, die in manchen Fällen eine anschließende Nacharbeit erforderlich machte. Allerdings waren die 1979 angebotenen Laser mit maximal 500 W Laserstrahlleistung nicht in der Lage, insbesondere bei Blechen über 4 mm, hohe Schneidgeschwindigkeiten zu erzielen. Aber die Flexibilität des Verfahrens, verbunden mit hoher Formgenauigkeit, führte zu einem ungeahnten Siegeszug dieser Technologie.

In dieser Phase trat ein Effekt ein, wie er häufig entsteht, wenn zwei Verfahren einander ergänzen oder ersetzen. Das gerade abgelöste oder ergänzte Verfahren erhält neue Kraft dadurch, daß es weiterentwickelt wird. So geschah es auch beim Stanzen. Durch die neu erdachte und entwickelte Fähigkeit der Stanzmaschinen, die eingewechselten Werkzeuge um ihre Achsen zu drehen (Bild 4) und somit den zu bearbeitenden Konturen tangential anzupassen, war mit einem Schlag eine neue Situation entstanden. Plötzlich waren neue Wege zur flexibel automatisierten Bearbeitung offen. Heute ist das Verfahren der drehbaren Stanzwerkzeuge unter dem Namen „Rotation" oder „Auto-Index" Stand der Technik. Dabei sind Drehgeschwindigkeiten der Werkzeugsachse von 360°/s, d.h. 60 min^{-1}, ein guter Wert.

Moderne Stanzzentren (Bild 5) haben bis zu fünf NC-Achsen, davon dienen zwei für die Werkstückpositionierung, eine für die Stößelbewegung, eine für den Magazinantrieb und zwei bzw. eine von zweien für die Werkzeugrotation. Die Maschinen erreichen Positioniergeschwindigkeiten von bis zu 120 m/min und kommen aufgrund ihrer hohen dynamischen Fähigkeiten auf Stanzhubfolgen von über 500 Hüben/min in Abhängigkeit vom Lochmittenabstand und der Blechdicke.

Die Blechzuschnitte werden in Spannelementen aufgenommen, die sich im Bereich der Totzonen automatisch vom Werkstück wegbewegen und nach Verlassen der Totzone automatisch wieder in Greifposition fahren. Dadurch wird die Blechausnutzung zusätzlich verbessert.

Die Fertigung „just in time" machte es erforderlich, daß kleinste Losgrößen in Blechtafeln größeren Formats verschachtelt werden. Dies geschieht mit Hilfe von Rechnersoftware, die in der Lage ist, unterschiedliche Teile technologisch richtig innerhalb der Platine zu plazieren. Die Rotation der Werkzeuge und die Verfügbarkeit größerer Werkzeugspeicher macht eine derartige Fertigung völlig unproblematisch. Die konsequente Weiterentwicklung der Standardmaschine mit den zuvor beschriebenen Eigenschaften

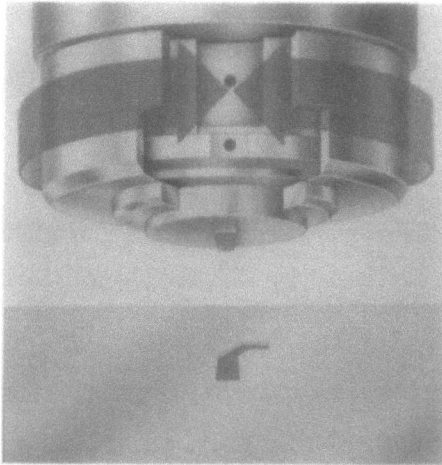

Bild 4. Werkzeugrotation

Bild 5. Fünfachsige NC-Stanzmaschine

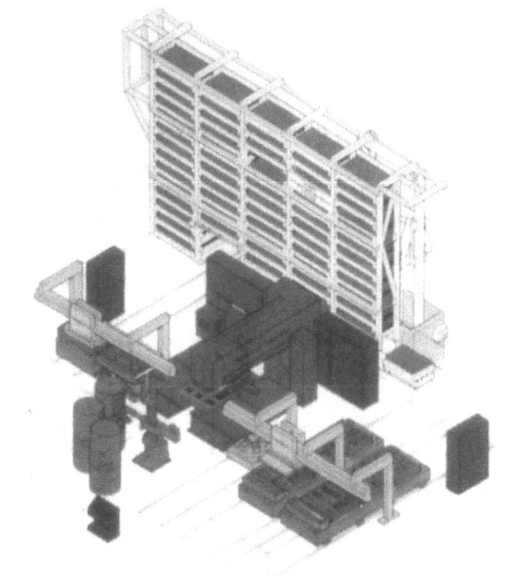

Bild 6. Flexible Fertigungszelle für die Blechbearbeitung

führt zum System der Zelle. Heute ist die Fertigungszelle für die flexibel automatisierte Blechbearbeitung ebener Zuschnitte nahezu standardisiert.

Eine solche Anlage besteht im wesentlichen aus einer oder zwei Basismaschinen (Bild 6), die mit Be- und Entladesystemen ausgestattet sind (Bild 7). Der Materialnachschub erfolgt aus einem angegliederten Blechplatinenlager über

Bild 7. Flexible Fertigungszelle

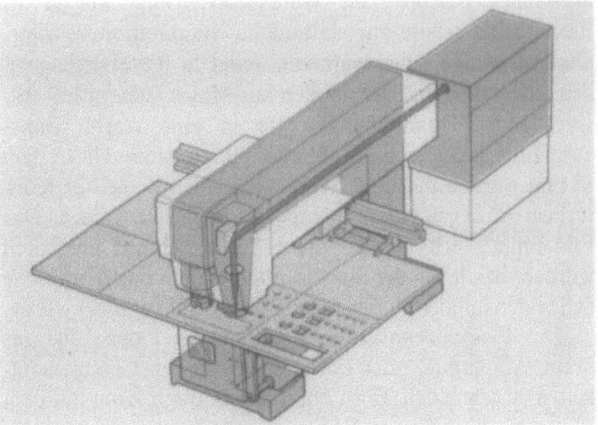

Bild 8. Kombinierte Laserstanzmaschine

flurbetriebene Förderwagen auf die Beladestelle. Die geschnittenen Teile werden entweder in das Lager zurück- oder in einen zweiten Fertigungsbereich ausgeschleust. Wesentliches Merkmal derartiger Systeme ist die Verfügbarkeit eines großen Werkzeugspeichers mit bis zu 300 Werkzeugen, die entweder mit standardisierten Robotereinrichtungen oder mit einer neu entwickelten Vierachs-Werkzeugwechseleinrichtung ausgestattet sind. Mit dieser Einrichtung werden Werkzeuge aus einem Palettenpool in weniger als 5 s ausgetauscht.

Die Steuerung bzw. Organisation des gesamten Fertigungsablaufs erfolgt mit Hilfe von Rechnern, die in Abschnitt 4 näher beschrieben werden.

Neue Entwicklungen auf dem Gebiet der Stanztechnologie für die flexible Automatisierung finden sich in jüngster Zeit verstärkt im unteren Marktsegment. Hier werden Maschinen angeboten, die mit Arbeitsbereichen unter 1 m × 1 m mit Hilfe einer automatischen Nachsetzeinrichtung auch die Bearbeitung von Blechteilen mit 3 m × 1,5 m zulassen, so daß kleinere Werkstätten die Möglichkeit haben, von dieser Technologie Gebrauch zu machen.

Bild 9. Kompakter CO_2-Laser TLF 500

3 Lasertechnologie für die Blechbearbeitung

Bereits in den 70er Jahren gab es in den USA eine relativ hoch entwickelte Lasertechnologie. Allerdings beschränkten sich die Arbeiten zunächst im wesentlichen auf militärische Anwendungen. Es gab aber nicht wenige Fachleute, die dieser Technologie eine große Zukunft voraussagten. Zu früh verwirklichte und zu anspruchsvolle Projekte wie der Versuch von Ford, mit Hilfe von Lasern Karosserieteile zusammenzuschweißen, führten zu erheblichen Rückschlägen. Erst die Nutzung des Lasers zum Trennen von Blech gab dieser Technologie den notwendigen Auftrieb. Dieses Verfahren wurde gut beherrscht und brachte für die Anwender hohen Nutzen. Auch war die Leistungsgrenze von 500 W durchaus akzeptabel für die Bearbeitung von Blechen im unteren Dickensegment.

Kombinierte Maschinen (Bild 8), bei denen die Stanztechnologie mit der Lasertechnologie kombiniert war, kamen den relativ niedrigen Laserleistungen sehr entgegen, da praktisch keine Einstechoperationen erforderlich waren, und die schnellste Methode zur Herstellung eines Loches das Stanzen ist. Die positive Resonanz für diese neue Technologie war vor allem in Japan und Europa zu spüren. Japan widmete ihr außerordentliche Aufmerksamkeit und investierte hohe Summen in ihre Weiterentwicklung.

In der Bundesrepublik Deutschland erfolgte der Aufbau der Infrastruktur um den Laser herum durch persönliches Engagement einer Handvoll überzeugter Laserfachleute, die Bund und Länder für ihre Ideen begeistern konnten. In kurzer Folge wurden in Deutschland fünf Institute eröffnet bzw. ausgebaut. Heute ist diese Infrastruktur für die Lasertechnologie beispielhaft. In diesem Umfeld gelang es durch erfolgreiche Entwicklungen, den Stand der CO_2-Lasertechnologie in Deutschland an die Spitze der Welt zu bringen.

Jüngste Arbeiten (Bild 9) zeigen, daß die Entwicklung keineswegs abgeschlossen ist, sondern daß Raum für neue Konzepte vorhanden ist. Zwei wesentliche Entwicklungsschritte führen zu einer höheren Nutzungsrate und zu einer deutlichen Erhöhung des Preis-Leistungsverhältnisses: Es sind die Nutzung der hochfrequenten Anregung und außerdem die Nutzung von Turbogebläsen für den Gastransport. In Kürze sind 10-kW-Systeme mit deutlich verbessertem Preis-Leistungsverhältnis zu erwarten. Diese Systeme werden Wirkungsgrade von über 25% haben.

Neben der Weiterentwicklung der Laser wird auch die Anwendungsbreite ständig und beschleunigt weitergetrieben. Schneidgeschwindigkeiten im Dünnblech von 1 mm Dicke in der Größenordnung von 15 m/min werden sicher erreicht. Bei 10 mm dicken Blechen sind Schnittgeschwindigkeiten von 1,5 m/min mit Leistungen von 1,5 kW möglich. Edelstahl läßt sich in bis zu 8 mm Dicke grat- und zunderfrei bearbeiten, und bei Aluminium hat man die Grenzen weit nach oben geschoben; gratfreie Schnitte sind bis zu 6 mm erreicht worden.

Bild 10. Laserschneidzentrum L 3003

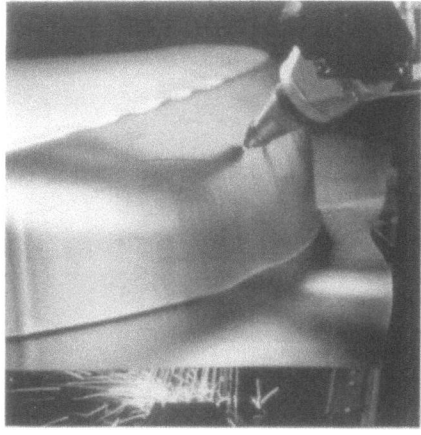

Bild 12. Fünfachsiges Laserschneidsystem für umgeformte Blechteile

Die unangenehmen Rauchdämpfe treten nicht mehr aus, sie werden durch gute Absaugkonzepte voll beherrscht, so daß derartige Maschinen in der saubersten Umgebung eines Fabrikbetriebs stehen können. Die Maschinen haben eine Höchstgeschwindigkeit von 60 m/min; typische Bahngeschwindigkeiten gehen bis zu 20 m/min, bei Beschleunigungswerten bis zu 2,5 g. Die moderne Steuerungstechnik mit Abtastzeiten von unter 4 ms erlaubt es, konturgenaue Schnitte mit Radien unter 2 mm darzustellen. Mit adaptiven Steuerungsbausteinen lassen sich auch komplexe Konturen ohne zusätzlichen Programmieraufwand sauber und schnell bearbeiten. Die Anpassung des Schneidkopfs an wellige Blechzuschnitte erfolgt über kapazitive Höhenregelungssysteme. Das Einstechen in das volle Material wird mit Hilfe einer besonderen Einstechtechnik in weniger als 1 s möglich.

Aufgrund der hohen Dynamik werden Produktivitäten erreicht, die ahnen lassen, daß in Zukunft für Bleche unter 2 mm der Laser zum dominierenden Werkzeug werden wird. Bei der Bearbeitung von räumlich geformten Blechteilen, wie sie vor allem bei der Nullserienfertigung im Automobilbau notwendig ist, haben sich Maschinen mit fünf NC-gesteuerten Achsen etabliert. Auch hier wird mehr und mehr die fliegende Optik (Bild 12) zum Standard, d.h., das zu bearbeitende Werkstück wird stationär im Arbeitsraum aufgenommen, während sich der Schneidkopf um das Werkstück herum bewegt.

Neueste Entwicklungen nutzen die Kompaktheit der neuen Lasergeneration und bewegen den Laser selbst als Schlitten der Brückenkonstruktion mit. Dadurch entfallen teure und hochgenaue Portalführungssysteme.

Eine ganze Reihe von Maschinen, die sich zum Teil aus Werkzeugmaschinen für eine andere Bearbeitung (Fräsmaschinen) ableiten lassen, dient der Bearbeitung von kleineren Teilen. Hier wird sich ebenfalls eine Standardisierung durchsetzen, bei der sich – ähnlich wie bei den Maschinen für größere Arbeitsbereiche – die fliegende Optik durchsetzen wird.

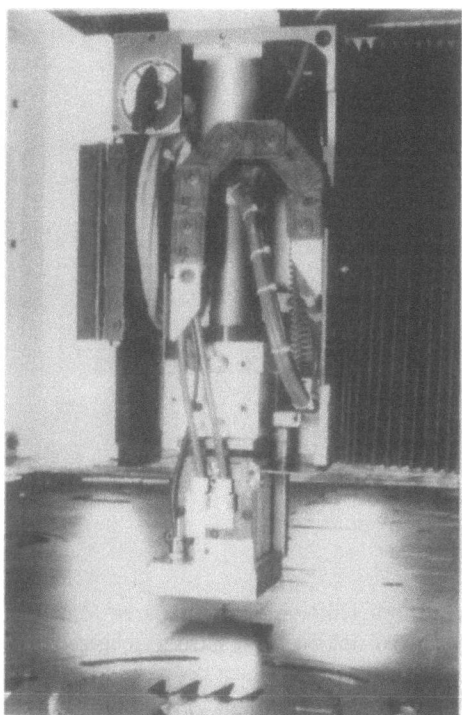

Bild 11. Laserschneidkopf mit Abstandssensor

Doch nicht nur das Trennen von Blech, sondern auch das Verschweißen von Blechen hat durch die Verfügbarkeit von Lasern hoher Strahlqualität und hoher Leistung neuen Auftrieb erhalten. Der Laser dringt in Bereiche ein, die bis vor kurzer Zeit noch den Elektronenstrahlen vorbehalten waren. Neuere Entwicklungen im Bereich des Karosserieschweißens lassen für die nächsten Jahre eine deutliche Zunahme der Anwendungen erwarten.

Wie haben sich nun die Maschinen für diese neue Technologie, bei welcher der Laser als ausschließliches Werkzeug eingesetzt wird, entwickelt? Man kann feststellen, daß sich eine gewisse Standardisierung abzeichnet (Bild 10). Für die Bearbeitung von Platinen aus großen Zuschnitten hat sich das Prinzip der „fliegenden Optik" über einem feststehenden Werkstück durchgesetzt: Der Laser wird also bewegt, die Blechtafel ist fixiert (Bild 11). Die Blechplatinen werden auf Paletten aufgesetzt und sehr schnell in den Arbeitsbereich der Maschine transportiert. Dort werden die Teile geschnitten; sie bleiben auf der Platine und werden zur Entsorgung wieder ausgeschleust.

Sehr oft wird die Frage gestellt, weshalb der Roboter sich so schwer tut, in die Führung des Lasers bei der Bearbeitung verformter Blechteile vorzudringen. Dies ist dadurch zu erklären, daß die Roboter der heutigen Generation nicht über jene Dynamik und Genauigkeit verfügen, die für eine saubere Bearbeitung notwendig ist. Außerdem ergeben sich bei der Integration eines im Roboter verlaufenden Strahlführungssystems erhebliche Probleme. Als alternative Lösung dazu werden externe Führungssysteme entwickelt, die jedoch den Nachteil des instabilen Roboters nicht ausgleichen können.

Bild 13. Konsole

Bild 14. Gehäuse

Eine Gruppe am ISW bemüht sich, neue Ansätze für die Erhöhung der Konturgenauigkeit derartiger Roboter zu finden. Dabei wird ein integrierter Lasermeßstrahl für die Positionierung der Roboterbewegung genutzt. Der Laser selbst ist integraler Bestandteil des Roboters und wird durch ein integriertes Spiegelsystem in den Schneidkopf geleitet. Eine bemerkenswerte Entwicklung findet in Italien statt. Dort wird von Bisiach + Carrú ein Roboter mit einem 5-kW-Laser zum Schweißen von Karosserieteilen vorbereitet.

Abschließend zeigt Bild 13 eine interessante Schneid- und Schweißanwendung bei der flexiblen Blechbearbeitung.

4 Biegetechnik

Über 90% aller Produkte aus Blech erhalten ihr endgültiges Aussehen durch Formen und Biegen (Bild 14).

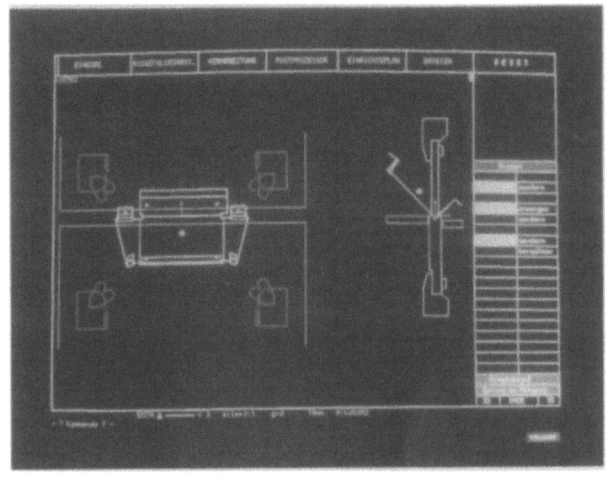

Bild 15. Gesenkbiegen

Beim Gesenkbiegen wird ein prismatisches Werkzeug verwendet, bestehend aus Stempel und Matrize. In der Regel wird das Werkstück von Hand gegen einen Anschlag geschoben (Bild 15), und der Biegevorgang wird durch Auslösen eines Fußtasters eingeleitet. Der Anschlag ist bei modernen Maschinen in mehreren Achsen numerisch gesteuert verschiebbar. Maschinen dieser Art stehen in unterschiedlichen Biegelängen und Preßkräften zur Verfügung. Das Verfahren unterscheidet grundsätzlich zwischen dem Prägebiegen und dem Luftbiegen. Beim Prägebiegen kommt es zu einer vollen Ausprägung des Biegeradius in der Matrize, während beim Luftbiegen der Biegewinkel durch ein gesteuertes Eindringen des Stempels in die Matrize erfolgt. Beim Luftbiegen werden häufig Winkelüberschreitungen in der Größenordnung von 1° bis 2° unumgänglich. Trotz dieser Nachteile ist diese Maschinenart am weitesten verbreitet.

Aufgrund der Nachgiebigkeit der Pressengestelle und Biegebalken sowie der Unterschiede in dem zu biegenden Material ist die Erzeugung eines genauen Biegewinkels häufig recht schwierig. Für genaue Biegewinkel hat sich das Prägebiegen durchgesetzt, bei dem allerdings für große Biegelängen eine Bombierung des Biegebalkens notwendig wird.

Eine Maschine der Fa. Hämmerle, die ein Verfahren zwischen Luft- und Prägebiegen anwendet, arbeitet nach dem Prinzip des Dreipunktbiegens. Bei ihr fährt ein nachgiebiger Stempel gegen einen Anschlag, dargestellt durch einen verstellbaren Matrizenboden. Der segmentierte und nachgiebige Stempel ermöglicht eine hohe Biegetreue über den gesamten Biegeverlauf. Die Idee, den Biegewinkel während des Biegevorgangs mit Hilfe von schwenkbaren Matrizenbacken zu messen, hat sich bis heute nicht durchgesetzt.

Es gibt eine Reihe von Versuchen, derartige Maschinen zu automatisieren. Der bekannteste Ansatz ist die Verwendung eines Roboters am Obergestell der Presse, der die Handarbeiten des Menschen übernimmt. Dieses Verfahren ist jedoch auf relativ einfache Aufgaben begrenzt und setzt sich aufgrund des hohen Programmieraufwands nicht durch.

Für das Panelbiegen hat sich eine Maschine ganz besonders profiliert. Es handelt sich um die eines italienischen Herstellers, bei der die Biegung durch wechselweises Hochstellen der Biegewangen erzielt wird. Dieses Verfahren eignet sich für Blechdicken bis 1,5 mm und wird häufig in der Kosumgüterindustrie angewandt. Der Nachteil ist die Relativbewegung zwischen Stempel und Werkzeug. Dies führt bei beschichteten Materialien zu unangenehmen Schleifspuren. Für das Biegen von Winkeln kleiner als 90° führt der Biegestempel eine zusätzliche Querbewegung aus und „überbiegt". Dieses System wird vollautomatisch betrieben, wobei die Positionierung des Zuschnitts über einen Manipulator erfolgt. Dieser Manipulator dient auch für die Rotation der Werkstücke. Eine Maschine dieser Art wird sehr häufig in Verbindung mit einer Stanzmaschine oder einer Querteilanlage zu einem vollautomatischen System zusammengebaut.

Die älteste Technik des Biegens wird auf der Schwenkbiegemaschine realisiert, bei der ein drehbar gelagerter Bie-

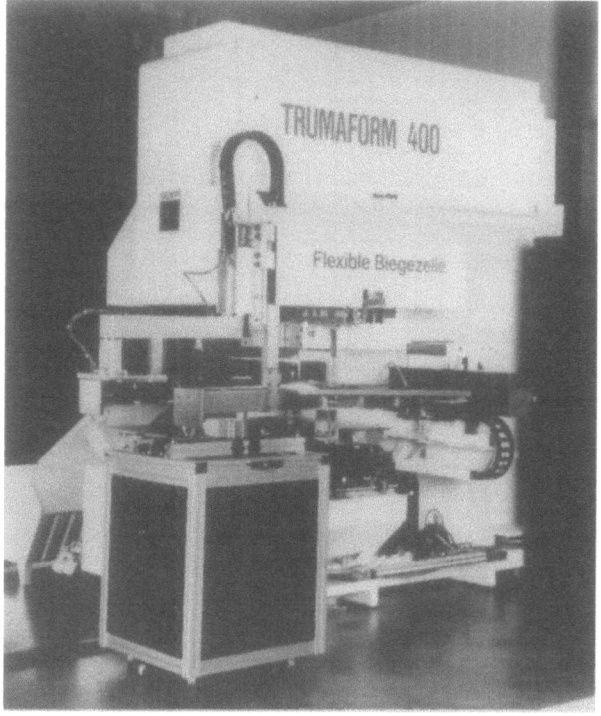

Bild 16. Zehnachsiges Blechbiegezentrum TM 400

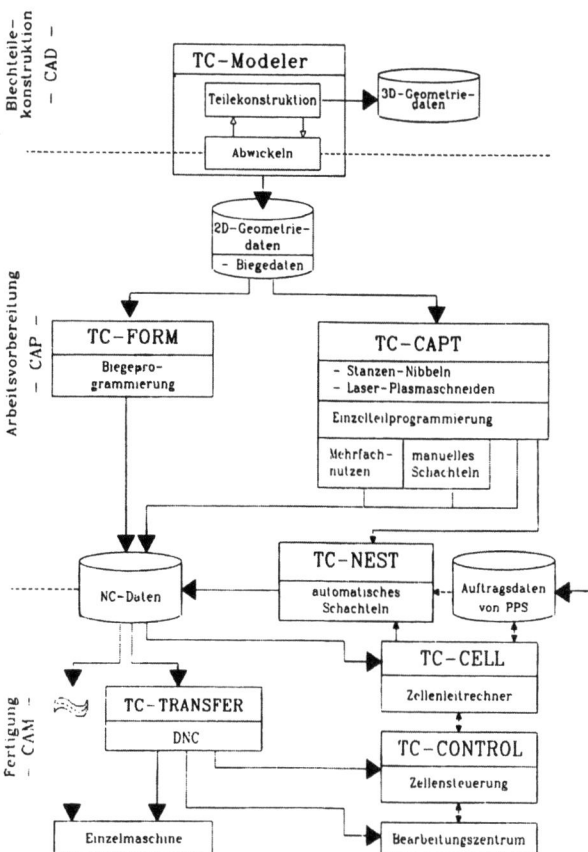

Bild 17. Integrierte Rechentechnik für die flexible Blechfertigung

gebalken das Blech umbiegt. Vorteilhaft sind die geringe Beeinträchtigung der Blechoberfläche und die relativ kleinen Kräfte, die notwendig sind, um diesen Biegevorgang durchzuführen. Die Automatisierbarkeit dieses Systems ist jedoch außerordentlich gering. Von der Firma Maru in Japan wurde das Konzept weiterentwickelt, wobei der Niederhalter insbesondere durch segmentierte Einzelstempel dargestellt wird.

Bei Trumpf wurde eine automatisierte Biegemaschine für Abkantlängen bis 400 mm entwickelt. Die Maschine (Bild 16) arbeitet nach dem Gesenkbiegeprinzip, d.h. ein prismatisches Werkzeug, bestehend aus Stempel und Matrize, führt den Biegevorgang durch. Sie ist in der Lage, bis zu acht unterschiedliche Werkzeuge automatisch einzuwechseln, dabei erfolgt der Biegevorgang entweder von oben nach unten oder von unten nach oben. Ein Wenden der Werkstücke entfällt somit.

Wesentliches Merkmal dieser Maschine ist eine Positioniereinrichtung, bestehend aus zwei Greiferpaaren, die über sechs numerisch gesteuerte Achsen bewegt werden. Der Stempel selbst wird über eine numerisch gesteuerte Achse nach unten bewegt, wobei dieser Bewegung überlagert ein Druckkissen Anwendung findet, das auf ±0,5 bar geregelt werden kann. Dadurch ist es möglich, die adäquate Preßkraft vorzugeben und damit auf Biegegenauigkeiten von ±10' zu kommen.

Für Winkel abweichend von 90° wird auf dieser Maschine das Luftbiegeverfahren angewandt. Dabei wird jedoch die Blechdicke über einen Blechdickensensor und die Werkstoffeigenschaft über ein integriertes Rechenprogramm berücksichtigt. Mit dieser Technik ist es möglich, Biegewinkelgenauigkeiten von ±20' ohne Korrektur zu erreichen. Der gesamte Vorgang verläuft automatisch einschließlich des Beladens und Entladens. Gegenwärtig wird ein Projekt vorbereitet, bei dem die Maschine in einem flexiblen Verband eingefügt ist. Ziel ist die automatische Fertigung von kleinen Losgrößen bis hinunter zu einem Stück.

5 Rechner für die flexibel automatisierte Blechbearbeitung

Mit Hilfe der drei gezeigten Fertigungstechnologien ist es möglich geworden, Blech zu komplex geformten Gebilden zu verarbeiten. Die Aufgabe ist jedoch erst dann erfüllt, wenn es gelingt, von der Konstruktion bis zum Steuerprogramm für die Bearbeitungsmaschine einen direkten Datenfluß sicherzustellen. Seit über zehn Jahren wird bei Trumpf für die Programmierung von NC-Maschinen eine fertigungsorientierte Programmiersprache angeboten. Der steigenden Komplexität der Anlagen wurde durch Definition neuer Sprachworte begegnet. Diese mußten jedoch aus Gründen des Aufwands und der Zeit in das maschinenspezifische Anpaßprogramm, den Postprozessor, gelegt werden.

Damit entfernte man sich immer weiter von dem Ziel der maschinenneutralen NC-Programmierung und schuf hochspezialisierte Postprozessoren mit eigenem Sprachumfang und reichlich maschinentechnologischen Funktionen. Dies ist ein gravierender Nachteil. Um hier zu neuen Ansätzen zu gelangen, entwickelte Trumpf ein neues CAD-NC-Programmiersystem, bei dem maschinen- und teilweise steuerungstypische Funktionen bereits bei der Bearbeitungsdefinition bereitstehen und geprüft werden. Somit wird eine effektive Programmerstellung möglich (Bild 17).

5.1 Aufbau des CAD-NC-Programmiersystems

Die Programmiersysteme TC-CAPT, TC-FORM sowie das Blechkonstruktionssystem TC-MODELER bauen auf einem CAD-System (Bild 18) auf. In dieses CAD-System werden wie in einem Baukasten ein oder mehrere Technologiemodule eingehängt. Dieses Vorgehen bietet eine Reihe von Vorteilen:
– volle CAD-Funktionalität,

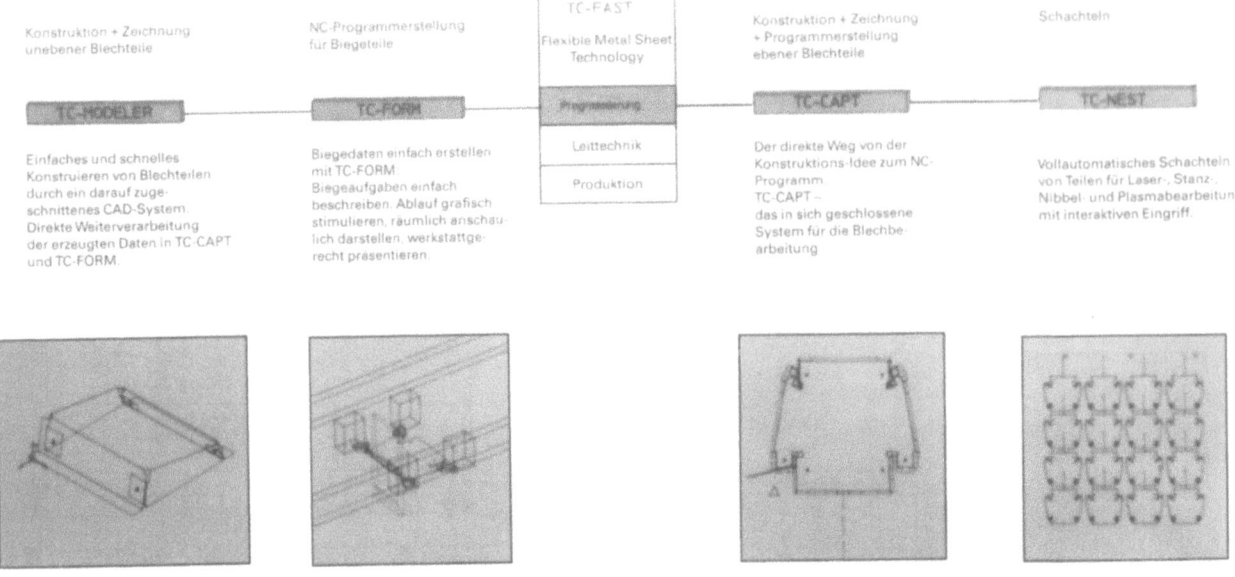

Bild 18. TC-FAST

- einheitliche Bedienoberfläche,
- gemeinsame Geometriebasis,
- leichte Anwendbarkeit und Erlernbarkeit,
- menügesteuerte Befehlseingabe.

Traditionell wird eine starke Betonung auf die grafische Simulation, Kontroll- und Eingabemöglichkeit gelegt, da nur so eine effiziente Zeichnungs- und NC-Programmerstellung möglich ist.

5.2 Blechteilkonstruktion

Bereits in Abschnitt 4 wurde festgestellt, daß für das Fertigen von 90% aller Blechteile eine oder mehrere Umformoperationen notwendig sind. Am Markt wird eine Reihe von Systemen angeboten, die auf 3 D-CAD-Systemen aufbauen, und zwar als Volumen-, Flächen- oder Drahtmodell. Da für die Blechteile nur ein sehr geringer Anteil der 3D-Funktionen benötigt wird und gravierende Nachteile wie ein hoher Zeitbedarf für die Erstellung einfacher Teile und hohe Arbeitsplatzkosten beim Einsatz dieser Systeme bestehen, wurde ein speziell auf die Konstruktion von Blechteilen zugeschnittener Baustein entwickelt (Bild 19). Das System stellt dem Konstrukteur eine breite Palette von Einstiegsmöglichkeiten zur Verfügung. Er kann mit seiner Arbeit beginnen, entweder über die Definition einer Grundfläche oder über den Aufruf eines Hilfskörpers (z.B. Schachteln oder Profil).

Dieses Ausgangsmodell läßt sich in der isometrischen Darstellung durch die Definition neuer Flächen beliebig erweitern. Eine starke Vereinfachung für den Bediener wurde durch Verzicht auf die Darstellung der Blechdicke sowie von Biegeradien erzielt. Als Werkstückzeichnung können sowohl die Grundansichten des Teils als auch die perspektivische Darstellung ausgegeben werden.

Zur Erzeugung von Abwicklungen werden meist direkt an der Abkantpresse ermittelte Abkantfaktoren oder, wenn keine hohen Anforderungen an die Genauigkeit gestellt werden, DIN-Abkantfaktoren eingesetzt. Die gewonnenen Abwicklungen sind die Grundlage für alle NC-Programmiersysteme. Über die im System integrierte IGES-Schnittstelle können Zeichnungen auch von anderen CAD-Systemen übernommen werden.

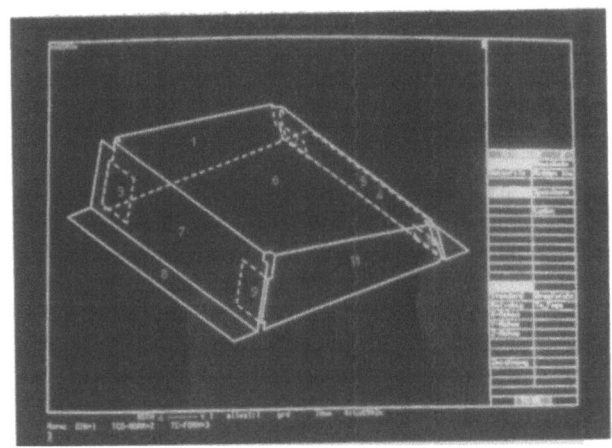

Bild 19. CAD für die Konstruktion von Blechteilen

5.3 NC-Programmierung für Biegemaschinen

Die Programmierung der zuvor beschriebenen zehnachsigen Biegemaschine erfolgt über das auf diese Maschine zugeschnittene Programmiersystem TC-FORM. Auf der Basis der bei der Abwicklung gewonnenen Werkstück- und Biegedaten werden die Biege- und Handlingoperationen im interaktiven Dialog programmiert. Schritthaltend mit der Definition der Bearbeitung, werden alle Positionierbewegungen und der Biegeprozeß grafisch simuliert; das aktuelle Werkstückmodell wird grafisch dargestellt. Zur Unterstützung, besonders bei komplexen Werkstücken, läßt sich der Arbeitsraum der Maschine jederzeit perspektivisch darstellen, um einen Überblick über die Bearbeitungssituation auf der Maschine zu erhalten. Mit Dialogprogrammen sind technologie- und maschinenspezifische Dateien zu erstellen und zu pflegen. Die Eingabe erfolgt dabei über eine „Windows"-Oberfläche mit grafischen Darstellungen.

5.4 NC-Programmierung zum Trennen (Platinenbearbeitung)

Auf der Basis der zweidimensionalen Zeichnung werden mit TC-CAPT interaktiv grafisch am Bildschirm die benötigten

Trennoperationen zur Erzeugung der Innen- und Außengeometrie der Blechteile definiert. Dort stehen dem Programmierer alle technologiespezifischen Anweisungen zum Stanzen, Nibbeln, Laser- und Plasmaschneiden zur Verfügung. Zur Definition von Bearbeitungen genügt es, nach Auswahl einer Maschine und eines Werkzeugs das zu bearbeitende Geometrieelement am Bildschirm zu identifizieren. Durch den direkten Maschinenbezug werden dem Programmierer nur die für die ausgewählte Maschine relevanten Programmiermöglichkeiten angeboten, und die Programmierung wird mit entsprechenden grafischen Ausgaben unterstützt. Als Beispiel sind hier die Entsorgungsdefinitionen über Klappen, Rutschen und den Trumalift, teilweise mit Unterstützung von Ausschiebehilfen, genannt. Für die Tafelbelegung stehen in TC-NEST umfangreiche Möglichkeiten zur Verfügung. Sie reichen vom Belegen der Tafel mit einem Werkstück über das manuelle Schachteln bis hin zu vollautomatischen Schachtelpaketen mit Schnittstellen zu Produktions- und Produktionssteuerungssystemen.

5.5 Steuerungstechnik

Die steuerungstechnische Grundintention besteht darin, die Eigenschaften von Maschinen und Automatisierungskomponenten optimal zu nutzen und neben dem mechanischen Gesamtkonzept für die Blechbearbeitung das entsprechende durchgehende informationstechnische Konzept anzubieten (Bild 20). Neben diesem grundsätzlichen Anspruch liegt der Steuerungsentwicklung folgende Zielsetzung zugrunde:
- einfache und sichere Bedienung von Einzelmaschinen und komplexen Systemen,
- Reduzierung der Bedienelemente durch zentrale Bedienung der Automatisierungskomponenten, einfache Befehlsstruktur, grafische Unterstützung, Softkeys-Ikonen usw.,
- Reduzierung der Anzahl möglicher Befehlsmöglichkeiten durch das System, d.h. leichte Erlernbarkeit und Schutz vor Fehlbedienung,
- Integration leistungsfähiger Diagnosehilfen und daraus resultierend verbesserte Wartbarkeit und kurze Inbetriebnahmezeiten, d.h. hohe Verfügbarkeit auch komplexer Maschinenzellen,
- flexible Anpassung an besondere Gegebenheiten der Anwender und Integrationsmöglichkeit in ein bestehendes Gesamtkonzept,
- eine einzige informationstechnische Schnittstelle zur Fertigungsumwelt,
- Verwendung von Standardkomponenten sowohl in Software als auch in Hardware, Berücksichtigung internationaler Standards insbesondere auf dem Gebiet der Rechner- und Steuerungsvernetzung.

Aufbauend auf diesen Voraussetzungen wurde ein dezentrales, modulares Steuerungskonzept mit den Modulen Steuerungen der Maschine und Maschinenkomponenten, Zellensteuerung und Zellenrechner entwickelt. In dieses Konzept sind das spezielle Know-how des Maschinenherstellers sowie die Erfahrungen beim Betrieb von Fertigungszellen eingeflossen.

Wichtige Forderung an ein solches System ist die Möglichkeit der Integration in bereits bestehende Fertigungsanlagen, also in ein vorhandenes Fertigungsumfeld. Dafür ist das Vorhandensein einer einzigen informationstechnischen Schnittstelle notwendig. Diese Grundforderung führte zu einer modularen Struktur der Soft- und Hardware, die eine Nachrüstbarkeit und Erweiterbarkeit gewährleistet. Verteilte Intelligenz ist in Form einzelner Workstations, speicherprogrammierbarer Steuerungen und Mikrorechner-

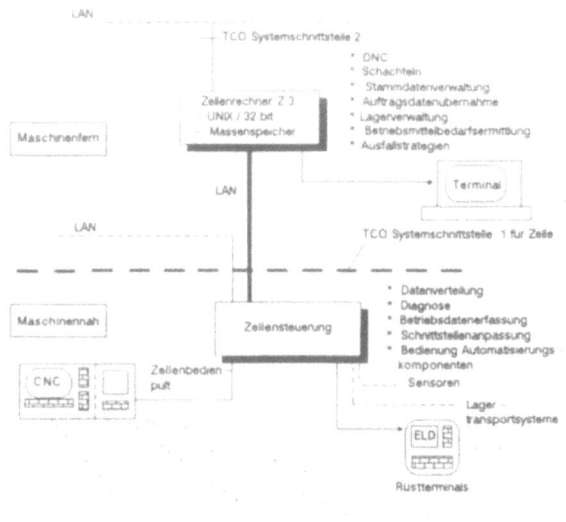

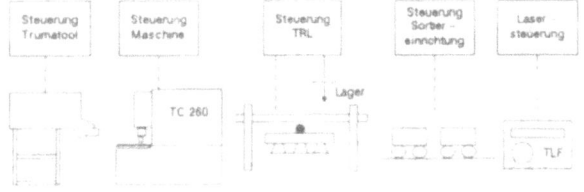

Bild 20. Zellenrechnerkonzept für flexible Blechfertigung

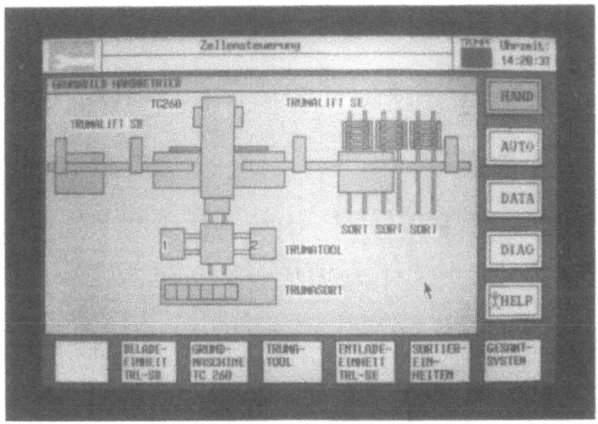

Bild 21. Bedienoberfläche für Fertigungszellen

steuerungen (auch unterschiedlicher Hersteller), die über Netzwerke miteinander kommunizieren, künftig möglich, auch wenn die in diesem Zusammenhang immer wieder genannte MAP-Aktivität noch weit von einer allgemeinen Einführung entfernt ist.

Die Forderungen nach hoher Produktivität der kapitalintensiven Anlagen und Verkettung von Material- und Informationsfluß führen im allgemeinen dazu, daß zur Instandhaltung, Wartung und Bedienung immer mehr hochspezialisiertes Personal benötigt wird.

Ziel ist es, durch eine neuartige Bedienoberfläche (Bild 21) die Bedienung zu vereinfachen. Das läßt sich erreichen (Bild 22) durch Reduzierung der Bedienelemente in Form einer zentralen Bedienung der Automatisierungskomponenten, eine einfache Befehlsstruktur mit grafischer Unterstützung unter Verwendung von Fenstertechnik, Softkeys und Ikonen. Die Inbetriebnahme und die Wartung – sowohl einfacher als auch komplexer Systeme – wird

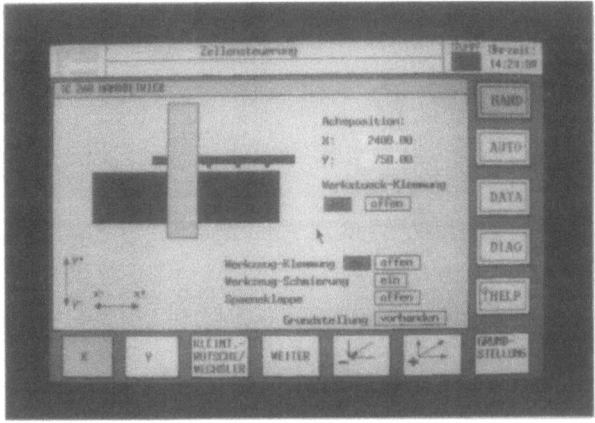

Bild 22. Bedienoberfläche Handbetrieb Stanzmaschine

durch die in das System integrierte Zellensteuerung vereinfacht. Über allen diesen Zielsetzungen steht die Realisierung einer einheitlichen Bedienoberfläche, so daß beispielsweise bei einem Wechsel des Maschinenbedieners nur eine kurze Eingewöhnungsphase notwendig ist.

Die modulare Struktur des Zellenleitsystems äußert sich in der Aufteilung in mehrere Steuerungsebenen, denen jeweils bestimmte Aufgaben zugeordnet sind. Die oberste Ebene bildet der Zellenrechner. Gerätetechnisch handelt es sich hier um eine leistungsfähige 32-bit-Workstation mit Massenspeicher und notwendigen Peripheriegeräten. Wesentliche Aufgaben auf dieser Ebene sind das dynamische Schachteln, Stammdaten- und Auftragsverwaltung, DNC, Betriebsdatenauswertung, Lagerverwaltung, Betriebsmittel-Bedarfsermittlung und das Ermitteln von Ausfallstrategien.

Während diese Rechner im maschinenfernen Bereich stehen, ist der darunterliegende Rechner, die Zellensteuerung, in die Maschine integriert. Ihre wesentliche Aufgabe ist die Datenverteilung an die unterschiedlichen Komponenten (jeweils mit einer eigenen Steuerung versehen), die Betriebsdatenerfassung, die zentrale Diagnose an Ort und Stelle sowie die zentrale Bedienung. Sie dient als Schnittstelle der Zelle zur Umwelt. Der Anschluß an ein Leitsystem des Anwenders ist hier kontrolliert und überschaubar möglich.

6 Schlußbetrachtung

Blech ist ein moderner Werkstoff, seine Bearbeitung für kleine und mittlere Serien wirtschaftlich möglich. Der Laser hat die Fertigungstechnik verändert, eine Reihe von neuen Ansätzen zeigt, welche Zukunftsperspektiven bestehen. Die Programmier- und Steuerungstechnik, die anhand eigener Entwicklungen dargestellt wurde, gewinnt in der flexiblen Automatisierung immer größere Bedeutung.

Blech, ein Werkstoff mit mindestens zweieinhalb Jahrtausenden alter Tradition, ist ein ewig junger Bestandteil des täglichen Lebens geblieben und wird es auch weiterhin bleiben. Die Verknüpfung von sehr alten mechanischen, aber ständig weiter entwickelten Fertigungsmethoden mit thermischen Schneidverfahren sowie den Möglichkeiten der elektronischen Steuerung und Sensorik eröffnet diesem Werkstoff eine aussichtsreiche Zukunft.

Stand der Programmiertechnik für Industrieroboter

G. Spur, Berlin

Inhalt. Der Autor beschreibt den Stand der Technik und die Entwicklungstendenzen bei der Roboterprogrammierung. Dabei werden sowohl die Anforderungen des Benutzers (Dialogsysteme, Visualisierung) und dessen Qualifikation als auch die Anforderungen an Robotersteuerungen betrachtet. Im Bereich der Off-line-Programmierung lernt der Leser Verfahren und Konzeptionen zur expliziten oder interaktiven und impliziten oder automatischen Roboterprogrammierung kennen. Weiterhin wird auf die Integration in bzw. Ankopplung an betriebliche Informationssysteme wie Betriebsmittel-, Technologiedatenbanken und CAD-Systeme eingegangen. Die Problematik der Genauigkeit von IR-Anlagen und der Trajektorienoptimierung werden diskutiert und Lösungsverfahren vorgestellt.

1 Einleitung

Wirtschaftliche Zielsetzungen und soziale Aspekte bestimmen den Entwicklungsgang industrieller Produktionsstätten. Die Automatisierung der Handhabungsfunktion leistet dabei einen wichtigen Beitrag zur Realisierung neuartiger Fertigungsstrukturen.

In der Entwicklungsgeschichte der Industrieroboter bildeten ferngesteuerte Manipulatoren in den 40er Jahren den Ausgangspunkt [1]. Später wurden die Fortschritte der Mikroelektronik zur entscheidenden Stimulanz für die Realisierung komplexer Steuerungsfunktionen der modernen Industrieroboter. Industrieroboter sind Arbeitsmaschinen, die zur selbsttätigen Handhabung von Objekten mit zweckdienlichen Werkzeugen ausgerüstet in mehreren Bewegungsachsen hinsichtlich Orientierung, Position sowie Arbeitsablauf programmierbar sind. In der Definition wird bereits die Notwendigkeit der Programmierung erwähnt, die zur Entstehung verschiedener Programmierverfahren geführt hat [2].

Die Programmierung von Arbeitsmaschinen kann grundsätzlich entweder direkt an der Maschine oder in der Arbeitsvorbereitung erfolgen. Bemerkenswert ist, daß bei der Anwendung von Programmiertechniken in den Bereichen Werkzeugmaschinen und Roboter eine entgegengesetzte historische Entwicklung stattgefunden hat. Die Offline-Programmierung in der Arbeitsvorbereitung mit der Programmiersprache APT (Automatically Programmed Tools) wurde zuerst bei NC-gesteuerten Werkzeugmaschinen eingeführt. Der zusätzliche organisatorische und personelle Aufwand für die externe Programmerstellung in der Arbeitsvorbereitung erschwerte jedoch besonders in Kleinbetrieben die Einführung der NC-Technologie.

In dem vergangenen Jahrzehnt sind deshalb Forschungs- und Entwicklungsarbeiten mit dem Ziel durchgeführt worden, die Programmierung direkt an die Maschine zu verlagern. So entstanden Werkstattprogrammiersysteme, die das Programmieren und Ausführen einer Bearbeitungsaufgabe funktionell verknüpfen [3]. Die Werkstattprogrammierung von Werkzeugmaschinen hat den entscheidenden Vorteil, daß keine nennenswerten Maschinenstillstandszeiten entstehen.

Die Off-line-Programmierung von Industrierobotern erweist sich dann als wirtschaftlich, wenn die im Zusammenhang mit der Teach-in-Programmierung erforderlichen Maschinenstillstandszeiten reduziert werden bzw. entfallen können und sowohl die Effizienz als auch die Zuverlässigkeit der Anwenderprogramme durch die Anwendung intelligenter Planungsmodule gesteigert werden kann. Am Anfang der Entwicklung erfolgte die Programmierung noch rein textuell. Hochentwickelte Off-line-Programmiersysteme verfügen über Zugriffsmöglichkeiten auf betriebliche Informationssysteme und Simulationsmodule zur Programmverifikation mit grafikgestütztem Mensch-Maschine-Dialog.

2 Systematik der Programmierverfahren

Die fortschreitende Entwicklung der Steuerungstechnik von Industrierobotern führte zu einer Reihe unterschiedlicher Programmierverfahren. Unter einem Programmierverfahren ist hierbei das planmäßige Vorgehen zur Erzeugung von Anwenderprogrammen zu verstehen. Nach VDI 2863 (IR-DATA) ist ein Anwenderprogramm eine Sequenz von Anweisungen mit dem Zweck, eine vorgegebene Fertigungsaufgabe zu erfüllen. Programmiersysteme ermöglichen die Erstellung von Anwenderprogrammen und stellen hierzu entsprechende Programmierhilfen zu Verfügung.

Die Programmierverfahren lassen sich in
- direkte Verfahren (auch On-line-Verfahren genannt),
- indirekte Verfahren (auch Off-line-Verfahren genannt) und
- hybride Verfahren einteilen (Bild 1).

Direkte Verfahren sind dadurch gekennzeichnet, daß die Anwenderprogramme unter Verwendung des Robotersystems erstellt werden. Indirekte Verfahren zeichnen sich dadurch aus, daß die Erstellung der Anwenderprogramme auf steuerungsunabhängigen Rechneranlagen getrennt vom Robotersystem vorgenommen wird. Die hybride Programmierung stellt eine Kombination von direkten und indirekten Programmierverfahren dar.

Die direkten Verfahren können weiter in Play-back- und Teach-in-Verfahren aufgeteilt werden. Beim Play-back-Verfahren erfolgt die Programmierung eines Arbeitsvorgangs durch manuelles Führen des Roboters entlang der gewünschten Raumkurve. Dabei werden die Lage-Ist-Werte

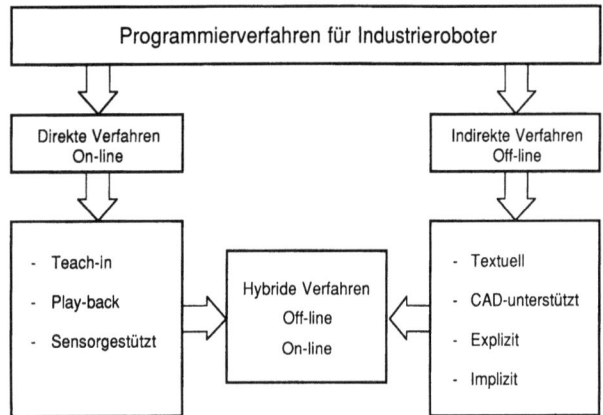

Bild 1. Programmierverfahren für Industrieroboter

(Achsstellungen) in einem definierten Zeit- oder Wegraster in das Anwenderprogramm übernommen. Somit wird eine einfache Programmierung komplexer Raumkurven ermöglicht.

Bei Verwendung eines speziellen leichten Programmierhilfsarmes lassen sich Bewegungen programmieren, die in ihrer Dynamik der menschlichen Arbeitsweise sehr nahe kommen. Eine typische Anwendung ist die Programmierung von Lackierrobotern [4]. Bei der Teach-in-Programmierung wird die Bewegungsinformation durch Anfahren der gewünschten Raumpunkte mit Hilfe eines Programmierhandgeräts (PHG) oder Bedienfeldes und der Übernahme dieser Punkte durch Betätigen einer Funktionstaste erstellt. Darüber hinaus lassen sich über die Tastatur weitere Bewegungsanweisungen wie Geschwindigkeits- und Beschleunigungsvorgaben oder die Steuerungsart (Punkt-zu-Punkt- oder Bahnsteuerung) eingeben.

Heute bekannte sensorunterstützte Programmierverfahren lassen sich einteilen in
- automatische, sensorgeführte Verfahren und
- manuelle, sensorkontrollierte Verfahren [5].

Bei dem erstgenannten Verfahren tastet der Roboter – ausgehend von groben Bewegungsvorgaben (wie Start- und Zielpunkt) – das Werkstück automatisch und sensorgeführt ab. Bei dem zweiten Verfahren wird der Roboter vom Bediener unter Verwendung eines Sensors, auch Programmiergriffel genannt, entlang der gewünschten Raumkurve geführt. Im Gegensatz zum Play-back-Programmierverfahren, bei dem der Roboter ein passives Element darstellt, werden hier den Regelkreisen in der Robotersteuerung Sensorsignale zugeführt. Sie bewirken ein aktives Folgen der Bedienvorgaben. Während des sensor- bzw. handgeführten Programmierlaufs wird eine automatische Speicherung der gefahrenen Bahn durchgeführt. Dies geschieht durch Abspeichern von Bahnstützpunkten nach vorgegebenen Kriterien (z. B. der gewünschten Genauigkeit) [6].

Bei hybriden Verfahren wird der Programmablauf durch indirekte Verfahren festgelegt. Der Bewegungsteil des Programms läßt sich durch Teach-in- oder Play-back-Verfahren sowie Sensorführung definieren.

Bei den indirekten Programmierverfahren ist zwischen textuellen und CAD-unterstützten Verfahren zu unterscheiden.

Die ersten Off-line-Programmiersysteme erforderten Geometrieeingaben über eine Tastatur, wie es bei Rechner- und auch NC-Programmiersprachen üblich war. Eine weitere Entwicklung bestand in der textuellen Eingabe mit grafischer Unterstützung. Neuere Programmiersysteme erlauben direkte CAD-Unterstützung für die Beschreibung der Geometrie und der Bewegungen.

CAD-unterstützte Programmierverfahren basieren auf der Nutzung geometrischer Modelle der am Fertigungsprozeß beteiligten Komponenten. Die Geometrie wird hierbei unter Verwendung von CAD-Systemen modelliert. Am Grafikbildschirm werden Funktionen zur Verfügung gestellt, die eine Festlegung von anzufahrenden Positionen sowie von Verfahrwegen ermöglichen. Integrierte Simulationsmodule bieten die Möglichkeit einer Visualisierung der Bewegungsausführung des Roboters. CAD-unterstützte Programmierverfahren zeichnen sich daher durch ihre Anschaulichkeit aus.

Die Programmiersysteme lassen sich auch in bewegungsorientierte (explizite) und aufgabenorientierte (implizite) Programmiersysteme einteilen [7]. Bei den bewegungsorientierten Programmierverfahren werden alle Aktionen des Roboters, insbesondere die Bewegungen einschließlich der notwendigen Ausführungsparameter (z. B. Geschwindigkeit, Beschleunigung), vom Programmierer vorgegeben. Somit ist die Beschreibung aller Verfahrwege und anzufahrenden Positionen unter Berücksichtigung der Kollisionsfreiheit erforderlich.

Bei den aufgabenorientierten Programmierverfahren geschieht die Programmierung nicht durch Beschreibung des Verfahrweges, sondern durch Beschreibung der Handhabungsaufgabe. Die Weginformation wird unter anderem vom Programmiersystem unter Verwendung eines Modells der Roboterzelle (Umweltmodell) selbsttätig abgeleitet.

Alle bislang bekannten On-line-Programmiersysteme sowie – mit Ausnahme einiger Forschungssysteme – alle Off-line-Systeme sind heute explizite, also bewegungsorientierte Programmiersysteme.

Die schon in On-line- und auch in Off-line-Programmiersystemen vorhandenen Makro-Anweisungen wie Palletieren, Suchen, Pendeln und Synchronisieren können nur als kleine Schritte in der Richtung impliziter Programmierung betrachtet werden. Sie beruhen allein auf festprogrammierten Programmabläufen oder Geometriekonfigurationen. Planungsmaßnahmen im Sinne einer Optimierung der Zeitabläufe und des Energieverbrauchs sowie der Bestimmung kollisionsfreier Bahnen, basierend auf Roboter- und Umweltmodellen, sind in diesen Makros nicht vorhanden.

Im folgenden werden nochmals die Hauptmerkmale der direkten und indirekten Programmierverfahren dargestellt (Bild 2).

Direkte Programmierverfahren bewirken, daß während der Programmierung einschließlich der Testzeit die Fertigungsanlage nicht zur Verfügung steht, was zu hohen Rüstzeiten führt. Die Integration betrieblicher, rechnerunterstützter Informationssysteme ist nur beschränkt möglich. Die Qualität der Anwenderprogramme ist in hohem Maße von der Erfahrung des Programmierers abhängig.

Indirekte Verfahren erfordern ein Rechnermodell des Robotersystems und der Anlagenumgebung. Programmierung und Test der Anwenderprogramme werden in die Ar-

Bild 2. Merkmale direkter und indirekter Programmierverfahren

beitsvorbereitung verlagert und sind somit Bestandteil der Fertigungsplanung. Eine Integration betrieblicher Informationssysteme sowie intelligente, rechnerbasierte Hilfsmittel unterstützen den Programmierer und führen somit zu besseren, nachvollziehbaren Programmqualitäten.

3 Überblick bekannter Off-line-Programmiersysteme

Im Jahre 1986 wurden die Ergebnisse einer im Auftrag von CIRP unter Leitung von R. Hocken (National Bureau of Standards, USA) durchgeführten Studie über weltweit existierende oder sich in Entwicklung befindliche Off-line-Programmiersysteme für Roboter vorgelegt [8]. Die Autoren nennen etwa 95 verschiedene Roboterprogrammiersprachen, welche – nach modernen Maßstäben – nicht alle in Off-line-Programmiersystemen verwendbar sind. Als Kriterium für die Klassifizierung der Roboterprogrammiersprachen gingen die Autoren von einer Analyse der Sprach- und Systemstrukturen aus [8, 9].

Bei der Analyse der Ergebnisse dieser Studie wurden folgende Zusammenhänge festgestellt: Analog dem Übergang von den Maschinensprachen zu problemorientierten Hochsprachen in der Rechnertechnik verläuft die Entwicklung bei den Industrierobotersprachen mit einem ungefähren zeitlichen Versatz von einem Jahrzehnt. Bei Fortschreibung der Entwicklung werden Roboterprogrammiersprachen zunehmend mit Softwarehilfsmitteln ausgestattet, welche die automatische Planung logischer Abläufe als auch eine intelligente Auswertung und Verknüpfung grafischer, kinematischer, technologischer und produktionstechnischer Daten aufgabenbezogen ermöglichen. In den neuesten Programmiersystemen wird diese Entwicklung durch Einbindung von CAD- und Datenbanksystemen bekräftigt.

Außerdem ist festzustellen, daß der Roboter nicht mehr als eine alleinstehende Einheit, sondern als Teilsystem einer Arbeitszelle betrachtet wird. Dies führt zu Systemlösungen, die eine ganzheitliche Programmierung des Roboters einschließlich der gesamten Peripherie ermöglichen und folglich auch die Planung und Optimierung der Gesamt-Bearbeitungszelle unterstützen.

Im folgenden werden die Merkmale und Fähigkeiten der zur Zeit am Markt verfügbaren Off-line-Programmiersysteme vorgestellt. Diese lassen sich in steuerungsnahe und CAD-orientierte Off-line-Programmiersysteme einteilen.

Verschiedene Hersteller von Robotersteuerungen bieten zusätzlich zu den steuerungsinternen Programmiermöglichkeiten auch steuerungsnahe textuelle Off-line-Programmiersysteme, basierend auf preiswerten Kleinrechnern, an. Die Programmerstellung mit Hilfe dieser Systeme erfolgt in derselben Programmiersprache, wie sie auch in der Robotersteuerung verwendet wird. Durch komfortable Editorprogramme (z. B. menügeführt) und bessere Kommunikationsmöglichkeiten wird die textuelle Programmerstellung erleichtert. Die Archivierung erstellter Programme sowie die Nutzung von bereits existierenden Programmelementen (Makros) werden unterstützt.

Derartige Off-line-Programmiersysteme ermöglichen die vollständige Erstellung eines Programms, das den zeitlichen Ablauf der Handhabungs- bzw. Bearbeitungsaufgabe, die Kommunikation mit der Prozeßperipherie und deren Synchronisation mit den Bewegungen des Industrieroboters beschreibt.

Die Festlegung der Geometriedaten des Bewegungsprogramms, d.h. Position und Orientierung des Endeffektorsystems, folgt anschließend entweder durch numerische Vorgaben oder nachträgliches Teachen am realen Roboter.

Die Integration von CAD-Daten ist bei den meisten Systemen dieser Art nur bedingt möglich. In diesen Fällen werden die mit Hilfe eines CAD-Systems ermittelten Endeffektorpositionen (hierbei gibt es keine Unterstützung durch das Off-line-Programmiersystem) in einer Tabelle gespeichert, worauf das Programmiersystem zugreifen kann.

Alle Systeme dieser Kategorie führen eine syntaktische Prüfung der Anwenderprogramme durch. Dies geschieht entweder direkt während der Programmeingabe durch das Editorprogramm oder entsprechende Übersetzerprogramme, die den steuerungsspezifischen Maschinencode erzeugen. Somit wird gewährleistet, daß nur syntaktisch korrekte Anwenderprogramme in die Robotersteuerung geladen werden.

Obwohl einige Systeme die Verträglichkeit vorgegebener Endeffektorpositionen mit der Roboterkinematik überprüfen (Einhaltung der Achsverfahrbereiche), läßt sich über die Ausführbarkeit der Anwenderprogramme am realen Robotersystem keine Aussage machen (z.B. Kollision). Hierzu werden Simulationsmöglichkeiten der Programmausführung mit entsprechender Grafikunterstützung benötigt, welche jedoch nicht Bestandteil dieser Systeme sind.

Der Datentransfer zwischen Off-line-Programmiersystem und Robotersteuerung wird von den beschriebenen Systemen auf verschiedenste Art und Weise realisiert. Verwendung finden sowohl Datenträger wie Magnetband oder Floppy Disk als auch direkte Rechnerkopplungen über standardisierte Schnittstellen. In der Regel wird ein bidirektionaler Datentransfer ermöglicht, d.h., es können Anwenderprogramme vom Off-line-Programmiersystem in die Robotersteuerung (Downloading) als auch von der Robotersteuerung in das Off-line-Programmiersystem übertragen werden (Uploading).

Steuerungsnahe, textuell orientierte Off-line-Programmiersysteme werden zur Zeit für die meisten neueren Robotersteuerungen angeboten. Als Beispiele seien hier Systeme genannt für
- RCM-Steuerungen von Siemens (SIROTEC PS 1.6) [10],
- rho-1- und rho-2-Steuerungen von Bosch (ROPS) [11],
- ROBOTstar-Steuerungen von Reis [12] und
- S2-Steuerungen von ASEA [13].

Kennzeichnend für CAD-orientierte Off-line-Programmiersysteme ist die grafische Unterstützung der Programmierung und Simulation. Systeme dieser Art basieren entweder auf bestehenden CAD-Systemen, erweitert um roboterspezifische Module, oder auf speziellen Entwicklungen mit integrierten Grafikfunktionen.

Die Funktionalität dieser Systeme beschränkt sich nicht auf die eigentliche Programmierung eines Industrieroboters, sondern ermöglicht die Modellierung, Programmierung und Simulation der gesamten Produktionszelle. Sie sind somit ein Werkzeug für die Planung roboterbasierter Anlagen.

Erleichtert wird die Anwendung solcher Systeme durch das Bereitstellen von Bibliotheken mit Roboter- und Steuerungsmodellen. Zusätzlich werden oftmals Hilfsmittel für die Definition neuer bzw. Modifikation bestehender Robotermodelle bereitgestellt.

Die Programme werden entweder in systemspezifischen Hochsprachen oder in robotersteuerungsspezifischen Sprachen geschrieben. Postprozessoren ermöglichen die Übersetzung der Programme für verschiedene Steuerungen. Die geometrischen Daten der Anwenderprogramme lassen sich unter Verwendung von CAD-Modellen der Werkstücke und anderer relevanter Komponenten ableiten. Hierbei bieten die CAD-integrierten Systeme die vielfältigste Unterstützung.

Die Simulation der Anwenderprogramme erfordert Modelle des Bewegungsverhaltens der verwendeten Roboter (Steuerungsmodelle). Die Qualität dieser Steuerungsmodelle reicht von der Nachbildung des prinzipiellen Bewegungsverhaltens aufgrund geometrischer und kinematischer Zusammenhänge bis hin zur Berücksichtigung von steuerungsspezifischen Verfahren. Bei Verwendung von Hochleistungs-Grafikstationen wird bei Verwendung von 3D-Drahtmodellen eine Bewegungssimulation in „quasi" Echtzeit ermöglicht. Die Schnittstellen zu realen Robotersteuerungen lassen in der Regel nur eine Übertragung der Anwenderprogramme vom Programmiersystem zur Robotersteuerung zu.

Repräsentative am Markt verfügbare CAD-orientierte Off-line-Programmiersysteme sind
- ROBCAD von Tecnomatics [14],
- ROBOTIC von McDonnell-Douglas [15] und
- CATIA ROBOTIC von Dassault [16, 17].

An den Forschungsinstituten in der Bundesrepublik Deutschland befinden sich Systeme in der Entwicklung:
- Technische Hochschule Aachen, Prof. Weck, System ROBEX [18, 19],
- Technische Universität Karlsruhe, Prof. Rembold und Prof. Dillmann, System ROSI [20],
- Technische Universität München, Prof. Milberg, System USIS [21],
- Universität Stuttgart, Prof. Pritschow [22],
- Fraunhofer Institut für Produktionsanlagen und Konstruktionstechnik (IPK-Berlin), Prof. Spur [23] und
- Fraunhofer Institut für Produktionstechnik und Automatisierung (IPA-Stuttgart), Prof. Warnecke [24].

Außerdem befindet sich bei der INPRO Berlin, einer Innovationsgesellschaft von BMW, Daimler-Benz, Siemens und VW, ein Off-line-Programmiersystem in Entwicklung. Standardisierung von Robotersprachen und -schnittstellen bilden einen Schwerpunkt dieser Arbeiten [25].

Bild 3a und b. 3D-Grafiksimulation und reales Robotersystem. **a** Test des Anwenderprogramms durch Simulation; **b** Ausführung des Anwenderprogramms am Roboter

4 Benutzeranforderungen

Die Verlagerung der Programmierung von Industrierobotern weg von der Maschine in die Arbeitsvorbereitung setzt ein verändertes Qualifikationsbild des Programmierpersonals voraus. Sind die direkten Programmierverfahren noch stark geprägt vom Umgang mit der „Bewegungsmaschine Roboter", erfordern die indirekten Programmierverfahren Kenntnisse im Umgang mit Rechnersystemen, Programmiersprachen und zum Teil komplexen Softwaresystemen. Gefordert sind Systeme, die einfach bedienbar sind und eine Programmierung in der Fachsprache des Fertigungspersonals ermöglichen. Die Bereitstellung komfortabler Benutzeroberflächen ist somit eine wichtige Forderung an Off-line-Programmiersysteme [26].

Menüorientierte Dialogsysteme bieten dem Benutzer die zur Verfügung stehenden Funktionen bzw. Programmanweisungen an und erleichtern somit den Umgang mit dem System. Wesentlich ist hierbei jedoch das Niveau der bereitgestellten Anweisungen. Auf der Ebene expliziter Programmiersprachen ist vom Programmierer die Umsetzung der fertigungstechnischen Aufgabenstellung in die bewegungsorientierten Sprachelemente durchzuführen. Implizite Programmiersysteme, bei denen diese Umsetzung automatisch durchgeführt wird, befinden sich noch nicht im industriellen Einsatz.

Eine weitere Form der Benutzerunterstützung stellt die Anwendung der Makrotechnik dar, wie sie auch bei der Programmierung von Werkzeugmaschinen Verwendung findet (Zyklen). Mit solchen vorgefertigten, parametrisierbaren Programmstrukturen lassen sich anwendungsspezifische Benutzerschnittstellen realisieren [27].

Die Anwendung von 3D-CAD-Systemen mit den entsprechenden Grafikmöglichkeiten führt zu einer weiteren Verbesserung der Benutzerschnittstelle (Bild 3). Hochleistungsgrafikstationen, die eine Echtzeitbewegung von farbschattierten Flächenmodellen ermöglichen, werden bereits angeboten.

5 Anforderungen an das Robotersteuerungssystem

Die Effizienz eines Off-line-Programmiersystems wird in nicht unerheblichem Maße von den Eigenschaften und Merkmalen des Robotersteuerungssystems beeinflußt.

Einen Schlüsselpunkt für die industrielle Anwendung von CAD-unterstützten Off-line-Programmiersystemen nimmt die Positioniergenauigkeit ein. Bei der Programmerstellung bzw. Geometrieeingabe im Teach-in-Verfahren genügt es, daß primär die Wiederholgenauigkeit mit den prozeßspezifischen Genauigkeitsanforderungen übereinstimmt. Damit jedoch bei entsprechenden Anwenderprogrammen, die im Off-line-Programmierverfahren erstellt wurden, keine zusätzlichen geometrischen Nachkorrekturen durchgeführt werden müssen, ist es erforderlich, daß die absolute Positioniergenauigkeit des Industrierobotersystems mit der Wiederholgenauigkeit weitgehend übereinstimmt. Dies impliziert eine möglichst gute geometrische und dynamische Nachbildung des tatsächlichen Übertragungsverhaltens des Industrieroboters durch die im Off-line-Programmiersystem verwendeten Modelle.

Außerdem sollte der Steuerung ein entsprechend vollständiges und genaues Modell des kinematischen Verhaltens für die interne Koordinatentransformation oder den anzuwendenden Kompensationsalgorithmen zugrunde gelegt werden.

Wird diesen Anforderungen entsprochen, so kann grundsätzlich davon ausgegangen werden, daß alle bislang im Teach-in-Verfahren erstellten Anwenderprogramme auch rechnerunterstützt mittels Off-line-Programmierverfahren erzeugt werden können, ohne daß ihre Ausführung zusätzliche Sensorik zur Sicherstellung der prozeßspezifischen Genauigkeit erforderlich wird.

Eine weitere wichtige Voraussetzung stellt die Standardisierung der Schnittstellen zwischen dem Off-line-Programmiersystem und den Robotersteuerungssystemen von unterschiedlichen Herstellern dar. Neuere Steuerungssysteme kommen diesen Anforderungen durch ihre bidirektionale DNC-Fähigkeit bereits entgegen. Im Fall des Anwenderprogramms ist es beispielsweise auch die Darstellung im IRDATA-Format, die hier Verwendung finden kann [28, 29].

Verbesserte Systemleistungen könnten erzielt werden, wenn intelligente modellgestützte Planungsmodule bei der Off-line-Programmerstellung hinzugezogen werden. Für die Verwertung und Ausführung dieser optimierten Planungsergebnisse (z. B. in der Form differenzierter Bewegungsvorgaben) ist eine entsprechende Funktionsmächtigkeit der Steuerung erforderlich. Auf der Basis dieser Überlegung müßte eine entsprechende Minimalmenge geeigneter Steuerungsfunktionen definiert werden, welche die Ausführung der optimal geplanten Anweisungen ermöglicht.

Eine durchgehende Standardisierung der Steuerungsfunktionen wird aufgrund unterschiedlicher Zielsetzungen, Entwicklungsstände und der Konkurrenzsituation zwischen den einzelnen Steuerungsherstellern nicht zu verwirklichen sein. Somit ist auch kein einheitliches Steuerungsmodell für die Planung zur Zeit zu erwarten. Andererseits ist es notwendig, daß die namhaften Steuerungshersteller bei nachgewiesenem Bedarf entsprechende Steuerungsmodelle in Modulform für die Integration im Off-line-Programmiersystem zur Verfügung stellen, um die Konkurrenzfähigkeit und den Marktanteil ihrer Produkte auch im Zusammenhang mit der Anwendung von CAD-unterstützten Off-line-Programmiersystemen zu sichern.

6 Anforderungen an Off-line-Programmiersysteme zur Integration in CIM

In den industriellen Produktionsablauf soll ein Off-line-Programmiersystem informationsmäßig die Funktionen Entwicklung und Konstruktion, Fertigungsplanung, Fertigungsprogrammplanung und Fertigung verknüpfen und die für die Planung, Programmierung und Simulation der Fertigung notwendigen Informationen aufbereiten (Bild 4).

Ein Off-line-Programmiersystem setzt die Kopplung sowohl mit 3D-CAD-Systemen als auch mit Betriebsmittel- und Technologiedatenbanken voraus. Die Betriebsmitteldatenbank sollte Beschreibungen der Werkstückvorrichtungen, der werkzeug- und werkstückführenden Kinematiken, der Materialflußsysteme und deren kinematischen Verkettungen mit dem Zellenkoordinationssystem sowie die Abbildung der Steuerungssysteme enthalten. Darüber hinaus müssen zum Zweck der grafischen Unterstützung beim Programmieren, Planen und bei der Simulation der Bewegungsabläufe auch 3D-Gestaltmodelle der Maschinen und Komponenten der Bearbeitungszelle vorhanden sein (Bild 5) [30].

Die erforderliche Technologiedatenbank enthält Wissen über Prozeßabläufe und Prozeßparameter in bezug auf Qualitätsvorschriften und Taktzeiten. Von der Entwicklung und Konstruktion werden Informationen über die Geometrie

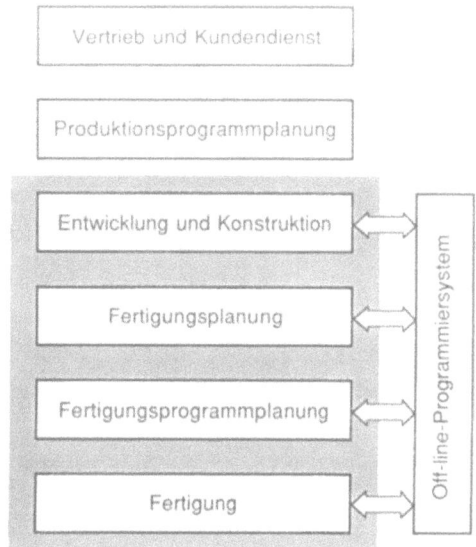

Bild 4. Wirkbereich des Off-line-Programmiersystems

und die Qualität der Werkstücke vorgegeben. Mit Hilfe der Betriebsmittel- und Technologiedaten erfolgen die Erstellung der Arbeitspläne und die Auswahl der Werkzeuge und Vorrichtungen.

Ein Bahnplanungsmodul unterstützt unter Berücksichtigung der konstruktiven und prozeßabhängigen Randbedingungen sowie der Qualitätsanforderungen die Festlegung der Bewegung des Endeffektors. Dieser Vorgang muß durch grafische Simulation begleitet werden.

Anschließend wird die Betriebsmitteldatenbank nach einer für die geplante Aufgabe geeigneten Bearbeitungszelle abgefragt. Falls keine Bearbeitungszelle verfügbar oder vorhanden ist, muß sie neu konzipiert, modelliert und in der Datenbank abgelegt werden.

Nach der Festlegung der Bearbeitungszelle werden zuerst die auf das Werkstückkoordinatensystem bezogenen Arbeitsbewegungen in die Maschinenkoordinatensysteme transformiert. Dazu werden die in der Betriebsmitteldatenbank vorhandenen Informationen über die kinematische Verkettung der Zellkomponenten verwendet. Zur Überprüfung der Steuerprogramme auf ihre Ausführbarkeit in der Bearbeitungszelle soll ein geeignetes Simulationssystem mit 3D-Grafikunterstützung verfügbar sein.

Es ist wichtig, dem Planer einen Zeitbezug zu den realen Abläufen zu vermitteln. Mit Hilfe der Echtzeit-Bewegungssimulation kann der Planer den Gesamtablauf, die Koordination der Bewegungen der Komponenten sowie mögliche Kollisionen zwischen den Komponenten prüfen.

Werden bei der Simulation Kollisionen festgestellt oder ist der Arbeitsraum nicht optimal genutzt, kann der Planer Änderungen in dem Modell der Bearbeitungszelle vornehmen. Die Information über die optimale Bearbeitungszelle ist dem Betriebsmittelplaner für die Auftragsdurchführung zugänglich. Die Off-line-Erstellung der Bewegungsprogramme erfolgt auf der Basis der Planungsdaten. Die Programme werden zwar in der Simulation fehlerfrei ablaufen, im realen System jedoch wegen Fehler der Maschinenkinematiken nicht direkt ausführbar sein. Die Systemfehler können mit mathematischen Modellen beschrieben und zur Umrechnung der Planungsdaten in reale Daten verwendet werden.

Zusammenfassend lassen sich die wesentlichen Merkmale eines integrierbaren Systems folgenderweise beschreiben:

– Das System muß eine offene Struktur aufweisen. Unter-

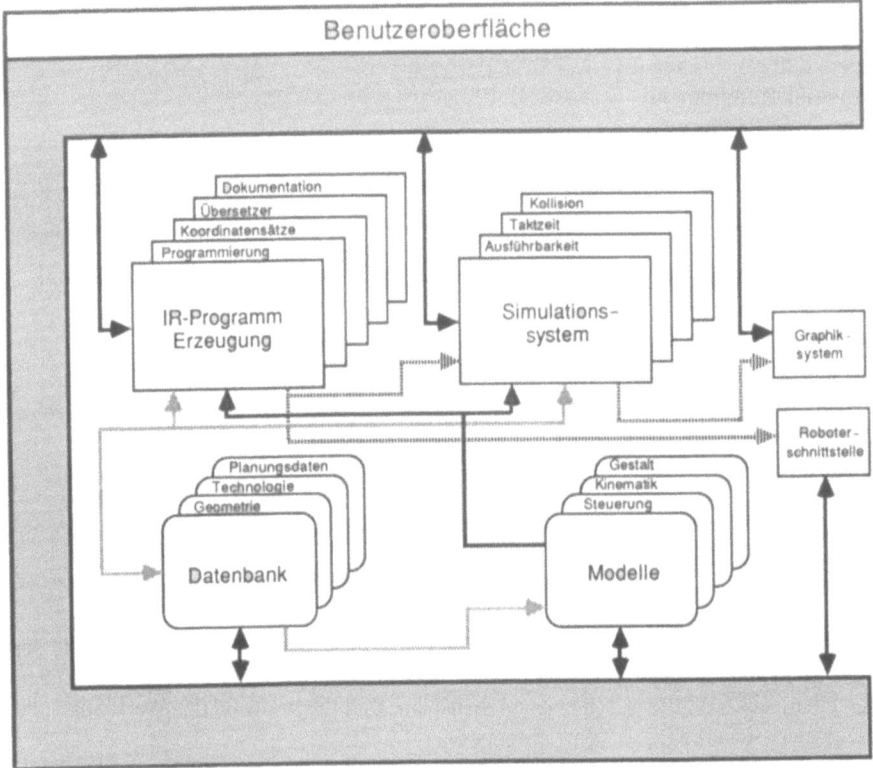

Bild 5. Off-line-Programmiersystem in CIM

schiedliche CAD-Systeme sollten als Werkzeug für die Geometriebestimmung und Modellierung verwendet werden können. Daher müssen die für den Bearbeitungsvorgang notwendigen Steuerinformationen in einer getrennten Datenbank unabhängig vom CAD-System aufgebaut werden.
- Die Verwendung verschiedener Industrieroboter-Programmiersprachen muß durch Austauschen von entsprechenden Codegeneratoren ermöglicht werden. Voraussetzung hierfür sind standardisierte Übertragungsformate wie IGES (Initial Graphics Exchange Specification) für CAD-Modelldaten oder CLDATA (Cutter Location Data) für NC-Modelldaten und IRDATA für Industrierobotersteuerungen.
- Die Betriebsmittel- und Technologiedatenbank des Systems muß einfach erweiterbar sein.
- Es soll eine einheitliche Bedienungsoberfläche für Konstrukteure, Fertigungsplaner und Fertigungsprogrammplaner sowie für Betriebsmittelplaner angestrebt werden. Die Gestaltung der Bedieneroberfläche auf der Basis der Menü- und Dialogtechnik soll die Verwendung von wissensbasierten Regeln zur Unterstützung der Planungs- und Programmiervorgänge erlauben [31].

7 Probleme heutiger Off-line-Programmiersysteme

Die vorgestellten steuerungsnahen Off-line-Programmiersysteme bieten im Vergleich zu den ausschließlich direkten Verfahren eine Verbesserung der Programmiermöglichkeit. Aufgrund der im allgemeinen mangelnden Möglichkeiten zur Geometriedefinition und der begrenzten Simulations- und Testunterstützung ist die Verwendung steuerungsnaher Off-line-Programmiersysteme nur im Rahmen einer hybriden Programmierung zu sehen. Aus den genannten Gründen wird die Lösung in der Zukunft bei den CAD-orientierten Off-line-Programmiersystemen liegen. Diese Systeme ermöglichen eine Integration in betriebliche CIM-Strukturen und sind grundsätzlich erweiterbar durch intelligente Planungsmodule mit umfassenden Simulationsszenarien für zukünftige aufgabenorientierte Programmierverfahren.

Allerdings stehen der konsequenten Anwendung CAD-orientierter Off-line-Programmiersysteme heute zum Teil noch grundlegende Probleme entgegen. Dies betrifft vor allem die mangelnde Genauigkeit als Folge fehlender oder unvollständiger rechnerinterner Modelle sowie die beschränkte Verfügbarkeit von geeigneten Schnittstellen.

Zur Erstellung der Anwenderprogramme mit Hilfe von Off-line-Programmiersystemen und deren Test im Simulationssystem werden Planungsdaten aus anderen betrieblichen Datensystemen (z. B. CAD-Systemen) verwendet.

Stehen hierbei lediglich nominale Daten und Modelle des Roboters und seiner Umwelt zur Verfügung, so wird das Roboterprogramm in der Simulation zwar scheinbar fehlerfrei ablaufen, im realen System jedoch nicht direkt ausführbar sein, da die Planungsdaten nie exakt mit denen übereinstimmen, die im realen System anzutreffen sind. Aus diesem Grund sind umfassende Gesamtprozeßmodelle erforderlich, die das Zusammenwirken von Robotersystem, Umwelt und Fertigungsprozeß realitätsnah modellieren. Für die Nachbildung des Robotersystems werden Modelle zur Beschreibung des kinematischen und dynamischen Verhaltens der mechanischen Bauteile sowie ein Modell der verwendeten Industrierobotersteuerung benötigt. Die in der Realität auftretenden Abweichungen bei den Nominalmodellen müßten durch entsprechende Fehlermodelle berücksichtigt werden [32].

Ein weiteres Problem stellen die verfügbaren Schnittstellen sowohl bei der Kopplung zwischen Programmier- und CAD-Systemen als auch zwischen Programmiersystemen und Robotersteuerungen dar.

Der Datenaustausch von 3D-Modellen ohne Informationsverlust ist eine wichtige Voraussetzung für den wirtschaftlichen Einsatz CAD-orientierter Off-line-Programmiersysteme. Existierende Standards wie IGES oder VDA-FS genügen nicht den zukünftigen Anforderungen. Leistungsfähigere Schnittstellenstandards befinden sich in der Entwicklung [33, 34].

Die Anwendung der Off-line-Programmierung setzt bei den verwendeten Robotersteuerungen DNC-Fähigkeiten voraus, wie sie vor allem von älteren Steuerungstypen nicht bereitgestellt werden. Solche Systeme befinden sich aber noch in großer Stückzahl in den Betrieben. Einheitliche Schnittstellen zwischen Programmiersystem und Robotersteuerungen müssen bei zukünftigen Entwicklungen berücksichtigt werden.

Unvollständige rechnerinterne Modelle führen zu einem unterschiedlichen Verhalten von Simulation und realer Anlage. Aus diesem Grund kann die Ausführbarkeit der Anwenderprogramme nur durch zusätzliche Tests am realen System gewährleistet werden. Es werden Modelle der Robotersteuerungen in einem Detaillierungsgrad benötigt, wie sie eigentlich nur vom Steuerungshersteller erstellt werden können.

8 Zukünftige Entwicklung

Die Off-line-Programmierung ist ein wesentliches Element für die Integration von Industrierobotern in CIM-Strukturen. Dabei ist die Programmierung als letzte Stufe der Fertigungsplanung zu betrachten. Die in den vorangegangenen Sequenzen generierten Informationen bilden die Eingangsgrößen für die Erstellung des Anwenderprogramms.

Um weitgehend unabhängig von der individuellen Benutzerqualifikation und Motivation nach objektiven Kriterien optimierte Anwenderprogramme erstellen zu können, sollte das Programmiersystem eine aufgabenorientierte und der Personenqualifikation im Bereich der Arbeitsverteilung angepaßte Benutzeroberfläche aufweisen. Hierfür bieten sich menüorientierte Dialogsysteme an. Sie erlauben den vorstrukturierten Aufruf von Systemfunktionen, die den Programmiervorgang unterstützen. Hierzu gehören einfache Berechnungen oder auch grafisch interaktive Eingaben sowie automatische und wissensorientierte Planungsmodule für Teilaufgaben. Derartige offene Systemstrukturen erlauben auch künftig eine Steigerung der Maschinenintelligenz im Hinblick auf eine rechnerunterstützte, aufgabenorientierte Programmierung.

Als Beispiel einer intelligenten Systemfunktion für die heute übliche bewegungsorientierte Programmierung kann ein Planungssystem für die optimale Bewegungsausführung gelten. Die Effizienz heutiger Robotersysteme läßt sich steigern, wenn für die Bewegungsplanung neben dem kinematischen auch das kinetische Übertragungsverhalten berücksichtigt wird. Im allgemeinen Fall ist das zugehörige dynamische Modell für mehrachsige Roboter sehr komplex, so daß eine entsprechende aufgabenspezifisch optimale Bewegung nur rechnerunterstützt ermittelt werden kann. Selbst ein erfahrener Anwenderprogrammierer wird im allgemeinen ohne die Unterstützung geeigneter Optimierungsalgorithmen keine objektive Systemoptimierung vornehmen können.

Wichtige Zielgrößen für einen effizienten Einsatz von Industrierobotern sind
- hohe Arbeitsgeschwindigkeiten bzw. geringe Taktzeiten und
- hohe technische Zuverlässigkeit.

Hohe Arbeitsgeschwindigkeiten und hohe technische Zuverlässigkeit stehen in Wechselwirkung zueinander. Ihre Verwirklichung hängt in entscheidendem Maße von der Ausnutzung der zulässigen Leistungsgrenzen ab und läßt sich nur durch geeignete Optimierungsstrategien erreichen.

Der durch Anwendung der optimalen Trajektorienplanung erzielbare Gewinn ist im Einzelfall abhängig von der

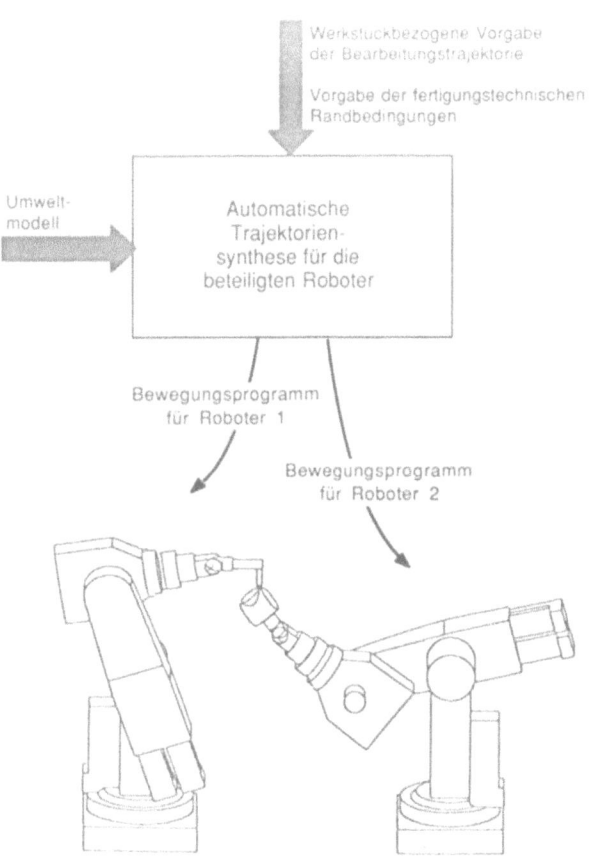

Bild 6. Bewegungsplanung für kooperierende Roboter

Art der Bewegungsaufgabe und der Dynamik des Robotersystems. Die größten Vorteile ergeben sich bei der Planung von PTP-Bewegungen, da hier der Bahnverlauf zwischen den einzelnen Arbeitspositionen in bestimmtem Umfang frei bzw. optimal wählbar ist. Es lassen sich hier, wie am Beispiel eines Scara-Roboters gezeigt wird, gegenüber einer nicht optimalen Bewegungsvorgabe Einsparungen von bis zu 40% beim gewählten Gütekriterium erzielen [35].

Als weiteres Beispiel einer intelligenten Systemfunktion läßt sich ein automatischer Planungsalgorithmus für die Bewegungssynthese kooperierender Industrieroboter nennen (Bild 6). Infolge der kontinuierlichen Kooperation von zwei oder mehr Industrierobotern läßt sich im Vergleich zum Bewegungsverhalten von Einzelkinematiken für bestimmte Fertigungsaufgaben eine wesentlich leistungsfähigere Gesamtkonfiguration realisieren [36]. Da die Erzeugung zeit- und raumsynchroner Bewegungsvorschriften für die beteiligten Kinematiken hohe Anforderungen an die Planungsintelligenz stellt, ist mit dem intuitiven Geschick des Menschen keine annähernd effiziente Bewegungssynthese durchführbar.

Am Institut für Produktionsanlagen und Konstruktionstechnik (IPK-Berlin) wurde ein im Hinblick auf die zur Verfügung stehenden Kinematiken universelles und in Relation zu den fertigungstechnischen Anforderungen umfassendes Verfahren zur automatischen, fertigungsaufgabenspezifischen, optimalen Bewegungssynthese von bahnbezogenen kooperierenden Kinematiken entwickelt. Zur praktischen Verifikation der Leistungsfähigkeit des entwickelten Planungsmoduls sowie der Realisier- und Synchronisierbarkeit des synthetisierten Bewegungsverhaltens mit kommerziell verfügbaren Komponenten wurde eine Fertigungszelle realisiert. Die wesentlichen Komponenten sind zwei sechsachsige Industrieroboter vom Typ Manutec r2 mit entsprechenden RCM-3-Robotersteuerungen von Siemens und das im Rahmen eines ESPRIT-Projekts am IPK entwickelte Off-line-Programmiersystem (Bild 7) [37].

Grundsätzlich bleibt festzustellen, daß der Off-line-Programmieransatz eine Neugestaltung des Programmiervorgangs und damit eine Verbesserung der Mensch-Maschine-Beziehung erlaubt. Das trifft zum einen die schon erwähnten unterstützenden Systemfunktionen in Richtung einer aufgabenorientierten Benutzeroberfläche und zum anderen eine grundlegende Veränderung des Programmierablaufs.

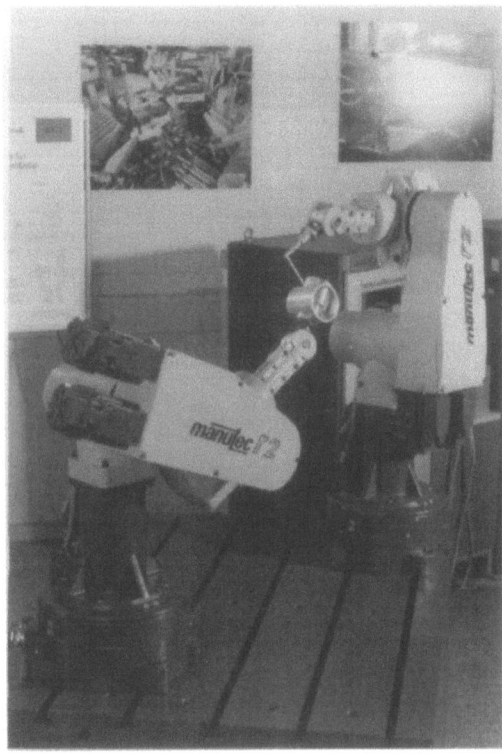

Bild 7. Realisierung im Versuchsfeld

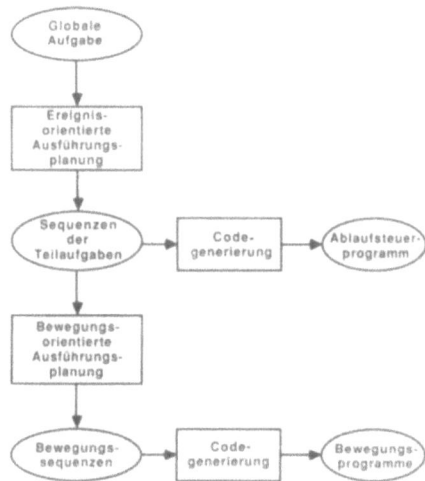

Bild 8. Ereignis- und bewegungsorientierte Planungsebenene

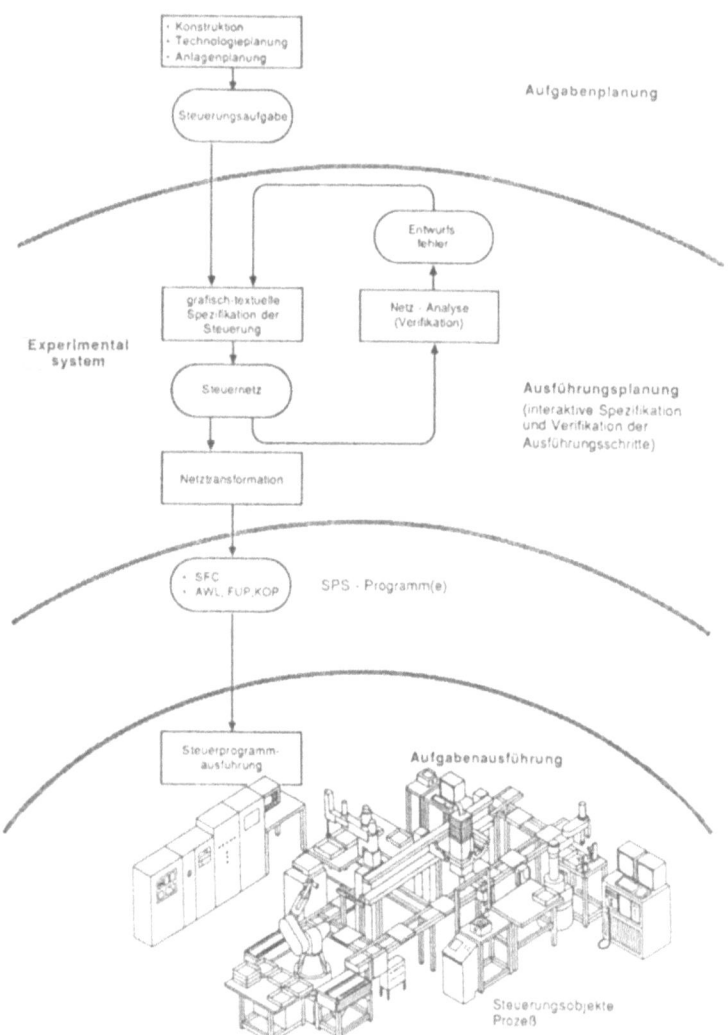

Bild 9. Programmierung von Fertigungsanlagen

Damit ist der Begriff der Programmierung künftig wesentlich weitreichender aufzufassen: nicht lediglich im Sinne der Definition der Arbeitsanweisung an das Robotersystem unter Verwendung einer Programmiersprache, als vielmehr im Sinne eines intelligenten, rechnerunterstützten Ausführungsplanungssystems. Dadurch wird der komplexe Programmiervorgang in Sequenzen niedriger Komplexität zerlegt. Im weiteren erlaubt die weitgehende Rückwirkungsfreiheit der einzelnen Planungsprozesse eine Modifikation nachgeordneter Planungsschritte, ohne vorangegangene Planungsschritte wiederholen zu müssen. Außerdem läßt sich mit der rechnergestützten Benutzerführung des Programmiersystems und die Möglichkeit der Systemoptimierung die Qualität der erstellten Anwenderprogramme wesentlich erhöhen.

Da der Roboter nur eine Teilkomponente des gesamten Fertigungssystems bildet, ist der Programmiervorgang im Sinne eines CIM-Systems langfristig noch wesentlich umfassender zu betrachten. Grundsätzlich lassen sich zwei Grundtypen von Programmen unterscheiden:
- ereignisorientierte (auch aktionsorientiert genannt) und
- bewegungsorientierte Programme (Bild 8).

Die höheren Hierarchieebenen des Fertigungssteuerungsmodells sind ereignisorientiert. Die Komponentensteuerungsebene enthält bewegungsorientierte Teilsysteme (z. B. Roboter, NC-Maschinen), die aber auch im begrenzten Umfang ereignisorientierte Funktionen haben. Andererseits gibt es auf dieser Ebene auch rein ereignisorientierte Steuerungen wie SPS und PC (Bild 9).

Die langfristige Zielsetzung einer effizienten Anwendung zukünftiger Off-line-Programmiersysteme erfordert eine Benutzeroberfläche, die dem Erfahrungsstand des Bedienpersonals angepaßt ist und eine einheitliche Programmierung verschiedener Fertigungskomponenten oder komplexerer Anlagen erlaubt.

Literatur

1. Köhler, G.W.: Historische Entwicklung der Manipulator-Technik. Robotersyst. 1 (1985) S. 121–127
2. Spur, G.; Auer, B.H.; Sinning, H.: Industrieroboter. Steuerung, Programmierung und Daten von flexiblen Handhabungseinrichtungen. München: Hanser 1979
3. Meier, H.: Werkstattprogrammierung mit CNC-Steuerungen am Beispiel der Drehbearbeitung. Reihe Produkt. tech. Berlin, Bd. 24. München: Hanser 1981
4. Prager, K.-P.: Kopplung externer Programmiersysteme für Industrieroboter. Reihe Produkt. tech. Berlin, Bd. 33. München: Hanser 1983
5. Pritschow, G.; Gruhler, G.: Selbstprogrammierung von Industrierobotern durch Führung im geschlossenen Sensorregelkreis. In: Steuerung und Regelung von Robotern; Tagung Langen, 12. und 13. Mai 1986. VDI-Ber. Nr. 598. Düsseldorf: VDI-Verlag 1986
6. Balling, G.; Fuehrer, D.: Einfache Programmerstellung für Roboter durch sensorgesteuerte Raumpunktgenerierung. Energ. & Autom. 9 (1987) H. 4, S. 12–14
7. Rembold, U.; Frommherz, B.; Hörmann, K.: Programmiertechnik für Industrieroboter – Stand und Tendenzen. Techn. Rundschau 95 (1986) H. 25, S. 96–108
8. Hocken, R.; Morris, G.: An overview of off-line robot programming systems. Ann. CIRP 35 (1986) No. 2, pp. 495–503
9. Morris, G.: Robot programming. M. Sc. Thesis, Univ. of Cambridge (U.K.) 1983
10. SIROTEC, PS 1.6 Off-line Programmiersystem. Bedien. anleit. Ausg. 11/1987. Siemens AG, Nürnberg 1987
11. ROPS-Roboter Offline/online Programmiersystem. Bedien. anleit. Ausg. 12/1987. Robert Bosch GmbH, Stuttgart 1987
12. Dokumentation zum ROBOTstar-Offline-Programmiersystem. Reis GmbH & Co, Obernburg 1988
13. Off-line-Programmiersystem. Beschreib. Ausg. 2/86. ASEA Industrie-Roboter GmbH, Friedberg 1986
14. Robcad technical description. Tecnomatix, Offenbach 1986
15. Christensen, N.L.; Koch, B.: CAD/CAM bis zur Robotersimulation und Off-line-Programmierung. Vortrag z. Aachener Koll. „Schweißen mit Robotern", Achen, 30.–31. März 1987
16. Catia exercises manual robotics. Version 2.0-Release 2.0, Schrift von Dassault Systems, Suresnes 1986
17. Catia-Computerunterstütztes graphisch interaktives dreidimensionales Anwendungssystem. Version 2.0-Release 2, Schrift vom IBM, Sindelfingen 1986
18. Weck, M.; Zühlke, D.; Niehaus, T.: Weiterentwicklung des Roboter Offline-Programmiersystems ROBEX und Einführung in die Praxis. KfK-PFT Ber. Nr. 98. Kernforsch. zentr. Karlsruhe 1985
19. Weck, M.; Niehaus, T.; Osterwinter, M.: An interactive model based robot programming and simulation workstation. Proc. IFIP/IFAC Working Conf. on off-line programming of industrial robots. Stuttgart, June 2nd–3rd, 1986. Amsterdam: North-Holland 1987
20. Dillmann, R.; Hornung, B.; Huck, M.: Interactive programming of robots using textual programming and simulation techniques. Proc. 16th Int. Symp. on ind. robots. Brussel (Belgium), Sept. 30th–Oct. 2nd 1986
21. Milberg, I.: Optimierung der Montagetechnik durch rechnerunterstützte Planungssysteme. Produkt. techn. Koll., Berlin 1986
22. Pritschow, G.; Storr, G.; u.a.: Off-line programming system with geometrical data recording by manually guided industrial robot. Proc. IFIP/IFAC Working Conf. on off-line programming of industrial robots. Stuttgart, June 2nd–3rd 1986. Amsterdam: North-Holland 1987
23. Duelen, G.; Bernhardt, R.: Off-line-Programmiersystem. ZwF 82 (1987) H. 6, S. 317–320
24. Warnecke, H.-J.; Altenhein, A.; u.a.: Off-line programming of wire harnesses, an example of task-oriented programming of industrial robots. Proc. IFIP/IFAC Working Conf. on off-line programming of industrial robots. Stuttgart, June 2nd–3rd 1986. Amsterdam: North-Holland 1987
25. Sprachdefinition IRL-INPRO. INPRO, Berlin, 28. Juni 1988
26. Duelen, G.; Bernhardt, R.: Demands on off-line programming systems for industrial robots. Proc. PROLAMAT, Paris 1985
27. Cortes, S.: Off-line robot programming: the state-of-the-art. The Industr. Robot 14(4) (1987) pp. 213–215
28. Richtlinie VDI 2863, Bl. 1: IRDATA-Programmierung numerisch gesteuerte Handhabungseinrichtungen – Allgemeiner Aufbau, Satztypen und Übertragung. Berlin: Beuth 1987
29. Zühlke, H.: Die IRDATA-Schnittstelle als Weiterentwicklung von CLDATA. KfK-PFT, Ber. Nr. 39. Kernforsch. zentr. Karlsruhe 1983
30. Spur, G.; et al.: Design rules for the integration of industrial robots into CIM systems. First and Second Interim Rep. for the Commiss. of Europ. Economic Community, Inform. Technol. Task Force, ESPRIT Project No. 75, Febr. 1984
31. Duelen, G.: Die Informationsarchitektur in datengetriebenen Fabriken. Produkt. techn. Koll., Berlin 1986
32. Duelen, G.; Held, J.; Kirchhoff, U.: Approach for the estimation of kinematic parameters and joint stiffness of industrial robots. Robotics and Flexible Autom. Proc. 5th Yugoslav Symp. on appl. robotics and flexible autom. Bled (Yugoslavia), 1st–4th June 1988
33. Bey, T.: CAD∗I: CAD-Systeme tauschen Volumenmodelle aus. wt Werkstattstechnik 78 (1988) H. 2, S. 84
34. Schlechtendahl, E.G. (Hrsg.): Specification of a CAD*I neutral file for solids. Version 2.1. Berlin: Springer 1986
35. Spur, G.; Kirchhoff, U.; et al.: Computer aided application. Program synthesis for industrial robots. In: CAD-based programming for sensor based robots. Nato advanced res. workshop, Il Ciocco (Italy), July 4th–6th 1988
36. Duelen, G.; Held, J.; et al.: Concept and algorithms for the coordinated optimized path control of two robots. 25th IEEE Conf. on decision and control, Athen 1988
37. Spur, G.; et al.: Planning and programming of robot integrated production cells. Proc. 4th Annual ESPRIT Conf. Brussels, Sept. 28th–29th 1987. Amsterdam: North-Holland 1987

Bearbeitung mit Robotersystemen – Wege zu neuen Anwendungen

G. Pritschow, Stuttgart

Inhalt. Ausgehend vom Vergleich der unterschiedlichen Anforderungen aus dem Bereich der Bearbeitung mit der Leistungsfähigkeit derzeitiger Robotersysteme, werden die Entwicklungsdefizite in der Robotertechnik deutlich gemacht, die sich als Hemmschwelle für eine breitere Anwendung darstellen. Im einzelnen werden neuere Lösungskonzepte diskutiert und einige vielversprechende Ansätze für weitere industrielle Anwendungen anhand von Beispielen gezeigt.

1 Einleitung

In den frühen siebziger Jahren führten die Fortschritte der Rechnertechnik zu wegweisenden Weiterentwicklungen der primär auf Werkzeugmaschinen zugeschnittenen NC-Technik [1]. Auf dieser weiterentwickelten NC-Technik baute die bis dato am Anfang stehende Robotertechnik auf. Der Ende der 70er Jahre einsetzende Aufschwung der Robotertechnik war mit eine Folge dieser günstigen Ausgangssituation. Die Anwendungsbreite beschränkte sich allerdings in erster Linie auf die Fertigungsbereiche Punktschweißen, Beschichten und zum Teil Bahnschweißen. Diese Bereiche entwickelten sich aus heutiger Sicht zu klassischen Einsatzfeldern, da hier ein großes Automatisierungspotential mit niedrigen Anforderungen einen wirtschaftlichen Roboterbetrieb ohne Einschränkung ermöglichte. Neben diesen Bereichen hat sich in jüngster Zeit auch für die Montage und Handhabung ein deutliches Wachstum eingestellt. Der Beitrag konzentriert sich allerdings auf den Bereich Bearbeitung und behandelt daher diesen Wachstumszweig nicht.

Frühe, aufgrund erster Anfangstendenzen erstellte Voraussagen über die Roboteranwendung in den Bearbeitungsbereichen zeichnete zunächst eine große Euphorie aus; der prognostizierte Aufwärtstrend stellte sich in den ersten Jahren auch ein. Wie die neuesten Statistiken jedoch deutlich zeigen, kehren die übertrieben hohen Wachstumsraten zur Normalität zurück [2].

2 Grenzen des Wachstums in den klassischen Einsatzfeldern

Die Analyse der diesjährigen Statistiken ergibt einen berechtigten Hinweis auf eine nun am Ende der 80er Jahre beginnende Sättigungsphase in den klassischen Bereichen. Es handelt sich dabei eindeutig um einen weltweiten Trend (Bild 1), dessen prinzipielle Ursachen sowohl in der anhaltend gedämpften Entwicklung der Welt- und der nationalen Volkswirtschaft als auch im gegenwärtigen Entwicklungsstand der Robotertechnik zu suchen sind. Auch die veröffentlichten Zahlen über die Roboteranwendung in der Bundesrepublik Deutschland [2] bestätigen diesen Trend (Bild 2). Bei genauerer Betrachtung lassen sich jedoch für zukünftige Entwicklungen der Robotertechnik wichtige Aspekte ableiten.

Im klassischen Bereich der Werkzeughandhabung – und hier insbesondere beim Beschichten und Punktschweißen – kann ein deutlicher Wachstumsrückgang festgestellt werden. Andererseits verzeichnen die Fertigungsbereiche Bahnschweißen, Werkstückhandhabung und Entgraten ungebrochen konstantes bzw. leicht steigendes Wachstum. In Bild 3 sind diese beiden gegensätzlichen Tendenzen grafisch dargestellt.

Als vordergründige Ursache dieser für die klassischen Einsatzfelder bereits vor Jahren vorhergesagten Tendenz [3] ist die Entwicklung vor allem in der Automobilindustrie zu nennen, wo sich das Einsatzpotential im Laufe der Zeit

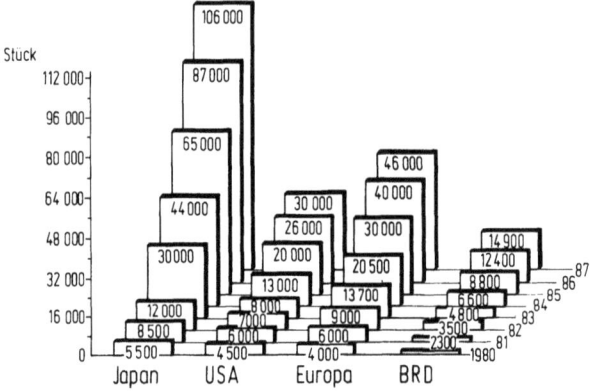

Bild 1. Roboterpopulation in Japan, in den USA und in Europa im Vergleich zur Bundesrepublik Deutschland 1987/88 [2, 3]

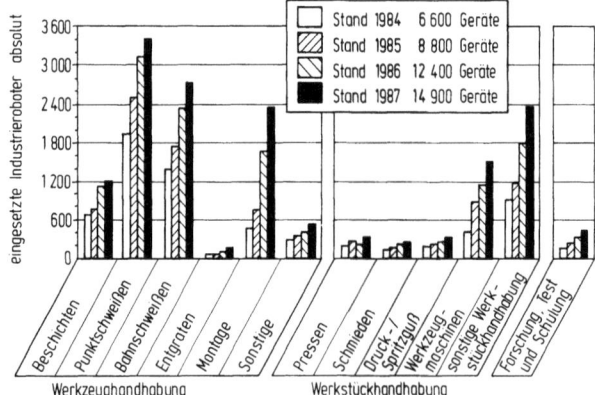

Bild 2. Wachstum der Roboteranwendung in der Bundesrepublik Deutschland 1987/88 [2]

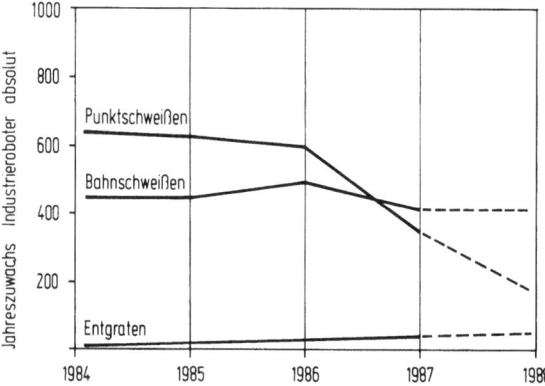

Bild 3. Tendenzen der Wachstumsentwicklung in Bereichen der Fertigungstechnik. —— Entwicklung nach Bild 2, --- erwartete Entwicklung

infolge von Sättigungserscheinungen erheblich verringert hat.

Hinsichtlich der Wachstumsentwicklung in den Fertigungsbereichen Bahnschweißen und Entgraten bleibt anzumerken, daß die systemtechnischen Anforderungen dieser Bereiche weit höher sind als die der klassischen Bereiche und daß sich deshalb das Wachstum an die jeweils aktuellen Entwicklungsfortschritte angepaßt hat.

Die komplexen Anforderungen sind also der Grund dafür, daß das gegenwärtige Automatisierungspotential nicht erschöpft ist und daß erst durch neue Entwicklungen eine weitere Steigerung der Robotereinsätze in diesen und auch darüber hinausgehenden Bereichen erreichbar sein wird.

Im weiteren wird dieser Beitrag die gegenwärtigen Tendenzen zur Ausweitung der Roboteranwendung im Bereich der flexiblen Bearbeitung behandeln. Dafür ist zunächst die Abgrenzung von Robotersystemen zur Werkzeugmaschine zu untersuchen.

3 Gegenüberstellung der Eigenschaften von Industrierobotern und Werkzeugmaschinen

Im Blickwinkel der zukünftigen flexiblen Bearbeitung mit Robotersystemen steht nicht nur die Ausschöpfung des vorhandenen Automatisierungspotentials typischer Anwendungsfälle, sondern auch die Erschließung neuer Fertigungsbereiche, deren Bearbeitungsaufgaben bisher nur manuell oder von konventionellen Werkzeugmaschinen durchgeführt wurden.

Eine Gegenüberstellung der spezifischen Eigenschaften von Robotersystemen und Werkzeugmaschinen liefert die wesentlichen Beurteilungskriterien, anhand derer im Einzelfall festgestellt werden kann, ob ein Bearbeitungsbereich für Industrieroboter grundsätzlich geeignet ist. Aus Tabelle 1 geht deutlich hervor, daß sich prinzipiell Roboter für die Bearbeitung eignen, wenn
- die Reaktionskräfte gering sind und
- eine begrenzte Systemgenauigkeit zulässig ist.

Bei der Auswahl bzw. der Konfiguration des Robotersystems ist zu beachten, daß es in Abhängigkeit von der Roboterbauart zwischen den Systemeigenschaften fließende Übergänge gibt. Optimale Robotersysteme werden günstigerweise mit einem Anforderungskatalog bestimmt, der festgelegte Präferenzen enthält.

4 Eigenschaftsanalyse von Robotersystemen zur Bearbeitung

Die Zielsetzung der ersten für die nordamerikanische Automobil- und Flugzeugindustrie prototypmäßig konzipierten Robotersysteme gab ausschließlich schnelle Positioniervorgänge vor. Die ersten Systeme zeichnete ein sehr einfacher mechanischer Aufbau aus, bei dem die linearen und rotatorischen Achsen lediglich kinematisch sinnvoll aneinander gereiht wurden. Zur Koordination der simultanen Achsbewegungen wurden sehr einfache, vielfach nur modifizierte Werkzeugmaschinensteuerungen verwendet. Moderne, weiterentwickelte Robotersysteme müssen jedoch optimal aufeinander abgestimmte steuerungs-, regelungs- und robotertechnische Komponenten aufweisen. Der Erfüllungsgrad dieser zentralen Forderung ist in den typspezifischen Eigenschaften und Leistungsmerkmalen des Robotersystems feststellbar wie
- Programmierbarkeit,
- Positioniergenauigkeit,
- Bahnverzerrung infolge von Schleppabständen und der nichtlinearen Kopplung der Lageregelkreise,
- erreichbare, konstante Bahngeschwindigkeit und
- Steifigkeit der Mechanik, d.h. das elastomechanische Verformungs- und Schwingungsverhalten der Roboterstruktur.

Die Wirtschaftlichkeit eines Roboters wird umso günstiger sein, je besser die roboterspezifischen Eigenschaften die aufgabenspezifischen Anforderungen erfüllen. Die Eigenschaften seriell hergestellter Robotersysteme werden jedoch nicht auf aufgabenspezifische Anforderungen zugeschnitten, sondern sollen unterschiedlichen Anforderungen in möglichst vielen Bereichen entsprechen.

Der Grund hierfür liegt einmal darin, daß die derzeit angebotenen Robotersysteme als Komplettgeräte Entwicklungszeiten von im allgemeinen mehr als fünf Jahren haben und zum anderen, daß mit dieser Entwicklungsstrategie eine Erhöhung der Flexibilität im Hinblick auf mögliche Anwendungsfelder erreicht wird. Über die Kostensenkung durch Stückzahlen führt eine derartige Systemflexibilität zu einer Wirtschaftlichkeit im globalen Sinne.

In Tabelle 2 sind die wesentlichen Anforderungen typischer Einsatzfälle an die Robotereigenschaften zusammengefaßt. Danach lassen sich Bearbeitungsbereiche finden, deren spezifische Anforderungen teilweise ähnlich sind, so daß ein auf Anforderungsgruppen abgestimmtes Robotersystem zu entsprechend hohen Stückzahlen führt.

Eine darüber hinausgehende Steigerung der Anwendungsflexibilität mit der Möglichkeit für hohe Einzelstückzahlen erhält man über ein modulares Konzept auf der Basis eines konfigurierbaren Baukastensystems für Gelenke und Verbindungselemente.

Tabelle 1. Gegenüberstellung der spezifischen Eigenschaften von Werkzeugmaschinen und Robotersystemen

Leistungsmerkmale	Robotersystem	Werkzeugmaschine
rot. Steifigkeit, Antrieb und Mechanik	$< 10^5$ Nm/rad	$> 10^7$ Nm/rad
Absolute Genauigkeit	> 1 mm	$< 0,02$ mm
Bearbeitungsgeschwindigkeit	> 1 m/s	$< 0,2$ m/s
Arbeitsraum	i.a. mehrfaches der Roboterkonstruktion	deutlich kleiner als Wzm-Konstruktion
Bauweise	flexibler Leichtbau	steif, robust
Preis	i.a. < Wzm	i.a. > Roboter

Tabelle 2. Anforderungen an Robotersysteme nach verschiedenen Anwendungsbereichen

Einsatz-fall	Steifig-keit	Bahnge-nauigkeit	Geschwin-digkeit	Bauteile	Achs-anzahl Minimum
Schweißen	> 0,1 N/µm	< 1 mm	> 20 mm/s	ia mittelgroß	5
Schleifen	> 1 N/µm	< 0,1 mm	> 100 mm/s	mittel bis klein	5
Entgraten	> 1 N/µm	< 0,5 mm	> 100 mm/s	mittel	5
Lackieren	> 0,1 N/µm	< 5 mm	> 1000 mm/s	groß	5
Sealen	> 0,5 N/µm	< 2 mm	> 100 mm/s	groß	6

Tabelle 3. Mittlere Leistungsfähigkeit derzeitiger Robotersysteme

Nr.	Leistungsmerkmale	Istzustand
1	abs./rel. Positionsgenauigkeit	1mm / 0,1 mm
2	Bahngenauigkeit	> 1 mm
3	Bahngeschwindigkeit	< 2 m/s
4	Abtastzeit	20 ... 100 ms
5	Betriebsmodus	Vorgabe fester Bewegungsprogramme
6	flexible, schnelle Programmierung	nicht realisiert
7	Sensorführung	ansatzweise u. nur bedingt
8	stat./dyn. Steifigkeit	< 10^5 Nm/rad / < 10 Hz
9	konstruktiver Aufbau	unflexibel, immobil
10	Nutzlasten	< 1000 N

Tabelle 4. Gegenüberstellung der Anforderungen und der Leistungsfähigkeit von Robotersystemen (Spalten 1 bis 10 s. Nr. in Bild 6)

Anforderungen \ Einsatzfall	1	2	3	4	5	6	7	8	9	10
Punktschweißen	×	×	×	×	×	–	–	×	×	×
Bahnschweißen	×	×	×	×	×	×	–	×	×	×
Lackieren	×	×	×	×	×	×	–	×	×	×
Sealen	×	×	×	×	×	×	O	×	×	×
Entgraten	×	×	×	O	×	O	O	O	×	×
Gußputzen	×	×	×	O	×	O	O	O	×	×
Schleifen/Polieren	O	O	×	O	×	O	O	O	×	×
Löten	O	O	×	×	×	O	O	×	×	×
Laserschweißen	O	O	×	×	×	O	O	×	×	×
Laserschneiden	O	O	×	O	×	O	O	×	×	×
Wasserstrahlschn.	O	O	×	O	×	O	O	×	×	×

Zeichenerklärung: × = erfüllt, O = nicht erfüllt, – = keine Anforderungen

5 Anwendungsgrenzen derzeitiger Systeme

Die Leistungsfähigkeit eines Robotersystems wird gemessen an den aufgabenspezifischen Anforderungen eines Einsatzbereichs, d. h., diesem Anforderungsprofil werden die charakteristischen Robotermerkmale zur
– Positions- und Bahngenauigkeit,
– Bahngeschwindigkeit und
– auf die Roboterstruktur wirkenden statischen und dynamischen Kräfte

gegenübergestellt. Dabei handelt es sich entweder um Grenzen einzelner Systemkomponenten (z.B. Abtastzeit der Robotersteuerung) oder wie bei der Genauigkeit um Grenzen, die sich aus dem Zusammenwirken mehrerer Systemkomponenten ergeben (z.B. der Mechanik, der geregelten Achsantriebe und der Anordnung und Eigenschaften der Meßsysteme).

Tabelle 3 gibt den Stand der Technik gegenwärtig auf dem Markt angebotener Robotersysteme anhand von Leistungskenngrößen wieder.

Aus der in Tabelle 4 vorgenommenen Gegenüberstellung der Anforderungen der Einsatzfelder und der verallgemeinerten Leistungsfähigkeit derzeitiger Robotersysteme lassen sich neue Zielsetzungen für die notwendigen robotertechnischen Entwicklungen kommender Jahre ableiten. Damit auch die bisher „weißen" Bearbeitungsbereiche der Robotertechnik zugänglich werden, ist ein weiterer Fortschritt dringend notwendig auf den Gebieten der
– multifunktionalen Sensorsysteme,
– Robotergenauigkeit,
– schnell reagierenden Steuerungen,
– effizienten Programmiertechniken,
– Regelungstechnik,
– Modularität und Mobilität von Robotersystemen.

6 Erweiterung der Anwendungsfelder durch neue Entwicklungen

Aus der Gegenüberstellung von Anforderungen und dem gegenwärtigen Stand der Technik läßt sich die Forderung ableiten nach der Entwicklung
– neuer Robotersystemkomponenten und der
– zielgerichteten Vervollständigung vorhandener Problemlösungen.

Im folgenden wird über vielversprechende Entwicklungen und Lösungsansätze zu den erwähnten technischen Feldern mit Nachholbedarf berichtet.

6.1 Sensorsysteme

An diesen Bereich werden hinsichtlich der Erschließung neuer Einsatzfelder die größten Erwartungen gestellt, da das Sensorsystem zusammen mit geeigneten Steuer- und Regelkonzepten dem sonst gefühllosen und blinden Roboter die Fähigkeit verleiht, auf einen nicht vorhersagbaren, jedoch umgebungsspezifischen Einfluß zu reagieren. Aus regelungstechnischer Sicht stellen die Sensorsysteme als Meßeinrichtung die Istwerterfassung eines externen, geschlossenen Regelkreises sicher, d.h., die Rückkopplung der Sensorsignale führt zu einer *kontrollierten* Wechselwirkung zwischen dem Bearbeitungsprozeß und dem Roboter (Bild 4).

Im allgemeinen lassen sich die meßtechnischen Anforderungen der eingangs vorgestellten Bearbeitungsbereiche auf die Erfassung von
– geometrischen Größen wie Abstand, Orientierung und Lage sowie
– mechanischen Größen wie Kräfte und Momente

reduzieren. Zunehmend werden auch werkzeugorientierte Sensoren gefordert, die technologische Prozeßzustände erfassen (z.B. Fortschrittskontrolle beim Schleifen oder Entgraten), und solche, die zur Erhöhung der absoluten Positions- und Bahngenauigkeit dienen können.

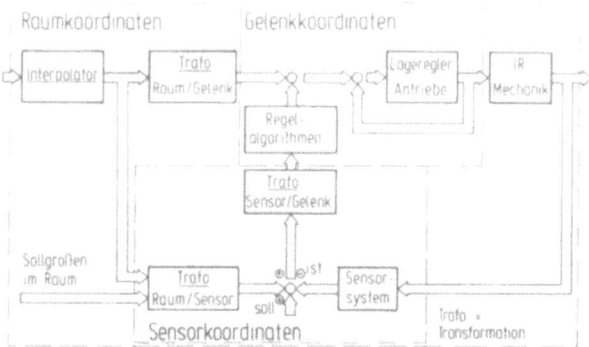

Bild 4. Sensorsysteme als Meßeinrichtungen von externen Sensorregelkreisen

6.1.1 Geometriesensorsysteme

Die Sensorsysteme zur Erfassung von *geometrischen Größen* weisen derzeit sowohl den höchsten Entwicklungsstand als auch den größten Verbreitungsgrad in der Robotertechnik auf. Die einfachsten Vertreter dieser Systemgruppe sind die Abstandssensorsysteme.

Das Kennzeichen dieser Systeme ist die Erfassung des relativen Abstands eines robotereigenen Bezugspunktes zu einem Flächenpunkt der Umgebung, in der Regel des Werkstücks, durch einen oder mehrere Sensoren. Mit diesen Sensordaten und den programmierten prozeßabbildenden Algorithmen werden aufgabenspezifische Bahnkorrekturwerte ermittelt und zur Prozeßführung bereitgestellt. Abstandssensoren gibt es in Form von

- taktilen und
- berührungslosen

Systemen. Im folgenden werden stellvertretend zwei typische Systeme vorgestellt.

Das Prinzip eines dreidimensionalen Sensorsystems [4], das aus vier autonomen Abstandsmeßeinheiten aufgebaut ist, erläutert Bild 5. Mit Hilfe dieses Sensorsystems werden die Orientierungswinkel U, V und der Abstand der Flächennormalen ermittelt. Auf diesem Prinzip basiert die automatische Programmierung zur Oberflächenabtastung mit Hilfe von Sensorregelkreisen. Die aus einem Scannvorgang gewonnenen werkstückspezifischen Geometriedaten stellen dann als Bahndaten die notwendige Voraussetzung zum Bearbeiten von gekrümmten Flächen (z.B. zum Auftragsschweißen abrasiv belasteter Extruderschnecken) dar.

Seit einiger Zeit bieten im Bereich des Bahnschweißens Roboter- und Schweißanlagenhersteller optische, auf dem Triangulationsprinzip beruhende Sensorsysteme zur Findung der Fugenmitte und zur automatischen Nahtführung an. Der wesentliche Nachteil bisheriger Systeme ist eine deutliche Einschränkung des Arbeitsraums infolge der relativ großen Sensorgehäuse und der notwendigen Schutzmaßnahmen gegen Spritzer des Schweißbades [5].

Ein aktuell von der DFVLR [6] entwickeltes optisches Sensorsystem, das einen Meßbereich von 5 bis 50 cm aufweist und mit den Miniaturabmessungen von etwa 50 mm × 25 mm × 15 mm wohl eines der kleinsten bekannten Systeme ist, behebt diese systembedingten Mängel und erlaubt damit zum Beispiel die Durchführung von Schweißoperationen auch an bisher nur manuell zugänglichen Nahtstellen (Bild 6).

6.1.2 Kraft- und Momentensensorsysteme

Auf den Gebieten Entgraten und Gußputzen sind weitere Fortschritte nur mit Regelkreisen erreichbar, die zur Füh-

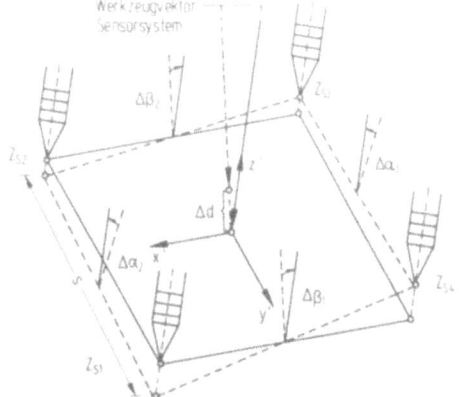

Bild 5. Ein dreidimensionales Geometriesensorsystem [4]. Sensorsystem —— ausgeregelt, --- nicht ausgeregelt

Bild 6. Eines der kleinsten bekannten optischen Sensorsysteme [6]

Tabelle 5. Einige verfügbare Kraft- und Momentensensorsysteme sowie ein Geometriesensorsystem als Programmiergriffel [7]

	Hersteller	Freiheitsgrade	Steifigkeit	Meßbereich N /[Nm	Basis	Preis ca. DM
steife Sensorsysteme	Schunk	6	2900 Nm/rad	100/2	DMS	15 000
	Kistler	6	10 N/μm	400/14	DMS	auf Anfrage
	Seitner	6	50 N/μm	500/5	DMS	11 000
	DFVLR/Prototyp	6	50 N/μm	100/2	DMS	-
	Basys	3	-	-	Piezo	19 000
	Hitachi	6	-	500/30	DMS	16 000
elastische	DFVLR/Prototyp	6	0,1 - 0,5 N/μm	500/12	optisch	-
	Bosch/Prototyp	3	150 Nm/rad	-	DMS	-
geom.	ISW/Prototyp	6	→ 0	Nur Geometrie	opt./indk.	-

rung des Bearbeitungsprozesses mit mehrdimensionalen Kraft- und Momentensensorsystemen arbeiten. Die prinzipielle Aufgabe dieser Systeme besteht darin, die beim Zerspanprozeß oder Anschnitt entstehenden Reaktionskräfte und -momente vektoriell zu erfassen. Bisherige Systeme, die in der Regel auf DMS-Basis oder dem Piezo-Prinzip aufgebaut sind, erforderten zur Entkopplung der drei Kräfte und Momente die Nachschaltung eines separaten Sensorrechners. Bei neueren Sensorsystemen kann eine in SMD-Technik ausgeführte Auswerteelektronik dagegen vollständig in das Sensorsystem integriert werden.

Die große Zahl derzeit auf dem Markt angebotener Systeme zeichnet ein hohes technisches Niveau aus. Als ein wesentliches Unterscheidungsmerkmal ist jedoch die Steifigkeitskennlinie zu sehen (Tabelle 5). Man unterscheidet Sensorsysteme mit

- weichem, elastischen und
- steifem

Verhalten.

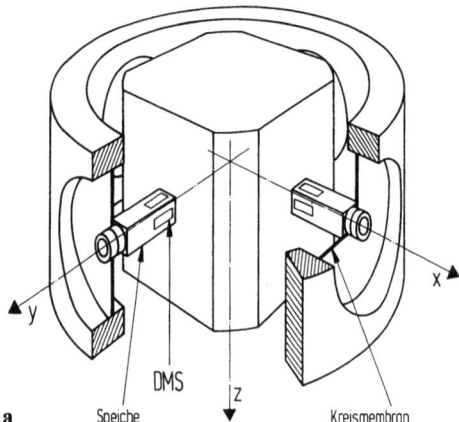

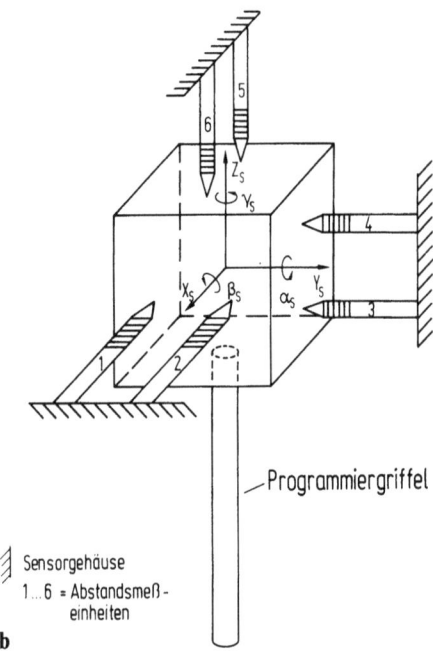

Bild 7a und b. a Kraft- und Momentensensor (Prototyp/Werkbild Kistler) und **b** Prinzip des Programmiergriffels [7]

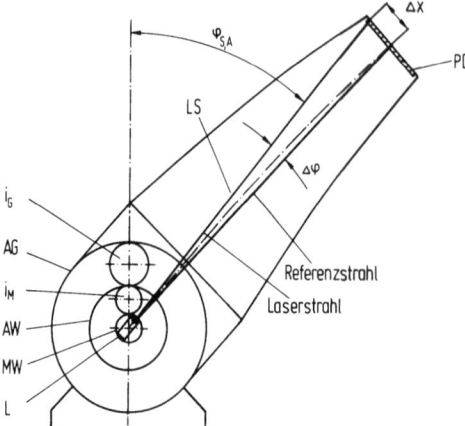

Bild 8. Prinzip des Sensorsystems mit integriertem Laserstrahl.
$\varphi_{S,A}$ Sollwert für Roboterarm   AG   Achsgehäuse
$\Delta\varphi$ Korrekturwinkel   AW   Achsmotorwelle
Δx Positionsabweichung   MW   Meßgetriebewelle
PD   Positionsdetektor   L   Laser
i_G Achsgetriebeübersetzung   LS   Laserstrahl
i_M Meßgetriebeübersetzung

Steife Sensorsysteme sind zur Regelung spanender Bearbeitungsprozesse oder zur Überwachung mechanischer Roboterbelastungen, die sich beispielsweise bei schnellen Bewegungsvorgängen durch dynamische Kräfte ergeben, notwendig. Modular aufgebaute Systeme, bei denen sich Kombinationen von elastischen und steifen Sensorsystemen konfigurieren lassen und somit eine Multifunktionalität des Gesamtsensorsystems gewährleisten, erhöhen infolge des anwählbaren Betriebs – steif oder elastisch, verriegelt, nicht verriegelt – die Anwendungsflexibilität [6].

Das Hautpanwendungsgebiet der elastischen, weichen Sensorsysteme ist die sensorgeführte Montage, wo eine gewissen Nachgiebigkeit als Systemeigenschaft erwünscht ist. Im Gegensatz dazu ist bei der sensorgeführten Programmierung mittels Programmiergriffel (Bild 7) die geometrische Lage eines Maßkörpers innerhalb des Sensorkoordinatensystems zu erfassen, wobei Reaktionskräfte unerwünscht sind. Es handelt sich hierbei um eine reine Geometrieerfassung.

6.1.3 Genauigkeitserhöhung durch integrierten Laserstrahl in der Roboterkinematik

Einen noch weitgehend an den Hochschulen bearbeiteten Forschungsschwerpunkt stellen die Arbeiten zur Erhöhung der absoluten Positions- und Bahngenauigkeit insbesondere von Knickarmrobotern dar [9]. Die Aufgabe dieser Entwicklungsarbeiten besteht darin, die

- statischen (Eigengewicht, Last, Temperatur) und
- dynamischen (Massenträgheitsmomente)

Verformungen der Getriebe und der Roboterarme, die als Positions- und Bahnfehler in Erscheinung treten, zu eliminieren.

Der Grundgedanke des vorliegenden Ansatzes geht davon aus, daß die exakte Lage zweier Gelenke durch zwei über Laserstrahl verbundene Punkte gegeben ist, wobei auftretende Verformungen als Abstandsfehler erfaßt und als Korrekturwerte über die Lageregelung verarbeitet werden. Die Meßebene zur Erfassung des Abstandsfehlers ist zum Laserstrahl orthogonal angeordnet. Der in Bild 8 dargestellte Aufbau – es sind prinzipiell mehrere Varianten möglich – besteht im wesentlichen aus einem parallel zum Hauptgetriebe geschalteten

- unbelasteten Meßgetriebe, das den Laserstrahlsender führt, und einem
- Empfängerarray als Meßeinheit.

Die Positionsabweichung Δx wird als Führungsgröße des Lagereglers der Achse überlagert und damit kompensiert.

Ein charakteristisches Kennzeichen dieses Sensorsystems ist seine hohe Auflösung. Diese Systemeigenschaft eröffnet neue Möglichkeiten für weiterführende Ansätze zur spanenden Bearbeitung mit Robotersystemen:

- Entwicklung neuer Konzepte für Kraftregelungen ohne zusätzliche Kraft- und Momentensensorsysteme,
- Entwicklung von Lösungsansätzen zur Erhöhung der im spanenden Bearbeitungsprozeß mit Robotern konventioneller Bauart erreichbaren Werkstückgenauigkeiten und
- neue Leichtbauweisen ohne Genauigkeitseinbußen.

6.2 Robotersteuerungen

Ein Robotersystem für Bearbeitungsaufgaben erfordert in mehrfacher Hinsicht eine leistungsfähige Robotersteuerung. Neben den zentralen Steuerungsfunktionen

- Bahnplanung im kartesischen Raum,
  lineare Interpolation,
  zirkulare Interpolation;
- Vorwärts- und Rückwärtstransformation

verlangt die Vielschichtigkeit der Bearbeitungsaufgaben von

einem modernen Steuerungskonzept die Realisierung folgender Leistungsmerkmale:
- effiziente Programmierung der Geometrie und Technologie (sensorgeführt, CAD-unterstützt),
- Vernetzbarkeit im DNC-Betrieb,
- Überwachungsfunktionen,
- Implementierung neuer Regelkonzepte zur besseren Beherrschung der hochgradig nichtlinearen Regelstrecken und
- Implementierung von externen Sensorregelkreisen zur Führung des Bearbeitungsprozesses.

Die hard- und softwaremäßige Umsetzung dieser Anforderungen führt zu einem Steuerungskonzept mit folgendem Leistungsprofil:
- Satzwechselzeiten < 20 ms,
- Interpolations- und Transformationszeiten < 5 ms,
- Abtastzeit im Sensorregelkreis < 5 ms,
- Abtastzeit für die Geschwindigkeitsregelung < 0,2 ms,
- Hardwarestruktur auf 32-bit-Prozessorbasis.

6.3 Regelungstechnik

Neben hohen Abtastraten für die Lage- und Sensorregelkreise muß die Robotersteuerung zusätzlich ausreichende Rechnerleistung anbieten, damit neue leistungsfähige Regelalgorithmen implementiert werden können [7, 9, 10]. Die Notwendigkeit dieser Forderung begründet sich durch zwei Aspekte:
- Für Regelentwürfe zur Erhöhung der Bahngenauigkeit, die über konventionelle lineare Entwürfe hinausgehen, muß der Roboter als ein massenbehaftetes, elastisches Mehrgrößensystem mit einem Satz von gekoppelten, nichtlinearen Differentialgleichungen beschrieben werden [11-20].
- Bearbeitungsprozesse, deren relevante Prozeßgrößen nur mit einem mehrdimensionalen Sensorsystem bestimmbar sind, erfordern Regelkreisstrukturen, die bisher mit keiner marktgängigen Robotersteuerung realisiert werden können [10, 21-23].

Moderne fertigungstechnische Zielsetzungen erfordern darüber hinaus eine
- Erhöhung der Dynamik im gesamten Arbeitsraum, d.h. schnelles Ausregeln der dominanten Eigenschwingungen und Verringerung der Bahngenauigkeitsfehler, sowie die
- Verbesserung des Stör- und Adaptionsverhaltens der Sensorregelkreise sowie ihrer Dynamik.

Für kraftschlüssige Bearbeitungsprozesse sind im wesentlichen zwei Regelstrukturen für industrielle Anwendungen bekannt:
- Kraftregelung über Position und Stellmomente [21, 22],
- Kraftregelung über die Position [9, 10].

Bei der Kraftregelung über Position und Stellmomente handelt es sich um eine explizite Kraftregelung, d.h., die sechs Freiheitsgrade eines Koordinatensystems (z.B. des bahnbegleitenden Dreibeins) werden in Positions- und dazu orthogonale Kraftfreiheitsgrade eingeteilt, wobei die Zuordnung der Freiheitsgrade (z.B. in Normalen- und Tangentialrichtung) zur Bahn in jeder Arbeitssequenz mit einer zu generierenden Selektionsmatrix erfolgt. Das charakteristische Kennzeichen dieser Regelstruktur ist die Schließung des Kraftregelkreises auf Gelenkebene und die Addition der Kraftabweichung zu den selektierten Eingängen der Geschwindigkeitsregelkreise. Damit ergibt sich der Vorteil einer hohen Dynamik im Kraftregelkreis. Einen wesentlichen Nachteil stellen allerdings die extrem rechenzeitintensiven Transformationen mit der Jacobi-Matrix und ihrer Inversen dar.

Bei der weniger dynamischen Kraftregelung über die Position werden die Sensorregelkreise auf der Ebene der Sensorkoordinaten geschlossen. Die ermittelten Kraftabweichungen zum Sollwert der aufgabenspezifisch aufgeteilten Kraftfreiheitsgrade gehen dabei in Positionskommandos über, die dann mit einer relativ einfachen Matrizenmultiplikation der Orientierungsmatrix in den kartesischen Raum transformiert und von dort mit der konventionellen roboterspezifischen Transformation in das Gelenkkoordinatensystem überführt werden.

Darüber hinaus stehen zusätzlich technologische Regel- und Stellgrößen in Form der Leistung und Vorschubgeschwindigkeit zur Verfügung.

6.4 Modularität

Ein Ergebnis der Eigenschaftsanalyse bei Robotersystemen war die Feststellung, daß die Wirtschaftlichkeit eines Roboters besonders günstige Voraussetzungen hat, wenn die Robotereigenschaften auf die aktuellen Anforderungen der Bearbeitungsaufgabe gut abgestimmt sind. In der Konsequenz bedeutet dies, daß das Robotersystem entsprechend diesen Anforderungen konfigurierbar sein sollte. Diese Möglichkeit bietet ein modulares Roboterbaukastensystem [24].

Der Grundgedanke beruht darauf, daß sich ein Gelenkarmroboter als kinematische Kette aus Kombination von Dreh- und Schwenkbewegungen aufbauen läßt. Die Dreh- und Schwenkbewegungen lassen sich in einem einzigen konstruktiv entsprechend gestalteten Gelenkmodul erzeugen. Das Modul (Bild 9) besteht aus einem Differentialgetriebe mit *zwei* innenliegenden Motoren mit Getrieben, Weg- und Geschwindigkeitsmeßsystemen und den Adaptern zu den Achsverbindungselementen, so daß der verfügbare Bauraum optimal genutzt wird.

Die prinzipiellen Variationsmöglichkeiten der Bewegungserzeugung beim Basismodul erlauben in Verbindung mit einfachen mechanischen Übertragungselementen den Aufbau einer kompletten Reihe von Antriebselementen, aus denen sich dann unterschiedliche kinematische Ketten konfigurieren lassen (Tabelle 6).

Die Voraussetzung zu dieser kompakten, modularen Bauweise bietet die Anwendung von wartungsarmen und bauraumsparenden Asynchron- bzw. Synchronmotoren mit einer auf Mikrorechnerbasis kostenminimal gelösten digitalen Drehzahlregelung, womit ein günstiges Preis-Leistungs-

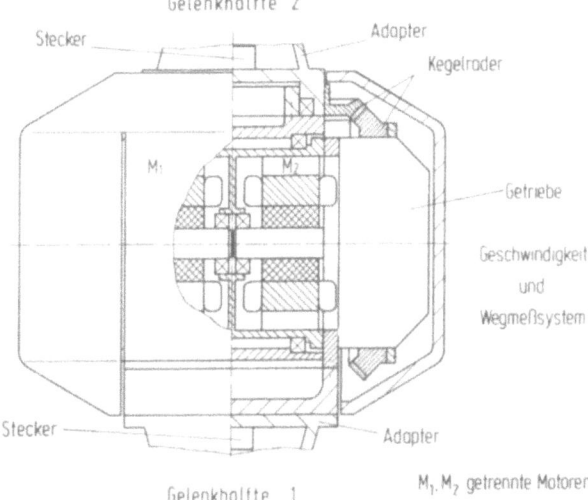

Bild 9. Prinzipieller Aufbau des Basismoduls für zweiachsige Bewegung [24]

Tabelle 6. Antriebselemente des modularen Systems

Elemente des modularen Systems	Anzahl d Freiheits grade	Bewegungs-art	Anwendungsmöglich-keit in kinemati-schen Strukturen
	1	Rotation	Schwenken
	2	Rotation	Schwenken - Drehen / Drehen - Schwenken
	2	Translation / Rotation	Schwenken - Linear / Linear - Schwenken
	3	Rotation	Drehen - Schwenken - Drehen
	2	Rotation	Schwenken - Schwenken

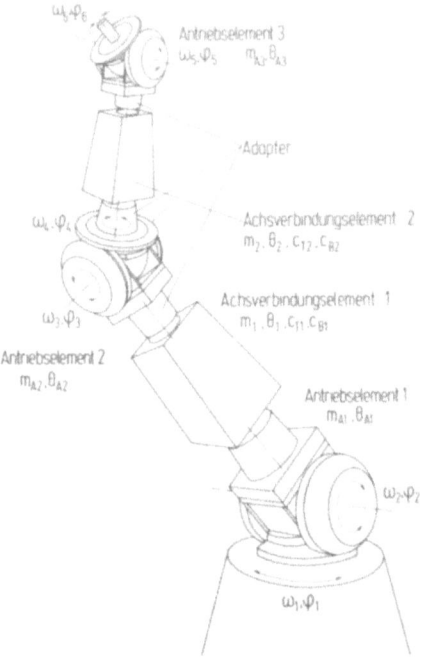

Bild 11. Kompletter sechsachsiger Gelenkroboter, aufgebaut aus drei Antriebsmodulen

Bild 10a und b. Zwei Antriebselemente einer Baureihe (Werkbild Arnold Müller Antriebs- und Regeltechnik GmbH, Kirchheim/Teck). **a** Nennmoment 1200 Nm, Maximalmoment 3000 Nm; **b** Nennmoment 60 Nm, Maximalmoment 120 Nm

verhältnis erzielbar ist. Die derzeitige Baureihe (Bild 10) bietet fünf modulare Antriebselemente, deren Momenten- und Drehzahlbereiche einen breiten Anwendungsbereich abdecken ($M_d = 60$ Nm ... 2000 Nm) [25].

Bild 11 zeigt einen kompletten Gelenkroboter, der aus nur drei Antriebsmodulen konfiguriert wurde, jedoch ein vollständiges 6-Achsen-Gerät darstellt.

6.5 Mobilität

Für die Reihe von fertigungstechnischen Aufgaben sind Robotersysteme auf einer spurungebundenen, beweglichen Basis von besonderem Vorteil. Der lokale, nur durch die Roboterkinematik definierte Arbeitsraum wird mit der Installation des Robotersystems auf einer solchen Aufstellfläche zu einem quasi unbegrenzten Arbeitsraum erweitert. Hinsichtlich der Art der Beweglichkeit gibt es bereits zwei grundsätzlich unterschiedliche Ansätze [26]:
– fahrzeuggebundene und
– step-by-step oder schrittgebundene
Fortbewegung.

Im Gegensatz zu der konventionellen, mit Fahrzeugen durchgeführten Bewegung ist die zweite Bewegungsart den Lebewesen, insbesondere den Menschen und vierbeinigen Tieren, nachempfunden. Diese Bewegungserzeugung ist für fertigungstechnische Anwendung nicht interessant, dafür stellt sie in besonderen Gefahrenbereichen, bei Stufen oder bei Unterwasserwartungsarbeiten an Ölleitungen eine mögliche Bewegungsart dar.

In der Fertigungstechnik wird gegenwärtig zur weiteren Flexibilisierung von fahrerlosen Flurförderfahrzeugen das Konzept des spurungebundenen Fahrzeugs entwickelt, das sich ohne Leitlinien frei im Raum bewegen kann (Bild 12) [27–29]. Bestückt man ein solches Fahrzeug mit einem Roboter, so erhält man einen autonom mobilen Roboter. Die Fahrzeuge bewegen sich *autonom* mit Hilfe
– einer Fahrzeug-Bahnsteuerung,
– von Sensor- und Navigationssystemen und
– eines Leitrechners
innerhalb ihres definierten Bewegungsbereichs.

Die autonome Bewegung entlang einer beliebigen, vom Leitrechner vorgegebenen Trajektorie wird erzielt, indem die inertialen Sensor- und Navigationssysteme kontinuierlich oder im Zeitraster die momentane Raumposition über Koppelnavigation ermitteln, die dann mit der im Fahrzeugrechner abgelegten Bahn bzw. Bahnposition verglichen und mittels der Lenkantriebe korrigiert wird. Die Zielfindung sowie die Synchronisation mit den stationären Fertigungseinrichtungen – Andocken – ist zunächst Aufgabe der Fahrzeugsteuerung.

Der Leitrechner, der mit der Fahrzeugsteuerung über Funk oder Infrarot kommuniziert, übernimmt neben den organisatorischen Aufgaben (z.B. Auftragsverwaltung, Disposition) die zentrale Aufgabe der Verkehrsregelung, d.h. Kollisionsüberwachung und Bereitstellung von Strategien für Ausweichmanöver bei Hindernissen oder beim Kreuzen von anderen Verkehrsteilnehmern. Die Verkehrssituation in der gesamten Anlage muß also entsprechend dem aktuellen Weltmodell in einer On-line-Simulation nachgebildet werden.

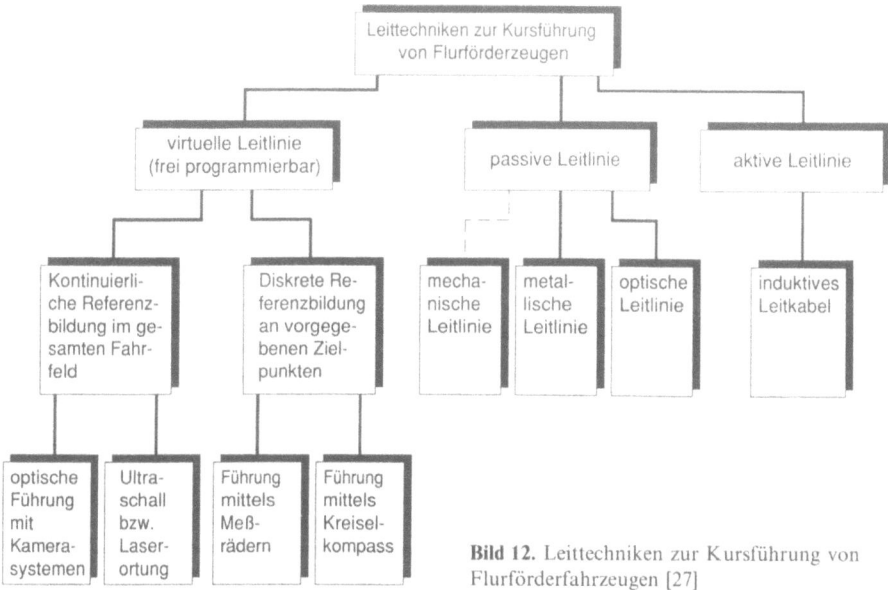

Bild 12. Leittechniken zur Kursführung von Flurförderfahrzeugen [27]

Für die Zukunft eröffnen derart mobile Robotersysteme gänzlich neue Einsatzmöglichkeiten im Bereich der Montage, Handhabung sowie Bearbeitung. Im einzelnen eröffnen sich damit für folgende Aufgaben neue Lösungsmöglichkeiten:
- Verknüpfung mehrerer räumlich ausgedehnter Montagevorgänge,
- Schweißen, Schneiden, Bohren und Schleifen von Großteilen im Schiffsbau, Bergbau und Anlagenbau,
- flexible Durchführung von Maschinenbeschickung und
- Stand-by-Redundanz zur Erhöhung der Verfügbarkeit von Produktionsprozessen durch „Roboterspringer".

Das mittelfristige Hauptziel besteht in der Vervollkommnung und Integration dieser Neuentwicklung in die rechnerintegrierte Fabrik zur Flexibilisierung der Transport-, Montage- und Bearbeitungsaufgaben.

6.5.1 Stand der Entwicklung am Beispiel des Transportsystems FLEXL

Am Institut für Steuerungstechnik der Universität Stuttgart ist ein neuentwickeltes fahrerloses Transportsystem – FLEXL – als Bestandteil des Materialflusses einer Pilot-CIM-Fabrik eingebunden (Bild 13). Das Fahrzeug arbeitet spurungebunden und kann sich flächenorientiert im beliebigen Orientierungswinkel zu seiner Längsachse bewegen. Das Kennzeichen der Fahrzeugkinematik sind also drei Freiheitsgrade. Die Antriebe sind so angeordnet, und der Fahrzeugaufbau ist so gestaltet, daß sich ein
- minimaler Raumbedarf bei Kurvenfahrt,
- eine hohe Beweglichkeit im Arbeitsraum und
- ausreichende Bahngenauigkeit

ergeben. Das Fahrzeug kann über den Abrolleffekt der Antriebskinematik im Stand jeden beliebigen Orientierungswinkel zur Fahrzeugmittenachse einnehmen, ohne die Oberfläche des Bodens und die Räder auf Abrieb zu beanspruchen.

Die Fahrzeugsteuerung enthält einen Bordrechner mit den wesentlichen Funktionsblöcken
- Bewegungserzeugung,
- Sensordatenverarbeitung,
- Kommunikationstechnik und
- Navigationstechnik.

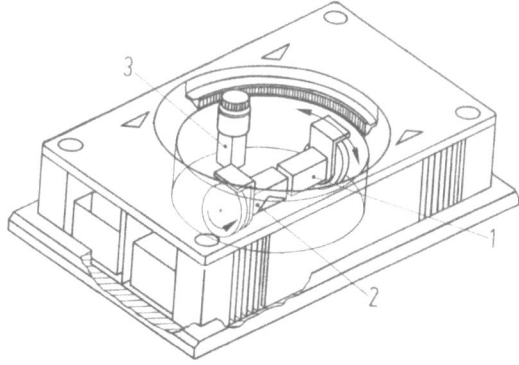

Bild 13. Transportsystem „FLEXL". *1, 2* Fahrzeugantriebe, *3* Antrieb für Orientierung (drei Antriebe – drei Freiheitsgrade)

Der Befehls- und Datenaustausch mit dem Leitrechner ist auf der Basis eines besonders störlichtsicheren Infrarot-Signalübertragungssystems [28] realisiert.

7 Neuartige Ansätze für Problemlösungen im Bereich Bearbeitung

Im folgenden werden Beispiele für Problemlösungen vorgestellt, die an den Roboter komplexe Anforderungen stellen. Dabei werden konventionelle Lösungen mit Ansätzen verglichen, die auf der bereits weiterentwickelten Sensortechnik aufbauen. Diese Gegenüberstellung soll einmal die begrenzten Einsatzmöglichkeiten konventioneller Systeme deutlich machen und zum anderen die neuen Entwicklungsperspektiven zeigen.

7.1 Entgraten und Gußputzen

Problemstellung

- Bei der spanenden Bearbeitung müssen Aufspanntoleranzen und Formtoleranzen der Werkstücke berücksichtigt werden,
- die geometrische Gratlage und die vorkommenden Gratausprägungen sind immer werkstückspezifische Größen, insbesondere bei Gußteilen.

Aufgabenstellung

- Abtrennen von lageunbestimmten Gratausprägungen,
- Ausgleich der geometrischen Toleranzen,
- Erzeugung einer definierten Werkstückkontur.

Der Entgratvorgang muß mit wirtschaftlichen Bahngeschwindigkeiten $v_B > 50$ mm/s durchgeführt werden.

Lösungsansätze

Bekannte konventionelle Lösungen

Das Robotersystem führt eine Bearbeitungseinheit, die im Freiheitsgrad der Normalenrichtung einen auf konstanten Druck beaufschlagten Pneumatikzylinder integriert hat [31], um der Kontur nachgiebig zu folgen. Dieses Konzept ist zusätzlich kombinierbar mit einer Regelung auf konstante Abtragsleistung, wobei die Bahngeschwindigkeit als Stellgröße definiert wird.

Die Anwendung wird begrenzt, weil

- die Normalkraft nur unzureichend über Regelungsstrategien beeinflußbar ist,
- zur Gewährleistung der Normalenrichtung eine genaue Konturprogrammierung erforderlich ist,
- die Gratentfernung nicht garantiert ist,
- der derzeit noch sehr niedrige Abtastzyklus der Steuerung (> 50 ms) die Bahngeschwindigkeit bei der Leistungsregelung auf unwirtschaftliche Werte begrenzt.

Sensorregelungen mit hoher Dynamik

Das Robotersystem führt eine Bearbeitungseinheit, die mit einem integrierten zweidimensionalen Sensorsystem ausgerüstet ist, entlang der grob programmierten Kontur und gleicht dabei die Geometriefehler aus (Bild 14); verwendete Werkzeuge sind Schaftfräser und Schleifstifte. Folgende Sensorregelungen sind möglich:

- Normalkraftregelung mit Adaption der Geometrie zur Berechnung der aktuellen Normalenrichtung,
- Leistungsregelung und Geometriedatenverarbeitung zur Sicherstellung der Gratentfernung.

Die Regelungen sind separat oder in Abhängigkeiten einer Regelungsstrategie einsetzbar und werden darüber hinaus durch Technologiefunktionen (wie Anschnitt) sowie Sensorprogrammierung beim Entgratvorgang ergänzt bzw. unterstützt.

Als Vorteile sind zu nennen:

- effiziente sensorgeführte Programmierung komplexer Werkstückgeometrien
- Sicherstellen der Gratentfernung durch On-line-Geometrieidentifikation,
- hohe Bahngeschwindigkeiten durch hohe Abtastraten.

Anstelle eines pneumatischen Nachgiebigkeitssystems oder einer Regelung über das gesamte Robotersystem ist für die Normalkraftaufbringung auch eine Lösung mit schneller Zusatzachse bekannt [32, 33], die über einen Freiheitsgrad eine Kraftregelung durchführt (Bild 15). Verwendete Werkzeuge sind Schaftfräser und flexible Schleifscheiben.

Zur sicheren Erkennung der Gratentfernung sind darüber hinaus spezielle Werkzeuge mit integriertem Sensor entwickelt worden, die sich besonders bei Gußgraten an ebenen Flächen eignen (Bild 16). Hierbei wird der Effekt ausgenutzt, daß ein in Querrichtung dreigeteilter Fräser sich jeweils mit dem mittleren Teil im Grateingriff befindet, während der obere und untere Bereich des Werkzeugs als Antastsensor an die ebene Fläche (Voraussetzung für dieses Prinzip) genutzt wird [34]. Die unterschiedliche Zahnzahl von Kontakt- und Gratfräser ermöglicht eine einfache Aus-

Bild 14. Entgratroboter mit in der Bearbeitungseinheit integriertem zweidimensionalen Sensorsystem (ISW Institut für Steuerungstechnik der Werkzeugmaschinen und Fertigungseinrichtungen, Universität Stuttgart)

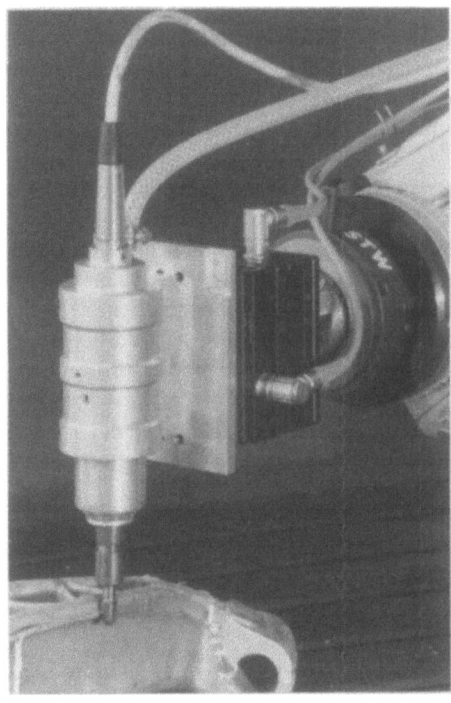

Bild 15. Schnelle Zusatzachse zur Kraftregelung [32]

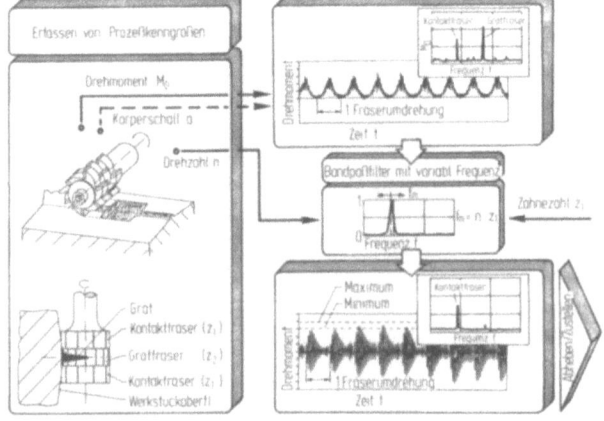

Bild 16. Funktionsprinzip des Sensors zur Überwachung der Putzqualität beim Umfangfräsen [34]

wertung auf der Basis einer selektiven Frequenzmessung. Die Zustellung des Werkzeugs an das Werkstück erfolgt über einen Regelkreis, der den Kontaktfräser an der Grenze des Eingriffs hält. Darüber hinaus läßt sich eine Gratentfernung sicherstellen durch direkte Messung der Gratfußbreite oder eine mechanische Vorrichtung zur Abstandsführung.

7.2 Schleifen von Armaturen und Beschlägen

Problemstellung

- Beim Schleifen müssen die Form- und Fertigungstoleranzen der vom Robotersystem geführten Teile (Armaturen und Beschläge) berücksichtigt werden.

Aufgabenstellung

- Ausgleich der Form- und Maßtoleranzen,
- Erzeugen einer definierten Oberflächenkontur bzw. -qualität.

Lösungsansätze

Bekannte konventionelle Lösung

Das Werkstück wird entlang eines nachgiebigen Schleifbands mit einem mindestens fünfachsigen Robotersystem geführt.

Das System ist durch folgende Eigenschaften gekennzeichnet:
- hohe Oberflächenqualität erreichbar,
- geringe Abtragsleistung infolge zu kleiner Reaktionskräfte,
- keine definierte Kontur erzielbar.

Schleifkraftregelung

Das Werkstück wird an der mit Gummibandagen (Bild 17) oder Stofflagen belegten Kontaktscheibe der Schleifeinrichtung kraftgeregelt geführt. Dazu reicht für eine große Anzahl von Anwendungsfällen bereits ein eindimensionales Kraftsensorsystem aus.

Das System ist gekennzeichnet durch:
- ausreichende Abtragsleistung,
- Fertigbearbeitungszustand hinsichtlich Oberflächenqualität und -kontur durch Geometrieidentifikation,
- Programmierung mittels eines kraftaktiven Programmiergriffels.

7.3 Schleifen von Nähten an Karosserien

Problemstellung

- Beim Schleifvorgang müssen die Aufspann- und Formtoleranzen der Karosserie beachtet werden,
- die Geometrie der Hartlotnaht ist entlang des Stoßes variabel.

Aufgabenstellung

- Erzeugen eines definierten Konturübergangs hoher Oberflächengüte,
- Elimination der Geometrietoleranzen.

Lösungsansatz

In einem sensorgeführten Meßlauf werden die aktuelle Karosserielage und zum Teil die Nahtgeometrie bestimmt (Bild 18). Die Wechselzyklen Schleifbearbeitung und Meßlauf werden so lange fortgesetzt, bis die geforderte Qualität des Konturübergangs erreicht ist.

Bild 17. Versuchsanlage zur kraftgeregelten Schleifbearbeitung von Armaturen (ISW)

Bild 18. Robotersystem für Schleifvorgänge an Karosserieteilen (ISW)

Erweiterte Sensorprogrammierung

Die Sensorführung mit Abstands- und Orientierungssensor nach [4] generiert in einem automatischen Programmiervorgang durch Scannen der Oberfläche die Geometrie- bzw. Bewegungsbahn des aktuell zu bearbeitenden Werkstücks (Bild 19).

Eine weitere Reduzierung der dazu notwendigen Programmierzeit für die Technologiedatenprogrammierung bringt die Einführung der *Technologiekoordinaten*, die der Programmierer während des Scannvorgangs setzen kann. Die Bedeutung der Technologiekoordinaten besteht darin, daß jedem erfaßten Geometriepunkt eine prozeßspezifische Information zugeordnet wird, die von der Steuerung den Peripheriegeräte *synchron* zu den Bewegungsdaten zur Verfügung gestellt wird (z.B. bei einer Auftragsschweißung der Schweißstrom, die Schweißspannung). Die Technologiekoordinaten ermöglichen also im gesamten Bearbeitungsbereich eine optimale geometrieabhängige Prozeßsteuerung bzw. -regelung.

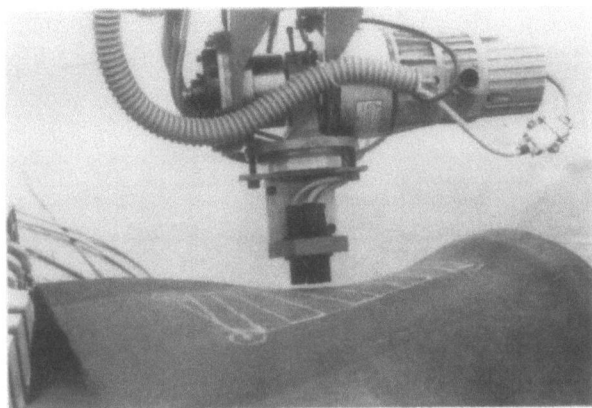

Bild 19. Sensorgeführte Programmierung vor dem Bearbeitungsvorgang „Auftragschweißen" (ISW)

8 Zusammenfassung

Im vorliegenden Beitrag wurden aus der Analyse der Wachstumsentwicklung bei Roboteranwendungen, der Bestimmung des Anforderungsprofils einzelner Fertigungsbereiche und der Ermittlung der Leistungsfähigkeit von derzeit verfügbaren Robotersystemen für Bearbeitungsaufgaben zwei Ergebnisse abgeleitet:

– Die komplexen Anforderungen aus Fertigungsbereichen wie Entgraten und Gußputzen werden auch vom gegenwärtigen Entwicklungsstand der Robotersysteme nicht hinreichend erfüllt, und
– das Automatisierungspotential der Kleinserie ist von den Robotereinsätzen nahezu unberührt.

Für die zukünftige Weiterentwicklung der Robotersysteme ergeben sich daraus zwei Konsequenzen: Die erste Zielsetzung verfolgt die Entwicklung einer flexiblen, leistungsfähigen Robotersteuerung, da sie die Realisierungsbasis sowohl wesentlicher Bahngenauigkeits- sowie Dynamikerhöhungen als auch die Einbindung von Lernfähigkeiten darstellt. Im einzelnen wurde belegt, daß die hierzu notwendigen regelungs- und steuerungstechnischen Ansätze konzeptionell vorhanden sind und die erforderlichen Sensorsysteme zum Teil bereits verfügbar sind.

Überlegungen zur wirtschaftlichen Roboteranwendung für Kleinserien führen zur notwendigen Erarbeitung leistungsfähiger Programmiermethoden und zur Entwicklung eines modularen Roboterbaukastensystems, das auf spezifische Anforderungen flexibel anpaßbar ist und zudem für ein hinreichendes Preis-Leistungsverhältnis steht.

Zusammenfassend kann festgestellt werden, daß neue vielversprechende Konzepte und Lösungsansätze in Verbindung mit den schon derzeit ausgereiften Robotersystemkomponenten eine gute Ausgangsbasis darstellen, um der Robotertechnik in ausgewiesenen Bearbeitungsverfahren eine aussichtsreiche Zukunft zu prognostizieren.

Literatur

1. Pritschow, G.: Die flexible Fertigungszelle. wt-Z. ind. Fertig. 75 (1985) S. 663–668
2. N.N.: Branche im Porträt. VDI-Nachr. Nr. 13 v. 1. Apr. 1988
3. Jacobi, W.: Industrieroboter – schon ausreichend flexibel für den Anwender? Fertig.techn. Koll. 85. Berlin: Springer 1985
4. Gruhler, G.: Programmieren von Bearbeitungsrobotern durch sensorgeführtes Nachführen. wt-Z. ind. Fertig. 73 (1983) S. 165 bis 168
5. Drews, P.; Frassek, B.; Willms, K.: Optische Sensorsysteme für das automatische Lichtbogenschweißen. Robotersyst. 1 (1985) S. 151–160
6. Hirzinger, G.: Eine neue Generation von Robotersensoren und ihre Integration in sensorgeführte Robotersysteme. 4. Kommtech, Essen 1987
7. Pritschow, G.; Gruhler, G.: Geometriesensoren und Sensordatenverarbeitung für die automatisierte Roboterprogrammierung. Robotersyst. 2 (1986) S. 47–53
8. Pritschow, G.; Wurst, K.-H.: Verfahren und Vorrichtung zur Positionskorrektur von Industrieroboterarmen. Pat.schr. DE 36 114 122 0
9. Spur, G.; Duelen, G.: Bahngesteuerte Industrieroboter mit Sensorrückkopplung. ZwF 76 (1981) H. 6, S. 292–294
10. Hirzinger, G.: Adaptiv sensorgeführte Roboter mit besonderer Berücksichtigung der Kraft-Momenten-Rückkopplung. Robotersyst. 1 (1985) S. 161–171
11. Hesselbach, J.: Digitale Lageregelung an numerisch gesteuerten Fertigungseinrichtungen. Berlin: Springer 1981
12. Swoboda, W.: Digitale Lageregelung von Industrieroboter-Bewegungsachsen. Robotersyst. 4 (1988) S. 65–72
13. Jacubasch, A.; Kuntze, M.-B.; u.a.: Anwendung eines neuen Verfahrens zur schnellen und robusten Positionsregelung von Industrierobotern. Robotersyst. 3 (1988) S. 129–138
14. Egner, M.: Hochdynamische Lageregelung mit elektrohydraulischen Antrieben. Berlin: Springer 1988
15. Freund, E.; Hoyer, M.: Das Prinzip nichtlinearer Systementkopplung mit der Anwendung auf Industrieroboter. Regel. tech. 28 (1980) S. 80–87
16. Patzelt, W.: Zur Lageregelung von Industrierobotern bei Entkopplung durch das inverse System. Regel.tech. 29 (1981) S. 411–422
17. Rössler, J.: Eine suboptimale synchrone Regelung für einen Industrieroboter. Regel.tech. 28 (1980) S. 387–392
18. Müller, P.C.; Ackermann, J.: Nichtlineare Regelung von elastischen Robotern. VDI-Ber. Nr. 598 (1986) S. 321–333
19. Truckenbrodt, A.: Regelung elastischer mechanischer Systeme. Regel.tech. 20 (1982) S. 277–285
20. Isermann, R.: Digitale Regelsysteme. Berlin: Springer 1987
21. Craig, J.J.; Raibert, H.H.: Hybrid position/Force control of manipulators. IEEE Vol. SMC-11, No. 6 (1981)
22. Spur, G.; Dlabka, M.; Wendt, W.: Verfahren zur Kraft- und Positionssteuerung bei Industrierobotern. In: Sensordatenverarbeitung in der Fertigungstechnik (Hrsg.: G. Pritschow, G. Spur, M. Weck). München: Hanser 1987
23. Pritschow, G.; Spur, G.; Weck, M.: Sensordatenverarbeitung in der Fertigungstechnik. München: Hanser 1987
24. Pritschow, G.; Wurst, K.-H.: Aufbau von Industrierobotern mit modularen Antriebselementen. Robotersyst. 2 (1986) S. 105–109
25. N.N.: AMK Rotasyn, Spindasyn, Baukasten für Industrieroboter. Arnold Müller Antriebs- und Regeltechnik GmbH, Kirchheim/Teck 1987
26. Rembold, U.: Autonome mobile Roboter. Robotersyst. 4 (1988) S. 17–26
27. Jantzer, M.: Bahnregelung flächenbeweglicher Flurförderzeuge. Robotersyst. 3 (1987) S. 119–127
28. Klein, W.: Ein System zur leitlinienlosen Steuerung von autonomen Industriefahrzeugen. Diss. TU Berlin 1987
29. Warnecke, H.-J.; Drunk, G.: Integrierte Sensoraktions-Planung als neuartige Sensor- und Steuerungsarchitektur für den mobilen autonomen Roboter IPAMAR. Robotersyst. 3 (1987) S. 209 bis 217
30. Kugler, W.: Leitungsungebundene Datenübertragung mit Infrarotlicht zur Vernetzung mobiler DV-Systeme. Elektronik (in Vorbereit.)
31. Boley, D.: Sensorunterstütztes Programmierverfahren für das Entgraten mit Industrierobotern. Diss. Univ. Stuttgart 1987
32. Schmid, D.; Nowak, H.: Intelligente Sensorsysteme in der Fertigungstechnik. In: Messen, Steuern, Regeln. Berlin: Springer (in Vorbereit.)
33. Felsing, W.; Hsieh, L.H.; Gutsche, Ch.: Motorstromsensoren und ihre Anwendungen. Arbeitsber. z. BMFT-Verbundvorhaben „Intelligente Sensorsystme für die Handhabungstechnik". IPK FhG Berlin, Juni 1987
34. Weck, M.; Fürbaß, J.-P.: Sensorsysteme für das automatische Gußputzen. VDI-Z 128 (1986) H. 22, S. 879–883

Meßroboter – Einsatzfelder und Grenzen

K. Herzog, Oberkochen

Inhalt. Der Beitrag will unter anderem Antworten auf folgende Fragen finden: Was ist ein Meßroboter, und wo kann er vorteilhaft eingesetzt werden? Welche Vorteile bieten Meßroboter gegenüber den bisher verwendeten Meßmitteln? Wie ist der Stand der Technik? Welche Zukunftsentwicklungen und Grenzen sind erkennbar?

1 Was ist eigentlich ein Meßroboter?

Unter einem Roboter wird üblicherweise ein motorisierter Vielgelenkarm verstanden. Ein Ende des Vielgelenkarms ist verankert, und das andere Ende kann beliebige Raumkurven beschreiben. Je mehr Gelenke ein solcher Roboter hat, desto flexibler ist er.

Das bewegliche Ende des Gelenkarms kann nun einen Greifer, ein Werkzeug, einen Sensor oder auch ein eigenständiges Meßgerät (z.B. einen Meßdorn) tragen. Abhängig von den eingesetzten Ausrüstungen, kann man von einem Handhabungsroboter, einem Bearbeitungsroboter oder auch von einem Meßroboter sprechen.

Bei Meßrobotern ist zu unterscheiden zwischen den Aufgaben, eine eigenständige Meßeinrichtung zu handhaben, bei welcher der Meßort nur ungefähr gefunden werden muß, und der Führung eines Tastsystems für eine Vergleichs- oder Absolutmessung. Für die Absolutmessung werden die höchsten Anforderungen an den Meßroboter gestellt, denn hier müssen die Raumkoordinaten des Tastsystems in jeder Position mit der entsprechenden Genauigkeit verkörpert, d.h. gemessen werden. Dieser Beitrag beschäftigt sich mit der zuletzt genannten Aufgabe.

Bild 1 zeigt einen Gelenkarmroboter mit Tastsystem bei der Messung einer Pkw-Tür. Da Gelenkarme sowohl von der erreichbaren Genauigkeit als auch bezüglich ihrer Stabilität und ihrem Schwingungsverhalten erheblichen Einschränkungen unterworfen sind, reicht die Genauigkeit des Systems für absolute Messungen nicht aus. Es werden deshalb nur Vergleichsmessungen, bezogen auf ein Meisterteil, gemacht. Zur Absolutmessung sind Meßroboter daher weitgehend mit translatorischen Achsen aufgebaut.

Damit erhebt sich natürlich die grundsätzliche Frage, wodurch sich ein Meßroboter von einem Koordinatenmeßgerät unterscheidet. Beurteilt man dies primär von der Erfüllung der Funktion und nicht vom üblichen Verständnis des Roboteraufbaus mit Gelenken, so ist jeder Meßroboter ein Koordinatenmeßgerät und jedes CNC-Koordinatenmeßgerät auch ein Meßroboter.

Gibt es wirklich wesentliche Unterschiede oder werden mit dem Begriff „Meßroboter" eher Wunschvorstellungen wie schneller Messen, günstigerer Preis, robuste Konstruktion verbunden? Der Beraterkreis des FTK hat für Meßroboter folgende Eigenschaften genannt:

- universelle Verwendbarkeit, d.h. Anpaßbarkeit an unterschiedliche Einsatzfälle,
- Leichtbauweise,
- geringe Steifigkeit,
- große Geschwindigkeit,
- geringe Genauigkeit,
- günstiger Preis.

Daraus ergibt sich, daß Meßroboter nach dieser Definition vornehmlich zur Messung von Werkstücken mit größeren Toleranzen Anwendung finden können. Dies sind vor allem spanlos verformte Werkstücke wie Teile aus Blech und Kunststoff sowie Roh- und Gußteile.

Meßroboter verdrängen mehr und mehr die hier bisher üblichen Lehren, welche hohe Anschaffungskosten und lange Vorbereitungszeiten bedingen. Sie sind bei größeren Änderungen kaum wiederverwendbar bzw. bedingen hohe Änderungskosten und Zeitverzug.

Eine Meßunsicherheit von 0,05 bis 0,2 mm ist in der Regel ausreichend. Zwar erreichen auch schnelle Meßroboter nicht die kurze Prüfzeit in der Lehre, sie sind aber automatisierbar, erfassen die Meßwerte objektiv und dokumentieren die Meßergebnisse. Sie können per Programm in kürzester Zeit auf neue oder geänderte Teile umgestellt werden. Wegen der hohen Lehrenkosten amortisieren sich Meßroboter oft in sehr kurzer Zeit.

Bild 2 gibt einen Meßroboter mit optischer Antastung zur Messung von Kotflügeln wieder. Bild 3 zeigt einen Meßroboter in Doppelständer-Rahmenbauweise zur Messung einer gesamten Karosse mit schaltenden Tastsystemen und Drehschwenkgelenken am Ende der Pinolen. Je nach Bauart, Meßbereich und Abstand der Antastpunkte werden

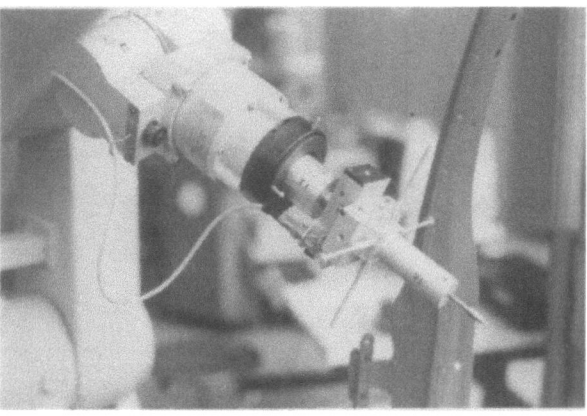

Bild 1. Vergleichsmessung von Karosserieteilen über einen Gelenkarmroboter mit Tastsystem (Quelle: TZ-FH-Aalen)

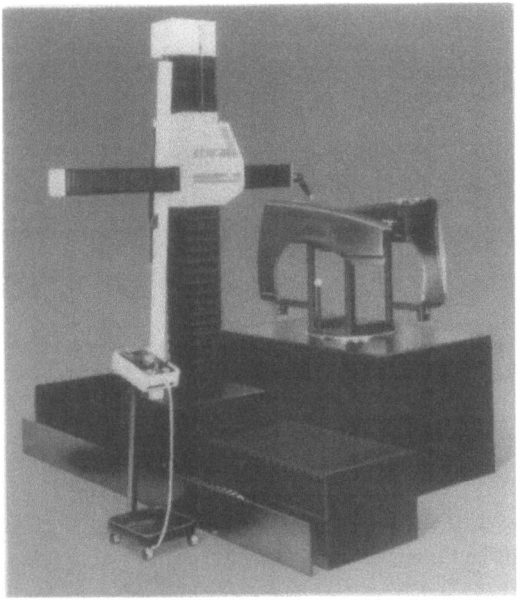

Bild 2. Kleiner Meßroboter mit optischer Antastung (Quelle: Stiefelmayer)

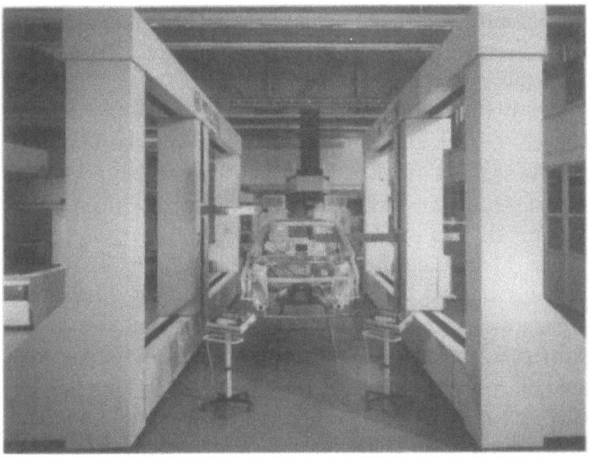

Bild 3. Schneller Meßroboter für ganze Karossen (Quelle: Mauser)

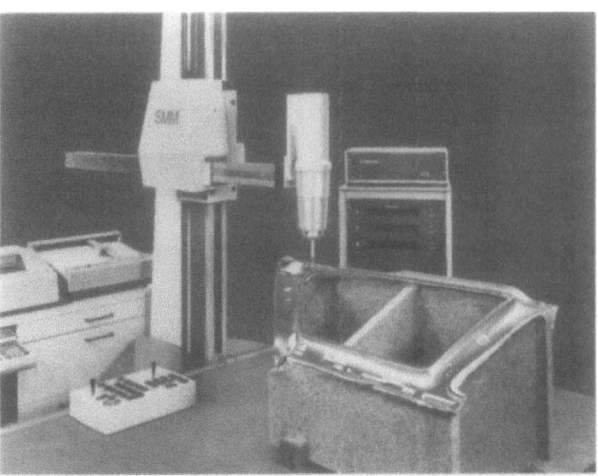

Bild 5. Kurvenmessung im Scanningverfahren mit mechanischer Antastung (Quelle: Carl Zeiss)

Meßzeiten zwischen 0,7 und 3 s pro Antastpunkt erreicht. Es sind Beschleunigungen von 2 m/s² und max. Fahrgeschwindigkeiten von 500 mm/s realisiert worden.

Zur Messung von Umrißlinien und Kurvenkonturen (Bild 4) ergeben sich bei Einzelpunktantastung wegen der vielen notwendigen Meßpunkte in kurzen Abständen trotzdem noch sehr lange Meßzeiten, weshalb man diese Aufgaben besser mit dem Scanningmeßverfahren erledigt. Ein messender Tastkopf fährt im angetasteten Zustand die Kontur ab (Bild 5). Dabei werden etwa 30 Punkte/s erfaßt.

Zur Antastung von nachgebenden Werkstücken kann beispielsweise ein Lasertriangulationstaster eingesetzt werden, der in einem Drehschwenkgelenk aufgenommen wird (Bild 6). Die Messung erfolgt hier mit 30 bis 100 Meßpunkten/s.

Diese Beispiele zeigen auch, daß es sinnvoll sein kann, anstatt die Verfahrgeschwindigkeit zu erhöhen, mehrere Sensoren an einem Meßgerät einzusetzen, damit eine optimale Anpassung an die Meßaufgaben erreicht wird. Bild 7 zeigt Möglichkeiten der Multisensortechnik. Die beiden Sensoren (schaltend und berührungslos optisch) werden über eine hochreproduzierbare Wechseleinrichtung aufge-

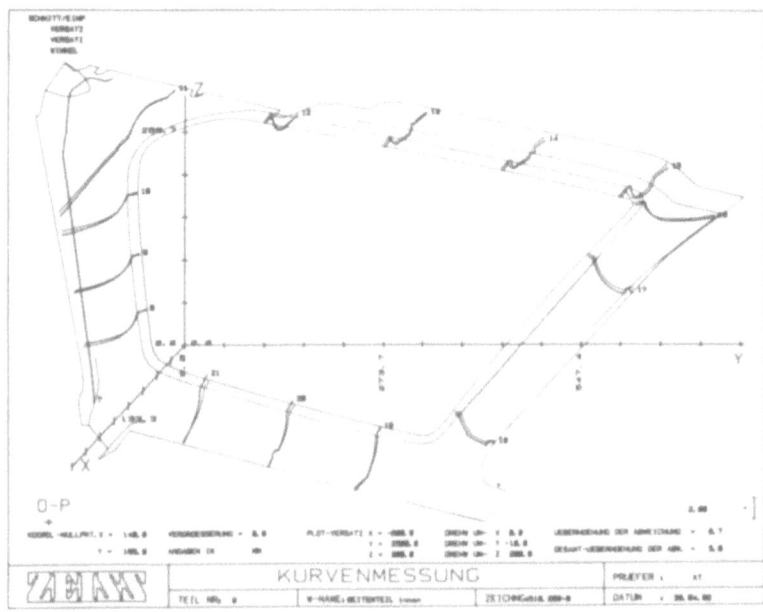

Bild 4. Ergebnisdarstellung einer Kurvenmessung an einem Karossenteil (Quelle: Carl Zeiss)

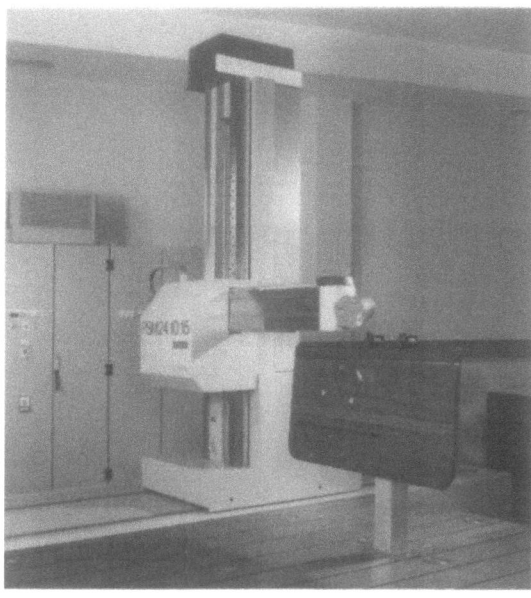

Bild 6. Kurvenmessung im Scanningverfahren mit messendem Lasertriangulationstaster (Quelle: Carl Zeiss)

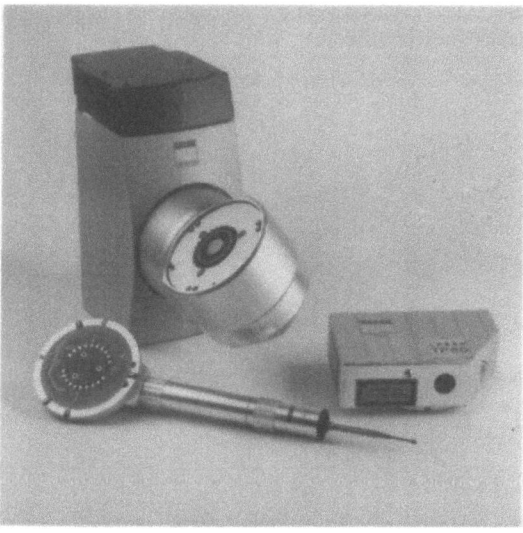

Bild 7. Messendes Drehschwenkgelenk mit Sensorwechseleinrichtung sowie optischem Sensor und mechanisch-schaltenden Sensoren (Quelle: Carl Zeiss)

nommen. Sie beziehen sich ohne Neukalibrierung auf einen gemeinsamen Bezugspunkt.

Für die Messung von Ausschnitten und Bohrungen kann anstelle mechanischer Antastung auch die Verwendung eines Kantensensors sinnvoll sein, der über Graubildverarbeitung das genaue und äußerst schnelle Messen von beliebigen Ausschnitten erlaubt. Hinsichtlich der Meßgeschwindigkeit und der Meßmöglichkeit sind über optische Sensoren noch deutliche Verbesserungen in Sicht. Hingegen scheint das Verfahren der Einzelpunktmessung ausgereizt zu sein, so daß hier keine wesentlichen Meßzeitreduzierungen mehr zu erwarten sind.

2 Können Meßroboter auch im Bereich der spanenden Fertigung eingesetzt werden?

Hier haben sich in den letzten zehn Jahren verstärkt Koordinatenmeßgeräte durchgesetzt. Sie sind in der Regel in ei-

Bild 8. Meßroboter mit vorgesetztem Drehtisch (Quelle: Tesa)

nem fertigungsnahen Raum, welcher temperiert oder auch klimatisiert ist, untergebracht. Somit ergibt sich auch ein geringerer Schmutzanfall als direkt in der Produktionshalle.

Natürlich wünscht man sich auch hier die Meßergebnisse schneller und das Meßgerät in der Produktionshalle direkt neben den Werkzeugmaschinen installiert oder in die Verkettung einbezogen, dies vor allem zum Einfahren neuer Werkstücke und zur laufenden Prozeßkontrolle. Allerdings können kaum Konzessionen bezüglich der Genauigkeit im Vergleich zu den Koordinatenmeßgeräten gemacht werden. Um Form- und Lagetoleranzen zu kontrollieren, darf die Meßunsicherheit bei kleinen Bohrungen 2 bis 3 µm nicht überschreiten, um noch ausreichend Spielraum für die Fertigung übrig zu lassen, und bei größeren Meßlängen – z.B. 500 mm – sollte die Meßunsicherheit 10 µm nicht überschreiten.

Dies sind extreme Forderungen, wenn man sich klarmacht, daß sich Werkstücke und Meßeinrichtungen bei 500 mm Länge und einem Grad Temperaturdifferenz um 5 bis 10 µm – je nach Werkstoff – in ihrer Länge verändern. Hier wird sichtbar, daß in der spanenden Fertigung ganz andere Probleme zu bewältigen sind. Von der Temperatur wurde bei der spanlosen Fertigung nicht gesprochen, obwohl sie dort natürlich auch Einfluß hat. Der Einfluß der Temperaturänderungen auf die Meßunsicherheit steigt linear mit der Meßlänge, hat also bei größeren Längen steigenden Einfluß auf die Meßunsicherheit.

Bei kleinen Meßlängen stören sehr stark die Schwingungen zwischen Tastsystem und Werkstück. Diese resultieren zum einen aus den Bodenschwingungen, zum weit größeren Anteil aber aus dem Beschleunigen der Verfahrschlitten der Maschine selbst. Spätestens hier muß man die zweite, vorher genannte Eigenschaft von Robotern – „geringe Steifigkeit" – fallen lassen und zusätzlich Vorsorge gegen Temperatureinflüsse treffen. Die bisherigen Erfahrungen bestätigen dies auch.

Zur besseren Zugänglichkeit wurden die für diesen Anwendungsfall bestimmten Geräte in Anlehnung an die Fertigungszentren vornehmlich in offener Bauweise mit horizontaler Pinole und vorgesetztem Drehtisch konzipiert (Bild 8). Durch den Drehtisch kann die Ausfahrlänge der Pinole gering gehalten werden. Um die Meßzeiten weiter zu verringern, werden auch Doppelanordnungen angewandt (Bild 9).

Neben den Einflüssen der Temperatur und der Schwingungen auf die Meßunsicherheit treten bei dieser Konzeption bei hohen Bewegungsgeschwindigkeiten Arbeitssicherheitsprobleme auf. Dies führte zur teilweisen bzw. vollständigen Kapselung der Geräte. Bild 10 zeigt ein für die Sicher-

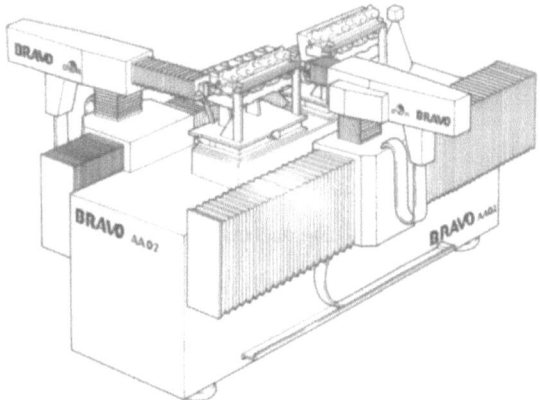

Bild 9. Doppelarmroboter (Quelle: DEA)

Bild 12. Schnelles Portalmeßgerät mit Zentralantrieb und Palettenbeschickung (Quelle: Carl Zeiss)

Bild 10. Meßroboter mit gekapseltem Arbeitsraum (Quelle: Imperial Prima)

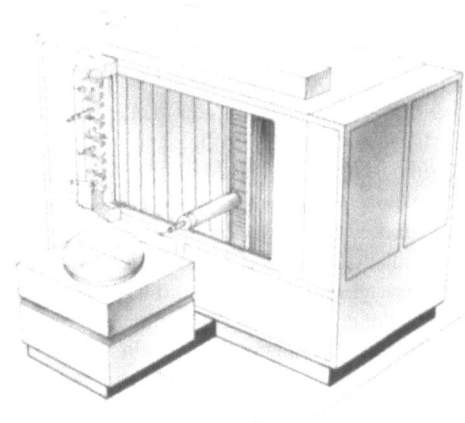

Bild 11. Gekapselter Meßroboter mit freiem Arbeitsraum (Quelle: DEA)

Bild 13. Thermoschutzkabine für Koordinatenmeßgeräte (Quelle: Carl Zeiss)

heitsabschrankung und den Staubschutz vollständig gekapseltes Gerät. Bild 11 gibt ein bis auf die Pinole gekapseltes Gerät mit freier Zugänglichkeit wieder.

Die gezeigten Geräte erreichen Meßzeiten zwischen 0,8 und 2,5 s/Antastpunkt. Sie haben aber bezüglich der Meßunsicherheit für spanend gefertigte Teile noch Einschränkungen. Bei Geräten mit Drehtisch ist zu beachten, daß die Unsicherheit bei der Bestimmung der Drehtischachse oder ihre Lageveränderung zum Koordinatensystem des Meßgeräts durch Temperatureinfluß mit dem doppelten Wert in die Meßunsicherheit eingeht.

Bei Doppelständeranlagen kann ein ähnlicher Effekt auftreten, wenn die Positionsabweichung des einen Ständers positiv, die des anderen negativ ist. Auch in diesem Fall verdoppelt sich die Meßunsicherheit bezogen auf das Werkstück.

Diese zusätzlichen Effekte treten bei einem 3-Koordinatenmeßgerät in Portalbauweise nicht auf, was ohne Zweifel

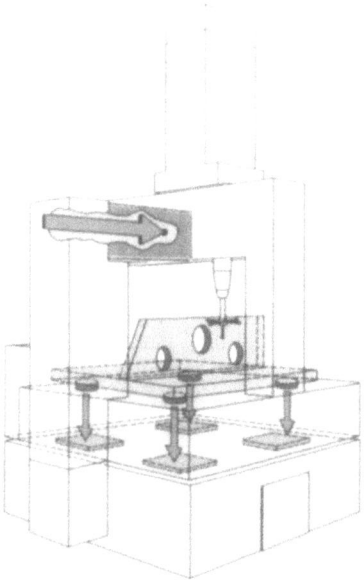

Bild 14. Zentralantrieb im Massenschwerpunkt des Portals verhindert Verkippungen (Quelle: Carl Zeiss)

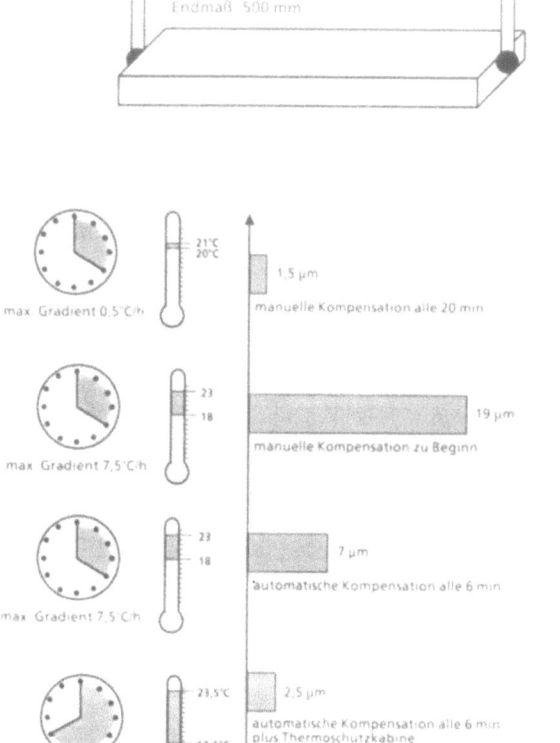

Bild 16. Wirksamkeit einer automatischen Temperaturkorrektur und einer Thermoschutzkabine (Quelle: Carl Zeiss)

Vorteile für die Meßunsicherheit hat. Auch bezogen auf die Meßgeschwindigkeit haben Portalmeßgeräte inzwischen mit Horizontalauslegermaschinen gleichgezogen, obwohl das Portal eine erheblich größere Masse besitzt. Und wenn die Geräte mit Kapselung und Beladeinrichtung versehen sind, kann auch das Zuführproblem gut gelöst werden (Bild 12). Zur Zeit ergibt sich unter kritischer Betrachtung bei etwa gleichem Aufwand und etwa gleicher Meßzeit ein erheblicher Vorteil bezüglich der Meßunsicherheit für Portalmeßgeräte in einer Thermokabine (Bild 13). Warum ist dies so? Ein Portal schnell anzutreiben, ist eine Frage der Antriebsleistung, und wenn dies ideal im Schwerpunkt geschieht (Bild 14), so treten dabei auch keine größeren Schwingungen auf. Die Schwachstelle des Systems ist meist die Pinole und ihre Lagerung.

Bei der dynamischen Messung, d.h., die Meßpunkte werden durch ein schaltendes Tastsystem während der Bewegung übernommen, spielt die Steifigkeit des Aufbaus und der Antriebe eine große Rolle. In Bild 15 sind zum prinzipiellen Verständnis zwei verschiedene Auslegungen stark idealisiert einander gegenübergestellt. Im rechten Bildteil erzeugt ein Antrieb mit hohen Beschleunigungen auch hohe Schwingungen, die im Moment der Antastung noch nicht abgeklungen sind. Im linken Teil sind Beschleunigung, Eigenschwingungen und Dämpfung so abgestimmt, daß im Moment der Antastung keine geräteeigenen Schwingungseinflüsse mehr vorhanden sind.

Es ist leicht ersichtlich, daß starke Beschleunigungen zwar die Bewegungszeit verkürzen, jedoch im gleichen Maße die Beruhigungszeit vor einer Antastung verlängern. Hier gilt es, bei gegebener Konzeption ein Optimum zu finden. Im Schema sind zusätzlich Bodenschwingungen eingetragen, die ebenfalls zur Erhöhung der Meßunsicherheit beitragen können. Durch selbstnivellierende pneumatische Dämpfungselemente lassen sich diese Schwingungen weitgehend fernhalten.

Bild 16 zeigt Streuungen der Meßergebnisse, an einem 500 mm langen Endmaß dargestellt, die innerhalb von vier bzw. acht Stunden bei unterschiedlichen Meßraumverhältnissen (erste Darstellung) laufend gemessen wurden. Bei

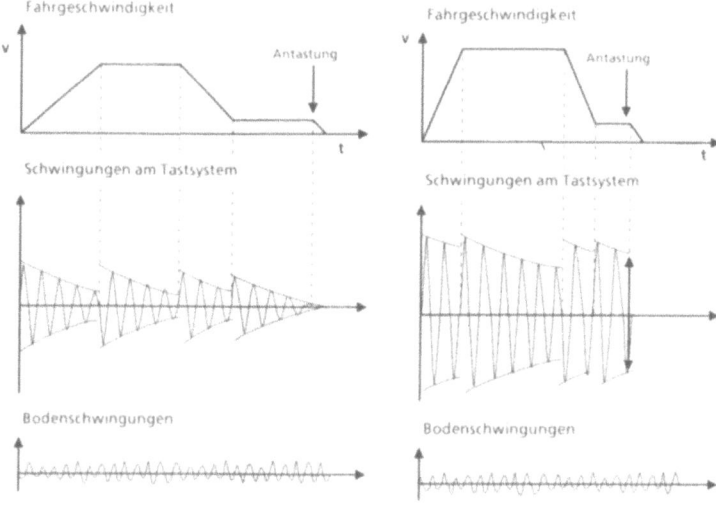

Bild 15. Einfluß der Schwingungsanregung auf die Meßunsicherheit beim dynamischen Meßverfahren (Quelle: Carl Zeiss)

allen andere Messungen wurde eine große Änderung der Umgebungstemperatur während der Gesamtmeßzeit herbeigeführt.

In der zweiten Darstellung wurde nur eine manuelle Temperaturkorrektur, d.h. Ablesen von Körperthermometern und Eingeben der Werte in den Meßgeräterechner, mit gleicher linearer Korrektur in allen Achsen durchgeführt. In der dritten Darstellung erfolgte die Temperaturkorrektur automatisch mit Hilfe von integrierten Temperaturfühlern an jedem Maßstab und am Werkstück mit linearer achsbezogener Korrektur, und in der vierten Darstellung wurde zusätzlich die in Bild 13 gezeigte, speziell entwickelte Thermoschutzkabine verwendet.

Die Ergebnisse sprechen für sich selbst. Es gibt eine ganze Reihe von Möglichkeiten, die Meßunsicherheit auch in der Produktionshalle in den Griff zu bekommen.

3 Was ist zukünftig zu erwarten?

Da bezüglich der Meßunsicherheit bei Meßrobotern für die spanende Fertigung gegenüber Koordinatenmeßgeräten keine Konzessionen gemacht werden können und diese ihre Spezifikationen nur bei definierten Umweltbedingungen einhalten, muß versucht werden — unter Beibehaltung der Priorität Meßunsicherheit —, schrittweise die Problematik Bodenschwingungen, Schwingungen in der Meßeinrichtung selbst und Temperatureinflüsse in der gewünschten Richtung zu überwinden. Dies heißt, besser schwingungsgedämpfte und temperaturunabhängige bzw. temperaturkompensierte Konzeptionen, eventuell auch mit aufgabenspezifischer Multisensortechnik und aufwendigen Steuerungen, anzuwenden. In den nächsten Jahren wird es mehr Entwicklungen in dieser Richtung geben.

Modulare Systeme zur Handhabungstechnik

P. Drexel, Waiblingen

Inhalt. Modulare Handhabungssysteme werden zur Werkstück- und Werkzeughandhabung verwendet. Sie bestehen aus dem kinematischen Grundaufbau des Bewegungssystems, Hilfsfunktionen zum Spannen des Werkstücks und zur Führung von Werkzeugen, peripheren Komponenten zur Teilebereitstellung, Prozeßeinheiten und der Steuerung. Die Anforderungen zur Zykluszeit, Tragkraft und Flexibilität sind sehr unterschiedlich. In einigen Anwendungsbereichen haben sich Standardkonfigurationen (sog. Roboter) durchgesetzt. Die große Zahl von Handhabungsproblemen läßt sich jedoch nur auf der Basis eines Baukastensystems aus Standardmodulen lösen.

1 Anforderungen an Handhabungssysteme

Die Handhabung in der Teilefertigung ist als Nebenfunktion zum Bearbeitungsprozeß anzusehen, während in der Montage das Zusammenbringen von Teilen durch Handhabung den Montagevorgang ergibt und somit der eigentliche Träger des Arbeitsfortschritts ist.

Eine Analyse der zahlenmäßigen Anwendung der bekannten Fügeverfahren zeigt, daß über 85% aller Montagevorgänge in der Produktion reine Handhabungsvorgänge ohne zusätzliche Verfahren sind.

Ein weiterer Unterschied zwischen der Teilefertigung, bei der immer nur ein Werkstück gehandhabt wird, und der Montage besteht darin, daß beim Montieren zusätzlich zur Handhabung des zu fügenden Teils die Handhabung der entstandenen Baugruppe gelöst werden muß. Somit sind bei jedem Montagevorgang zwei verschiedene Handhabungsaufgaben koordiniert durchzuführen. Überlagert wird dies noch von zyklischem, im Störungsfall spontan auftretendem Greifer- und Werkzeugwechsel.

Das harmonische Zusammenspiel all dieser Handhabungsvorgänge ist Voraussetzung für eine rationelle Montage. Geometrie, Leistungsfähigkeit und Anordnung der Handhabungsteilsysteme müssen in Übereinstimmung sein, mechanische und informelle Schnittstellen zusammenpassen.

Analog der Teilefertigung, bei der die Optimierung der Bearbeitungsverfahren zur Reduzierung der Hauptzeiten ansetzt, wird in der Montagetechnik das Ziel minimierter Handhabungszeiten, die den eigentlichen Fügevorgang und somit die Hauptzeit bilden, verfolgt. Daraus resultiert, daß Geräte der Montagetechnik Handhabungsvorgänge in Bruchteilen der Zeit realisieren müssen, die vergleichbar eingesetzte Geräte in der Teilefertigung benötigen – und dies bei deutlich höherer Genauigkeit.

Eine weitere für die Montage typische Anforderung entsteht aus der Notwendigkeit, daß viele unterschiedliche Fügeverfahren in freier Folge innerhalb einer Montagezelle auftreten können, die von Handhabungsgeräten eines Systems bewältigt werden müssen. Verlangt werden neben kürzesten Taktzeiten eine hohe Bahngenauigkeit, die Integration verschiedener Fügeverfahren, Fähigkeiten der Ablaufsteuerung und logistische Intelligenz.

Bei allen Fügeverfahren, die ausschließlich aus Handhabungsfunktionen bestehen und bei denen das Handhabungssystem als Verfahrensträger dient, entspricht das Handhabungssystem der Werkzeugmaschine in der Teilefertigung. Nur bei einigen Verbindungstechniken wird das Handhabungsgerät als nicht dominierendes Hilfssystem – der Handhabungstechnik in der Teilefertigung vergleichbar – verwendet (Bild 1).

Dies alles zusammengefaßt, führt zu einem Anforderungsprofil an Handhabungssysteme, das gekennzeichnet ist durch eine große Zahl unterschiedlichster Handhabungsvorgänge und daraus resultierenden anspruchsvollen Bewegungsaufgaben, die sich vor allem in der Montage stellen:
- mit je nach Aufgabe wechselndem Beschleunigungs- und Geschwindigkeitsprofil für minimalen Zeitaufwand,
- bei teilweise höchsten Genauigkeitsanforderungen für Position und Bahn,
- mit definierten Kräften und Momenten,
- bei stark variierenden Lasten
- und dennoch hoher Sensibilität,

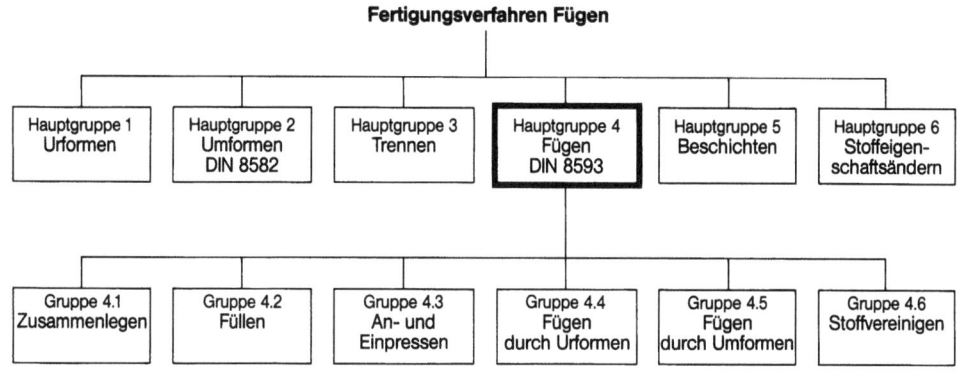

Bild 1. Fertigungsverfahren Fügen

– unter Berücksichtigung bewegungsrelevanter Fügeprozeßparameter, die on-line verarbeitet werden müssen.

Zusätzliche Dimensionen erhält dieses Anforderungsprofil durch

– unterschiedliche Flexibilitätsanforderungen, resultierend aus geringer oder großer Zahl von Positionen und Bewegungstypen und deren Veränderbarkeit,
– Forderungen nach Kommunikationsqualitäten gegenüber gleichrangiger und übergeordneter Maschinenintelligenz,
– Kommunikationsfähigkeiten gegenüber dem betreibenden, planenden und überwachenden Menschen,
– Anpassungsfähigkeit an problemspezifische Geometrie und Topologie innerhalb des zu betrachtenden Arbeitsraumes,
– Aufwärtskompatibilität und
– Sicherung der beim Anwender vorhandenen Investition durch Evolution der Systeme über der Zeit.

Dieses Anforderungsprofil ist heute bereits bei in der Produktivität führenden Unternehmen üblich. Aufgrund wirtschaftlicher Sachzwänge wird es in absehbarer Zeit der Standard der Anwender in den hochindustrialisierten Ländern sein.

Vor dem Hintergrund der Personal- und Ausbildungsprobleme dieser Anwender muß der Standard ergänzt werden durch

– umfassende Unterstützung und Bereitstellung von Hilfsmitteln zur zeit- und kostenoptimalen Planung von Handhabungssystemen,
– einheitliche Betriebs- und Wartungsbedingungen im gesamten Produktionsbereich sowie
– schlagkräftigen Service mit kalkulierbaren Kosten zur Sicherung der Produktion.

2 Modulare Handhabungssysteme

Seit Anfang der 70er Jahre wurden modulare Baukastensysteme zur Handhabung entwickelt, die aus kombinierbaren translatorischen und rotatorischen Bewegungsachsen bestehen (Bild 2). Diese unflexiblen Einheiten mit je zwei einstellbaren Positionen wurden Anfang der 80er Jahre um positionsprogrammierbare einachsige Bewegungseinheiten ergänzt. Trotz großer Verbreitung und wirtschaftlichem Erfolg bei bis zu zweiachsigen Anwendungen zeigten sich hier deutlich die Grenzen eines nur die Funktion „Bewegen" abdeckenden Systems aus Einzelachsen.

Bei mehrachsiger Anwendung der Baukästen ergaben sich Probleme, die dem Anwender überlassen blieben, von ihm jedoch nicht gelöst werden konnten. Die betriebssichere Übertragung von Signalen und Energie ist ein solches Problem. Die Konzeption und Realisierung des Maschinengestellaufbaus, der eine solide Basis für die Handhabungsgeräte und den Fügevorgang bilden soll, ist ein weiteres. Die effektiv erreichbare Taktzeit und Genauigkeit ist bei der Kombinationsvielfalt, den unvermeidlichen Toleranzen und Elastizitäten für den Anwender und leider meist auch für den Hersteller nicht ohne weiteres berechenbar.

Wenn ein solches Handhabungsgerät deshalb die geforderte Leistung nicht erbringt, wird die Nutzung der Gesamtinvestition negativ beeinflußt mit erheblichem wirtschaftlich negativen Effekt. Dies gilt besonders für Investitionen zur Rationalisierung der Montage.

Parallel zu diesen Baukastensystemen entwickelte sich
– ebenfalls Anfang der 70er Jahre –, vom Modell „Mensch" ausgehend, der Roboter als universelles Handhabungssystem mit zunächst großen technischen Schwierigkeiten und damit verbundener Unzuverlässigkeit und Unwirtschaftlichkeit.

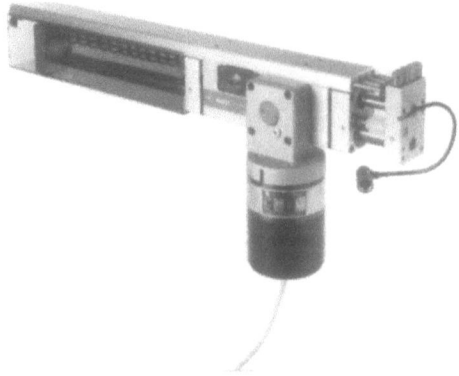

Bild 2. NC-Achse der ersten Generation

Der universelle Ansatz führte zu ungenügender Leistung im konkreten Einzelfall mit speziellen Anforderungen. Außer in einigen wenigen Anwendungsgebieten, die den Menschen bezüglich Tragfähigkeit (Punktschweißen), Dauerbelastung und Umweltbedingungen überforderten, war das angestrebte Ziel der breiten Anwendung aufgrund der schlechten Aufwand-Nutzen-Verhältnisse nicht zu erreichen. Ein Einsatz in der Montage scheiterte zudem an völlig unzureichender Qualität der Bewegungsmöglichkeiten. Dies betraf Zeitaufwand, Positioniergenauigkeit und Bahnabweichung.

Diese Situation änderte sich nachhaltig Anfang der 80er Jahre. Bereits 1976 hatte Bosch als Erster eine der Aufgabenstellung der Montage angepaßte Kinematik, den heute bekannten SCARA (selective compliance assembly robot arm), erprobt. Erst diese anwendungsorientierte Kinematik hat in Verbindung mit den neu hinzugekommenen technologischen Möglichkeiten der Mikroelektronik zu einem weltweiten Anstieg der Anwendung dieser innerhalb der Montage universell verwendbaren Roboter geführt (Bild 3).

Eine Analogie hierzu findet sich auf dem Gebiet der Teilefertigung. Hier werden ebenfalls dem Anwendungsfall der Ver- und Entsorgung der Werkzeugmaschine angepaßte Beschickungsroboter in Form von Ladeportalen und Werkzeugwechselarmen in Verbindung mit Verkettungssystemen erfolgreich betrieben (Bild 4). Die Idee des Universalrobo-

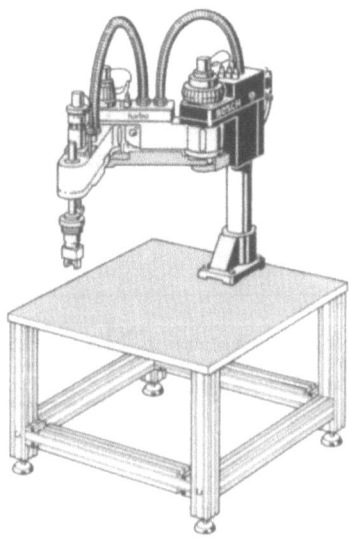

Bild 3. Schwenkarmroboter in SCARA-Bauweise

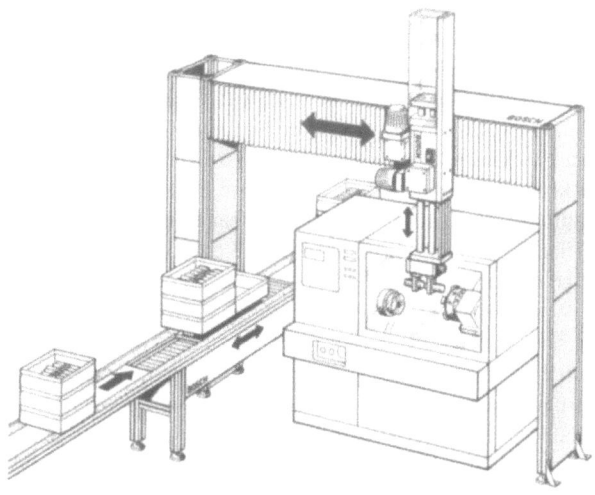

Bild 4. Portalroboter aus Standardkomponenten

Bild 5. Struktur eines modularen Handhabungssystems höherer Funktionsintegration

ters hat auch hier nicht Fuß fassen können. Die Ursachen für diese Erfolge liegen sicher darin, daß derartige Roboter gezielt für die im Anwendungsgebiet typischen Anforderungen entwickelt wurden, unter Verzicht auf allgemeine Universalität.

Der Universalroboter war als Baustein eines „Modularen Systems Produktion" allgemein gesehen worden. In den Betrachtungen auf dieser Abstraktionsbasis waren jedoch die letztendlich entscheidenden Fragen des für den Nutzen zulässigen Aufwands und die im jeweiligen Anwendungsgebiet erforderlichen Leistungen nicht ausreichend berücksichtigt. Damit war der Mißerfolg des „Super-Baukastenelements" Universalroboter vorauszusehen. Mehrere Unternehmen, die Mitte der 70er Jahre jederzeit technologisch und finanziell in der Lage waren, Universalroboter zu entwickeln und anzubieten, hatten dies frühzeitig erkannt und sich ihre Ziele entsprechend gesetzt.

3 Modulblöcke, Funktionsbetrachtung

Das Thema des Aufsatzes lautet „Modulare Systeme zur Handhabungstechnik". Dargestellt wurden zwei Ansätze aus der Vergangenheit, und zwar
- von unten kommend: Der Baukasten aus rotatorischen und translatorischen Bewegungseinheiten mit eingeschränktem Einsatzspektrum,
- von oben kommend: Roboter mit ihrer Entwicklung vom Universalsystem zum Spezialgerät für definierte Anwendungsgebiete.

Keiner der beiden Ansätze kann die heutigen und zukünftigen Vorstellungen von *durchgängig* einsetzbaren und damit wirklich modularen Systemen für sich allein erfüllen. Die Modularität ist zu hoch oder zu niedrig angesetzt.

Die Lösung ist eine beide Ansätze integrierende Realisierung eines modularen Systems, das die jeweiligen wesentlichen Vorteile enthält und kombiniert und zusätzlich sämtliche für die Handhabung — auch in der Montage — erforderlichen Teilsysteme beinhaltet.

Im Mittelpunkt der Betrachtungen zu diesem neuen Ansatz stehen die für den Anwender auftretenden Kosten bei Investition, Betrieb und Wartung. Nur die Gesamtbetrachtung der über der Zeit anfallenden Kosten ist eine realistische Entscheidungsbasis. Diese Zeit beginnt mit den ersten Überlegungen zur möglicherweise geplanten Investition. Die folgende kostenintensive Planungs- und Realisierungsphase führt häufig zu durch Zeitverzug zusätzlich entstehenden Rationalisierungsverlusten. Aufwendungen für Schulung des Personals und Betriebskosten sind mit einzubeziehen. Und abschließend sind Stillstandszeiten mit daraus resultierendem Produktionsverlust als möglicher Kostenfaktor zu betrachten.

Vor diesem Hintergrund kann es kein Ziel sein, noch etwas schnellere Einzelachsen als isolierte Lösungen der Bewegungsaufgabe zu entwickeln. Es ist vielmehr notwendig, ein modulares System bereitzustellen, das alle kosten- und zeitrelevanten Aspekte der Handhabung von der Planung über die Realisierung und den Betrieb bis hin zur Wartung abdeckt. Daß innerhalb dieses Systems leistungsfähige kinematische Konfigurationen von der einfachen pneumatisch betriebenen Einzelachse bis hin zum zweiarmigen, achtachsigen Montageroboter verfügbar sein müssen, ist eine selbstverständliche Voraussetzung.

Entscheidend sind
- ein alle Funktionen umfassendes Komplettangebot,
- Durchgängigkeit der mechanischen und informellen Schnittstellen,
- Verträglichkeit der Komponenten,
- Aufwärtskompatibilität innerhalb des Systems,
- Anpassungsfähigkeit an spezielle Anforderungen und
- Berechenbarkeit sämtlicher Einzelelemente und deren Zusammenspiel.

Während bisher unter modularen Handhabungssystemen ein Baukasten von einzelnen Bewegungsachsen verstanden wurde, wird hier eine Modularität auf einer wesentlich höheren Funktionsebene angestrebt. Der auf die Problemlösung bezogene Standardisierungsgrad wird dadurch deutlich gesteigert. Die Struktur des Systems ist in Bild 5 dargestellt.

Die verschiedenen Modulblöcke und sämtliche darin enthaltenen Standardkomponenten unterliegen einem Gesamtkonzept, das unter Einbeziehung der zu minimierenden problemspezifischen Lösungsanteile in kürzester Zeit bei von Beginn an voller Berechenbarkeit zu anwendungsorientierten Lösungen führt, deren Betrieb unterstützt wird und für deren hohen Standardanteil ein kurzfristiger Service gewährleistet werden kann.

Von einfachsten Aufgabenstellungen bis hin zu komplexen Vorgängen läßt sich aus einem breiten, abgestimmten Angebot von Komponenten die Lösung mit dem besten Aufwand-Nutzen-Verhältnis zusammenstellen. Diese Überlegung soll, beim Modulblock Handhabungsgeräte und Verkettung beginnend, näher erläutert werden.

3.1 Modulblock „Handhabungsgeräte und Verkettung"

Bewegungseinheiten/-komponenten
- 2- bis 5achsiger SCARA-Roboter
- 2- bis 5achsige kartesische Roboter
- translatorische Einzelachsen von 25 bis 5000 mm Hub
  - frei programmierbar, elektrisch angetrieben
  - starr programmiert, pneumatisch angetrieben
  - wahlweise in Schlitten- oder Armversion
- rotatorische Einzelachsen von 40 mm bis 630 mm Durchmesser
  - frei programmierbar, elektrisch angetrieben
  - starr programmiert, pneumatisch angetrieben
- Standardkonfigurationen von Einzelanwendungen für typische Anwendungen

Teilebereitstellung und Verkettung
- Bereitstellung von großen Teilen und Gebinden
  - Magazinrahmen und -behälter
  - Werkstückträger
  - Magazin- und Werkstückträgerspeicher
  - Verkettungssysteme für Werkstückträger und Magazine
- Bereitstellung von kleinen Teilen und Gebinden
  - Ordnungseinrichtungen
  - Bauteilespeicher
  - Kleinteilebehälter und -magazine

Maschinengestelle
- Konsolen
- Tischbauform
- Portal- und Kastenbauform

Sicherheitseinrichtungen/Arbeitsraumsicherung
- Schutzeinrichtungen (starre, mechanische)
- bewegliche Schutzeinrichtungen (angetrieben oder manuell geführt)
- optische Schutzvorrichtungen

Alle diese Komponenten können miteinander kombiniert werden. Sie sind aufeinander abgestimmt; sie werden durch Steuerungen einer Familie angesteuert, und ihre planungsrelevanten Daten stehen in den CAE-Softwarepaketen zur Unterstützung der Planung und des Betriebs zur Verfügung.

Durchgängige mechanische Schnittstellen und weitgehende Wiederverwendung von Einzelteilen führen zu einheitlicher Anwendung von Sensoren, Zubehör, Werkzeugen und Verfahrenseinheiten. Ersatzteilhaltung und Wartung sind wesentlich vereinfacht. Standardisierte informelle Schnittstellen ergeben gleichartige Bedingungen bei Programmierung, Betrieb und Kommunikationsfunktionen.

Dieselbe Situation ist bei den Komponenten der Teilebereitstellung, Verkettung und – bezogen auf die mechanischen Eigenschaften – auch bei Maschinengestellen und Arbeitsraumsicherung gegeben.

3.2 Modulblock „Steuerungen und Kommunikation"

Die Familie der Steuerungen umfaßt das gesamte Leistungsspektrum vom einfachen Steuerwerk über SPS, Einachs-NC und Robotersteuerungen bis hin zur Zellensteuerung für achtachsige bahngesteuerte Zweiarm-Montageroboter mit integriertem Leitrechner und dezentralem Leitsystem für den Materialfluß und die Verkettung.

Die Verbindung zwischen den Steuerungen und den Maschinen ist standardisiert und erfolgt auf Bit-Ebene mit einem Steckinstallationssystem und darüberliegenden Netzwerken. Die zeit- und kostenintensive handwerkliche Verdrahtungsarbeit mit dem unvermeidbar hohen Fehleranteil bei der Zusammenführung der Einzelkomponenten wird dadurch auf ein Minimum reduziert.

Weitere wichtige Komponenten dieses Modulblocks sind Energie- und Signalverteiler. Sie werden am Handhabungsgerät oder autonom im Arbeitsraum angeordnet und enthalten neben elektrischen I/O-Anschlüssen auch bereits fertig installierte Pneumatikventile. Die Anwendung dieser Bausteine standardisiert die Ansteuerung von beliebigen Greifern, Werkzeugen und peripheren Geräten in hohem Maße bei minimalem Planungsaufwand und kurzen Realisierungszeiten.

Die Mensch-Maschine-Kommunikation findet beim Betrieb der Geräte über Bedienfelder unterschiedlicher Leistung bei einheitlicher Bedienstrategie und Benutzerführung statt. Im Vollausbau sind Farbdarstellungen auf Bildschirmen vorgesehen. Die wesentlichen Module und Komponenten sind nachstehend zusammengefaßt:

Bewegungssteuerungen
- NC-Achssteuerung (eine Achse)
- PTP-Robotersteuerung (drei bis fünf Achsen)
- CP-Robotersteuerung (bis acht Achsen)

Prozeßsteuerungen
- Schrauben
- Löten
- Schweißen
- Sensoren

Ablaufsteuerungen
- Steuergeräte
- Kompaktsteuerungen
- Speicherprogrammierbare Steuerungen

Zellensteuerungen

Dezentrales Materialfluß-Leitsystem

Kommunikation
- Bedienfelder ohne Benutzerführung
- Bedienfelder mit Benutzerführung
- Netzwerk und Schnittstellen
- Steckinstallationssystem
- Energie- und Signalverteiler

3.3 Modulblock „Prozeßtechnische Ausrüstung"

Der Modulblock „Prozeßtechnische Ausrüstung" umfaßt sämtliche vom durchzuführenden Fügeverfahren bestimmten und von der Bauart des Handhabungsgeräts unabhängigen Standardeinheiten. Dies sind

Sensoren
- Kraft- bzw. Momentsensoren
- Visionsysteme, integrierbar oder autonom

Werkzeuge und Wechselsysteme
- Zangengreifer-Baureihe
- Parallelgreifer-Baureihe
- numerisch gesteuerte Parallelgreifer

- Greifer für elektronische Bauteilebestückung
  • Zweifingersystem
  • Vierfingersystem
  • Revolverkopf
  • Bündelgreifer
- Greiferwechselsystem

Verfahrenseinheiten

- Löteinheit Kolben/Laser/Hochfrequenz
- Schweißeinheit
- Dosiereinheit für flüssige und poröse Stoffe
- Nieteinheit

Die Einbeziehung der prozeßnahen Komponenten in die Gesamtkonzeption eines modularen Konzepts für Handhabungssysteme ist bei der Montage naheliegend. Das Handhabungsgerät ist der Träger des Fügevorgangs und wird nur bei integrierter Lösung des Fügeprozesses optimale Arbeitsergebnisse erbringen können.

Diesem Ziel steht entgegen, daß die überwiegende Zahl der Fügeverfahren nur Spezialisten hinreichend genau bekannt ist. Für eine breite Anwendung der Verfahren in beliebiger Mischung ist das Wissen der Fertigungsplaner und Produktkonstrukteure über den Vorgang und die Zusammenhänge der verschiedenen Parameter unzureichend und der spontane Zugriff auf Spezialisten meist nicht möglich oder zu zeitaufwendig.

Ergebnis ist, daß häufig die Realisierung des Prozesses als Problemlösung nicht den gewünschten Leistungs- und Qualitätsvorstellungen entspricht mit Folgen für die Produktivität der gesamten Linie. Sehr häufig werden die geplante Realisierungszeit und die vorgesehenen Kosten überschritten.

Die notwendige generelle Verbesserung dieser Situation ist möglich durch Standardisierung der Prozesse in Verbindung mit einem passenden Angebot an Prozeßeinheiten. Anwendbarkeit und Kalkulierbarkeit von Aufwand, Leistung und Qualität sind dann gegeben. Diese Standardisierungsaufgabe ist schwierig, zeitaufwendig und entwicklungskostenintensiv. Eine Konzentration auf die wichtigsten Fügeverfahren ist deshalb sinnvoll. Erste positive Ergebnisse sind bereits sichtbar und führten zu den Standardeinheiten dieses Modulblocks.

Zur Lösung von Aufgaben des Fügens durch reine Handhabung stehen verschiedene Baugrößen und Leistungsstufen von Greiferwerkzeugen unterschiedlicher Flexibilität zur Verfügung. In Verbindung mit dem Kraft- bzw. Momentsensor ergeben sich Möglichkeiten zur Integration von Fügeparametern und Qualitätssicherung bei diesen Verfahren.

Neben den Ausführungen für diese Anwendung werden bei den Verfahren, die bereits standardisiert werden konnten, Werkzeuge mit spezifischen Eigenschaften entwickelt. In ihren Fähigkeiten und Leistungen sind sie sowohl auf den Prozeß als auch das Handhabungsgerät abgestimmt. Als Beispiel dienen hier die Werkzeuge zur Bestückung von elektronischen Bauteilen mit hochentwickelter Sensorik, die Schweißeinheit mit integrierten Bauteilgreifern und Fügebewegungen oder die Löteinheit mit programmierbarer Energie- bzw. Lotmenge, Anstellwinkel und Anpreßkraft (Bild 6).

3.4 Modulblock „Planungsmittel und -software"

Die Planung von Handhabungssystemen ist neben der Inbetriebnahme ein zeitintensiver Vorgang. Abhängig von der erreichten Planungsqualität wird hier außerdem die Höhe der Gesamtinvestition und ihre Leistungsfähigkeit festge-

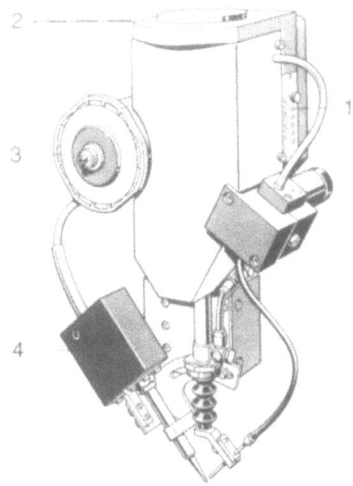

Bild 6. Standardisierte Prozeßeinheit „Weichlöten". Prozeßführung für Energiemenge, Lotmenge und Teiltemperatur. *1* Anzeige- und Steuergerät, *2* Schnittstelle Roboter, *3* Lötdrahtversorgung, *4* Wärmequelle (Lötkolben, Laser oder HF-Feld)

legt. Diese Phase der Entstehung einer Problemlösung läßt sich auf der Basis des neuen modularen Konzepts mit seinen Standardkomponenten auf bisher nicht erreichbarem Niveau unterstützen (Bild 7).

Sämtliche für die Planung erforderlichen Daten der Komponenten stehen in einer relationalen Datenbank zur Verfügung. Darüber hinaus werden erprobte Standardkonfigurationen angeboten. Unter Verwendung eines handelsüblichen CAD-Systems und eines Expertensystems werden mit dem Softwarepaket „FMSsoft" die Aufgaben der Planung vom Entwurf über die Berechnung von Taktzeiten, die Simulation von Abläufen, das Erstellen der Fertigungsdokumentation bis zur Kostenkalkulation unterstützt. Mit in der Praxis erprobten Methoden werden in kürzester Zeit optimale, sichere Ergebnisse erzielt.

Die Softwarepakete sind auf preiswerten handelsüblichen Rechnern der PC-Klasse lauffähig. Die problemorientiert gewonnenen Daten werden weiterverwendet. Beispielsweise kann dadurch die Programmierung des Systems auf einem höheren Niveau aufsetzen mit Steigerung der Qualität und Minimierung des Zeitaufwands.

Planung

- Planungshandbücher
- Tabellen, Schablonen und Vordruckzeichnungen
- CAE-Software „FMSsoft"

Programmierung

- textuelle Programmierung „BAPS"
- menügesteuerte Programmierung „Robot-windows"
- prozeßorientierte Programmierung „Techno-windows"

Betriebsunterstützung

- Betriebsanweisungen und Benutzerschulung
- Leitsystem für Zellen
- Leitsystem für Materialfluß
- Diagnose
- Selbstkalibrierung

Für standardisierte Fügeverfahren und daraus resultierende, vorgegebene Konfigurationskonzepte läßt sich eine prozeßorientierte Programmierung realisieren. Ein Beispiel hierfür ist die Software zur Programmierung von Bestück- und Lötzellen für elektronische Baugruppen.

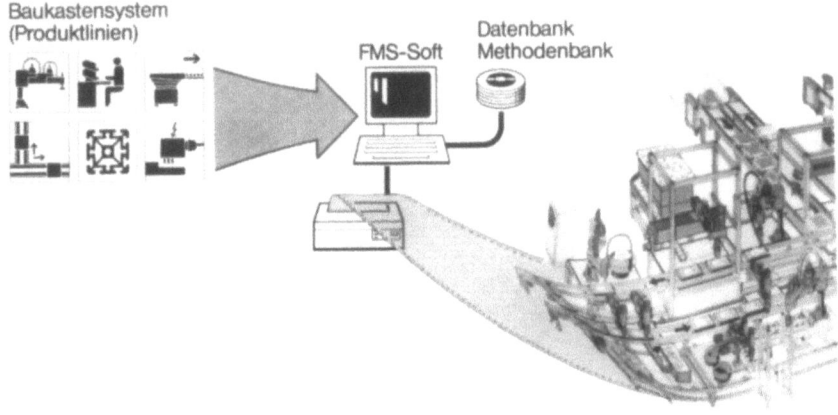

Bild 7. Beispiel Planungssoftware für flexible Montagesysteme (FMSsoft)

Der Anwender gibt nach einer einfachen tabellarischen Beschreibung der zu bestückenden Bauteile und Baugruppen nur noch an, an welcher Position welches Bauteil zu fügen und/oder zu löten ist. Vorschläge zur Reihenfolge der Bestückung werden nach verschieden wählbaren Strategien vom System angeboten. Die Freigabe initiiert die automatische Generierung des kompletten Maschinenprogramms, was innerhalb kürzester Zeit zu einem produktiven Einsatz des Handhabungssystems führt, ohne daß hierzu spezielle Programmierkenntnisse erforderlich sind.

Der Betrieb der programmierbaren Handhabungssysteme wird neben Fehlerdiagnose und automatischem Selbstkalibrierungsverfahren durch dezentrale Leitsysteme zur Auftragsverwaltung, Umrüstplanung und Erfassung von Leistungs- und Qualitätsdaten mit statistischer Auswertung erleichtert. Diese Hilfen führen zu höherer Produktivität und besserer Transparenz des betrieblichen Ablaufs.

Abschließend sei noch die für den langfristig wirtschaftlichen Betrieb der Handhabungssysteme notwendigen Komponenten des Modulblocks „Service" beschrieben.

3.5 Modulblock „Service"

Dieser fiktive Modulblock besteht aus
- qualifiziertem Servicepersonal
- Ersatzteilversorgung
- Betriebs- und Wartungsanweisungen
- Wartungsverträgen
- Einweisung
- Wartungs- und Instandhaltungskursen

Die Einheitlichkeit der eingebauten Teile, die einfache Austauschbarkeit sowie die gesicherte Verschleiß- und Ersatzteilversorgung für das gesamte Angebot an Komponenten werden um hochwertige Betriebs- und Wartungsanweisungen ergänzt. Neben der Einweisung des Betriebspersonals werden Wartungs- und Instandhaltungskurse angeboten, in denen praxisorientiert Wissen vermittelt und zeitoptimales Vorgehen am Objekt trainiert wird.

Die Verfügbarkeit von besonders qualifizierten Servicemitarbeitern des Herstellers auf Abruf kann in ihrer Wirkung durch Abschluß von Wartungsverträgen verstärkt werden. In regelmäßigen zeitlichen Abständen erfolgen Inspektionen. Dabei werden im Sinne der vorbeugenden Instandhaltung Schwachstellen und Mängel an allen Teilsystemen gesucht, erkannt und behoben, bevor ein Produktionsausfall auftritt. Die Mitarbeiter des Betriebspersonals werden mit einbezogen, im Fachgespräch geschult, über neue technische Möglichkeiten informiert und Probleme erörtert. Häufig werden hierdurch Verbesserungsmöglichkeiten erkannt und vorhandene Abläufe gemeinsam so verändert, daß zusätzliche Rationalisierungseffekte für den Anwender entstehen.

Diese Methode der Betreuung des Anwenders im Umfeld der aktuellen Produktionsbedingungen ist sehr effizient und wird in der Zukunft vom interessierten Anwender als Bestandteil eines modularen Handhabungssystems gefordert werden.

4 Zusammenfassung

In der Montage ist die Handhabung der eigentliche Träger des Arbeitsfortschritts. Handhabungssysteme haben in der Montage deshalb denselben Stellenwert wie Werkzeugmaschinen in der Teilefertigung. Davon ausgehend wurde ein „Modulares Handhabungssystem" vorgestellt, das nicht nur aus kombinierten Bewegungseinheiten besteht, sondern sämtliche für den Arbeitsfortschritt erforderlichen Teilsysteme und Komponenten enthält.

Das breite Angebot ist in der Tiefe nach Leistungsfähigkeit und Aufwand abgestuft. Planung, Programmierung und Betrieb werden auf hohem Niveau mit anwendergerechten Hilfsmitteln unterstützt. Die Integration von Fügeverfahren ermöglicht bessere Leistungen und einen höheren Standardisierungsgrad bei Problemlösungen der Montagetechnik mit Auswirkungen bis in die Produktkonstruktion.

Der Anwender, der die Investitionen für seine gesamte Fertigung und Montage konsequent im Rahmen dieses vorgestellten „Modularen Systems zur Handhabung" realisiert, findet neben der vorab gesicherten Leistung und Qualität des Fügevorgangs besonders günstige Voraussetzungen für kostenminimalen Betrieb und Wartung.

Das vorgestellte Konzept wird von einem Hersteller von Handhabungssystemen bereits seit einiger Zeit in seiner Realisierung verfolgt. Wesentliche Bestandteile der Modulblöcke sind verfügbar. Die Tragfähigkeit der Idee und daraus resultierende weiterführende Ansätze bestätigen sich in erfolgreichen Teilanwendungen des Konzepts.

DFG Deutsche Forschungsgemeinschaft
– Sonderforschungsbereiche –

Flexibles Fertigungssystem

Beiträge zur Entwicklung des Produktionsprinzips

Ergebnisse aus dem Sonderforschungsbereich „Fertigungstechnik"
der Universität Stuttgart

herausgegeben von Karl Tuffentsammer(†), Alfred Storr, Kurt Lange, Günter Pritschow und Hans-Jürgen Warnecke; bearbeitet von Manfred Berger

1988. XXXIV, 376 Seiten mit 164 Abbildungen, davon 5 in Farbe, und 8 Tabellen. Gebunden. DM 98,–. ISBN 3-527-27706-4

Dieses Buch vermittelt die Ergebnisse einer umfassenden wissenschaftlichen Bearbeitung des Produktionsprinzips der flexiblen Fertigung. Es zeigt den genauen Ablauf eines Planungsvorganges dieser Fertigungstechnik und dient als ausgezeichnetes Hilfsmittel für technische Auslegungen und Investitionsentscheidungen. Das Buch stellt auch Alternativkonzepte für die automatische und flexible Werkstückhandhabung, für Mehrspindelbohrbearbeitung und für automatisch einstellbare Werkzeugsysteme zur Reduzierung der erforderlichen Werkzeugvielfalt ausführlich dar. Zu den Themen Informationsverarbeitung, Datenverwaltung und dem Aufbau und Betrieb einer Modellanlage zeigen die Autoren Konzeption und Entwicklung neuer Steuerungs- und Überwachungsstrukturen, zum Teil am Objekt selbst. Darüber hinaus stellen sie die Entwicklung des neuen Verfahrens der Radialumformung vor, wodurch diesem Buch eine besondere Aktualität zukommt.

Aus dem Inhalt: Hilfen durch Gruppentechnologie (GT)- und Teilefamilien (TF)-Ordnung · Rechnerunterstützte Planung flexibler Fertigungssysteme · Qualitätssicherung in flexiblen Fertigungssystemen durch Einsatz von CNC-Koordinatenmeßgeräten · Überwachung und Diagnose in flexiblen Fertigungssystemen · Alternative Konzepte von flexiblen Fertigungssystemen (FFS) · Schrifttum · Dokumentarischer Anhang

VCH

Ihre Bestellung richten Sie bitte an Ihren Buchhändler oder an:
VCH Verlagsgesellschaft, Postfach 1260/1280, D-6940 Weinheim
VCH, Hardstrasse 10, Postfach, CH-4020 Basel
VCH, 8 Wellington Court, Wellington Street, GB-Cambridge CB1 1HW
VCH, Suite 909, 220 East 23rd Street, New York, NY 10010-4606, USA

If you have any concerns about our products,
you can contact us on
ProductSafety@springernature.com

In case Publisher is established outside the EU,
the EU authorized representative is:
**Springer Nature Customer Service Center GmbH
Europaplatz 3, 69115 Heidelberg, Germany**

Printed by Libri Plureos GmbH
in Hamburg, Germany